职业教育“十三五”规划精品教材
公共课系列

# 应用数学

主　编　刘东海　牛雁斌

副主编　刘丽瑶　黄晓津　郭　辉　陈雄波

陆丽宇　朱彬彬

電子工業出版社
Publishing House of Electronics Industry
北京 · BEIJING

## 内 容 简 介

本书是根据教育部《关于全面提高高等职业教育教学质量的若干意见》及《国务院关于大力推进职业教育改革与发展的决定》的精神和要求，结合多年的教学实践经验，在充分调研我国高等职业院校教学现状及发展趋势的基础上编写的。本书的主要内容包括预备知识，函数、极限与连续，导数与微分，导数的应用，不定积分，定积分及其应用，常微分方程及求解，矩阵与行列式共 8 章。在每节后配有习题，每章后配有测试题，可帮助学生及时巩固所学知识。

本书可作为普通高等院校、高等职业院校工科类和财经类专业的高等数学基础课程教材，也可作为读者学习高等数学的参考用书。



**图书在版编目(CIP)数据**

应用数学 / 刘东海，牛雁斌主编．—北京：电子工业出版社，2020.5
ISBN 978-7-121-38986-3

Ⅰ. ①应… Ⅱ. ①刘… ②牛… Ⅲ. ①应用数学－高等学校－教材 Ⅳ. ①O29

中国版本图书馆 CIP 数据核字(2020)第 075521 号

责任编辑：祁玉芹

印　　刷：中国电影出版社印刷厂

装　　订：中国电影出版社印刷厂

出版发行：电子工业出版社

北京市海淀区万寿路 173 信箱　邮编：100036

开　　本：787×1092　1/16　印张：17.25　字数：419 千字

版　　次：2020 年 5 月第 1 版

印　　次：2023 年 8 月第 4 次印刷

定　　价：45.00 元

凡所购买电子工业出版社图书有缺损问题，请向购买书店调换。若书店售缺，请与本社发行部联系，联系及邮购电话：（010）88254888，88258888。

质量投诉请发邮件至 zlts@phei.com.cn，盗版侵权举报请发邮件至 dbqq@phei.com.cn。
本书咨询联系方式：qiyuqin@phei.com.cn

# 前　言

应用数学是高等职业教育各专业必修的一门公共基础课程，在培养高技能型人才的综合素质以及可持续发展能力方面具有重要作用．近年来，我们根据高等职业教育的人才培养目标以及高职高专学生的学习与认知规律，经过不断探索与大胆创新，在教材的编排模式、教学流程以及方式上都有了新的突破．

首先，在教材编排上，我们采用“多纲一本”的编排方法，满足不同基础、专业学生的学习需求．根据高职高专学生的认知水平以及学习要求，我们在组织教学内容时，力求做到基础性强、实用性强和发展性强．我们将应用数学的 10 个核心内容设置为 10 个独立的教学模块．其中三角函数与复数是基础内容；函数、极限、导数、微分、不定积分、定积分为各专业公共学习模块；常微分方程及求解（拉普拉斯变换）、矩阵与行列式等为选学模块．各专业可根据其专业培养目标选学所需内容．

其次，教材融合专业、注重能力、突出应用，探索专业课程与数学课程的有效整合．通过剖析专业经典应用案例，帮助学生学会运用数学知识、数学方法去解决专业方面的实际问题．同时尽量减少无实际意义的纯数学计算，将抽象思维转化为形象思维，提升学生应用数学解决工作、生活中实际问题的能力，注重对学生的数学思维方法和应用能力的培养，激发学生学习数学的热情，提高学生的数学素养．

最后，我们深化“应用导向、问题驱动”的教学方法，提高学生的学习效率，着力培养学生举一反三、融会贯通的能力．我们本着重知识应用、重能力培养、重素质教育的思想，增强学生应用数学知识解决实际问题的能力，在数学应用中培养学生的思维能力和创新意识，充分发挥应用数学对学生形成职业能力和职业素养的重要支撑作用．教材在处理定理和公式的推导与证明方面，避免逢理必证或逢理不证的极端现象，根据高等职业院校学生的基础，本着量力而行的原则，合理取舍，少了一些公式的烦琐推导，结合图形描述，直观形象地加以解释，使数学课程的学习由抽象变形象，由烦琐变简单，从而激发每一位学生学习应用数学的兴趣和热情．

本教材由刘东海副教授和牛雁斌副教授担任主编，由刘丽瑶、黄晓津、郭辉、陈雄波、陆丽宇、朱彬彬担任副主编共同编写完成．在此对各位老师的支持表示深深的谢意．

由于编者水平有限，教材中的疏漏之处敬请专家与读者批评指正．

编　者

2020 年 2 月

# 目　　录

# 第一章　预备知识

**【名人名言】**

数学是打开科学大门的钥匙.

——培　根

**趣味阅读——数 e 的由来**

e 和 π 一样，都是数学中重要的常数．早在 17 世纪初，就有人提到了这个数，它与计算利息有关．过去，有个商人向财主借钱，财主的条件是每借 1 元，一年后连本带利还 2 元，年利率 100%．财主挺高兴，他想，半年的利率为 50%，半年结算一次，利滚利一年后要还 $\left(1+\frac{1}{2}\right)^2=2.25$ 元．财主又想，如果一年结算 3 次、4 次、……、$n$ 次呢？他以为结算次数越多，利息也就增长得越快，那他岂不发财了？结果令财主大失所望．本利和 $\left(1+\frac{1}{n}\right)^n$ 的值虽然随 $n$ 的增大而增大，但增加得极其缓慢，会逐渐稳定地趋于一个常数．1727 年，欧拉最先用 e 作为该常数的符号使用．

人们在研究一些实际问题，如物体的冷却、细胞的繁殖、放射性元素的衰变等变化规律时，发现它们都与常数 e 有关．e 在工程技术上使用得非常广泛．一般以 e 为底数的对数，能使许多式子得到简化，用它是最“自然”的，所以叫“自然对数”．e 是一个无理数，在第二章我们会学到 $\lim\limits_{n\to\infty}\left(1+\frac{1}{n}\right)^n$ 的极限为 e，从而把 e 定义成一个极限值．

**【导　学】**

文艺复兴末期的 16 世纪，西方社会处于大变革时期，自然科学领域中的力学、天文学等为适应生产实践的需要，开始把运动作为研究的主要对象，对各种变化过程和过程中量与量之间的依赖关系进行研究，这就产生了函数的概念．函数是刻画运动变化过程中变量的相互关系的抽象数学模型．

# 1-1 三角函数

## 一、任意角的三角函数

### 1. 三角函数的概念

如图 1-1 所示，设 $\alpha$ 是任意大小的角，角 $\alpha$ 的顶点与原点 $O$ 重合，始边与 $x$ 轴的正半轴重合，在角 $\alpha$ 的终边上任取一点 $A(x,y)$，它与原点的距离是 $r(r>0)$，则角 $\alpha$ 的正弦、余弦、正切、余切、正割、余割分别是：

$$\sin\alpha=\frac{y}{r}，\quad \cos\alpha=\frac{x}{r}，\quad \tan\alpha=\frac{y}{x}，\quad \cot\alpha=\frac{x}{y}，\quad \sec\alpha=\frac{r}{x}，\quad \csc\alpha=\frac{r}{y}.$$

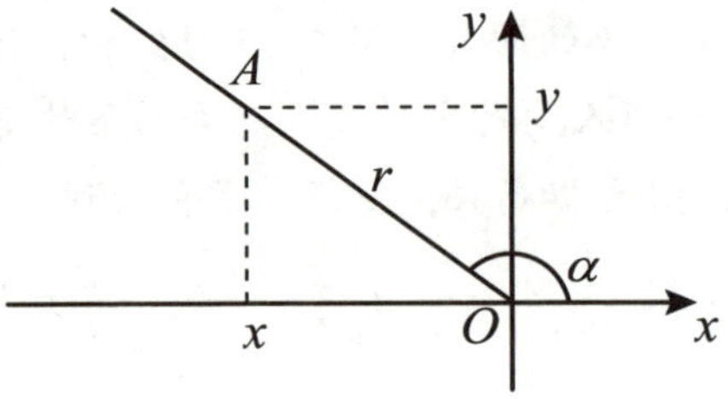


图 1-1

### 2. 三角函数的诱导公式

（1）负角三角函数公式：

$$\sin(-\alpha)=-\sin\alpha，\quad \cos(-\alpha)=\cos\alpha，$$
$$\tan(-\alpha)=-\tan\alpha，\quad \cot(-\alpha)=-\cot\alpha.$$

（2）终边相同的角的三角函数值相等：

$$\sin(2k\pi+\alpha)=\sin\alpha，\quad \cos(2k\pi+\alpha)=\cos\alpha，$$
$$\tan(2k\pi+\alpha)=\tan\alpha，\quad \cot(2k\pi+\alpha)=\cot\alpha.$$

其中 $k\in\mathbf{Z}$.

（3）$2\pi-\alpha$ 与 $\alpha$ 的三角函数关系：

$$\sin(2\pi-\alpha)=-\sin\alpha，\quad \cos(2\pi-\alpha)=\cos\alpha，$$
$$\tan(2\pi-\alpha)=-\tan\alpha，\quad \cot(2\pi-\alpha)=-\cot\alpha.$$

（4）$\pi\pm\alpha$ 与 $\alpha$ 的三角函数关系：

$$\sin(\pi\pm\alpha)=\pm\sin\alpha，\quad \cos(\pi\pm\alpha)=-\cos\alpha，$$
$$\tan(\pi\pm\alpha)=\pm\tan\alpha，\quad \cot(\pi\pm\alpha)=\pm\cot\alpha.$$

利用诱导公式求任意角的三角函数值，一般可按下面的步骤进行：

$$\begin{bmatrix}\text{任意负角的}\\\text{三角函数}\end{bmatrix}\to\begin{bmatrix}\text{任意正角的}\\\text{三角函数}\end{bmatrix}\to\begin{bmatrix}0\sim2\pi\text{ 间角}\\\text{的三角函数}\end{bmatrix}\to\begin{bmatrix}0\sim\frac{\pi}{2}\text{间角}\\\text{的三角函数}\end{bmatrix}\to\begin{bmatrix}\text{求}\\\text{值}\end{bmatrix}.$$

**例 1**　求下列各三角函数值.

（1）$\sin\left(-\dfrac{10}{3}\pi\right)$；　　　　（2）$\cot(-1665°)$.

**解**　（1）$\sin\left(-\dfrac{10}{3}\pi\right)=\sin\left(-2\times 2\pi+\dfrac{2\pi}{3}\right)=\sin\dfrac{2\pi}{3}=\sin\dfrac{\pi}{3}=\dfrac{\sqrt{3}}{2}$；

（2）$\cot(-1665°)=-\cot 1665°=-\cot(4\times 360°+225°)$

$=-\cot 225°=-\cot(180°+45°)=-\cot 45°=-1$.

## 二、三角函数的图像及性质

1．三角函数的图像（见图 1-2~图 1-7）

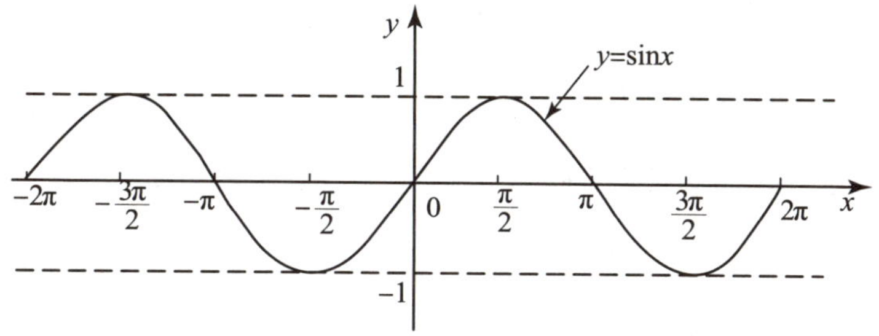


图 1-2

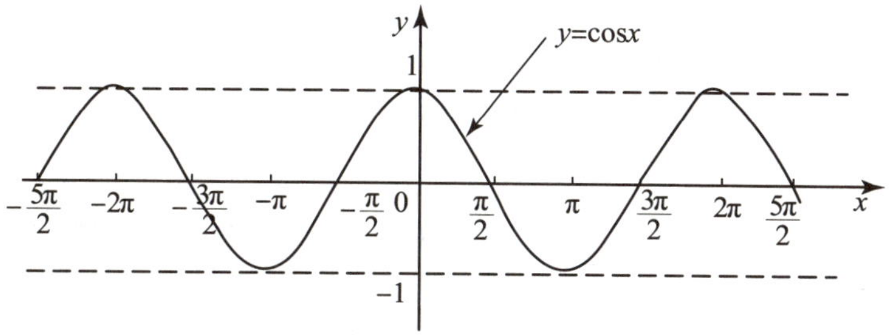


图 1-3

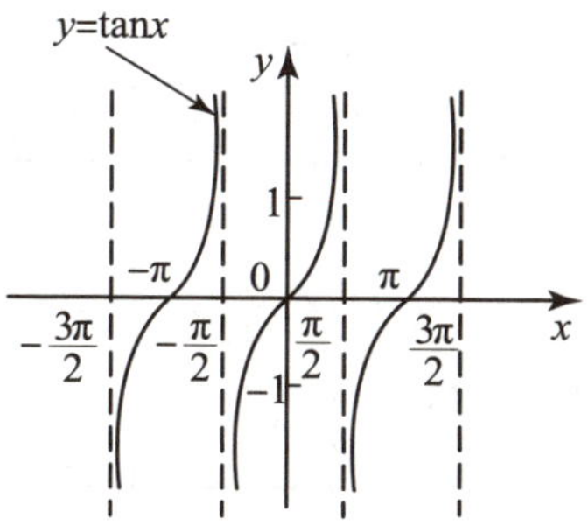


图 1-4

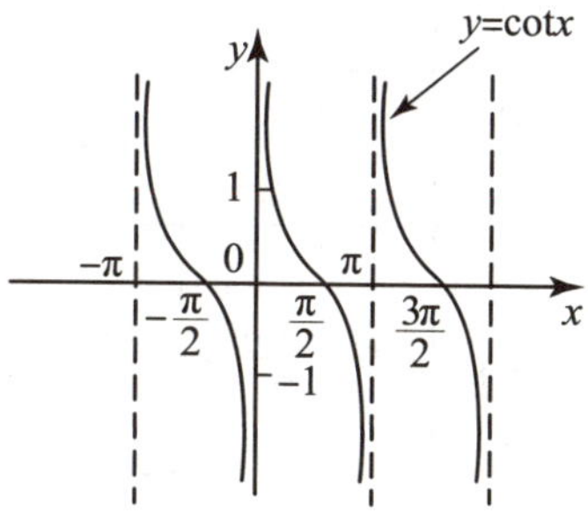


图 1-5

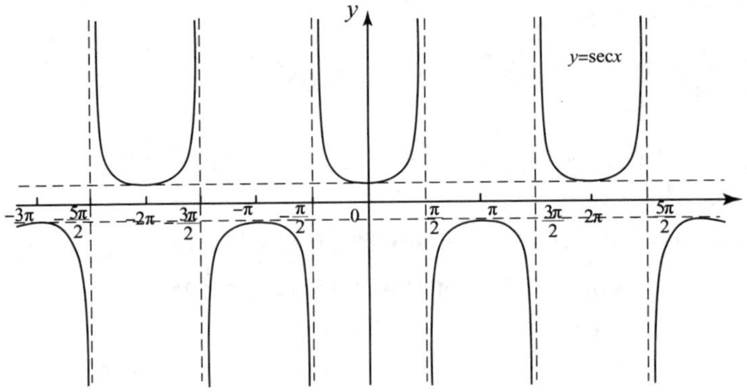


图 1-6

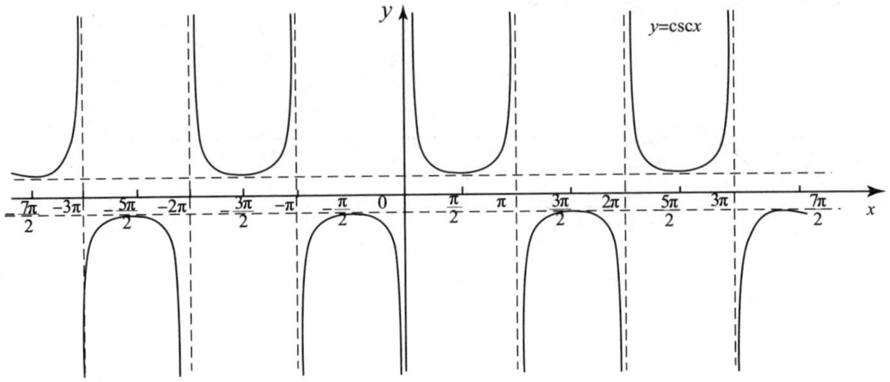


图 1-7

2. 三角函数的性质（$k\in\mathbf{Z}$）

三角函数的性质见表 1-1.

**表 1-1**

| | $y=\sin x$ | $y=\cos x$ | $y=\tan x$ | $y=\cot x$ | $y=\sec x$ | $y=\csc x$ |
|---|---|---|---|---|---|---|
| 定义域 | $x\in\mathbf{R}$ | $x\in\mathbf{R}$ | $x\in\mathbf{R}$ 且 $x\neq k\pi+\frac{\pi}{2}$ | $x\in\mathbf{R}$ 且 $x\neq k\pi$ | $x\in\mathbf{R}$ 且 $x\neq k\pi+\frac{\pi}{2}$ | $x\in\mathbf{R}$ 且 $x\neq k\pi$ |
| 值域 | $y\in[-1,1]$ | $y\in[-1,1]$ | $y\in\mathbf{R}$ | $y\in\mathbf{R}$ | $y\in(-\infty,-1]\cup[1,+\infty)$ | $y\in(-\infty,-1]\cup[1,+\infty)$ |
| 周期性 | $T=2\pi$ | $T=2\pi$ | $T=\pi$ | $T=\pi$ | $T=2\pi$ | $T=2\pi$ |
| 奇偶性 | 奇函数 | 偶函数 | 奇函数 | 奇函数 | 偶函数 | 奇函数 |
| 单调递增区间 | $\left[2k\pi-\frac{\pi}{2},2k\pi+\frac{\pi}{2}\right]$ | $[2k\pi-\pi,2k\pi]$ | $\left(k\pi-\frac{\pi}{2},k\pi+\frac{\pi}{2}\right)$ | 无单调递增区间 | $\left(2k\pi,2k\pi+\frac{\pi}{2}\right)\cup\left(2k\pi+\frac{\pi}{2},2k\pi+\pi\right)$ | $\left(2k\pi+\frac{\pi}{2},2k\pi+\pi\right)\cup\left(2k\pi-\pi,2k\pi-\frac{\pi}{2}\right)$ |
| 单调递减区间 | $\left[2k\pi+\frac{\pi}{2},2k\pi+\frac{3\pi}{2}\right]$ | $[2k\pi,2k\pi+\pi]$ | 无单调递减区间 | $(k\pi,k\pi+\pi)$ | $\left(2k\pi-\frac{\pi}{2},2k\pi\right)\cup\left(2k\pi+\pi,2k\pi+\frac{3\pi}{2}\right)$ | $\left(2k\pi,2k\pi+\frac{\pi}{2}\right)\cup\left(2k\pi-\frac{\pi}{2},2k\pi\right)$ |

**例 2** 求下列函数的周期.

（1）$y=3\cos x$；（2）$y=2\sin\left(\frac{1}{2}x-\frac{\pi}{6}\right)$.

**解** （1）因为 $\cos x$ 的最小正周期是 $T=2\pi$，所以当自变量 $x\ (x\in\mathbf{R})$ 增加到 $x+2\pi$ 且必须增加到 $x+2\pi$ 时，函数 $\cos x$ 的值重复出现，函数 $3\cos x$ 的值也重复出现，因此，函数 $y=3\cos x$ 的周期（最小正周期，下同）是 $T=2\pi$.

（2）把 $\frac{1}{2}x-\frac{\pi}{6}$ 看成是一个新的变量 $z$，那么 $2\sin z$ 的周期是 $T=2\pi$. 因为

$$z+2\pi=\left(\frac{1}{2}x-\frac{\pi}{6}\right)+2\pi=\frac{1}{2}(x+4\pi)-\frac{\pi}{6},$$

所以当自变量 $x\ (x\in\mathbf{R})$ 增加到 $x+4\pi$ 且必须增加到 $x+4\pi$ 时，函数的值重复出现，因此函数 $y=2\sin\left(\frac{1}{2}x-\frac{\pi}{6}\right)$ 的周期是 $T=4\pi$.

一般地，函数 $y=A\sin(\omega x+\varphi)$ 或 $y=A\cos(\omega x+\varphi)$（其中 $A,\ \omega,\ \varphi$ 为常数，且 $A\neq 0,\ \omega>0,\ x\in\mathbf{R}$）的周期是 $T=\frac{2\pi}{\omega}$.

## 三、同角三角函数的基本关系

1．倒数关系

$$\sin x\csc x=1,\quad \cos x\sec x=1,\quad \tan x\cot x=1.$$

2．商的关系

$$\tan x=\frac{\sin x}{\cos x},\quad \cot x=\frac{\cos x}{\sin x}.$$

3．平方关系

$$\sin^2 x+\cos^2 x=1,\quad 1+\tan^2 x=\sec^2 x,\quad 1+\cot^2 x=\csc^2 x.$$

**例 3** 已知 $\sin x=\frac{\sqrt{6}-\sqrt{2}}{4}$，且 $x$ 是第二象限的角，求 $x$ 的其他三角函数值.

**解** 由 $\sin^2 x+\cos^2 x=1$ 可得 $\cos x=\pm\sqrt{1-\sin^2 x}$，又因为 $x$ 是第二象限的角，所以 $\cos x<0$.

故知
$$\cos x=-\sqrt{1-\sin^2 x}=-\sqrt{1-\left(\frac{\sqrt{6}-\sqrt{2}}{4}\right)^2}=-\frac{\sqrt{6}+\sqrt{2}}{4};$$

$$\tan x=\frac{\sin x}{\cos x}=\sqrt{3}-2;\quad \cot x=\frac{1}{\tan x}=-(2+\sqrt{3});$$

$$\sec x=\frac{1}{\cos x}=\sqrt{2}-\sqrt{6};\quad \csc x=\frac{1}{\sin x}=\sqrt{6}+\sqrt{2}.$$

## 习题 1-1

1．已知角 $x$ 的终边经过点(5,-6)，求 $x$ 的六个三角函数值．

2．已知 $\sin x=-\dfrac{4}{5}$，且 $x$ 是第四象限的角，求 $x$ 的其他三角函数值．

3．已知 $\cot x=m\ (m\neq 0)$，求 $\cos x$．

4．化简下列各式．

（1）$\sqrt{1-\sin^2 200°}$；（2）$\sqrt{\sec^2 x-1}$．

5．求证：$\cot^2 x(\tan^2 x-\sin^2 x)=\sin^2 x$．

6．已知 $\alpha$ 是第三象限的角，化简 $\sqrt{\dfrac{1+\sin\alpha}{1-\sin\alpha}}-\sqrt{\dfrac{1-\sin\alpha}{1+\sin\alpha}}$．

扫码查答案

## 1-2　两角和与差的三角函数

### 一、两角和与差的三角函数公式

$$\sin(x+y)=\sin x\cos y+\cos x\sin y;$$
$$\sin(x-y)=\sin x\cos y-\cos x\sin y;$$
$$\cos(x+y)=\cos x\cos y-\sin x\sin y;$$
$$\cos(x-y)=\cos x\cos y+\sin x\sin y;$$
$$\tan(x+y)=\frac{\tan x+\tan y}{1-\tan x\tan y};$$
$$\tan(x-y)=\frac{\tan x-\tan y}{1+\tan x\tan y}.$$

**例 1**　不查表求 $\cos 105°$ 及 $\sin 15°$ 的值．

**解**

$$\cos 105°=\cos(60°+45°)=\cos 60°\cos 45°-\sin 60°\sin 45°=\frac{1}{2}\times\frac{\sqrt{2}}{2}-\frac{\sqrt{3}}{2}\times\frac{\sqrt{2}}{2}=\frac{\sqrt{2}-\sqrt{6}}{4};$$

$$\sin 15°=\sin(60°-45°)=\sin 60°\cos 45°-\cos 60°\sin 45°=\frac{\sqrt{3}}{2}\times\frac{\sqrt{2}}{2}-\frac{1}{2}\times\frac{\sqrt{2}}{2}=\frac{\sqrt{6}-\sqrt{2}}{4}.$$

**例 2**　求 $\dfrac{1+\tan 75°}{1-\tan 75°}$ 的值．

**解**　因为 $\tan 45°=1$，所以

$$\frac{1+\tan 75°}{1-\tan 75°}=\frac{\tan 45°+\tan 75°}{1-\tan 45°\tan 75°}=\tan(45°+75°)=\tan 120°=-\sqrt{3}.$$

## 二、二倍角的正弦、余弦、正切

$$\sin 2x = 2\sin x\cos x,$$
$$\cos 2x = \cos^2 x - \sin^2 x = 1 - 2\sin^2 x = 2\cos^2 x - 1,$$
$$\tan 2x = \frac{2\tan x}{1-\tan^2 x}.$$

**例 3**　已知 $\sin x = \frac{3}{5}$，$x \in \left(\frac{\pi}{2}, \pi\right)$，求 $\sin 2x$，$\cos 2x$，$\tan 2x$ 的值.

**解**　由于 $\sin x = \frac{3}{5}$，$x \in \left(\frac{\pi}{2}, \pi\right)$，有

$$\cos x = -\sqrt{1-\sin^2 x} = -\sqrt{1-\left(\frac{3}{5}\right)^2} = -\frac{4}{5}.$$
$$\sin 2x = 2\sin x\cos x = 2\times\frac{3}{5}\times\left(-\frac{4}{5}\right) = -\frac{24}{25},$$

于是

$$\cos 2x = 1-2\sin^2 x = 1-2\times\left(\frac{3}{5}\right)^2 = \frac{7}{25},$$
$$\tan 2x = \frac{\sin 2x}{\cos 2x} = -\frac{24}{7}.$$

## 三、半角的正弦、余弦、正切

$$\sin\frac{x}{2} = \pm\sqrt{\frac{1-\cos x}{2}},$$
$$\cos\frac{x}{2} = \pm\sqrt{\frac{1+\cos x}{2}},$$
$$\tan\frac{x}{2} = \pm\sqrt{\frac{1-\cos x}{1+\cos x}} = \frac{\sin x}{1+\cos x} = \frac{1-\cos x}{\sin x}.$$

三个公式中根号前的符号由 $\frac{x}{2}$ 所在的象限来确定．如果没有给出限定符号的条件，根号前面应保持正负两个符号.

**例 4**　已知 $\cos x = \frac{1}{2}$，求 $\sin\frac{x}{2}$，$\cos\frac{x}{2}$，$\tan\frac{x}{2}$.

**解**　$\sin\frac{x}{2} = \pm\sqrt{\frac{1-\cos x}{2}} = \pm\sqrt{\frac{1-\frac{1}{2}}{2}} = \pm\frac{1}{2}$；

$\cos\frac{x}{2} = \pm\sqrt{\frac{1+\cos x}{2}} = \pm\sqrt{\frac{1+\frac{1}{2}}{2}} = \pm\frac{\sqrt{3}}{2}$；

$$\tan\frac{x}{2}=\pm\sqrt{\frac{1-\cos x}{1+\cos x}}\pm\frac{\frac{1}{2}}{\frac{\sqrt{3}}{2}}=\pm\frac{\sqrt{3}}{3}.$$

## 四、三角函数的积化和差与和差化积

1．三角函数的积化和差

$$\sin x\cos y=\frac{1}{2}[\sin(x+y)+\sin(x-y)],$$

$$\cos x\sin y=\frac{1}{2}[\sin(x+y)-\sin(x-y)],$$

$$\cos x\cos y=\frac{1}{2}[\cos(x+y)+\cos(x-y)],$$

$$\sin x\sin y=-\frac{1}{2}[\cos(x+y)-\cos(x-y)].$$

2．三角函数的和差化积

$$\sin x+\sin y=2\sin\frac{x+y}{2}\cos\frac{x-y}{2},$$

$$\sin x-\sin y=2\cos\frac{x+y}{2}\sin\frac{x-y}{2},$$

$$\cos x+\cos y=2\cos\frac{x+y}{2}\cos\frac{x-y}{2},$$

$$\cos x-\cos y=-2\sin\frac{x+y}{2}\sin\frac{x-y}{2}.$$

**例 5** 求下列三角函数的值.

（1）$\sin 10°\sin 50°\sin 70°$；

（2）$\cos 10°\cos 30°\cos 50°\cos 70°$.

**解** （1）

$$\begin{aligned}\sin 10°\sin 50°\sin 70°&=\cos 80°\cos 40°\cos 20°\\&=\frac{8\cos 80°\cos 40°\cos 20°\sin 20°}{8\sin 20°}\\&=\frac{\sin 160°}{8\sin 20°}=\frac{1}{8},\end{aligned}$$

或

$$\begin{aligned}\sin 10°\sin 50°\sin 70°&=-\frac{1}{2}[\cos(10°+50°)-\cos(10°-50°)]\sin 70°\\&=-\frac{1}{2}[\cos 60°-\cos 40°]\sin 70°\\&=-\frac{1}{4}\sin 70°+\frac{1}{2}\cos 40°\sin 70°\\&=-\frac{1}{4}\sin 70°+\frac{1}{4}[\sin(40°+70°)-\sin(40°-70°)]\end{aligned}$$

$$=-\frac{1}{4}\sin 70°+\frac{1}{4}[\sin 110°+\sin 30°]$$
$$=-\frac{1}{4}\sin 70°+\frac{1}{4}\sin 110°+\frac{1}{8}=\frac{1}{8}.$$

（2）　$\cos 10°\cos 30°\cos 50°\cos 70°$

$$=\cos 10°\times\frac{\sqrt{3}}{2}\times\frac{1}{2}[\cos(50°+70°)+\cos(50°-70°)]$$
$$=\frac{\sqrt{3}}{4}\cos 10°\left(-\frac{1}{2}+\cos 20°\right)$$
$$=-\frac{\sqrt{3}}{8}\cos 10°+\frac{\sqrt{3}}{4}\cos 10°\cos 20°$$
$$=-\frac{\sqrt{3}}{8}\cos 10°+\frac{\sqrt{3}}{8}(\cos 30°+\cos 10°)$$
$$=-\frac{\sqrt{3}}{8}\cos 10°+\frac{\sqrt{3}}{8}\times\frac{\sqrt{3}}{2}+\frac{\sqrt{3}}{8}\cos 10°$$
$$=\frac{3}{16}.$$

**例 6**　求 $\sin 75°-\sin 15°$ 的值.

**解**　$\sin 75°-\sin 15°=2\cos\frac{75°+15°}{2}\sin\frac{75°-15°}{2}=2\cos 45°\sin 30°=\frac{\sqrt{2}}{2}$.

## 五、反三角函数

1．反三角函数的图像（见图 1-8~图 1-11）

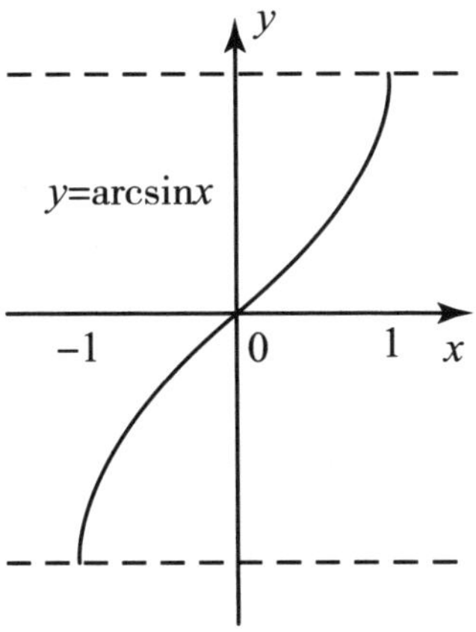


图 1-8

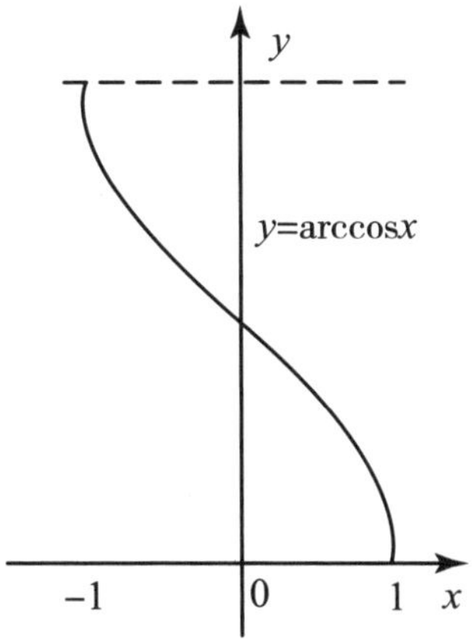


图 1-9

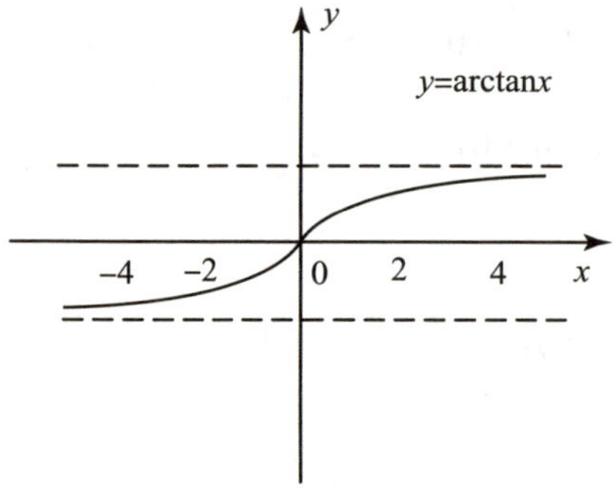


图 1-10

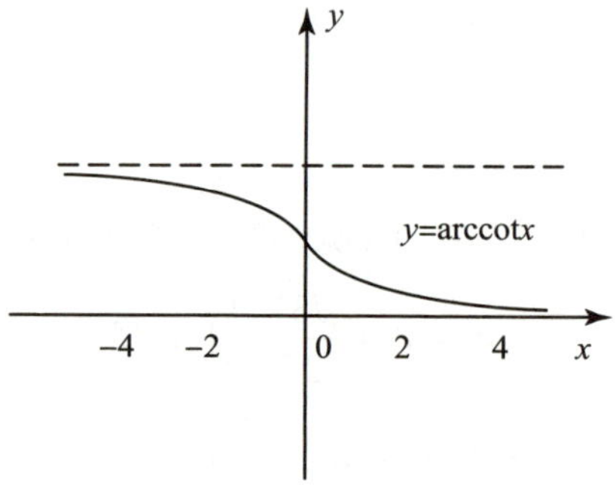


图 1-11

2．反三角函数的性质

反三角函数的性质见表 1-2.

表 1-2

| 名称 | | 反正弦函数 | 反余弦函数 | 反正切函数 | 反余切函数 |
|---|---|---|---|---|---|
| 定义 | | $y=\sin x$，$x\in\left[-\frac{\pi}{2},\frac{\pi}{2}\right]$ 的反函数，叫作反正弦函数，记作 $y=\arcsin x$ | $y=\cos x$，$x\in[0,\pi]$ 的反函数，叫作反余弦函数，记作 $y=\arccos x$ | $y=\tan x$，$x\in\left(-\frac{\pi}{2},\frac{\pi}{2}\right)$ 的反函数，叫作反正切函数，记作 $y=\arctan x$ | $y=\cot x$，$x\in(0,\pi)$ 的反函数，叫作反余切函数，记作 $y=\operatorname{arccot} x$ |
| 性质 | 定义域 | $[-1,1]$ | $[-1,1]$ | $(-\infty,+\infty)$ | $(-\infty,+\infty)$ |
| | 值域 | $\left[-\frac{\pi}{2},\frac{\pi}{2}\right]$ | $[0,\pi]$ | $\left(-\frac{\pi}{2},\frac{\pi}{2}\right)$ | $(0,\pi)$ |
| | 单调性 | 在 $[-1,1]$ 上是增函数 | 在 $[-1,1]$ 上是减函数 | 在 $(-\infty,+\infty)$ 上是增函数 | 在 $(-\infty,+\infty)$ 上是减函数 |
| | 奇偶性 | 奇函数 | 非奇非偶函数 | 奇函数 | 非奇非偶函数 |
| | 周期性 | 都不是周期函数 | | | |

## 习题 1-2

1．已知 $\sin x=\frac{15}{17}$，$\cos y=-\frac{5}{13}$，且 $x$，$y$ 都是第二象限的角，求 $\cos(x+y)$，$\sin(x-y)$ 的值.

2．证明：（1）$\cos\left(\frac{\pi}{2}-x\right)=\sin x$；（2）$\sin\left(\frac{\pi}{2}-x\right)=\cos x$.

3．已知 $\sin x=0.8$，$x\in\left(0,\frac{\pi}{2}\right)$，求 $\sin 2x$，$\cos 2x$，$\tan 2x$ 的值.

4．已知 $\tan\frac{\alpha}{2}=2$，求 $\frac{6\sin\alpha+\cos\alpha}{3\sin\alpha-2\cos\alpha}$ 的值.

5．求 $2\cos\dfrac{9\pi}{13}\cos\dfrac{\pi}{13}+\cos\dfrac{5\pi}{13}+\cos\dfrac{3\pi}{13}$ 的值．

6．求 $\sin^2 10°+\cos^2 40°+\sin 10°\cos 40°$ 的值．

扫码查答案

# 1-3　复数

## 一、复数的表示形式

由于解方程的需要（如 $x^2+1=0$），人们引进了一个新数 i．i 叫作**虚数单位**，并规定：

（1） $i^2=-1$；

（2）实数可以与它进行四则运算，且原有的加法、乘法运算律仍然成立．

虚数单位 i 的规律是：

$$i^{4n}=1,\quad i^{4n+1}=i,\quad i^{4n+2}=-1,\quad i^{4n+3}=-i.$$

### 1．复数的代数形式

数 $z=a+bi$（$a$，$b\in\mathbf{R}$）叫作复数的代数形式．当 $b=0$ 时就是实数，当 $b\neq 0$ 时叫作虚数，当 $a=0$，$b\neq 0$ 时，叫作**纯虚数**；$a$，$b$ 分别叫作复数 $z=a+bi$ 的**实部与虚部**．

两个复数相等的充分必要条件是它们的实部与虚部分别相等，即

$$a+bi=c+di \Leftrightarrow a=c \text{ 且 } b=d.$$

两个复数实部相等，虚部互为相反数时，称这两个复数为**共轭复数**，即 $z=a+bi$ 与 $z=a-bi$ 互为共轭复数．

实数的共轭复数就是其本身．

### 2．复数的向量表示

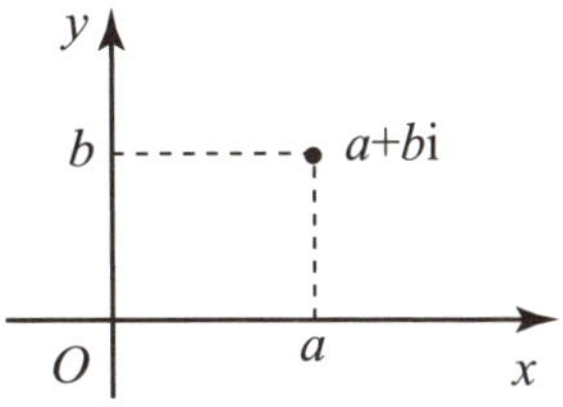

图 1-12

任何一个复数 $z=a+bi$（$a$，$b\in\mathbf{R}$）都可以由一个有序实数对 $(a,b)$ 唯一确定，这就使我们可以借用平面直角坐标系来表示复数 $z=a+bi$（$a$，$b\in\mathbf{R}$）．

如图 1-12 所示，点 $Z$ 的横坐标是 $a$，纵坐标是 $b$，复数 $z=a+bi$ 可以用点 $Z(a,b)$ 来表示．这个用直角坐标系来表示复数的平面叫作**复平面**，$x$ 轴叫作**实轴**，$y$ 轴除去原点的部分叫作**虚轴**（因为原点表示实数 0，原点不在虚轴上）．

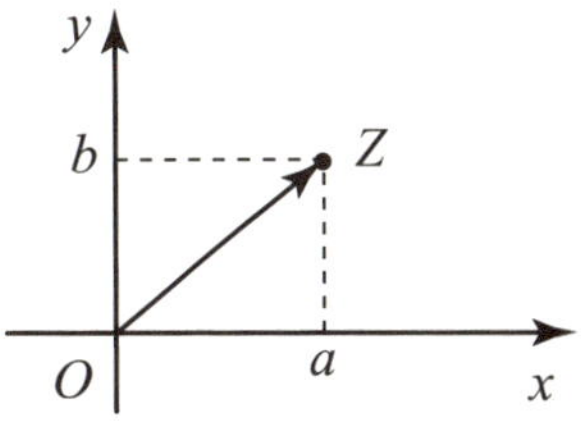

图 1-13

我们把既有绝对值大小，又有方向的量叫作**向量**．其绝对值的大小叫作**向量的模**．

复数可以用向量来表示，如图 1-13 所示．如设复平面内的点 $Z(a,b)$ 表示复数 $z=a+bi$，连接 $OZ$，如果把有向线段 $OZ$（方向是从点 $O$ 指向点 $Z$）看成向量，记作 $\overline{OZ}$，就把复数与向量联

系起来了．很明显，向量$\overrightarrow{OZ}$是由点$Z$唯一确定的；反过来，点$Z$也可以由向量$\overrightarrow{OZ}$唯一确定．所以，我们也把复数$z=a+bi$说成点$Z$，也说成向量$\overrightarrow{OZ}$，并且规定**相等的向量表示同一个复数**．

3．复数的三角形式

与复数$z=a+bi$对应的向量$\overrightarrow{OZ}$的模$r$叫作这个**复数的模**，记作$|z|$或$|a+bi|$并且

$$|z|=|a+bi|，r=\sqrt{a^2+b^2}(r\geqslant 0，r\in \mathrm{R})\text{.}$$

以$x$轴的正半轴为始边，向量$\overrightarrow{OZ}$为终边的角$\theta$叫作**复数**$z=a+bi$**的辐角**．

不等于零的复数$z=a+bi$的辐角有无穷多个值，这些值相差$2\pi$的整数倍．符合$0\leqslant\theta<2\pi$的辐角$\theta$的值叫作**辐角的主值**，通常记作$\arg z$，即$0\leqslant\arg z<2\pi$．

每一个不等于零的复数有唯一的模与辐角主值，并且可由它的模与辐角主值唯一确定．因此，如果两个非零复数相等，那么它们的模与辐角主值分别相等．

如果复数$z=\mathbf{0}$，那么与它对应的向量$\overrightarrow{OZ}$缩成一个点（零向量），这样的向量的方向是任意的，所以复数$\mathbf{0}$的辐角也是任意的．由复数的代数形式与向量形式的对应关系，有

$$\begin{cases}a=r\cos\theta\\ b=r\sin\theta\end{cases}$$

$$a+bi=r\cos\theta+\mathrm{i}r\sin\theta=r(\cos\theta+\mathrm{i}\sin\theta),$$

其中$r=\sqrt{a^2+b^2}$，$\cos\theta=\dfrac{a}{r}$，$\sin\theta=\dfrac{b}{r}$．

因此，任何一个复数$z=a+bi$都可以表示成$a+bi=r(\cos\theta+\mathrm{i}\sin\theta)$的形式，称$r(\cos\theta+\mathrm{i}\sin\theta)$为**复数的三角形式**．

**注意：**

复数的三角形式中括号内的第一项必须是$\cos\theta$，第二项必须是$\mathrm{i}\sin\theta$，且第一、二项之间必须用“+”连接，括号外的$r$必须非负．如$r(-\cos\theta+\mathrm{i}\sin\theta)$及$r(\cos\theta-\mathrm{i}\sin\theta)$都是复数的代数形式，而不是复数的三角形式．

**例 1**　把复数$1+\mathrm{i}$表示成三角形式．

**解**　$r=\sqrt{1^2+1^2}=\sqrt{2}$，$\cos\theta=\dfrac{\sqrt{2}}{2}$，$\sin\theta=\dfrac{\sqrt{2}}{2}$，因为$1+\mathrm{i}$对应的点在第一象限，所以$\arg(1+\mathrm{i})=\dfrac{\pi}{4}$，于是有

$$1+\mathrm{i}=\sqrt{2}\left(\cos\frac{\pi}{4}+\mathrm{i}\sin\frac{\pi}{4}\right).$$

4．复数的指数形式

由于欧拉公式$\cos\theta+\mathrm{i}\sin\theta=\mathrm{e}^{\mathrm{i}\theta}$，复数$z=a+bi$还可以表示为

$$z=a+bi=r(\cos\theta+\mathrm{i}\sin\theta)=r\mathrm{e}^{\mathrm{i}\theta},$$

称 $re^{\mathrm{i}\theta}$ 为**复数的指数形式**.

## 二、复数的运算

### 1. 复数的加减法运算

复数的加减法运算是将复数的实部与实部相加减，虚部与虚部相加减，即

$$(a+b\mathrm{i})\pm(c+d\mathrm{i})=(a\pm c)+(b\pm d)\mathrm{i}\ .$$

复数的加减法运算对于复数的代数形式也适用.

**例 2**　已知复数 $z_1=3+2\mathrm{i}$ ，$z_2=5-\dfrac{1}{3}\mathrm{i}$，求 $z_1+z_2$ 与 $z_1-z_2$ .

**解**　$z_1+z_2=(3+5)+\left(2-\dfrac{1}{3}\right)\mathrm{i}=8+\dfrac{5}{3}\mathrm{i}$ ;

$z_1-z_2=(3-5)+\left(2+\dfrac{1}{3}\right)\mathrm{i}=-2+\dfrac{7}{3}\mathrm{i}$ .

复数的向量形式的加法按平行四边形法则进行运算.

### 2. 复数的乘法运算

复数的代数形式的乘法运算是按多项式的乘法运算进行的，并将 $\mathrm{i}^2$ 用−1 表示，如 $(a+b\mathrm{i})(c+d\mathrm{i})=ac+bc\mathrm{i}+ad\mathrm{i}+bd\mathrm{i}^2=(ac-bd)+(bc+ad)\mathrm{i}$ .

复数的三角形式和指数的乘法是把复数的模相乘，辐角相加，如

$$r_1(\cos\theta_1+\mathrm{i}\sin\theta_1)r_2(\cos\theta_2+\mathrm{i}\sin\theta_2)=r_1r_2\left[\cos(\theta_1+\theta_2)+\mathrm{i}\sin(\theta_1+\theta_2)\right].$$

事实上

$$\begin{aligned}
&r_1(\cos\theta_1+\mathrm{i}\sin\theta_1)r_2(\cos\theta_2+\mathrm{i}\sin\theta_2)\\
&=r_1r_2\left[(\cos\theta_1+\mathrm{i}\sin\theta_1)(\cos\theta_2+\mathrm{i}\sin\theta_2)\right]\\
&=r_1r_2\left(\cos\theta_1\cos\theta_2+\mathrm{i}\sin\theta_1\cos\theta_2+\mathrm{i}\cos\theta_1\sin\theta_2+\mathrm{i}^2\sin\theta_1\sin\theta_2\right)\\
&=r_1r_2\left[(\cos\theta_1\cos\theta_2-\sin\theta_1\sin\theta_2)+\mathrm{i}(\sin\theta_1\cos\theta_2+\cos\theta_1\sin\theta_2)\right]\\
&=r_1r_2\left[\cos(\theta_1+\theta_2)+\mathrm{i}\sin(\theta_1+\theta_2)\right],
\end{aligned}$$

即

$$r_1e^{\mathrm{i}\theta_1}r_2e^{\mathrm{i}\theta_2}=r_1r_2e^{\mathrm{i}(\theta_1+\theta_2)}\ .$$

复数的乘法运算适用于复数的三角形式和指数形式.

**例 3**　已知复数 $z_1=\sqrt{3}\left(\cos\dfrac{5\pi}{13}+\mathrm{i}\sin\dfrac{5\pi}{13}\right)$，$z_2=3\left(\cos\dfrac{11\pi}{13}+\mathrm{i}\sin\dfrac{11\pi}{13}\right)$，求 $z_1z_2$ .

**解**　$z_1z_2=\sqrt{3}\left(\cos\dfrac{5\pi}{13}+\mathrm{i}\sin\dfrac{5\pi}{13}\right)3\left(\cos\dfrac{11\pi}{13}+\mathrm{i}\sin\dfrac{11\pi}{13}\right)$

$$=3\sqrt{3}\left[\cos\left(\frac{5\pi}{13}+\frac{11\pi}{13}\right)+\mathrm{i}\sin\left(\frac{5\pi}{13}+\frac{11\pi}{13}\right)\right]=3\sqrt{3}\left(\cos\frac{16\pi}{13}+\mathrm{i}\sin\frac{16\pi}{13}\right).$$

## 2．复数的除法运算

（1）复数代数形式的除法运算．

两个复数相除，可以把它们的商写成分式的形式，然后把分子分母同乘以分母的共轭复数，并且把结果化简，即

$$\frac{a+b\mathrm{i}}{c+d\mathrm{i}}=\frac{(a+b\mathrm{i})(c-d\mathrm{i})}{(c+d\mathrm{i})(c-d\mathrm{i})}=\frac{(ac+bd)+(bc-ad)\mathrm{i}}{c^2+d^2}$$

$$=\frac{ac+bd}{c^2+d^2}+\frac{bc-ad}{c^2+d^2}\mathrm{i}\quad(c+d\mathrm{i}\neq\mathbf{0}).$$

（2）复数的三角形式与指数形式的除法运算．

复数的三角形式与指数形式的除法运算是将它们的模相除，辐角相减，即

$$\frac{r_1(\cos\theta_1+\mathrm{i}\sin\theta_1)}{r_2(\cos\theta_2+\mathrm{i}\sin\theta_2)}=\frac{r_1}{r_2}[\cos(\theta_1-\theta_2)+\mathrm{i}\sin(\theta_1-\theta_2)];$$

$$\frac{r_1\mathrm{e}^{\mathrm{i}\theta_1}}{r_2\mathrm{e}^{\mathrm{i}\theta_2}}=\frac{r_1}{r_2}\mathrm{e}^{\mathrm{i}(\theta_1-\theta_2)}.$$

事实上，我们有

$$\frac{r_1(\cos\theta_1+\mathrm{i}\sin\theta_1)}{r_2(\cos\theta_2+\mathrm{i}\sin\theta_2)}=\frac{r_1(\cos\theta_1+\mathrm{i}\sin\theta_1)(\cos\theta_2-\mathrm{i}\sin\theta_2)}{r_2(\cos\theta_2+\mathrm{i}\sin\theta_2)(\cos\theta_2-\mathrm{i}\sin\theta_2)}$$

$$=\frac{r_1}{r_2}\frac{(\cos\theta_1\cos\theta_2+\sin\theta_1\sin\theta_2)+\mathrm{i}(\sin\theta_1\cos\theta_2-\cos\theta_1\sin\theta_2)}{\cos^2\theta_2+\sin^2\theta_2}$$

$$=\frac{r_1}{r_2}[\cos(\theta_1-\theta_2)+\mathrm{i}\sin(\theta_1-\theta_2)].$$

一般来说，计算复数的除法时把复数化为三角形式或指数形式比较方便．

**例 4** 计算 $4\left(\cos\frac{4\pi}{3}+\mathrm{i}\sin\frac{4\pi}{3}\right)\div2\left(\cos\frac{5\pi}{6}+\mathrm{i}\sin\frac{5\pi}{6}\right)$．

**解**

$$4\left(\cos\frac{4\pi}{3}+\mathrm{i}\sin\frac{4\pi}{3}\right)\div2\left(\cos\frac{5\pi}{6}+\mathrm{i}\sin\frac{5\pi}{6}\right)$$

$$=\frac{4\left(\cos\frac{4\pi}{3}+\mathrm{i}\sin\frac{4\pi}{3}\right)}{2\left(\cos\frac{5\pi}{6}+\mathrm{i}\sin\frac{5\pi}{6}\right)}$$

$$=2\left[\cos\left(\frac{4\pi}{3}-\frac{5\pi}{6}\right)+\mathrm{i}\sin\left(\frac{4\pi}{3}-\frac{5\pi}{6}\right)\right]=2\left[\cos\frac{\pi}{2}+\mathrm{i}\sin\frac{\pi}{2}\right]=2\mathrm{i}.$$

## 3．复数的乘方与开方

复数的 $n(n\in\mathbf{N})$ 次幂的模等于这个复数模的 $n$ 次幂，它的辐角等于这个复数的辐角的 $n$ 倍，即

$$[r(\cos\theta+\mathrm{i}\sin\theta)]^n=r^n(\cos n\theta+\mathrm{i}\sin n\theta)\ (n\in\mathbf{N}).$$

复数的 $n(n\in\mathbf{N})$ 次方根是 $n$ 个复数，它们的模都等于这个复数的模的 $n$ 次算术根，它

们的辐角分别等于这个复数的辐角与2π的 0, 1, 2 ,⋯, $n-1$ 倍的和的 $\frac{1}{n}$ ，即复数 $r(\cos\theta+\mathrm{i}\sin\theta)$ 的 $n$ 次方根是：

$$\sqrt[n]{r}\left(\cos\frac{\theta+2k\pi}{n}+\mathrm{i}\sin\frac{\theta+2k\pi}{n}\right)\ (k=0,1,\cdots,n-1).$$

**例 5**　计算 $(\sqrt{3}-\mathrm{i})^6$ .

**解**　因为 $\sqrt{3}-\mathrm{i}=2\left(\cos\frac{11\pi}{6}+\mathrm{i}\sin\frac{11\pi}{6}\right)$，所以

$$\begin{aligned}(\sqrt{3}-\mathrm{i})^6&=\left[2\left(\cos\frac{11\pi}{6}+\mathrm{i}\sin\frac{11\pi}{6}\right)\right]^6\\&=2^6(\cos11\pi+\mathrm{i}\sin11\pi)\\&=64(\cos\pi+\mathrm{i}\sin\pi)=64\cdot(-1)=-64.\end{aligned}$$

**例 6**　求 $1-\mathrm{i}$ 的立方根.

**解**　因为 $1-\mathrm{i}=\sqrt{2}\left(\cos\frac{7\pi}{4}+\mathrm{i}\sin\frac{7\pi}{4}\right)$，所以 $1-\mathrm{i}$ 的立方根是

$$\begin{aligned}&\sqrt[6]{2}\left(\cos\frac{\frac{7\pi}{4}+2k\pi}{3}+\mathrm{i}\sin\frac{\frac{7\pi}{4}+2k\pi}{3}\right)\\&=\sqrt[6]{2}\left(\cos\frac{7\pi+8k\pi}{12}+\mathrm{i}\sin\frac{7\pi+8k\pi}{12}\right)(k=0,1,2),\end{aligned}$$

即 $1-\mathrm{i}$ 的立方根是下面三个复数：

$$z_1=\sqrt[6]{2}\left(\cos\frac{7\pi}{12}+\mathrm{i}\sin\frac{7\pi}{12}\right),$$

$$z_2=\sqrt[6]{2}\left(\cos\frac{5\pi}{4}+\mathrm{i}\sin\frac{5\pi}{4}\right),$$

$$z_3=\sqrt[6]{2}\left(\cos\frac{23\pi}{12}+\mathrm{i}\sin\frac{23\pi}{12}\right).$$

## 习题 1-3

1．计算 $(1+2\mathrm{i})(3+4\mathrm{i})(5-6\mathrm{i})$.

2．计算 $\left(\frac{\sqrt{3}}{2}+\frac{1}{2}\mathrm{i}\right)^3$ .

3．计算 $(1+2\mathrm{i})\div(3-4\mathrm{i})$ .

4．已知复数 $z_1=(a^2-2)+(a-4)\mathrm{i}$，$z_2=a-(a^2-2)\mathrm{i}\,(a\in\mathbf{R})$，且 $z_1-z_2$ 为纯虚数，求 $a$ 的值.

5．已知 $z=\dfrac{(4-3\mathrm{i})^2(-1+\sqrt{3}\mathrm{i})^{10}}{(1-\mathrm{i})^{12}}$，求 $|z|$.

6．计算 $\dfrac{(1-\sqrt{3}\mathrm{i})(\cos x+\mathrm{i}\sin x)}{(1-\mathrm{i})(\cos x-\mathrm{i}\sin x)}$.

扫码查答案

## 本章小结

本章的主要内容是任意角的三角函数的概念、诱导公式、同角三角函数间的关系、两角和与差的三角函数，以及复数的概念，复数的代数、几何、三角、指数的表示方法以及复数的相关运算.

（1）掌握了诱导公式后，就可以把任意角的三角函数化为 $0\sim\dfrac{\pi}{2}$ 间角的三角函数．在诱导公式中正弦、余弦的诱导公式是最基本的公式.

（2）同角三角函数的基本关系的八个公式是进行三角恒等变换的重要基础，它们在化简三角函数式和证明三角恒等式等问题中经常用到．这八个公式间的关系可以用一个正六边形来表示.

（3）两角和与差的三角函数公式较多，关键是要掌握两角和与差的余弦公式，或两角和与差的正弦公式的其中一个，其余公式都可以由它们进行推导．需要注意的是，在半角公式中，根号前的符号由半角所在的象限决定.

（4）在复数中要注意实数、虚数、纯虚数、复数之间的关系，复数的分类如下：

- 复数
  - 实数
    - 有理数
      - 正有理数
      - 零
      - 负有理数
    - 无理数
      - 正无理数
      - 负无理数
  - 虚数

（5）在复数的运算中，加减运算比较适合复数的代数形式，乘除及乘方、开方运算比较适合复数的三角形式和指数形式.

## 测试题一

### 一、判断题

1．正弦函数 $y=\sin x$ 只在区间 $\left[-\dfrac{\pi}{2},\dfrac{\pi}{2}\right]$ 上单调递增．（　　）

2．正切函数 $y=\tan x$ 的定义域是全体实数．（　　）

3. $\cos(x+y)=\cos x\cos y+\sin x\sin y$. ( )

4. 任何一个复数都可以在复平面内找到唯一的一个点与其对应. ( )

5. 复数 $-2-\mathrm{i}$ 的模 $r=-\sqrt{5}$. ( )

6. 复数 1 的立方根等于 1. ( )

## 二、填空题

1. $a\sin 0°+b\cos 90°+\tan 180°=$__________.

2. 角 $\alpha$ 终边上一点的坐标是（3,−4），则 $\cos\alpha=$__________.

3. 已知 $\sin x=\dfrac{15}{17}$，$x\in\left(\dfrac{\pi}{2},\pi\right)$，则 $\cos\left(\dfrac{\pi}{3}-x\right)=$__________.

4. $\cos\left(x+\dfrac{\pi}{4}\right)+\cos\left(x-\dfrac{\pi}{4}\right)=$__________.

5. 复数 $8\left(\cos\dfrac{11\pi}{6}+\mathrm{i}\sin\dfrac{11\pi}{6}\right)$ 的代数形式是__________.

6. $(\cos 3x-\mathrm{i}\sin 3x)(\cos 2x-\mathrm{i}\sin 2x)=$__________.

7. $\left(1+\sqrt{3}\mathrm{i}\right)^4=$__________.

8. $\left[2\left(\cos 15°+\mathrm{i}\sin 15°\right)\right]^6=$__________.

## 三、选择题

1. $k\pi+\dfrac{3\pi}{2}$ $(k\in\mathbf{Z})$ 是（ ）.

A. 第一象限角　　B. 第二象限角

C. 第三象限角　　D. 不属于任何象限的角

2. 已知 $\sin\theta=\dfrac{m-3}{m+5}$，$\cos\theta=\dfrac{4-2m}{m+5}$ （$\dfrac{\pi}{2}<\theta<\pi$），则 $\tan\theta=$（ ）.

A. $\dfrac{4-2m}{m-3}$　　B. $\pm\dfrac{m-3}{4-2m}$

C. $-\dfrac{5}{12}$　　D. $-\dfrac{3}{4}$ 或 $-\dfrac{5}{12}$

3. 在△$ABC$ 中，已知 $\cos A=\dfrac{5}{13}$，$\sin B=\dfrac{3}{5}$，则 $\cos C$ 的值为（ ）.

A. $\dfrac{16}{65}$　　B. $\dfrac{56}{65}$

C. $\dfrac{16}{65}$ 或 $\dfrac{56}{65}$　　D. $-\dfrac{16}{65}$

4．下列等式成立的是（　　）．

A．$\arg(1-\sqrt{2})=0$

B．$\arg(-\sqrt{3}\mathrm{i})=-\dfrac{\pi}{2}$

C．$\arg(5\mathrm{i})=\dfrac{\pi}{2}$

D．$(\sin 18°+\mathrm{i}\cos 18°)^2=\sin 36°+\mathrm{i}\cos 36°$

5．$\left(\dfrac{\sqrt{3}+\mathrm{i}}{2}\right)^6+\left(\dfrac{-\sqrt{3}+\mathrm{i}}{2}\right)^6$ 的值等于（　　）．

A．2　　B．$-2$　　C．0　　D．1

6．$\dfrac{(-1+\sqrt{3}\mathrm{i})^3}{(1+\mathrm{i})^6}-\dfrac{-2+\mathrm{i}}{1+2\mathrm{i}}$ 等于（　　）．

A．0　　B．1　　C．$-1$　　D．i

## 四、解答题

1．求下列各式的值．

（1）$(1+\tan^2 x)\cos^2 x$；

（2）$(\tan x+\cot x)^2-(\tan x-\cot x)^2$．

2．化简 $\dfrac{\cot(-x-\pi)\times\sin(\pi+x)}{\cos(-x)\times\tan(2\pi+x)}$．

3．不查表，求 $\cos 105°$ 及 $\cos 15°$ 的值．

4．化简 $\sin 50°(1+\sqrt{3}\tan 10°)$．

5．求 $\sin^2 10°+\cos^2 40°+\sin 10°\cos 40°$ 的值．

6．已知复数 $z$ 满足 $|z|=5$，且 $(3-4\mathrm{i})z$ 是纯虚数，求 $z$．

7．计算 $(3+4\mathrm{i})\div(5-6\mathrm{i})$．

8．设 $(\sqrt{3}-\mathrm{i})^m=(1+\mathrm{i})^n$，求最小的自然数 $m$，$n$．

9．在复平面内，已知等边三角形的两个顶点所表示的复数分别为 2，$\dfrac{1}{2}+\dfrac{\sqrt{3}}{2}\mathrm{i}$，求第三个顶点对应的复数．

10．利用复数证明：$\cos\dfrac{\pi}{11}+\cos\dfrac{3\pi}{11}+\cdots+\cos\dfrac{9\pi}{11}=\dfrac{1}{2}$．

扫码查答案

# 第二章　函数、极限与连续

**【名人名言】**

数学发明创造的动力不是推理，而是想象力的发挥．

——德　摩

**趣味阅读——阿基里斯追龟（芝诺悖论）**

古希腊的哲学家芝诺创造了一个著名的悖论故事．阿基里斯是古希腊神话中善跑的英雄，他和乌龟展开了一场比赛．阿基里斯提出让乌龟在他前面 1 000 m 处开始跑，并且假定他的速度是乌龟的 10 倍．当比赛开始后，若阿基里斯跑了 1 000 m，所用的时间为 $t$，此时乌龟领先他 100 m；当阿基里斯跑完下一个 100 m 时，他所用的时间为 $t/10$，乌龟仍然领先他 10 m．当阿基里斯跑完下一个 10 m 时，他所用的时间为 $t/100$，乌龟仍然领先他 1 m……芝诺据此认为，阿基里斯只能越来越逼近乌龟，但是永远也追不上乌龟．

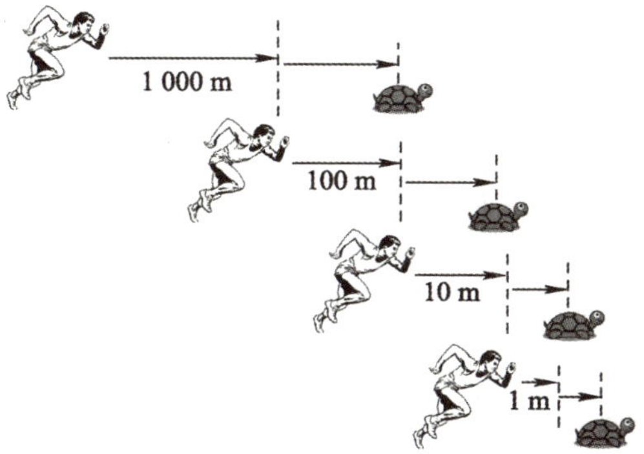


这种结论显然是错误的，但奇怪的是，从逻辑上看这种推理却没有问题．通过本章的学习，我们将用高等数学的方法，科学地解释上述问题．

**【导　学】**

函数是高等数学研究的主要对象，而极限是学习微积分的基础，也是研究微积分的重要工具，其思想和方法贯穿整个微积分的学习过程．连续函数是微积分研究的主要对象．本章主要讨论函数、函数的极限与连续性．

# 2-1 初等函数及常用的经济函数

## 一、函数

### 1. 函数的概念

在自然科学、工程经济学以及现代管理科学中都会出现大量的变量之间的函数关系．下面通过一些实例来引入函数这一重要概念．

**引例 1** 某海域昼夜水温 $T$ 和时间 $t$ 是两个变量，通过自动温度记录仪可以描绘出一条曲线，如图 2-1 所示．这个图像表示气温 $T$ 和时间 $t$ 之间的函数关系．

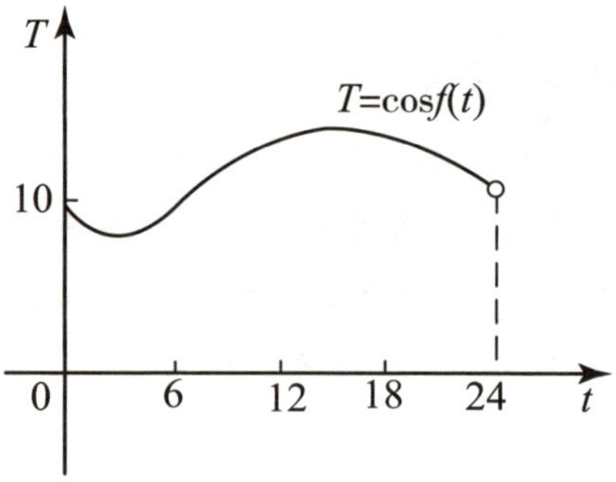


图 2-1

**引例 2** 某公司 2001 年上半年某产品的销量（单位：个）见表 2-1．

**表 2-1** （单位：个）

| 月份 $t$ | 1 | 2 | 3 | 4 | 5 | 6 |
|---|---|---|---|---|---|---|
| 销量 $y$ | 1 900 | 1 850 | 2 000 | 1 950 | 1 920 | 1 890 |

通过上表，我们可以看出 3 月份该产品的销量最多，我们可以建立销量 $y$ 与月份 $t$ 之间的函数关系，这样有助于我们把握产品的销售情况．

**引例 3** 在自由落体运动中，物体下落的距离 $s$ 随下落时间 $t$ 的变化而变化．下落距离 $s$ 与时间 $t$ 之间的依赖关系可表示为

$$s=\frac{1}{2}gt^2 .$$

**定义 1** 设有两个变量 $x$ 和 $y$，$D$ 是一个非空数集．若变量 $x$ 在集合 $D$ 内任取一个值，变量 $y$ 依照一定的法则 $f$，总有确定的值与之对应，则称变量 $y$ 是 $x$ 的**函数**，记作

$$y=f(x) , \quad x\in D ,$$

其中，$D$ 称为函数的**定义域**，$x$ 称为**自变量**，$y$ 称为**因变量**．

对于确定的 $x_0\in D$，与之对应的 $y_0$ 称为函数 $y=f(x)$ 在 $x_0$ 处的函数值，记作

$$y_0=y\big|_{x=x_0}=f(x_0) .$$

当 $x$ 取遍 $D$ 中的一切数值时，对应的函数值 $y$ 的集合称为函数 $y=f(x)$ 的值域，记作 $M$:

$$M=\{y|y=f(x),\ x\in D\}.$$

**例 1**　设函数 $f(x)=3x^2-2x-1$，求 $f(0)$， $f(1)$ 及 $f(-x)$．

**解**

$$f(0)=3\times0^2-2\times0-1=-1;$$
$$f(1)=3\times1^2-2\times1-1=0;$$
$$f(-x)=3(-x)^2-2(-x)-1=3x^2+2x-1.$$

### 2．函数的三要素

定义域、对应法则和值域称为函数的**三要素**．由函数的定义可知，定义域与对应法则一旦确定，函数也就随之唯一确定了．其中，定义域是函数的基础，对应法则是函数的关键．如果两个函数的定义域、对应法则均相同，则这两个函数称为同一函数．

**例 2**　判断下列函数是否为同一函数．

（1）函数 $y=\dfrac{x^2}{x}$ 和 $y=x$；（2）函数 $y=|x|$ 与 $y=\sqrt{x^2}$．

**解**　（1）因为函数 $y=\dfrac{x^2}{x}$ 的定义域为 $x\in\mathrm{R}$ 且 $x\neq0$，而函数 $y=x$ 的定义域为 $x\in\mathrm{R}$，它们的定义域不同，所以说函数 $y=\dfrac{x^2}{x}$ 与 $y=x$ 不是同一函数．

（2）函数 $y=|x|$ 与 $y=\sqrt{x^2}$ 的定义域都是 $x\in\mathrm{R}$，而 $y=\sqrt{x^2}=|x|$，因此函数 $y=|x|$ 与 $y=\sqrt{x^2}$ 有相同的定义域和对应法则，所以说函数 $y=|x|$ 与 $y=\sqrt{x^2}$ 表示相同的函数关系．

**例 3**　求下列函数的定义域．

（1） $f(x)=\dfrac{1}{2x-x^2}$；　　　　（2） $f(x)=\sqrt{x+3}+\ln(2-x)$．

**解**　（1）因为 $2x-x^2\neq0$，解得 $x\neq0$ 且 $x\neq2$，所以该函数的定义域为 $(-\infty,0)\cup(0,2)\cup(2,+\infty)$．

（2）因为 $\begin{cases}x+3\geqslant0\\2-x>0\end{cases}$，解得 $-3\leqslant x<2$，所以函数的定义域为 $[-3,2)$．

### 3．函数的表示法

函数通常有三种不同的表示方法：解析法、表格法和图像法．

**解析法**：用数学式子表示函数，也称公式法．由于表达简单，便于理论推导和运算，它在高等数学中是最常见的函数表示法．

**表格法**：用表格的形式表示函数，如表 2-2 以列表的形式给出了国内生产总值与年份之间的函数关系．

表 2-2 （单位：亿元）

| 年份 | 2011 | 2012 | 2013 | 2014 | 2015 | 2016 |
|---|---|---|---|---|---|---|
| 国内生产总值 | 489 300.6 | 540 367.4 | 595 244.4 | 643 974.0 | 685 505.8 | 744 127.0 |

**图像法**：用图像表示函数，其优点是形象直观，可以看到函数的变化趋势，如某地一天的气温变化曲线图、上证指数 K 线图等.

## 二、基本初等函数

幂函数、指数函数、对数函数、三角函数和反三角函数统称为基本初等函数．它们的定义域与值域、图像、特性见表 2-3.

表 2-3

| | 函数 | 定义域与值域 | 图像 | 特性 |
|---|---|---|---|---|
| 幂函数 | $y=x$ | $x\in(-\infty, +\infty)$<br>$y\in(-\infty, +\infty)$ | 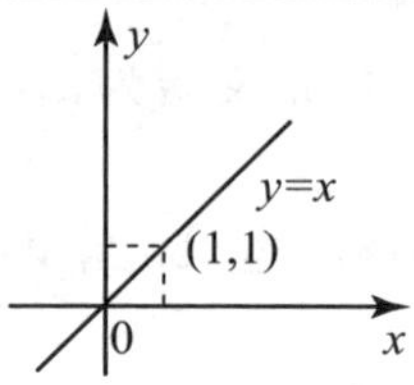 | 奇函数<br>单调增加 |
| | $y=x^2$ | $x\in(-\infty, +\infty)$<br>$y\in(0, +\infty)$ | 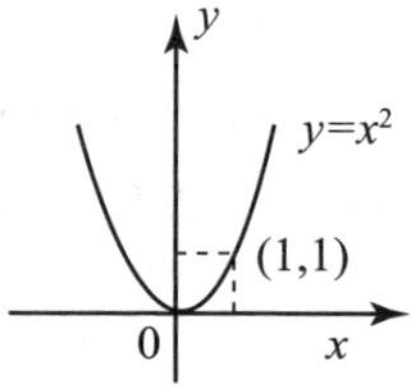 | 偶函数<br>在 $(-\infty, 0)$ 内单调减少<br>在 $(0, +\infty)$ 内单调增加 |
| | $y=x^3$ | $x\in(-\infty, +\infty)$<br>$y\in(-\infty, +\infty)$ | 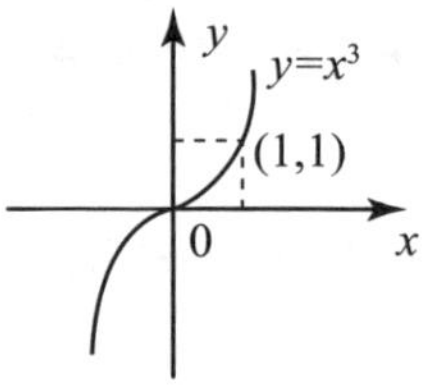 | 奇函数<br>单调增加 |
| | $y=x^{-1}$ | $x\in(-\infty, 0)\cup(0, +\infty)$<br>$y\in(-\infty, 0)\cup(0, +\infty)$ | 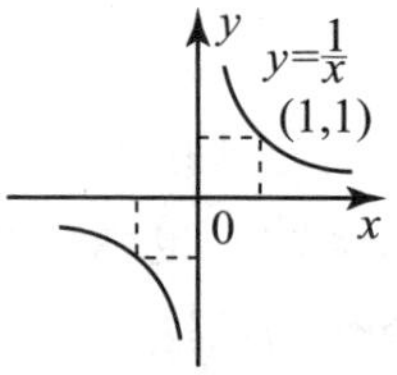 | 奇函数<br>单调减少 |
| | $y=x^{\frac{1}{2}}$ | $x\in[0, +\infty)$<br>$y\in[0, +\infty)$ | 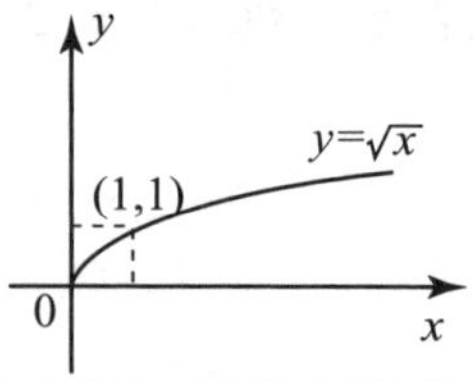 | 单调增加 |

（续表）

<table>
<tr><th></th><th>函数</th><th>定义域与值域</th><th>图像</th><th>特性</th></tr>
<tr><td rowspan="2">指数函数</td><td>$y=a^x$<br>$(a>1)$</td><td>$x\in(-\infty,+\infty)$<br>$y\in(0,+\infty)$</td><td>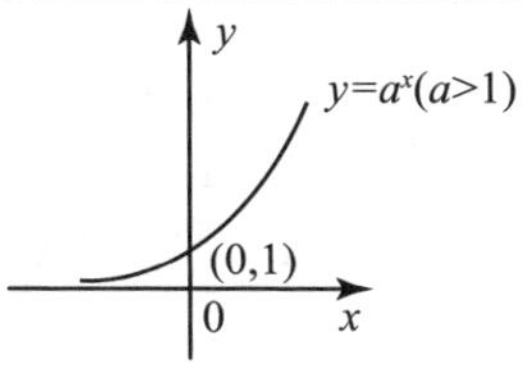
</td><td>单调增加</td></tr>
<tr><td>$y=a^x$<br>$(0<a<1)$</td><td>$x\in(-\infty,+\infty)$<br>$y\in(0,+\infty)$</td><td>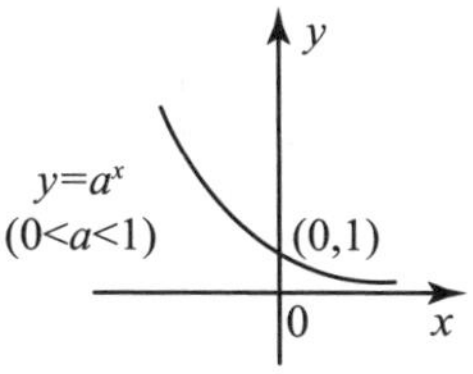
</td><td>单调减少</td></tr>
<tr><td rowspan="2">对数函数</td><td>$y=\log_a x$<br>$(a>1)$</td><td>$x\in(0,+\infty)$<br>$y\in(-\infty,+\infty)$</td><td>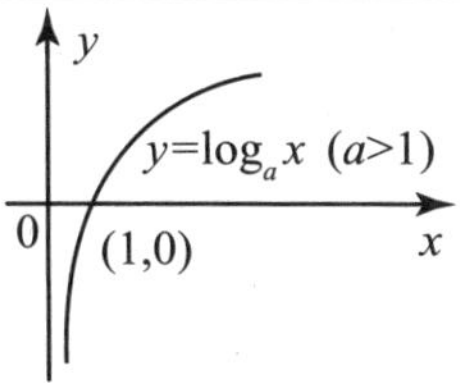
</td><td>单调增加</td></tr>
<tr><td>$y=\log_a x$<br>$(0<a<1)$</td><td>$x\in(0,+\infty)$<br>$y\in(-\infty,+\infty)$</td><td>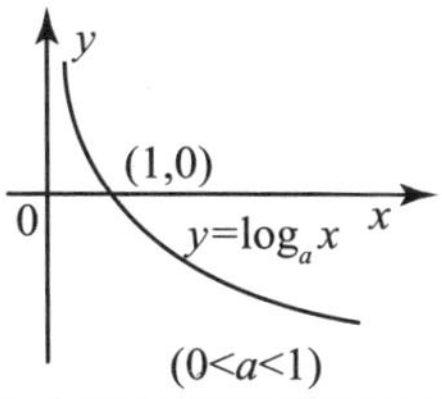
</td><td>单调减少</td></tr>
<tr><td rowspan="3">三角函数</td><td>$y=\sin x$</td><td>$x\in(-\infty,+\infty)$<br>$y\in[-1,1]$</td><td>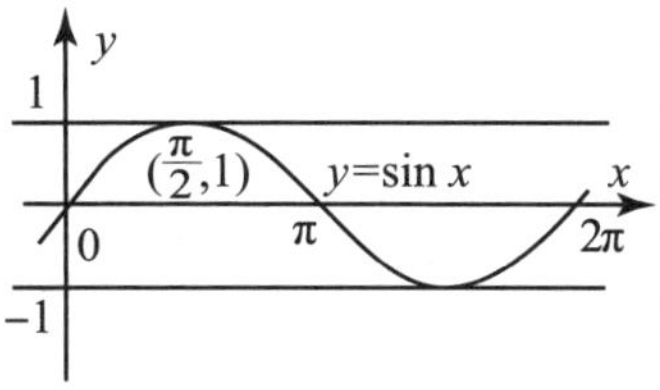
</td><td>奇函数，周期 $2\pi$，有界，在 $\left(2k\pi-\dfrac{\pi}{2},2k\pi+\dfrac{\pi}{2}\right)$ 内单调减少，在 $\left(2k\pi-\dfrac{\pi}{2},2k\pi+\dfrac{3\pi}{2}\right)$ 内单调增加</td></tr>
<tr><td>$y=\cos x$</td><td>$x\in(-\infty,+\infty)$<br>$y\in[-1,1]$</td><td>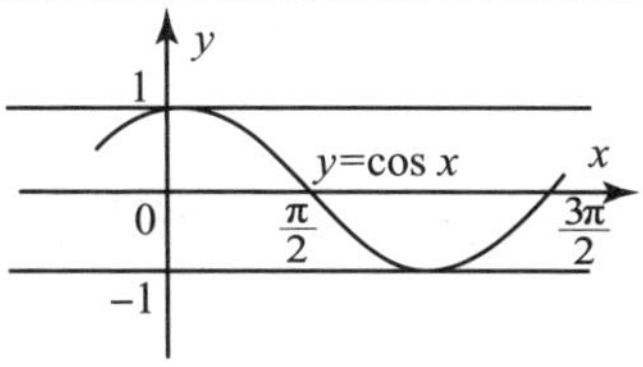
</td><td>偶函数，周期 $2\pi$，有界，在 $(2k\pi,2k\pi+\pi)$ 内单调减少，在 $(2k\pi+\pi,2k\pi+2\pi)$ 内单调增加</td></tr>
<tr><td>$y=\tan x$</td><td>$x\neq k\pi+\dfrac{\pi}{2}\ (k\in Z)$<br>$y\in(-\infty,+\infty)$</td><td>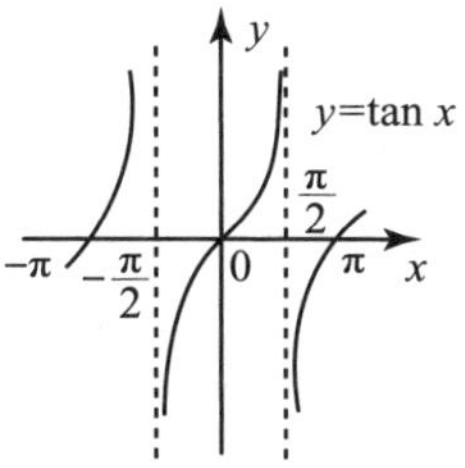
</td><td>奇函数，周期 $\pi$，有界，在 $\left(k\pi-\dfrac{\pi}{2},k\pi+\dfrac{\pi}{2}\right)$ 内单调增加</td></tr>
</table>

（续表）

| | 函数 | 定义域与值域 | 图像 | 特性 |
|---|---|---|---|---|
| 三角函数 | $y=\cot x$ | $x\neq k\pi$（$k\in Z$）<br>$y\in$（$-\infty$，$+\infty$） | 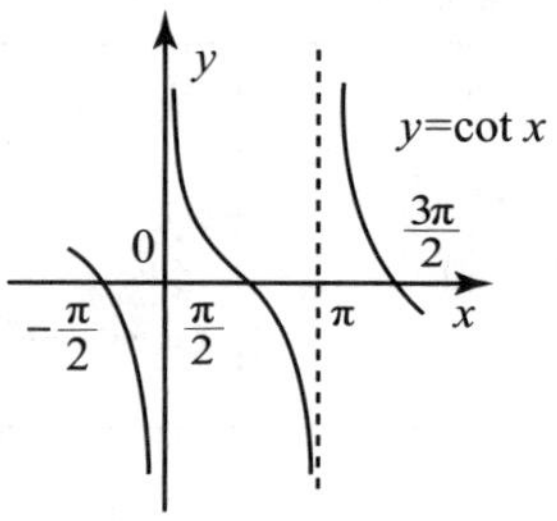 | 奇函数，周期 $\pi$，在（$k\pi$，$k\pi+\pi$）内单调减少， |
| 反三角函数 | $y=\arcsin x$ | $x\in[-1, 1]$<br>$y\in[-\frac{\pi}{2}, \frac{\pi}{2}]$ | 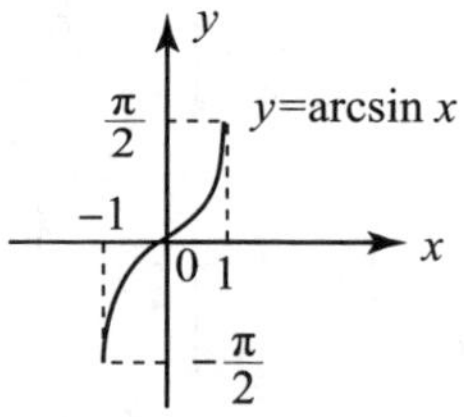 | 奇函数，单调增加，有界 |
| | $y=\arccos x$ | $x\in[-1, 1]$<br>$y\in[0, \pi]$ | 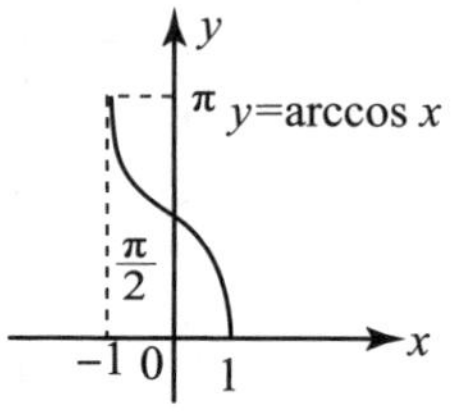 | 单调减少，有界 |
| | $y=\arctan x$ | $x\in$（$-\infty$，$+\infty$）<br>$y\in(-\frac{\pi}{2}, \frac{\pi}{2})$ | 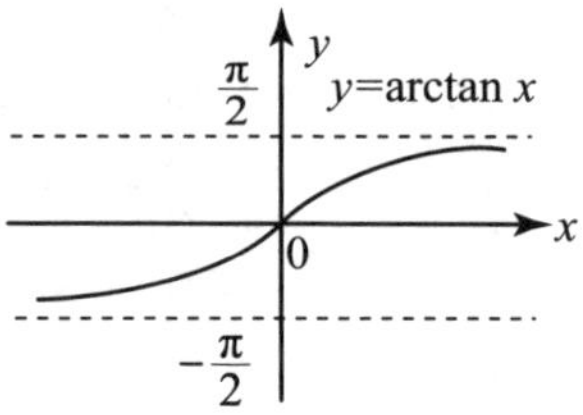 | 奇函数，单调增加，有界 |
| | $y=\text{arccot}\, x$ | $x\in$（$-\infty$，$+\infty$）<br>$y\in$（$0$，$\pi$） | 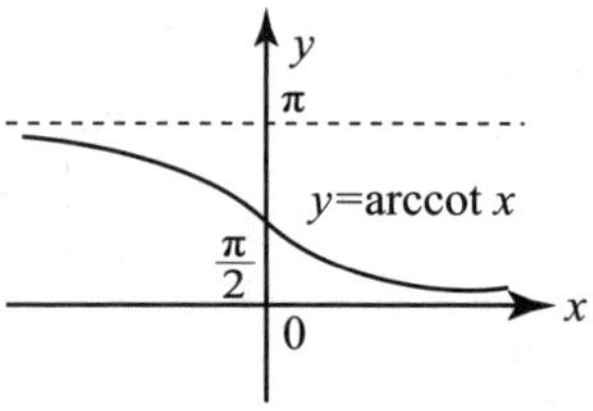 | 单调减少，有界 |

## 三、函数的几种特性

### 1. 函数的单调性

**定义2** 设函数$f(x)$在某区间$I$上有定义，如果$x_1$，$x_2 \in I$，当$x_1 < x_2$时，有$f(x_1) < f(x_2)$，那么称函数$f(x)$在$I$上是单调增加的；当$x_1 < x_2$时，有$f(x_1) > f(x_2)$，那么称函数$f(x)$在$I$上是单调减少的.

例如，$y = x^2$在区间$(-\infty, 0)$内单调减少，在区间$(0, +\infty)$内单调增加，$(-\infty, 0)$称为函数的单调减少区间，$(0, +\infty)$称为函数的单调增加区间，它们统称为函数$y = x^2$的单调区间.

单调增加函数的图像沿着$x$轴的正向上升，单调减少函数的图像沿着$x$轴的正向下降.

**注意：**

证明函数单调性的方法一般可用“做差法”或“做商法”.

“做差法”就是在定义域内任取$x_1 < x_2$，证明$f(x_1) - f(x_2) < 0$或$f(x_1) - f(x_2) > 0$.

“做商法”就是在定义域内任取$x_1 < x_2$，证明$\dfrac{f(x_1)}{f(x_2)} < 1$或$\dfrac{f(x_1)}{f(x_2)} > 1$，$f(x_2) \neq 0$.

### 2. 函数的奇偶性

**定义3** 设函数$f(x)$的定义域$I$关于原点对称，若对任意$x \in I$，都有$f(-x) = -f(x)$，那么称函数$f(x)$为**奇函数**；若对任意$x \in I$，都有$f(-x) = f(x)$，那么称函数$f(x)$为**偶函数**. 既不是奇函数，又不是偶函数的函数称为**非奇非偶函数**.

例如，$y = \sin x$，$y = x^3 - x$是奇函数；$y = \cos x$，$y = x^4 + x^2$是偶函数；$y = 2^x$，$y = \arccos x$既不是奇函数，也不是偶函数.

奇函数的图像关于原点对称，偶函数的图像关于$y$轴对称.

需要注意的是，函数$y = 0$既是奇函数也是偶函数.

### 3. 函数的周期性

**定义4** 设函数$f(x)$的定义域为$I$，如果存在一个不为零的常数$l$，对任意$x \in I$，有$x + l \in I$，且使$f(x + l) = f(x)$恒成立，那么称函数$f(x)$为周期函数. 满足上式的最小正数$l$称为函数$f(x)$的最小正周期.

通常所说的周期函数的周期是指它的最小正周期，用$T$表示.

例如，因为$\sin(x + 2\pi) = \sin x$，所以$\sin x$的周期是$T = 2\pi$.

一个以$l$为周期的周期函数，在定义域内每个长度为$l$的区间上，函数图像有相同的形状.

**注意：**

有的周期函数有无穷多个周期，但它没有最小正周期，如常数函数$y = C$.

4．函数的有界性

**定义 5** 设函数 $y=f(x)$ 在区间 $I$ 上有定义，如果存在正数 $M$，使得对于区间 $I$ 上的任何 $x$ 值，都有 $|f(x)|\leqslant M$，则称函数 $f(x)$ 在区间 $I$ 上为**有界函数**，否则称函数 $f(x)$ 在区间 $I$ 上为**无界函数**.

有界函数的图像介于两条平行直线 $y=\pm M$ 之间．例如，$y=\arctan x$ 是有界函数，其图像介于 $y=\pm\dfrac{\pi}{2}$ 两平行直线之间，而 $y=\log_2 x$ 是一个无界函数.

## 四、反函数

设函数 $y=f(x)$，如果把 $y$ 当作自变量，$x$ 当作因变量，则由关系式 $y=f(x)$ 所确定的函数 $x=\varphi(y)$ 叫作函数 $f(x)$ 的**反函数**，而函数 $f(x)$ 叫作**直接函数**.

由于习惯上采用字母 $x$ 表示自变量，而用字母 $y$ 表示因变量，因此，往往把函数 $x=\varphi(y)$ 改写成 $y=\varphi(x)$.

若在同一坐标平面上作出直接函数 $y=f(x)$ 和反函数 $y=\varphi(x)$ 的图像，则这两个图像关于直线 $y=x$ 对称．例如，函数 $y=a^x$ 和它的反函数 $y=\log_a x$ 的图像就关于直线 $y=x$ 对称，如图 2-2 所示.

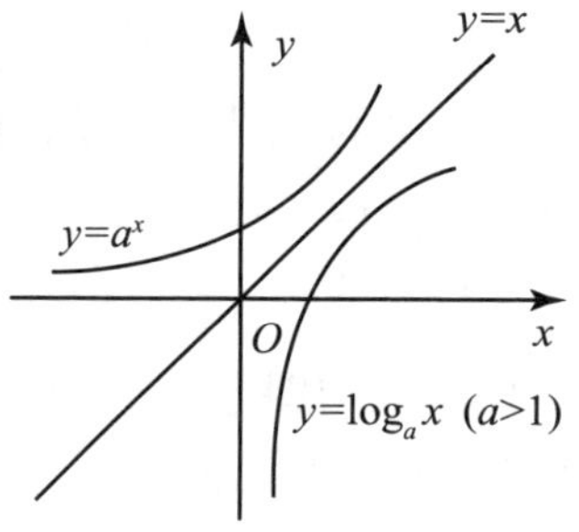


图 2-2

如果自变量取定值时，对应的函数值是唯一的，这样的函数称为**单值函数**．例如，$y=\cos x$ 是单值函数．如果自变量取定值时，对应的函数值有两个或两个以上，则这样的函数称为多值函数．例如，$\dfrac{x^2}{a^2}+\dfrac{y^2}{b^2}=1$ 是多值函数．如果没有特别说明，我们通常所说的函数指的都是单值函数.

**注意：**

（1）直接函数与其反函数互称为反函数；

（2）只有单调函数才具有反函数；

（3）求反函数时要注明其定义域.

## 五、复合函数

在实际中，常会遇到由几个较简单的函数组合而成的较复杂的函数．例如，由函数 $y=u^2$ 和 $u=\sin x$ 可以组合成 $y=\sin^2 x$；又如，由函数 $y=\ln u$ 和 $u=\mathrm{e}^x$ 可以组合成 $y=\ln\mathrm{e}^x$，这种组合称为**函数的复合**．

**定义 6** 如果 $y$ 是 $u$ 的函数，则 $y=f(u)$，而 $u$ 又是 $x$ 的函数，$u=\varphi(x)$，并且 $\varphi(x)$ 的函数值的全部或部分在 $f(u)$ 的定义域内，那么 $y$ 通过 $u$ 构成 $x$ 的函数称为 $x$ 的复合函数，记作 $y=f[\varphi(x)]$，其中 $u$ 叫作中间变量．

值得注意的是，不是任何两个函数都可以复合成一个函数，如 $y=\arccos u$ 和 $u=2+x^2$ 就不能复合成一个函数，因为对于 $u=2+x^2$ 中的任何 $u$ 值，都不能使 $y=\arccos u$ 有意义．另外，复合函数也可以由两个以上的函数复合成一个函数，如 $y=\ln u$，$u=\sin v$ 及 $v=\sqrt{x}$ 可以复合成函数 $y=\ln\sin\sqrt{x}$．

能否正确分析复合函数的构成在很大程度上决定了以后是否能熟练掌握微积分计算与应用的方法和技巧．分解复合函数的方法是将复合函数分解成基本初等函数或基本初等函数之间（或与常数）的和、差、积、商．

**例 4** 指出下列复合函数的复合过程．

（1）$y=\mathrm{e}^{\sin x}$；　　（2）$y=\ln\cos x^2$；

（3）$y=\cos^2(3x+1)$；　　（4）$y=a^{\ln\sqrt{1+2x}}$．

**解** （1）$y=\mathrm{e}^{\sin x}$ 是由 $y=\mathrm{e}^u$，$u=\sin x$ 复合而成的；

（2）$y=\ln\cos x^2$ 是由 $y=\ln u, u=\cos v, v=x^2$ 复合而成的；

（3）$y=\cos^2(3x+1)$ 是由 $y=u^2$，$u=\cos v$，$v=3x+1$ 复合而成的；

（4）$y=a^{\ln\sqrt{1+2x}}$ 是由 $y=a^u$，$u=\ln v$，$v=\sqrt{t}$，$t=1+2x$ 复合而成的．

**例 5** 将下列各题中的 $y$ 表示为 $x$ 的函数．

（1）$y=\cos u$，$u=3^x$；　　（2）$y=\ln u$，$u=\sin v$，$v=2x$．

**解** （1）$y=\cos 3^x$；　　（2）$y=\ln\sin 2x$．

## 六、初等函数

由基本初等函数和常数经过有限次四则运算或有限次的复合所构成的，并能用一个式子表示的函数叫作**初等函数**．

例如，$y=\arccos\sqrt{\dfrac{1}{x+2}}$，$y=x\ln\mathrm{e}^x-3x+2$，$y=\tan^3\dfrac{x^2+3}{2}$ 等都是初等函数．本书所讨论的函数绝大多数都是初等函数．

**注意：**

分段函数不一定是初等函数．例如，分段函数

$$f(x)=\begin{cases}1 & ,\ x\geqslant 0\\ -1 & ,\ x<0\end{cases}$$

就不是初等函数，因为它不可以由基本初等函数经过有限次的四则运算或有限次的复合得到．但分段函数

$$f(x)=\begin{cases}x & ,\ x\geqslant 0\\ -x & ,\ x<0\end{cases}$$

可以表示为 $f(x)=\sqrt{x^2}$ ，它可以看作是 $f(x)=\sqrt{u}$ 和 $u=x^2$ 复合而成的复合函数，因此它是初等函数．

## 七、常用的经济函数

在经济活动中，往往涉及许多经济量，这些量之间存在着各种相互关系，这些关系用数学模型进行描述，就形成了各种经济函数．下面介绍经济学中常用的几种函数．

1．需求函数

市场上消费者对某种商品的需求量除了与该商品的价格有关，还与消费者的收入、待用商品的价格、消费者的人数等有关．现在我们只考虑商品的需求量与价格的关系，而将其他各种量看作常量，这样，商品的需求量 $Q$ 就是价格 $P$ 的函数，称为**需求函数**，记作

$$Q=Q(p)\ .$$

一般来说，当商品的价格增加时，商品的需求量将会减少，因此，通常需求函数是单调减少函数．

常见的需求函数有：

线性需求函数　　$Q=a-bp$（$a>0$，$b>0$；$a$，$b$ 都是常数）．

二次曲线需求函数　　$Q=a-bp-cp^2$（$a>0$，$b>0$，$c>0$；$a$，$b$，$c$ 都是常数）．

指数需求函数　　$Q=a\mathrm{e}^{-bp}$（$a>0$，$b>0$；$a$，$b$ 都是常数）．

需求函数 $Q=Q(p)$ 的反函数就是**价格函数**，记作 $p=p(Q)$，反映商品的价格与需求的关系．

**例 6**　市场上某商品的需求量 $Q$ 是价格 $P$ 的线性函数．当价格 $P$ 为 50 元/件时，可售出 150 件；当价格 $P$ 为 60 元/件时，可售出 120 件．试求需求函数和价格函数．

**解**　设线性需求函数为 $Q=a-bp$ $(a>0，b>0)$．

根据题意，需确定函数中的 $a$ 和 $b$ 的值．

根据已知，当 $p=50$ 时，$Q=150$．将其代入所设函数中，有 $150=a-50b$．同理，有

$120 = a - 60b$．这就得到一个方程组

$$\begin{cases} 150 = a - 50b \\ 120 = a - 60b \end{cases},$$

解得 $a = 300$，$b = 3$．于是所求的需求函数为 $Q = 300 - 3p$．

由上式解出 $p$，即得价格函数 $p = 100 - \dfrac{Q}{3}$．

2．供给函数

市场上影响供给量的主要因素也是商品的价格，因此，商品的供给量 $Q$ 也是价格的函数，称为**供给函数**，记作 $Q = Q(p)$．

一般来说，商品的供给量随价格的上涨而增加，随价格的下降而减少，因此，供给函数是单调增加函数．

常见的供给函数有：$Q = ap - b$（$a > 0$，$b > 0$；$a$，$b$ 都是常数）；

$$Q = \frac{ap + b}{mp + n} \ (a > 0,\ b > 0,\ m > 0,\ an > bm).$$

**例 7**　市场上某商品的售价为每件 70 元时，生产厂商可以提供 4 万件商品；当每件价格增加 2 元时，生产厂商可以多提供 0.06 万件商品．试求：（1）该商品的线性供给函数；（2）当市场售价为 80 元时，厂商能提供多少件商品？

**解**　（1）由题意知

$$Q = 4 + \frac{0.06}{2} \times (p - 70) = 0.03p + 1.9;$$

（2）当 $p = 80$ 元时，商品的供应量是

$$Q = 0.03 \times 80 + 1.9 = 4.3 \text{（万件）}.$$

3．市场均衡

对一种商品而言，如果需求量等于供给量，则这种商品的供需就达到了市场均衡．假设 $Q_d$，$Q_s$ 分别表示需求函数和供给函数，以线性需求函数和线性供给函数为例，令

$$Q_d = Q_s,\quad a - bp = cp - d,\quad p = \frac{a + d}{b + c} = p_0,$$

这个价格 $p_0$ 称为该商品的**市场均衡价格**．而 $Q_d = Q_s = Q_0$ 称为该商品的**市场均衡数量**．

**例 8**　已知某商品的供给函数和需求函数分别是 $Q_d = 25p - 10$ 和 $Q_s = 200 - 5p$，求该商品的市场均衡价格和市场均衡数量．

**解**　由均衡条件 $Q_d = Q_s$，得

$$25p - 10 = 200 - 5p,\ 30p = 210,\ p = 7.$$

从而

$$Q_0 = 25p - 10 = 165,$$

即市场均衡价格为 7，市场均衡数量为 165．

4．成本函数、收入函数与利润函数

**产品成本**是指以货币形式表现的企业生产和销售产品的全部费用支出．产品成本可分为固定成本和可变成本两部分．**成本函数**表示费用总额与产量（或销售量）之间的相互关系．**固定成本**（常用$C_1$表示）是尚未生产产品时的支出，它在一定限度内是不随产量变动的费用，如厂房费用、机器折旧费用、一般管理费用、管理人员工资等．**可变成本**（常用$C_2$表示）是随产品变动而变动的费用，如原材料、燃料和动力费用、生产工人的工资等．

以$x$表示产量，$C$表示总成本，则$C$与$x$之间的函数关系称为**总成本函数**，记作$C=C(x)=C_1+C_2$（$x\geqslant 0$）．

**平均成本**是平均每个单位产品的成本，记作$\overline{C(x)}=\dfrac{C(x)}{x}$（$x>0$）．

销售某产品的收入$R$等于产品的单位价格$p$与销售量$x$的乘积，即$R=px$，称其为**收入函数**．而销售利润$L$等于收入$R$减去成本$C$，即$L=R-C$，称其为**利润函数**．

当$L=R-C>0$时，生产者盈利；

当$L=R-C<0$时，生产者亏本；

当$L=R-C=0$时，生产者盈亏平衡，使$L(x)=0$的点$x_0$称为盈亏平衡点（也叫保本点）．

**例9** 某电器公司生产一种新产品，根据市场调查得出需求函数为$Q(p)=-900p+45\,000$．该公司生产该产品的固定成本是270 000元，而单位的可变成本是10元，为获得最大利润，出厂价格应为多少？

**解** 以$Q$表示产量，$C$表示成本，$p$表示价格，则有

$$C(Q)=10Q+270\,000,$$

而需求函数为

$$Q=-900p+45\,000,$$

代入得

$$C(p)=-9\,000p+720\,000.$$

则收入函数为

$$R(p)=pQ=p(-900p+45\,000)=-900p^2+45\,000p,$$

利润函数为

$$L(p)=R(p)-C(p)=(-900p^2+45\,000p)-(-9\,000p+720\,000).$$

$$=-900(p-30)^2+90\,000.$$

由于利润函数是一个二次函数，容易求得，当价格$p$=30元时，利润$L$=90 000元为最大利润，在此价格下，可望销售量为

$$Q=-900\times 30+45\,000=18\,000\ （单位）.$$

## 习题 2-1

1．求下列函数的定义域．

（1）$y=\dfrac{2x}{x^2-x}$；　　（2）$y=\lg\sqrt{\dfrac{1-x}{1+x}}$；

（3）$y=\arcsin\dfrac{x-2}{3}+\sqrt{x-1}$；　　（4）$y=\sqrt{\sin x}+\dfrac{1}{\ln(2+x)}$.

2．判断下列函数的奇偶性.

（1）$f(x)=2x^2-5\cos x$；　　（2）$f(x)=x+\sin x+e^x$

（3）$f(x)=x\sin\dfrac{1}{x}$；　　（4）$f(x)=\tan x+\cos x$.

3．下列函数哪些是周期函数？对于周期函数，指出其周期.

（1）$y=\sin^2 x$；　　（2）$y=3\sin(\dfrac{1}{2}x+\dfrac{\pi}{6})$；

（3）$y=\sin x+\dfrac{1}{2}\sin 2x$；　　（4）$y=x\sin x$.

4．求下列函数的反函数.

（1）$y=\sqrt[3]{2x-1}$；　　（2）$y=\dfrac{1-x}{1+x}$；

（3）$y=\dfrac{e^x-1}{e^x+1}$；　　（4）$y=\sqrt{1-x^3}$.

5．指出下列函数的复合过程.

（1）$y=\sqrt[3]{2x-1}$；　　（2）$y=e^{\sqrt{x-2}}$；

（3）$y=\arccos(1-x^2)$；　　（4）$y=\sin e^{-x}$；

（5）$y=\ln(3x^2+2)$；　　（6）$y=\ln\ln\ln^4 x$.

6．写出下列函数的复合函数.

（1）$y=u^3$，$u=\cos v$，$v=x+2$；　　（2）$y=\sqrt{u}$，$u=\cos x$.

7．设某商品的需求关系是 $2Q+p=40$，其中 $Q$ 是商品量，$p$ 是该商品的价格，求销售 10 件该商品的总收入.

8．某厂生产车床，总成本函数为 $C(q)=900+20q+q^2$ 千元，求生产 200 件该产品的总成本和平均成本.

扫码查答案

## 2-2　函数的极限

### 一、极限的概述

极限思想产生于求某些实际问题的精确值．如古代数学家刘徽（公元 3 世纪）的“割圆术”，就是根据极限的思想利用圆内接正多边形来推算圆的面积的；春秋战国时期的哲学家庄子（公元前 4 世纪）在《庄子·天下篇》中对“截丈问题”有一段名言：“一尺之棰，日截其半，万世不竭.”其中也隐含了深刻的极限思想．现在，极限广泛应用于社会生活和科学研究的各个方面．例如，100℃的一杯水，放在 20℃的恒温房间里，水温会怎样变化等．本节我们将带领大家走进极限的世界．

## 二、数列的极限

**引例 1** 若一根长 1m 的木棒，每天截取一半，则剩余棒的长度可表示为如下数列：

$$\frac{1}{2},\frac{1}{4},\frac{1}{8},\frac{1}{16},\cdots,\frac{1}{2^n},\cdots$$

可见，随着截取的天数 $n$ 增多，剩余棒的长度越来越短，当天数 $n$ 无限增大时，数列 $\left\{\frac{1}{2^n}\right\}$ 无限趋近于 0.

**定义 7** 按一定顺序排列的一列数，叫作**数列**．组成数列的每个数叫作这个数列的**项**，第一个数叫作数列的第一项，记作 $a_1$；第二个数叫作数列的第二项，记作 $a_2$……第 $n$ 个数叫作数列的第 $n$ 项，也叫**通项**，记作 $a_n$．数列一般可以写成 $a_1, a_2, \cdots, a_n, \cdots$ 并记作 $\{a_n\}$，有时也简记作 $a_n$．

例如，1 ，$\frac{1}{2}$，$\frac{1}{3}$，$\cdots\frac{1}{n}$，$\cdots$ 可记作 $\left\{\frac{1}{n}\right\}$．

**定义 8** 如果当 $n$ 无限增大时，数列 $\{a_n\}$ 无限接近于一个确定的常数 $A$，则称常数 $A$ 是数列 $\{a_n\}$ 的极限，或称数列 $\{a_n\}$ 收敛于 $A$，记作 $\lim\limits_{n\to\infty} a_n = A$，或 $a_n \to A(n\to\infty)$．

例如，当 $n\to\infty$ 时，数列 $\left\{\frac{2n+(-1)^{n+1}}{n}\right\}$ 的极限是 2，可记作 $\lim\limits_{n\to\infty}\frac{2n+(-1)^{n+1}}{n}=2$，或 $\frac{2n+(-1)^{n+1}}{n}\to 2\ (n\to\infty)$．

**注意：**

（1）在数列极限中数项 $n$ 都是趋于正无穷大的．

（2）只有无穷数列才可能存在极限．

**例 1** 观察下列数列的变化趋势，写出它们的极限．

（1）$a_n=\frac{1}{n}$；　　（2）$a_n=3-\frac{1}{n^3}$；

（3）$a_n=(-\frac{1}{3})^n$；　　（4）$a_n=100$．

**解** 计算出数列的前几项，考查当 $n\to\infty$ 时数列的变化趋势（见表 2-4）．

表 2-4

| $n$ | 1 | 2 | 3 | 4 | … | $\infty$ |
|---|---|---|---|---|---|---|
| （1） $a_n=\frac{1}{n}$ | $\frac{1}{1}$ | $\frac{1}{2}$ | $\frac{1}{3}$ | $\frac{1}{4}$ | … | 0 |
| （2） $a_n=3-\frac{1}{n^3}$ | $3-\frac{1}{1}$ | $3-\frac{1}{8}$ | $3-\frac{1}{27}$ | $3-\frac{1}{64}$ | … | 3 |
| （3） $a_n=(-\frac{1}{3})^n$ | $-\frac{1}{3}$ | $\frac{1}{9}$ | $-\frac{1}{27}$ | $\frac{1}{81}$ | … | 0 |
| （4） $a_n=100$ | 100 | 100 | 100 | 100 | … | 100 |

从表 2-4 可以看出，它们的极限分别是：

（1） $\lim\limits_{n\to\infty} a_n=\lim\limits_{n\to\infty}\frac{1}{n}=0$；

（2） $\lim\limits_{n\to\infty} a_n=\lim\limits_{n\to\infty}\left(3-\frac{1}{n^3}\right)=3$；

（3） $\lim\limits_{n\to\infty} a_n=\lim\limits_{n\to\infty}\left(-\frac{1}{3}\right)^n=0$；

（4） $\lim\limits_{n\to\infty} a_n=\lim\limits_{n\to\infty}100=100$.

## 三、函数的极限

**引例 2**　水温为 100℃的一杯水，放在 20℃的恒温房间里，随着时间 $t$ 的推移，水的温度 $H$ 将逐渐降低，即二者之间具有函数关系 $H=H(t)$．水温会越来越接近房间内的温度 20℃，我们把 20℃称为水的极限温度.

我们在研究函数时，常常需要研究在自变量的某个变化过程中，对应的函数值是否无限地接近某个确定的常数．如果存在这样的常数，则称此常数为函数在自变量的这个变化过程中的极限．自变量的变化过程不同，函数极限概念也就表现为不同的形式.

### 1．当 $x\to\infty$时，函数 $f(x)$的极限

我们先列表考查函数 $f(x)=\frac{2}{x}$ 当 $x\to\infty$ 时的变化趋势（见表 2-5）.

表 2-5

| $x$ | ± 10 000 | ± 1 000 000 | ± 100 000 000 | ± 1 000 000 000 | $\to\infty$ |
|---|---|---|---|---|---|
| $\frac{2}{x}$ | ± 0.000 2 | ± 0.000 002 | ± 0.000 000 02 | ± 0.000 000 002 | $\to 0$ |

由表 2-5 可知，当 $x\to\infty$ 时，$f(x)=\frac{2}{x}$ 的值无限接近于零，即当 $x\to\infty$ 时，$f(x)\to 0$．如

图 2-3 所示，这种变化趋势是明显的，当 $x \to \infty$ 时，函数 $f(x)=\dfrac{2}{x}$ 的图像无限接近于 $x$ 轴.

因此有如下的定义：

**定义 9** 如果当 $x$ 的绝对值无限增大（$x \to \infty$）时，函数 $f(x)$ 无限接近于一个确定的常数 $A$，那么 $A$ 称为函数 $f(x)$ 当 $x \to \infty$ 时的极限，记作 $\lim\limits_{x \to \infty} f(x)=A$，或当 $x \to \infty$ 时，$f(x) \to A$.

由定义可知，当 $x \to \infty$ 时，$f(x)=\dfrac{1}{x}$ 的极限是 0，即 $\lim\limits_{x \to \infty}\dfrac{1}{x}=0$.

在上述定义中，自变量 $x$ 的绝对值无限增大指的是 $x$ 取正值时无限增大（记作 $x \to +\infty$），同时取负值时其绝对值也无限增大（记为 $x \to -\infty$）. 但有时自变量的变化趋势只能或只需取这两种变化中的一种情形，为此有下面的定义：

**定义 10** 如果当 $x \to +\infty$（或 $x \to -\infty$）时，函数 $f(x)$ 无限接近于一个确定的常数 $A$，那么 $A$ 称为函数 $f(x)$ 当 $x \to +\infty$（或 $x \to -\infty$）时的极限，记作 $\lim\limits_{\substack{x \to +\infty \\ (x \to -\infty)}} f(x)=A$，或当 $x \to +\infty$（$x \to -\infty$）时，$f(x) \to A$.

例如，由图 2-3 可知，$\lim\limits_{x \to +\infty}\dfrac{2}{x}=0$ 及 $\lim\limits_{x \to -\infty}\dfrac{2}{x}=0$，这两个极限与 $\lim\limits_{x \to \infty}\dfrac{2}{x}=0$ 相等，都是 0.

又如，由图 2-4 可知，$\lim\limits_{x \to +\infty} \arctan x=\dfrac{\pi}{2}$ 及 $\lim\limits_{x \to -\infty} \arctan x=-\dfrac{\pi}{2}$. 因为当 $x \to +\infty$ 和 $x \to -\infty$ 时，函数 $\arctan x$ 不是无限接近于同一个确定的常数，所以 $\lim\limits_{x \to \infty} \arctan x$ 不存在.

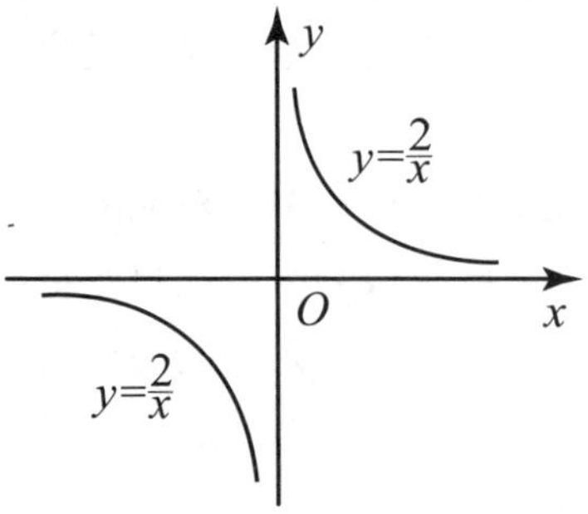


图 2-3

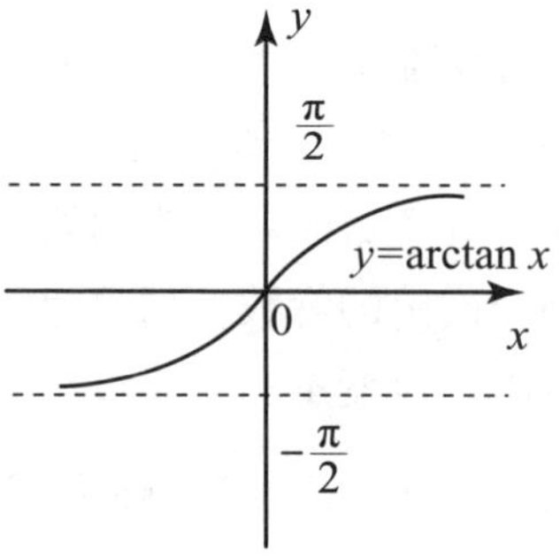


图 2-4

由上面的讨论，我们得出下面的定理：

**定理 1** $\lim\limits_{x \to \infty} f(x)=A$ 的充要条件是 $\lim\limits_{x \to +\infty} f(x)=\lim\limits_{x \to -\infty} f(x)=A$.

证明从略.

**例 2** 求 $\lim\limits_{x \to +\infty} \mathrm{e}^{-x}$ 和 $\lim\limits_{x \to -\infty} \mathrm{e}^{x}$.

**解** 由图 2-5 可知，$\lim\limits_{x \to +\infty} \mathrm{e}^{-x}=0$，$\lim\limits_{x \to -\infty} \mathrm{e}^{x}=0$.

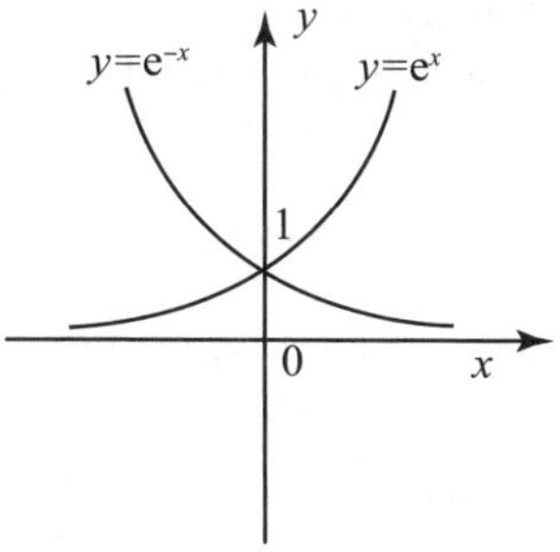


图 2-5

**例 3**　讨论当 $x\to\infty$ 时，函数 $y=\text{arccot}x$ 的极限.

**解**　因为 $\lim\limits_{x\to+\infty}\text{arccot}x=0$， $\lim\limits_{x\to-\infty}\text{arccot}x=\pi$ .

这两个极限存在但不相等，所以 $\lim\limits_{x\to\infty}\text{arccot}x$ 不存在.

2．当 $x\to x_0$ 时，函数 $f(x)$的极限

先列表考查函数 $f(x)=\dfrac{x}{2}+5$ 当 $x\to 2$ 时的变化趋势（见表 2-6、表 2-7).

表 2-6

| $x$ | 2.1 | 2.01 | 2.001 | 2.0 001 | … | →2 |
|---|---|---|---|---|---|---|
| $f(x)$ | 6.05 | 6.005 | 6.0 005 | 6.00 005 | … | →6 |

表 2-7

| $x$ | 1.9 | 1.99 | 1.999 | 1.999 9 | … | →2 |
|---|---|---|---|---|---|---|
| $f(x)$ | 5.95 | 5.995 | 5.999 5 | 5.999 95 | … | →6 |

由表 2-6 和表 2-7 可知，当 $x\to2$ 时，$f(x)=\dfrac{x}{2}+5$ 的值无限地接近于 6，如图 2-6 所示. 这种变化趋势是明显的，当 $x\to2$ 时，直线上的点沿着直线从两个方向逼近点(2,6).

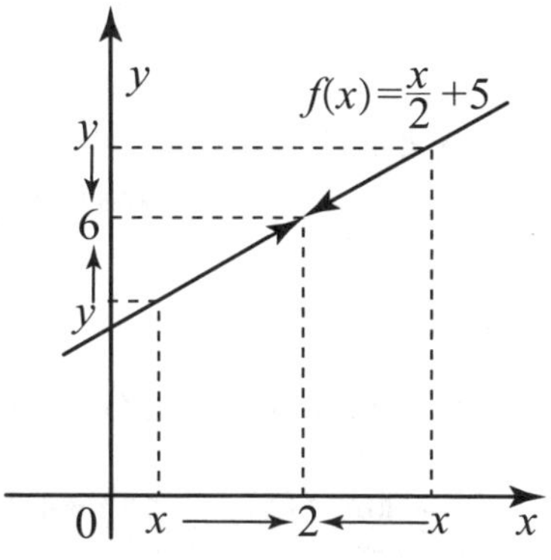


图 2-6

**定义 11** 如果当 $x$ 无限接近于定值 $x_0$，即 $x\to x_0$ 时，函数 $f(x)$ 无限接近于一个确定的常数 $A$，则称 $A$ 为函数 $f(x)$ 当 $x\to x_0$ 时的极限，记作 $\lim\limits_{x\to x_0} f(x)=A$ 或当 $x\to x_0$ 时，$f(x)\to A$ .

由定义可知，当 $x\to 2$ 时，$f(x)=\dfrac{x}{2}+5$ 的极限是 6，即 $\lim\limits_{x\to 2}(\dfrac{x}{2}+5)=6$ .

**例 4** 考查极限 $\lim\limits_{x\to x_0} C$（$C$ 为常数）和 $\lim\limits_{x\to x_0} x$ 的变化趋势.

**解** 因为当 $x\to x_0$ 时，$f(x)$ 的值恒为 $C$，所以 $\lim\limits_{x\to x_0} f(x)=\lim\limits_{x\to x_0} C=C$ .

因为当 $x\to x_0$ 时，$\varphi(x)=x$ 的值无限接近于 $x_0$，所以 $\lim\limits_{x\to x_0}\varphi(x)=\lim\limits_{x\to x_0} x=x_0$ .

3．当 $x\to x_0$ 时，$f(x)$ 的左右极限

因为 $x\to x_0$ 有左右两种趋势，而当 $x$ 仅从某一侧趋近于 $x_0$ 时，只需讨论函数的单边趋势，于是有下面的定义：

**定义 12** 如果当 $x$ 从 $x_0$ 左侧无限接近 $x_0$（记为 $x\to x_0-0$）时，函数 $f(x)$ 无限接近于一个确定的常数 $A$，则称 $A$ 为函数 $f(x)$ 当 $x\to x_0$ 时的左极限，记作 $\lim\limits_{x\to x_0-0} f(x)=A$ 或 $f(x_0-0)=A$ 或 $\lim\limits_{x\to x_0^-} f(x)=A$ .

如果当 $x$ 从 $x_0$ 右侧无限接近 $x_0$（记为 $x\to x_0+0$）时，函数 $f(x)$ 无限接近于一个确定的常数 $A$，则称 $A$ 为函数 $f(x)$ 当 $x\to x_0$ 时的右极限，记作 $\lim\limits_{x\to x_0+0} f(x)=A$ 或 $f(x_0+0)=A$ 或 $\lim\limits_{x\to x_0^+} f(x)=A$ .

由函数 $f(x)=\dfrac{x}{2}+5$ 当 $x\to 2$ 时的变化趋势可知，$f(2-0)=\lim\limits_{x\to 2^-} f(x)=\lim\limits_{x\to 2^-}(\dfrac{x}{2}+5)=6$ ，$f(2+0)=\lim\limits_{x\to 2^+} f(x)=\lim\limits_{x\to 2^+}(\dfrac{x}{2}+5)=6$ ，这时 $f(2-0)=f(2+0)=\lim\limits_{x\to 2}(\dfrac{x}{2}+5)=6$ .

由上面的讨论，我们得出下面的定理：

**定理 2** $\lim\limits_{x\to x_0} f(x)=A$ 的充要条件是 $f(x_0-0)=f(x_0+0)=A$ .

证明从略.

**例 5** 讨论函数 $f(x)=\begin{cases} x-1, & x<0 \\ 0, & x=0 \\ x+1, & x>0 \end{cases}$ 当 $x\to 0$ 时的极限.

**解** 观察图 2-7 可知，

$$f(0-0)=\lim_{x\to 0^-} f(x)=\lim_{x\to 0^-}(x-1)=-1,$$

$$f(0+0)=\lim_{x\to 0^+} f(x)=\lim_{x\to 0^+}(x+1)=1.$$

因此，当$x\to 0$时，$f(x)$的左右极限存在但不相等，所以极限$\lim\limits_{x\to 0}f(x)$不存在.

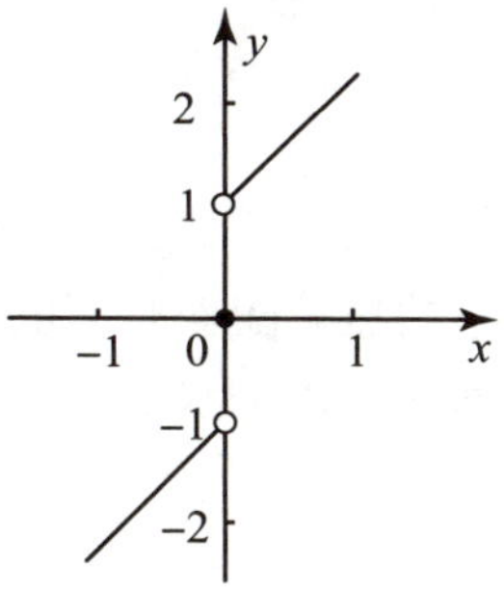


图 2-7

**例 6**　考查数列$x_n=1-\dfrac{1}{10^n}$当$n\to\infty$时的变化趋势，并写出其极限.

**解**　因为当$n\to\infty$时，$\dfrac{1}{10^n}\to 0$，$1-\dfrac{1}{10^n}\to 1$，所以$\lim\limits_{n\to\infty}(1-\dfrac{1}{10^n})=1$.

数列极限是函数极限的特例．用函数的观点来看，数列$x_n=f(n)$的极限为$A$就是当自变量$n$取正整数且无限增大时，对应的函数值$f(n)$无限地接近于确定的常数$A$.

## 习题 2-2

1．观察并写出下列极限值.

（1）$\lim\limits_{x\to\infty}\dfrac{1}{x^3+1}$；　（2）$\lim\limits_{x\to\infty}(\dfrac{1}{10})^x$；

（3）$\lim\limits_{x\to-\infty}2^x$；　（4）$\lim\limits_{x\to\frac{\pi}{4}}\tan x$；

（5）$\lim\limits_{n\to\infty}\dfrac{1}{2^n}$；　（6）$\lim\limits_{n\to\infty}\dfrac{3n}{2n+1}$；

（7）$\lim\limits_{x\to\infty}e^{-3x}$；　（8）$\lim\limits_{x\to 1}\arctan x$.

2．讨论函数$f(x)=\begin{cases}x^2+1, & x<1\\ 1, & x=1\\ -1, & x>1\end{cases}$当$x\to 1$时的极限.

3．讨论函数$y=\dfrac{x^2-1}{x+1}$当$x\to -1$时的极限.

4．设函数$f(x)=\begin{cases}a+\sin x, & x>0\\ 1+x^2, & x<0\end{cases}$，且极限$\lim\limits_{x\to 0}f(x)$存在，求$a$的值.

扫码查答案

## 2-3 无穷小量与无穷大量

### 一、无穷小量

在实际问题中，我们经常遇到极限为零的变量．例如，单摆离开铅直位置而摆动，由于空气阻力和机械摩擦力的作用，它的振幅随着时间的增加而逐渐减小并趋于零．又如，电容器放电时，其电压随着时间的增加而逐渐减小并趋于零．对于这样的变量，我们称之为无穷小量，简称为无穷小．

1．无穷小量的定义

**定义 13** 如果当 $x \to x_0$（或 $x \to \infty$）时，函数 $f(x)$ 的极限为 0，那么函数 $f(x)$ 叫作当 $x \to x_0$（或 $x \to \infty$）时的**无穷小量**，简称无穷小．

例如，因为 $\lim\limits_{x \to 1}(x-1)=0$，所以函数 $x-1$ 是当 $x \to 1$ 时的无穷小；

又如，因为 $\lim\limits_{x \to \infty}\dfrac{1}{x}=0$，所以函数 $\dfrac{1}{x}$ 是当 $x \to \infty$ 时的无穷小．

但是 $\lim\limits_{x \to 0}(x-1)=-1$，$\lim\limits_{x \to 2}\dfrac{1}{x}=\dfrac{1}{2}$ 都不是无穷小．

**注意：**

（1）判断函数 $f(x)$ 是否为无穷小，必须指明自变量的变化趋势；

（2）无穷小量是一个极限为零的函数，而不是一个绝对值很小的数；

（3）常数中只有“0”可以看成是无穷小，因为 $\lim\limits_{\substack{x \to \infty \\ (x \to x_0)}} 0=0$．

2．无穷小的性质

无穷小有以下性质：

**性质 1** 有限个无穷小的代数和仍是无穷小．

**注意：**

此性质特别强调“有限个”，因为无限个无穷小之和可能不是无穷小．

例如，当 $x \to \infty$ 时，$\dfrac{1}{x}$ 是无穷小，但下式

$$\underbrace{\frac{1}{x}+\frac{1}{x}+\cdots+\frac{1}{x}}_{x\text{个}}$$

的值并不是无穷小，而是 1．

**性质 2** 有限个无穷小的乘积仍是无穷小．

**性质 3** 有界函数与无穷小的乘积仍是无穷小．

**推论**　常数与无穷小的乘积是无穷小.

证明从略.

**例 1**　求 $\lim\limits_{x\to 0} x^3 \sin\dfrac{1}{x}$.

**解**　因为 $x^3$ 是当 $x\to 0$ 时的无穷小，而 $\sin\dfrac{1}{x}$ 是一个有界函数，所以 $\lim\limits_{x\to 0} x^3 \sin\dfrac{1}{x} = 0$.

3. 函数极限与无穷小的关系

**定理 3**　在自变量的同一变化过程 $x\to x_0$（或 $x\to\infty$）中，具有极限的函数等于它的极限与一个无穷小之和；反之，如果函数可表示为常数与无穷小之和，那么该常数就是这个函数的极限.

**证**　设 $\lim\limits_{x\to x_0} f(x)=A$，令 $\alpha=f(x)-A$，则

$$\lim_{x\to x_0}\alpha=\lim_{x\to x_0}[f(x)-A]=\lim_{x\to x_0}f(x)-\lim_{x\to x_0}A=0.$$

这说明 $\alpha$ 是当 $x\to x_0$ 时的无穷小. 因为 $\alpha=f(x)-A$，所以 $f(x)=A+\alpha$.

请读者证明第二部分.

## 二、无穷大量

1. 无穷大量的定义

**定义 14**　如果当 $x\to x_0$（或 $x\to\infty$）时，函数 $f(x)$ 的绝对值无限增大，那么函数 $f(x)$ 叫作当 $x\to x_0$（或 $x\to\infty$）时的**无穷大量**，简称无穷大.

例如，当 $x\to 0$ 时，$\dfrac{1}{x}$ 是一个无穷大；又如，当 $x\to\infty$ 时，$x^2-1$ 是一个无穷大.

**注意：**

(1) 无穷大是一个函数，而不是一个绝对值很大的常数；

(2) 判断一个函数是否为无穷大，必须指明自变量的变化趋势.

2. 无穷大与无穷小的关系

无穷大与无穷小有以下关系：

在自变量的同一变化过程中，如果 $f(x)$ 为无穷大，则 $\dfrac{1}{f(x)}$ 是无穷小；反之，如果 $f(x)$ 为无穷小，且 $f(x)\neq 0$，则 $\dfrac{1}{f(x)}$ 是无穷大.

利用这个关系，可以求一些函数的极限.

**例 2** 求 $\lim\limits_{x\to1}\dfrac{x+1}{x-1}$.

**解** 因为 $\lim\limits_{x\to1}\dfrac{x-1}{x+1}=0$，所以 $\lim\limits_{x\to1}\dfrac{x+1}{x-1}=\infty$.

**例 3** 求 $\lim\limits_{x\to\infty}\dfrac{x^3-2x+3}{x^2-1}$.

**解** 因为 $\lim\limits_{x\to\infty}\dfrac{x^2-1}{x^3-2x+3}=\lim\limits_{x\to\infty}\dfrac{\dfrac{1}{x}-\dfrac{1}{x^3}}{1-\dfrac{2}{x^2}+\dfrac{3}{x^3}}=0$，所以 $\lim\limits_{x\to\infty}\dfrac{x^3-2x+3}{x^2-1}=\infty$.

## 三、无穷小的比较

我们已经知道，两个无穷小的和、差及积仍然是无穷小．但是，关于两个无穷小的商，却会出现不同的情况．当 $x\to0$ 时，$x$，$3x$，$x^2$，$\sin x$ 都是无穷小，而 $\lim\limits_{x\to0}\dfrac{x^2}{3x}=\lim\limits_{x\to0}\dfrac{x}{3}=0$，$\lim\limits_{x\to0}\dfrac{3x}{x^2}=\lim\limits_{x\to0}\dfrac{3}{x}=\infty$，$\lim\limits_{x\to0}\dfrac{\sin x}{3x}=\dfrac{1}{3}$，$\lim\limits_{x\to0}\dfrac{3x}{\sin x}=3$.

两个无穷小之比的极限的各种不同情况反映了不同的无穷小趋向零的快慢程度．例如，从表 2-8 可以看出，当 $x\to0$ 时，$x^2\to0$ 比 $3x\to0$ 要“快些”，反过来，$3x\to0$ 比 $x^2\to0$ 要“慢些”，而 $\sin x\to0$ 与 $3x\to0$“快慢相近”.

**表 2-8**

| | | | | | | |
|---|---|---|---|---|---|---|
| $x$ | 1 | 0.1 | 0.01 | 0.001 | → | 0 |
| $3x$ | 3 | 0.3 | 0.03 | 0.003 | → | 0 |
| $x^2$ | 1 | 0.01 | 0.000 1 | 0.000 001 | → | 0 |
| $\sin x$ | 0.841 5 | 0.099 8 | 0.009 9 | 0.000 999 | → | 0 |

我们还可以发现，趋向零较快的无穷小（$x^2$）与趋向零较慢的无穷小（$3x$）之商的极限为零；趋向零较慢的无穷小（$3x$）与趋向零较快的无穷小（$x^2$）之商的极限为∞；趋向零快慢相近的两个无穷小（$\sin x$ 与 $3x$）之商的极限为常数（不为零）.

下面就以两个无穷小之商的极限所出现的各种情况来说明两个无穷小的比较.

**定义 15** 设 $\alpha$ 和 $\beta$ 都是在同一个自变量的变化过程中的无穷小，同时 $\lim\dfrac{\beta}{\alpha}$ 也是在这个变化过程中的极限.

（1）如果 $\lim\dfrac{\beta}{\alpha}=0$，就说 $\beta$ 是比 $\alpha$ 高阶的无穷小，记作 $\beta=o(\alpha)$；

（2）如果 $\lim\dfrac{\beta}{\alpha}=\infty$，就说 $\beta$ 是比 $\alpha$ 低阶的无穷小；

（3）如果 $\lim\dfrac{\beta}{\alpha}=C\neq0$，就说 $\beta$ 与 $\alpha$ 是同阶无穷小．特殊情况下，若 $C=1$，则说 $\beta$ 与

$\alpha$是等价无穷小，记作$\alpha \sim \beta$.

**注意：**

*在无穷小的比较中，自变量的变化趋势必须一致，否则无法比较.*

例如，在$x \to 0$时，$x^2$是比$3x$高阶的无穷小；$3x$是比$x^2$低阶的无穷小，$\sin x$与$3x$是同阶无穷小，$\sin x$与$x$是等价无穷小.

当$x \to 0$时，常用的等价无穷小有：

$\sin x \sim x$；　　$\tan x \sim x$；

$\arcsin x \sim x$；　　$\arctan x \sim x$；

$\ln(1+x) \sim x$；　　$e^x - 1 \sim x$；

$\sqrt[n]{1+x} - 1 \sim \frac{1}{n}x$；　　$1 - \cos x \sim \frac{1}{2}x^2$.

**例 4**　比较当$x \to 0$时，无穷小$\frac{1}{1-x} - 1 - x$与$x^2$阶数的高低.

**解**　因为$\lim\limits_{x \to 0}\frac{\frac{1}{1-x} - 1 - x}{x^2} = \lim\limits_{x \to 0}\frac{1-(1+x)(1-x)}{x^2(1-x)} = \lim\limits_{x \to 0}\frac{x^2}{x^2(1-x)} = 1$，所以$\frac{1}{1-x} - 1 - x \sim x^2$.

利用等价无穷小求极限有时要用到下面的定理：

**定理 4**　如果$\alpha \sim \alpha'$，$\beta \sim \beta'$，且$\lim\frac{\beta'}{\alpha'}$存在，那么$\lim\frac{\beta}{\alpha} = \lim\frac{\beta'}{\alpha'}$.

这是因为$\lim\frac{\beta}{\alpha} = \lim\left(\frac{\beta}{\beta'} \cdot \frac{\beta'}{\alpha'} \cdot \frac{\alpha'}{\alpha}\right) = \lim\frac{\beta'}{\alpha'}$. 这个性质表明，求两个无穷小之比的极限，分子与分母都可用等价无穷小来代替. 因此，如果用来代替的无穷小选得适当，可以使计算简化.

**注意：**

*用等价无穷小相互代替时必须是整个分子或整个分母用一个等价无穷小进行代替，或是将分子、分母分解因式后用一个无穷小来代替其中的一个因式，切不可用等价无穷小分别代替代数式中的各项.*

**例 5**　求极限$\lim\limits_{x \to 0}\frac{\tan 2x}{\sin 5x}$及$\lim\limits_{x \to 0}\frac{\sin x}{x^3 + 3x}$.

**解**　当$x \to 0$时，$\tan 2x \sim 2x$，$\sin 5x \sim 5x$，所以$\lim\limits_{x \to 0}\frac{\tan 2x}{\sin 5x} = \lim\limits_{x \to 0}\frac{2x}{5x} = \frac{2}{5}$；

当$x \to 0$时，$\sin x \sim x$，所以$\lim\limits_{x \to 0}\frac{\sin x}{x^3 + 3x} = \lim\limits_{x \to 0}\frac{x}{x^3 + 3x} = \lim\limits_{x \to 0}\frac{1}{x^2 + 3} = \frac{1}{3}$.

## 习题 2-3

1．下列函数在自变量怎样变化时是无穷小？怎么变化时是无穷大？

（1）$y=\mathrm{e}^x$；　　（2）$y=\dfrac{1}{x+1}$；

（3）$y=\tan x$；　　（4）$y=\ln(x+2)$．

2．求下列各极限．

（1）$\lim\limits_{x\to 0}\sin 2x\tan 3x$；　　（2）$\lim\limits_{x\to\infty}\dfrac{\cos x}{x^3}$；

（3）$\lim\limits_{x\to 1}\dfrac{2x+3}{x-1}$；　　（4）$\lim\limits_{x\to 2}\dfrac{x^3+2x^2}{(x-2)^2}$；

（5）$\lim\limits_{x\to\infty}(2x^3-x+1)$；　　（6）$\lim\limits_{x\to 0}x^2\sin\dfrac{1}{x}$；

（7）$\lim\limits_{x\to\infty}\dfrac{x^3+x^2-3x+1}{x^2+7x-2}$；　　（8）$\lim\limits_{x\to 0}x\sin x\cos\dfrac{1}{x}$；

（9）$\lim\limits_{x\to\infty}(\tan\dfrac{1}{x}\cdot\arctan x)$；　　（10）$\lim\limits_{x\to\infty}\dfrac{\arctan x}{x}$．

3．当 $x\to 0$ 时，$2x-x^2$ 与 $x^2-x^3$ 相比，哪一个是高阶无穷小？

4．当 $x\to 1$ 时，无穷小 $1-x$ 与

（1）$1-x^3$；　　（2）$\dfrac{1}{2}(1-x^2)$

是否是同阶无穷小？是否是等价无穷小？

5．证明：当 $x\to 0$ 时，无穷小 $1-\cos x$ 与无穷小 $\dfrac{x^2}{2}$ 是等价无穷小．

6．计算下列极限．

（1）$\lim\limits_{x\to 0}\dfrac{\tan 3x}{2x}$；　　（2）$\lim\limits_{x\to 0}\dfrac{\tan x-\sin x}{\sin^3 x}$；

（3）$\lim\limits_{x\to 0}\dfrac{\sin(x^n)}{(\sin x)^m}$ $(m,n\in\mathbf{N})$；

（4）$\lim\limits_{x\to 0}\dfrac{x}{\sqrt[4]{1+2x}-1}$（提示：利用 $\sqrt[n]{1+x}-1\sim\dfrac{1}{n}x$）；

（5）$\lim\limits_{x\to 0-0}\dfrac{\sqrt{1-\cos 2x}}{\tan x}$；　　（6）$\lim\limits_{x\to \mathrm{e}}\dfrac{\ln x-1}{x-\mathrm{e}}$；

（7）$\lim\limits_{x\to 0}\dfrac{\cos mx-\cos nx}{x^2}$（$m$，$n\in\mathbf{N}$）；

（8）$\lim\limits_{x\to 0}\dfrac{1-\cos x^2}{x^2\sin^2 x}$．

扫码查答案

# 2-4　极限的运算性质与运算法则

## 一、极限的运算性质

**性质 4（唯一性）**　如果函数 $f(x)$ 在某一变化过程中有极限，则其极限唯一.

**性质 5（有界性）**　如果函数 $f(x)$ 在 $x\to x_0$ 时存在极限，则必存在 $x_0$ 的某一邻域，使得 $f(x)$ 在该邻域内有界.

**性质 6（保号性）**　若在 $x_0$ 的左右近旁，恒有 $f(x)\geqslant 0$（或 $f(x)\leqslant 0$）且 $\lim\limits_{x\to x_0} f(x)=A$，则 $A\geqslant 0$（或 $A\leqslant 0$）.

## 二、极限的运算法则

根据极限的定义用观察的方法来得到极限，只有在特别简单的情况下才有可能. 本节将介绍极限的四则运算法则，利用这些法则可以计算一些较为复杂的函数的极限.

**定理 5**　如果 $\lim\limits_{x\to x_0} f(x)=A$，$\lim\limits_{x\to x_0} g(x)=B$，那么

（1）$\lim\limits_{x\to x_0}[f(x)\pm g(x)]=\lim\limits_{x\to x_0} f(x)\pm\lim\limits_{x\to x_0} g(x)=A\pm B$；

（2）$\lim\limits_{x\to x_0} Cf(x)=C\lim\limits_{x\to x_0} f(x)=CA$（$C$ 是常数）；

（3）$\lim\limits_{x\to x_0}[f(x)g(x)]=\lim\limits_{x\to x_0} f(x)\lim\limits_{x\to x_0} g(x)=AB$；

（4）$\lim\limits_{x\to x_0}\dfrac{f(x)}{g(x)}=\dfrac{\lim\limits_{x\to x_0} f(x)}{\lim\limits_{x\to x_0} g(x)}=\dfrac{A}{B}\quad(B\neq 0)$.

证明从略.

上述法则对于 $x\to\infty$ 的情形也是成立的，而且法则（1）和（3）可以推广到有限个具有极限的函数的情形.

## 三、极限的计算方法

### 1. 直接代入法

直接代入法适用于 $\lim\limits_{x\to x_0}\dfrac{f(x)}{g(x)}$，其中函数 $f(x)$ 和 $g(x)$ 在点 $x_0$ 处有定义，且 $g(x_0)\neq 0$，有

$$\lim_{x\to x_0}\frac{f(x)}{g(x)}=\frac{f(x_0)}{g(x_0)}.$$

**注意：**

此方法是求极限最基本，也是使用频率较高的方法之一.

**例 1** 求 $\lim\limits_{x\to1}\dfrac{x^2-2x+5}{x^2+7}$.

**解** 由于将 $x=1$ 代入分母得 $1^2+7=8\neq0$，于是，由直接代入法得

$$\lim_{x\to1}\frac{x^2-2x+5}{x^2+7}=\frac{1^2-2\times1+5}{1^2+7}=\frac{4}{8}=\frac{1}{2}.$$

**例 2** 求 $\lim\limits_{x\to2}(3x^2-2x+6)$.

**解** 由于此时的分母恒为 $1\neq0$，于是，由直接代入法得

$$\lim_{x\to2}(3x^2-2x+6)=(3\times2^2-2\times2+6)=14.$$

2．倒数法（$\dfrac{A}{0}$ 型）

倒数法适用于 $\lim\limits_{x\to x_0}\dfrac{f(x)}{g(x)}$，其中 $g(x_0)=0$，但 $f(x_0)\neq0$，记作“$\dfrac{A}{0}$”型．方法：由直接代入法，先求其倒数的极限 $\lim\limits_{x\to x_0}\dfrac{g(x)}{f(x)}=0$，再由无穷大与无穷小的关系得 $\lim\limits_{x\to x_0}\dfrac{f(x)}{g(x)}=\infty$.

**例 3** 求 $\lim\limits_{x\to1}\dfrac{x^2+2}{x-1}$.

**解** 将 $x=1$ 代入分母得 $1-1=0$，但代入分子得 $1^2+2=3\neq0$．于是，其倒数的极限为

$$\lim_{x\to1}\frac{x-1}{x^2+2}=\frac{1-1}{1^2+2}=0.$$

所以，由无穷大与无穷小的关系知，$\lim\limits_{x\to1}\dfrac{x^2+2}{x-1}=\infty$.

3．分解因式，约去零因子法（$\dfrac{0}{0}$ 型）

分解因式，约去零因子法适用于 $\lim\limits_{x\to x_0}\dfrac{f(x)}{g(x)}$，其中 $g(x_0)=0$ 且 $f(x_0)=0$，记作“$\dfrac{0}{0}$”型．方法：将分子或分母分解因式，约去共同的零因子，再用直接代入法.

**例 4** 求 $\lim\limits_{x\to4}\dfrac{x^2-7x+12}{x^2-5x+4}$.

**解** 将 $x=4$ 代入，分子、分母都是 0，于是，将分子、分母先分解因式，得

$$\lim_{x\to4}\frac{x^2-7x+12}{x^2-5x+4}=\lim_{x\to4}\frac{(x-3)(x-4)}{(x-1)(x-4)}=\lim_{x\to4}\frac{x-3}{x-1}=\frac{4-3}{4-1}=\frac{1}{3}.$$

4．分子或分母有理化，约去零因子法（$\dfrac{0}{0}$ 型）

分子或分母有理化，约去零因子法适用于 $\lim\limits_{x\to x_0}\dfrac{f(x)}{g(x)}$，其中 $g(x_0)=0$ 且 $f(x_0)=0$，且分子或分母中含有根号，记作“$\dfrac{0}{0}$”型．方法：将分子或分母有根号的先有理化，约去共同

的零因子，再用直接代入法.

**例 5**　求 $\lim\limits_{x\to1}\dfrac{x-1}{\sqrt{x+3}-2}$.

**解**　将 $x=1$ 代入，分子、分母都是 0，且分母中含有根号，因此先将分母有理化，再用直接代入法，即

$$\lim_{x\to1}\frac{x-1}{\sqrt{x+3}-2}=\lim_{x\to1}\frac{(x-1)(\sqrt{x+3}+2)}{(\sqrt{x+3}-2)(\sqrt{x+3}+2)}=\lim_{x\to1}\frac{(x-1)(\sqrt{x+3}+2)}{(x+3-4)}$$
$$=\lim_{x\to1}\sqrt{x+3}+2=\sqrt{1+3}+2=4\ .$$

5．公式法（无穷小分出法）（$\dfrac{\infty}{\infty}$型）

公式法适用于 $\lim\limits_{x\to\infty}\dfrac{a_0x^n+a_1x^{n-1}+\cdots+a_n}{b_0x^m+b_1x^{m-1}+\cdots+b_m}$，此时分子、分母都趋于∞，记作“$\dfrac{\infty}{\infty}$”型．方法：先将分子、分母同除 $x$ 的最高次方，将分子、分母都转化成无穷小，于是有下面的结论：

$$\lim_{x\to\infty}\frac{a_0x^n+a_1x^{n-1}+\cdots+a_n}{b_0x^m+b_1x^{m-1}+\cdots+b_m}=\begin{cases}0, & \text{当 } n<m \text{ 时}\\ \dfrac{a_0}{b_0}, & \text{当 } n=m \text{ 时}\\ \infty, & \text{当 } n>m \text{ 时}\end{cases}.$$

此结论只与分子、分母的最高次方 $n$，$m$ 有关.

**例 6**　求 $\lim\limits_{x\to\infty}\dfrac{3x^3-4x^2+5}{5x^3+2x-7}$.

**解**　此题为“$\dfrac{\infty}{\infty}$”型，因此分子、分母同除 $x^3$，得

$$\lim_{x\to\infty}\frac{3x^3-4x^2+5}{5x^3+2x-7}=\lim_{x\to\infty}\frac{3-\dfrac{4}{x}+\dfrac{5}{x^3}}{5+\dfrac{2}{x^2}-\dfrac{7}{x^3}}=\frac{3-0+0}{5+0-0}=\frac{3}{5}.$$

**例 7**　求 $\lim\limits_{x\to\infty}\dfrac{4x^2+x-3}{5x^3-x^2+4}$.

**解**　此题为“$\dfrac{\infty}{\infty}$”型，又因分子的最高次方为 2，分母的最高次方为 3，于是，由上面的结论可知，$\lim\limits_{x\to\infty}\dfrac{4x^2+x-3}{5x^3-x^2+4}=0$.

**例 8**　求 $\lim\limits_{x\to\infty}\dfrac{6x^3-x^2+2x-1}{x^2+5x+4}$.

**解**　由于 $x\to\infty$，且为“$\dfrac{\infty}{\infty}$”型，又因分子的最高次方为 3，分母的最高次方为 2，于是，由上面的结论可知，$\lim\limits_{x\to\infty}\dfrac{6x^3-x^2+2x-1}{x^2+5x+4}=\infty$.

**例 9** 一个贮水池中有 5 000 L 的纯水，现用含盐 30 g/L 的盐水以 25 L/min 的速度注入水池中，求：

（1）经过 $t$ min 后水池中盐的质量浓度；

（2）随着时间的推移，池中盐的质量浓度将如何变化？

**解** （1）由题意知，经过 $t$ min 后池中盐水共有 $5\,000+25t$ （L），含盐 $25\times30t$ （g）于是，池中盐的质量浓度为

$$C(t)=\frac{25\times30t}{5\,000+25t}=\frac{30t}{200+t};$$

（2）随着时间的推移，即 $t\to+\infty$，池中盐的质量浓度为

$$\lim_{t\to+\infty}C(t)=\lim_{t\to+\infty}\frac{30t}{200+t}=30,$$

即水池中盐的质量浓度最终将接近 30 g/L.

6．$\infty-\infty$ 型

$\infty-\infty$ 型适用于 $\lim[f(x)-g(x)]$，其中 $\lim f(x)=\infty$ 且 $\lim g(x)=\infty$．方法：先通分或先将分子有理化，就可以化成前面几种形式．

**例 10** 求 $\lim\limits_{x\to1}\left(\dfrac{1}{1-x}-\dfrac{3}{1-x^3}\right)$．

**解** 此题属于 $\infty-\infty$ 型，因此，先通分再整理化简，有

$$\lim_{x\to1}\left(\frac{1}{1-x}-\frac{3}{1-x^3}\right)=\lim_{x\to1}\left[\frac{1+x+x^2}{(1-x)(1+x+x^2)}-\frac{3}{(1-x)(1+x+x^2)}\right]$$

$$=\lim_{x\to1}\frac{(x-1)(x+2)}{(1-x)(1+x+x^2)}=\lim_{x\to1}\frac{-x-2}{1+x+x^2}=\frac{-1-2}{1+1+1^2}=-1$$

**注意：**

（1）由于数列是函数的特殊情况，因此方法 5 和方法 6 同样适用于求数列极限．

（2）从上面的例题可以看出，求极限有一定难度，难在不同类型的极限需用不同的方法．因此，今后求极限时，应先判断所求极限的类型，再确定用什么方法求解．

## 习题 2-4

1．计算下列各极限．

（1）$\lim\limits_{x\to1}(3x^2+5x+1)$；

（2）$\lim\limits_{x\to1}(1-\dfrac{1}{2x-1})$；

（3）$\lim\limits_{x\to3}\dfrac{x^2+x-12}{x-3}$；

（4）$\lim\limits_{x\to4}\dfrac{x-4}{\sqrt{x}-2}$．

2．计算下列各极限.

（1）$\lim\limits_{x\to\infty}\dfrac{2x^2+x+1}{x^2-5x+3}$；　　（2）$\lim\limits_{x\to\infty}\dfrac{3x^2+1}{x^3+x+7}$；

（3）$\lim\limits_{x\to\infty}\dfrac{8x^3-1}{6x^2-5x+1}$；　　（4）$\lim\limits_{x\to1}\left(\dfrac{1}{1-x}-\dfrac{3}{1-x^3}\right)$；

（5）$\lim\limits_{x\to\infty}\dfrac{(1+x)^5}{(2x+1)^4(1-x)}$；　　（6）$\lim\limits_{h\to0}\left[\dfrac{1}{h(x+h)}-\dfrac{1}{hx}\right]$；

（7）$\lim\limits_{n\to\infty}\left(1+\dfrac{1}{2}+\dfrac{1}{4}+\cdots+\dfrac{1}{2^{n-1}}\right)$；　　（8）$\lim\limits_{n\to\infty}\dfrac{1+2+3+\cdots+(n-1)}{n^2}$.

扫码查答案

## 2-5　两个重要极限

本节将利用极限存在的两个准则得到两个重要极限.

### 一、$\lim\limits_{x\to0}\dfrac{\sin x}{x}=1$

函数 $y=\dfrac{\sin x}{x}$ 的图像如图 2-8 所示，从图像可以发现，当 $x\to0$ 时，函数 $y=\dfrac{\sin x}{x}$ 的值无限趋近于 1.

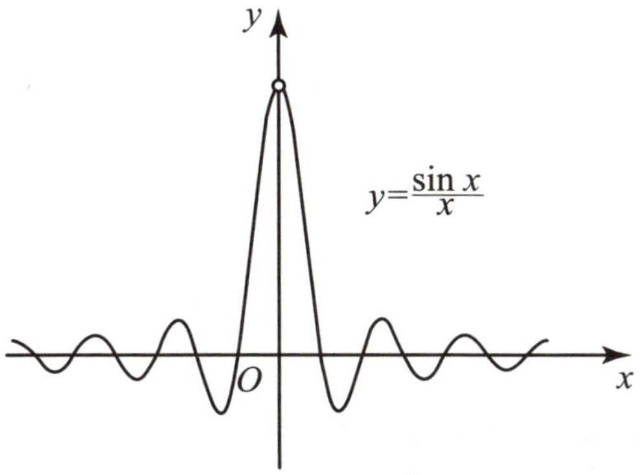


图 2-8

**准则 1**　如果

（1）在点 $x_0$ 的近旁，有 $g(x)\leqslant f(x)\leqslant h(x)$；

（2）$\lim\limits_{x\to x_0}g(x)=\lim\limits_{x\to x_0}h(x)=A$；

那么 $\lim\limits_{x\to x_0}f(x)$ 存在，且等于 $A$.

下面我们利用准则 1 证明一个重要极限：$\lim\limits_{x\to0}\dfrac{\sin x}{x}=1$.

**证** 在图 2-9 所示的单位圆中，设圆心角 $\angle AOD = x$（$0 < x < \frac{\pi}{2}$），那么显然有 $\sin x = CD$，$x = \overset{\frown}{AD}$，$\tan x = AB$．因为 $\Delta AOD$ 的面积 < 扇形 $AOD$ 的面积 < $\Delta AOB$ 的面积，即 $\frac{1}{2}|OA||CD| < \frac{1}{2}x|OA|^2 < \frac{1}{2}|OA||AB|$．

$\sin x < x < \tan x$，除以 $\sin x$，得

$$1 < \frac{x}{\sin x} < \frac{1}{\cos x} \text{ 或 } \cos x < \frac{\sin x}{x} < 1.$$

因为用 $-x$ 代替 $x$ 时，$\cos x$ 和 $\frac{\sin x}{x}$ 都不变，所以当 $-\frac{\pi}{2} < x < 0$ 时，上述不等式仍然成立．

又因为 $\lim\limits_{x \to 0} \cos x = 1$，$\lim\limits_{x \to 0} 1 = 1$，故由准则 1 得 $\lim\limits_{x \to 0} \frac{\sin x}{x} = 1$．

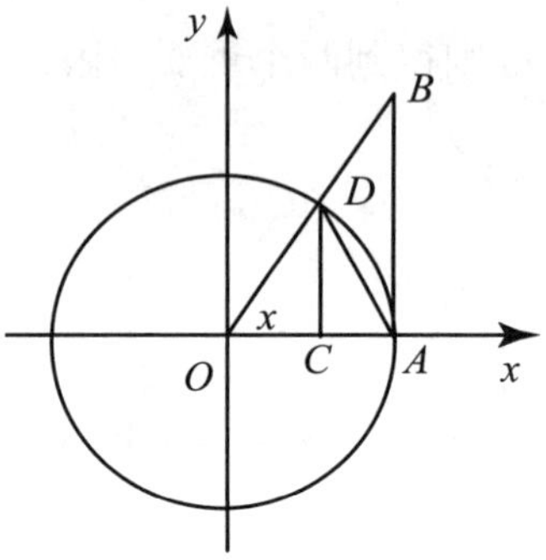


图 2-9

利用上述极限求有关函数的极限时要注意：

（1）自变量必须趋于 0；

（2）式中所有 $x$ 的系数必须一致；

（3）式中的 $x$ 也可以是函数．

**例 1** 求极限 $\lim\limits_{x \to 0} \frac{\sin 2x}{x}$．

**解** $\lim\limits_{x \to 0} \frac{\sin 2x}{x} = \lim\limits_{x \to 0} (\frac{\sin 2x}{2x} \cdot 2) = 2 \lim\limits_{x \to 0} \frac{\sin 2x}{2x}$．

设 $t = 2x$，当 $x \to 0$ 时，$t \to 0$，所以 $\lim\limits_{x \to 0} \frac{\sin 2x}{x} = 2 \lim\limits_{x \to 0} \frac{\sin 2x}{2x} = 2 \lim\limits_{t \to 0} \frac{\sin t}{t} = 2 \times 1 = 2$．

此极限也可以利用二倍角公式将其展开来求，即 $\lim\limits_{x \to 0} \frac{\sin 2x}{x} = \lim\limits_{x \to 0} \frac{2 \sin x \cos x}{x} = 2 \lim\limits_{x \to 0} \frac{\sin x}{x} \cdot \lim\limits_{x \to 0} \cos x = 2$．

**例 2** 求极限 $\lim\limits_{x \to 0} \frac{\tan x}{x}$．

**解** $\lim\limits_{x \to 0} \frac{\tan x}{x} = \lim\limits_{x \to 0} (\frac{\sin x}{x} \cdot \frac{1}{\cos x}) = \lim\limits_{x \to 0} \frac{\sin x}{x} \cdot \lim\limits_{x \to 0} \frac{1}{\cos x} = 1 \times 1 = 1$．

**例 3**　求极限 $\lim\limits_{x\to 0}\dfrac{1-\cos x}{x^2}$.

**解**　$\lim\limits_{x\to 0}\dfrac{1-\cos x}{x^2}=\lim\limits_{x\to 0}\dfrac{2\sin^2\dfrac{x}{2}}{x^2}$

$$=\lim_{x\to 0}\frac{1}{2}\ \frac{(\sin\frac{x}{2})^2}{(\frac{x}{2})^2}=\frac{1}{2}.$$

## 二、$\lim\limits_{x\to\infty}\left(1+\dfrac{1}{x}\right)^x=\mathrm{e}$

列表考察当 $x\to\infty$ 时函数 $\left(1+\dfrac{1}{x}\right)^x$ 的变化趋势，见表 2-9.

**表 2-9**

| $x$ | 10 | 100 | 1 000 | 10 000 | 100 000 | 1 000 000 | $\cdots\to+\infty$ |
|---|---|---|---|---|---|---|---|
| $\left(1+\frac{1}{x}\right)^x$ | 2.593 74 | 2.704 81 | 2.716 92 | 2.718 15 | 2.718 27 | 2.718 28 | $\cdots\to\mathrm{e}$ |
| $x$ | −10 | −100 | −1 000 | −10 000 | −100 000 | −1 000 000 | $\cdots\to-\infty$ |
| $\left(1+\frac{1}{x}\right)^x$ | 2.867 97 | 2.731 99 | 2.719 64 | 2.718 42 | 2.718 30 | 2.718 28 | $\cdots\to\mathrm{e}$ |

从表 2-9 可以看出，当 $x\to-\infty$ 及 $x\to+\infty$ 时，$\left(1+\dfrac{1}{x}\right)^x$ 的值无限趋近于 $\mathrm{e}=2.718\,28\cdots$，即 $\lim\limits_{x\to\infty}\left(1+\dfrac{1}{x}\right)^x=\mathrm{e}$.

如果令 $\dfrac{1}{x}=t$，当 $x\to\infty$ 时，$t\to 0$，公式还可以写成 $\lim\limits_{t\to 0}(1+t)^{\frac{1}{t}}=\mathrm{e}$.

**准则 2**　单调有界数列必有极限.

证明从略.

利用准则 2 可以证明一个极限：$\lim\limits_{x\to\infty}(1+\frac{1}{x})^x=\mathrm{e}$，

这个 e 是无理数，它的值是 $\mathrm{e}=2.71\,8281\,828\,459\,045\cdots$.

做代换 $z=\frac{1}{x}$，当 $x\to\infty$ 时，$z\to 0$，于是上述极限又可写成 $\lim\limits_{z\to 0}(1+z)^{\frac{1}{z}}=\mathrm{e}$.

利用上面的极限求有关函数的极限时要注意：

（1）括号中的第一项必须化为 1；

（2）括号中的第一项与第二项之间必须用"+"号连接；

（3）括号中的第二项与括号外的指数必须互为倒数；

（4）极限中的$x$也可以是函数．

**例 4** 求极限 $\lim\limits_{x\to\infty}(1-\frac{1}{x})^x$．

**解** 令$t=-x$，则当$x\to\infty$时，$t\to\infty$，从而

$$\lim_{x\to\infty}(1-\frac{1}{x})^x=\lim_{t\to\infty}(1+\frac{1}{t})^{-t}=\lim_{t\to\infty}[(1+\frac{1}{t})^t]^{-1}$$

$$=\lim_{t\to\infty}\frac{1}{(1+\frac{1}{t})^t}=\frac{1}{\mathrm{e}}.$$

**例 5** 求极限 $\lim\limits_{x\to 0}(1+2x)^{\frac{1}{x}}$．

**解** 令$t=2x$，当$x\to 0$时，$t\to 0$，$\lim\limits_{x\to 0}(1+2x)^{\frac{1}{x}}=\lim\limits_{t\to 0}(1+t)^{\frac{2}{t}}=\lim\limits_{t\to 0}[(1+t)^{\frac{1}{t}}]^2=\mathrm{e}^2$．

**例 6** 求极限 $\lim\limits_{x\to\infty}(\frac{x}{1+x})^{2x}$．

**解** $\lim\limits_{x\to\infty}(\frac{x}{1+x})^{2x}=\lim\limits_{x\to\infty}(\frac{1+x}{x})^{-2x}=\lim\limits_{x\to\infty}[(1+\frac{1}{x})^x]^{-2}$

$$=[\lim_{x\to\infty}(1+\frac{1}{x})^x]^{-2}=\mathrm{e}^{-2}.$$

**知识拓展**

第二个重要极限在经济学中的应用背景就是连续复利的计算．利息是资金的时间价值的一种表现形式，复利计息更好地体现了资金的时间价值．

设本金为$P_0$，计息期（如一年）的利率为$r$，如果每计息期结算$n$次，则$m$个计息期的本利和为

$$P=P_0\left(1+\frac{r}{n}\right)^{mn}.$$

通常计息周期越短获利越多．若计息周期无限缩短（即期数$n\to\infty$），则第$m$年末的本利和尽管会不断增大，但最后的本利和将稳定趋向于：

$$P=\lim_{n\to\infty}P_0\left(1+\frac{r}{n}\right)^{mn}=\lim_{n\to\infty}P_0\left(1+\frac{r}{n}\right)^{\frac{n}{r}\times mr}=P_0\mathrm{e}^{mr}.$$

**例 7** 设有本金 10 000 元，年利率为 6%，计息期 5 年，分别计算下列情况的本利和：

（1）单利计息（5 年结算一次）；

（2）复利计息（3 个月结算一次）；

（3）连续复利计息．

**解** （1）单利计息（5 年结算一次）时本利和为

$$P=10\,000\times(1+6\%\times 5)=13\,000\text{（元）};$$

（2）复利计息（3 个月结算一次）时本利和为

$$P = 10\,000 \times \left(1 + \frac{0.06}{4}\right)^{4\times5} = 13\,468.55 \text{（元）};$$

（3）连续复利计息时本利和为

$$P = 10\,000\mathrm{e}^{0.06\times5} = 13\,498.59 \text{（元）}.$$

## 习题 2-5

求下列极限.

（1）$\lim\limits_{x\to0}\dfrac{\sin 2x}{\sin 5x}$；　（2）$\lim\limits_{x\to0}\dfrac{x^2}{\sin^2\dfrac{x}{3}}$；

（3）$\lim\limits_{x\to0}\dfrac{1-\cos 2x}{x\sin x}$；　（4）$\lim\limits_{x\to\infty}2^x\sin\dfrac{1}{2^x}$；

（5）$\lim\limits_{x\to0}(1-3x)^{\frac{1}{x}}$；　（6）$\lim\limits_{x\to\frac{\pi}{2}}(1+\cot x)^{3\tan x}$；

（7）$\lim\limits_{x\to\infty}(1+\dfrac{2}{x})^{3x}$；　（8）$\lim\limits_{x\to0}(\dfrac{3x+1}{2x+1})^{\frac{1}{x}}$.

扫码查答案

## 2-6　初等函数的连续性

自然界中有许多现象，如气温的变化、河水的流动、植物的生长等，都是连续的变化. 这种现象在函数关系上的反映就是函数的连续性. 下面我们先引入增量的概念，然后运用极限来定义函数的连续性.

### 一、函数的增量

设变量 $x$ 从它的初值 $x_1$ 变到终值 $x_2$，则终值与初值的差叫作自变量 $x$ 的增量，记作 $\Delta x$，即 $\Delta x = x_2 - x_1$.

假定函数 $y=f(x)$ 在点 $x_0$ 的某一邻域内有定义，当自变量 $x$ 从 $x_0$ 变到 $x_0+\Delta x$ 时，函数 $y$ 相应地从 $f(x_0)$ 变到 $f(x_0+\Delta x)$，此时称 $f(x_0+\Delta x)$ 与 $f(x_0)$ 的差为**函数的增量**，记作 $\Delta y$，即 $\Delta y = f(x_0+\Delta x) - f(x_0)$.

这个关系式的几何解析如图 2-10 所示.

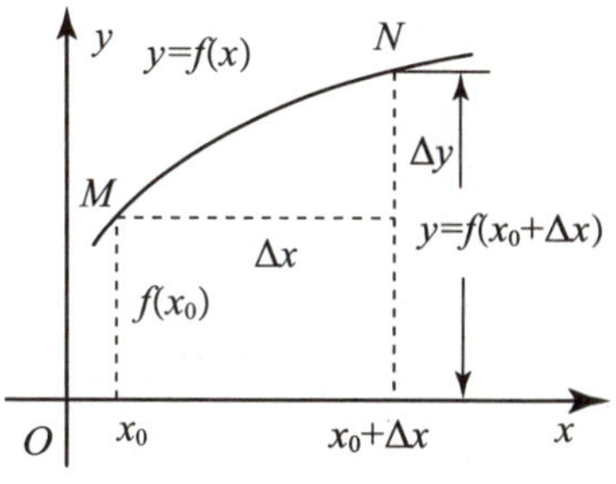


图 2-10

**注意：**

增量可以是正值，也可以是负值，还可以是零.

## 二、函数连续性的概念

### 1．函数在一点处的连续性

**定义 16** 设函数 $y=f(x)$ 在点 $x_0$ 的近旁有定义，如果当自变量的增量 $\Delta x=x-x_0$ 趋于零时，对应的函数的增量 $\Delta y=f(x_0+\Delta x)-f(x_0)$ 也趋于零，那么就称函数 $y=f(x)$ 在点 $x_0$ 连续，用极限来表示，就是

$$\lim_{\Delta x\to 0}\Delta y=0 \tag{2-1}$$

或

$$\lim_{\Delta x\to 0}[f(x_0+\Delta x)-f(x_0)]=0\,.$$

上述定义也可改用另一种方式来叙述：

设 $x=x_0+\Delta x$，则 $\Delta x\to 0$，就是 $x\to x_0$； $\Delta y\to 0$，就是 $f(x)\to f(x_0)$，因此（2-1）式就是

$$\lim_{x\to x_0}f(x)=f(x_0)\,.$$

所以，函数 $y=f(x)$ 在点 $x_0$ 处连续又可叙述如下：

**定义 17** 设函数 $y=f(x)$ 在点 $x_0$ 的某一邻域内有定义，如果函数 $f(x)$ 当 $x\to x_0$ 时的极限存在，且等于它在点 $x_0$ 处的函数值 $f(x_0)$，即

$$\lim_{x\to x_0}f(x)=f(x_0)\,, \tag{2-2}$$

那么称函数 $f(x)$ 在点 $x_0$ 处**连续**.

### 2．函数的间断点

设点 $x_0$ 的任何邻域内总存在异于 $x_0$ 而属于函数 $f(x)$ 的定义域的点．如果函数 $f(x)$ 有下列三种情形之一：

（1）在 $x=x_0$ 处没有定义，

（2）虽在 $x=x_0$ 处有定义，但 $\lim\limits_{x\to x_0}f(x)$ 不存在，

（3）虽在 $x=x_0$ 处有定义，且 $\lim\limits_{x\to x_0}f(x)$ 存在，但 $\lim\limits_{x\to x_0}f(x)\neq f(x_0)$，

那么称函数 $f(x)$ 在点 $x_0$ 处不连续，而点 $x_0$ 称为函数 $f(x)$ 的**不连续点或间断点**.

**注意：**

函数在点 $x_0$ 处连续必须满足三个条件：

（1）在点 $x_0$ 处有定义；

（2）在点 $x_0$ 处的极限存在；

（3）在点 $x_0$ 处的极限值等于这点的函数值.

而当上述三个条件有任意一条不满足时即为函数在这点间断.

**例 1**　求函数 $f(x)=\dfrac{x^2-1}{x-1}$ 的间断点.

**解**　由于函数 $f(x)$ 在 $x=1$ 处没有定义，故 $x=1$ 是函数的一个间断点，如图 2-11 所示.

**例 2**　求函数 $f(x)=\begin{cases} x+1, & x>1 \\ 0, & x=1 \\ x-1, & x<1 \end{cases}$ 的间断点.

**解**　分界点 $x=1$ 虽在函数的定义域内，但

$$\lim_{x\to 1+0} f(x)=\lim_{x\to 1+0}(x+1)=2,$$

$$\lim_{x\to 1-0} f(x)=\lim_{x\to 1-0}(x-1)=0,$$

$$\lim_{x\to 1+0} f(x)\neq\lim_{x\to 1-0} f(x),$$

即极限 $\lim\limits_{x\to 1} f(x)$ 不存在，故 $x=1$ 是函数的一个间断点，如图 2-12 所示.

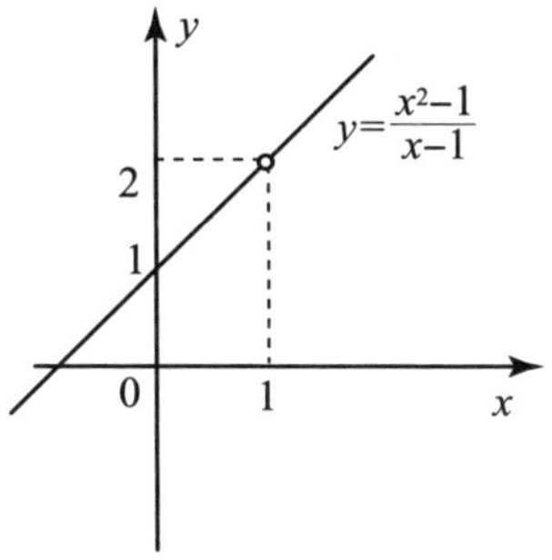


图 2-11

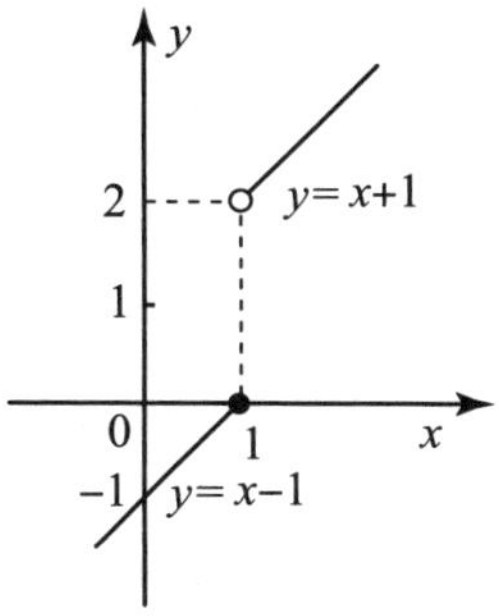


图 2-12

**例 3**　求函数 $f(x)=\begin{cases} x+1, & x\neq 1 \\ 0, & x=1 \end{cases}$ 的间断点.

**解**　函数 $f(x)$ 在点 $x=1$ 处有定义，且 $\lim\limits_{x\to 1} f(x)=\lim\limits_{x\to 1}(x+1)=2$，但 $f(1)=0$，故 $\lim\limits_{x\to 1} f(x)\neq f(1)$，所以 $x=1$ 是函数 $f(x)$ 的一个间断点，如图 2-13 所示.

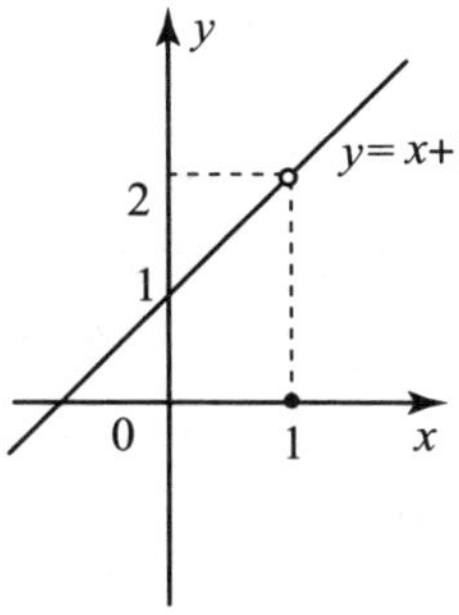


图 2-13

### 3．函数在区间上的连续性

下面先说明函数的左连续与右连续的概念：

设函数 $f(x)$ 在区间 $(a,b]$ 内有定义，如果左极限 $\lim\limits_{x\to b^-} f(x)$ 存在且等于 $f(b)$，即 $\lim\limits_{x\to b^-} f(x)=f(b)$，那么称函数 $f(x)$ 在点 $b$ 处左连续.

设函数 $f(x)$ 在区间 $[a,b)$ 内有定义，如果右极限 $\lim\limits_{x\to a^+} f(x)$ 存在且等于 $f(a)$，即 $\lim\limits_{x\to a^+} f(x)=f(a)$，那么称函数 $f(x)$ 在点 $a$ 处右连续.

在区间 $(a,b)$ 内每一点都连续的函数叫作该区间内的连续函数. 如果 $f(x)$ 在 $[a,b]$ 上有定义，在 $(a,b)$ 内连续，且 $f(x)$ 在右端点 $b$ 左连续，在左端点 $a$ 右连续，即 $\lim\limits_{x\to b^-} f(x)=f(b)$，$\lim\limits_{x\to a^+} f(x)=f(a)$，那么称函数 $f(x)$ 在 $[a,b]$ 上连续.

**例 4** 讨论函数 $f(x)=\begin{cases}1+x, & x\geqslant 1\\ 2-x, & x<1\end{cases}$ 在点 $x=1$ 处的连续性.

**解** 函数 $f(x)$ 的定义域是 $(-\infty,+\infty)$，因为

$$\lim_{x\to 1^+} f(x)=\lim_{x\to 1^+}(1+x)=2,$$
$$\lim_{x\to 1^-} f(x)=\lim_{x\to 1^-}(2-x)=1,$$

左右极限存在但不相等，所以 $\lim\limits_{x\to 1} f(x)$ 不存在，即函数 $f(x)$ 在点 $x=1$ 处不连续.

**注意：**

求分段函数的极限时，函数的表达式必须与自变量所在的范围相对应.

## 三、初等函数的连续性

### 1．连续函数的运算

**定理 6** 有限个连续函数的和仍是连续函数.

**定理 7** 有限个连续函数的乘积仍是连续函数.

**定理 8** 两个连续函数之商（假定除式不为零）仍是连续函数.

**定理 9** 函数 $x=\varphi(y)$ 与它的反函数 $y=f(x)$ 在对应区间内有相同的单调性.

例如，因为函数 $y=2^x$ 在区间 $(-\infty,+\infty)$ 内单值、单调增加且连续，所以其反函数 $y=\log_2 x$ 在区间 $(0,+\infty)$ 内单值、单调增加且连续.

**定理 10** 两个连续函数复合而成的复合函数仍是连续函数.

例如，因为 $u=2x$ 在 $x=\frac{\pi}{4}$ 处连续，$y=\sin u$ 在 $u=\frac{\pi}{2}$ 处连续，所以 $y=\sin 2x$ 在 $x=\frac{\pi}{4}$ 处连续.

定理 10 说明了复合函数的连续性，也提供了求初等函数极限的一种方法：

如果函数 $u=g(x)$ 在点 $x_0$ 处有极限，且函数 $y=f(u)$ 在点 $u_0$ 处连续，且 $u_0=g(x_0)$，那么 $\lim\limits_{x\to x_0}f(g(x))=f(g(x_0))=f(\lim\limits_{x\to x_0}g(x))$．也就是说，极限号 $\lim\limits_{x\to x_0}$ 可以与函数符号 $f$ 互换顺序．

2．初等函数的连续性

不难证明，初等函数在各自定义域内连续．由连续函数的运算，我们得到下面的定理：

**定理 11**　一切初等函数在其定义区间内都是连续的．

初等函数的连续区间就是它的定义区间．分段函数在每一个分段区间内都是连续的，分段点可能是连续点也可能是它的间断点，需用定义考查．

连续函数的图像是一条连续不间断的曲线．

上述初等函数连续性的结论提供了求初等函数极限的一个方法：

如果 $f(x)$ 是初等函数，且 $x_0$ 是其定义区间内的点，则 $f(x)$ 在点 $x_0$ 处连续，因此有

$$\lim_{x\to x_0}f(x)=f(x_0).$$

例如，$x_0=\dfrac{\pi}{2}$ 是初等函数 $\ln\sin x$ 的一个定义区间 $(0,\pi)$ 内的点，所以

$$\lim_{x\to\frac{\pi}{2}}\ln\sin x=\ln\sin\frac{\pi}{2}=0.$$

## 四、闭区间上连续函数的性质

1．最大值和最小值性质

**定理 12（最大值和最小值定理）**　在闭区间上连续的函数一定有最大值与最小值．

这就是说，如果函数 $f(x)$ 在闭区间 $[a,b]$ 上连续，如图 2-14 所示，那么在 $[a,b]$ 上至少有一点 $\xi_1(a\leqslant\xi_1\leqslant b)$，使得 $f(\xi_1)$ 为最大，即 $f(\xi_1)\geqslant f(x)$ $(a\leqslant x\leqslant b)$；又至少有一点 $\xi_2(a\leqslant\xi_2\leqslant b)$，使得 $f(\xi_2)$ 为最小，即 $f(\xi_2)\leqslant f(x)$ $(a\leqslant x\leqslant b)$．

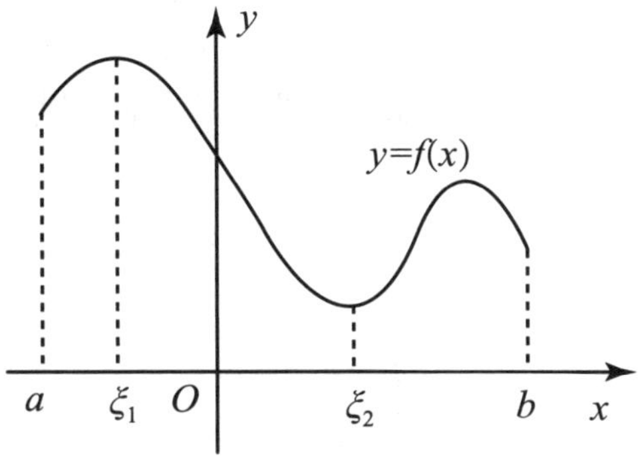


图 2-14

2．介值性质

**定理 13（介值定理）** 如果函数 $f(x)$ 在闭区间 $[a,b]$ 上连续，且在该区间的端点取不同的函数值 $f(a)=A$ 与 $f(b)=B$，如图 2-15 所示，那么不论 $C$ 是 $A$ 与 $B$ 之间怎样的一个数，在开区间 $(a,b)$ 内都至少有一点 $\xi$，使得 $f(\xi)=C$（$a<\xi<b$）.

特殊情况，如果 $f(a)$ 与 $f(b)$ 异号，那么在 $(a,b)$ 内至少有一点 $\xi$，使得 $f(\xi)=0$（$a<\xi<b$），如图 2-16 所示.

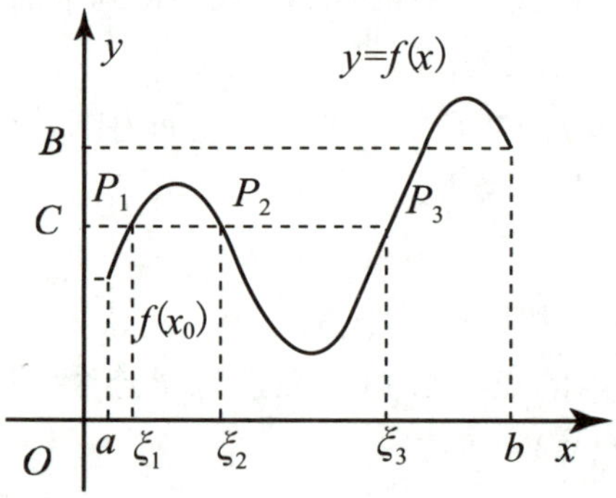


图 2-15

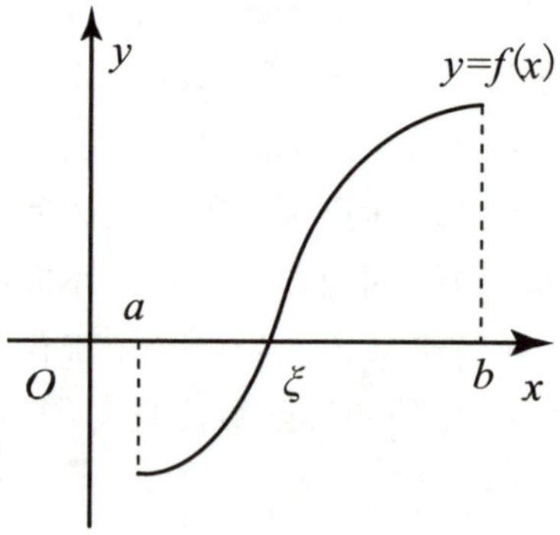


图 2-16

由这个定理可知，在闭区间上连续的函数必取得介于最大值与最小值之间的任何值.

**例 5** 证明方程 $x^5+3x-1=0$ 在 $(0,1)$ 内至少有一个根.

**证** 设 $f(x)=x^5+3x-1$ 在 $[0,1]$ 上是连续的，并且区间端点的函数值为 $f(0)=-1<0$，$f(1)=3>0$.

根据介值定理可知，在 $(0,1)$ 内至少有一点 $\xi$，使得 $f(\xi)=0$，即 $\xi^5+3\xi-1=0$（$0<\xi<1$）.

这说明方程 $x^5+3x-1=0$ 在 $(0,1)$ 内至少有一个根 $\xi$.

## 习题 2-6

1．讨论函数 $f(x)=\begin{cases} x^2-1, & 0\leqslant x\leqslant 1 \\ x+3, & x>1 \end{cases}$ 在 $x=\dfrac{1}{2}$，$x=1$，$x=2$ 各点处的连续性.

2．求函数 $f(x)=\dfrac{x^3+2x^2-x-2}{x^2-x-2}$ 的连续区间，并求极限 $\lim\limits_{x\to -1}f(x)$，$\lim\limits_{x\to 1}f(x)$ 及 $\lim\limits_{x\to 2}f(x)$.

3．求下列函数的间断点.

（1）$y=\dfrac{x}{x^3-1}$；（2）$y=\dfrac{3x}{x^2+5x-6}$；

（3）$y=\dfrac{1}{(x+2)^2}$；（4）$y=\dfrac{\cot x}{x}$；

（5）$y=\dfrac{\sin x}{x^2-1}$；（6）$y=x\arctan\dfrac{1}{x-1}$.

4．求下列各极限．

（1）$\lim\limits_{x\to0}\sqrt{x^2-2x+5}$；　（2）$\lim\limits_{t\to-2}\dfrac{e^t-1}{t}$；

（3）$\lim\limits_{x\to\frac{\pi}{4}}\dfrac{\sin2x}{2\cos(\pi-x)}$；　（4）$\lim\limits_{x\to0}\dfrac{\sqrt{x+1}-1}{x}$；

（5）$\lim\limits_{x\to0}\dfrac{x^2}{1-\sqrt{1+x^2}}$；　（6）$\lim\limits_{x\to1}\dfrac{\sqrt{5x-4}-\sqrt{x}}{x-1}$；

（7）$\lim\limits_{x\to0}\dfrac{x}{\sqrt{x+2}-\sqrt{2}}$；　（8）$\lim\limits_{x\to1}\dfrac{x^2-1}{x^2+2x-3}$；

（9）$\lim\limits_{x\to2}\arcsin(x-1)$；　（10）$\lim\limits_{x\to+\infty}(\dfrac{\pi}{2}-\arctan\sqrt{x+2})$．

5．指出函数 $y=\cos x$ 在 $\left[0,\dfrac{3\pi}{2}\right]$ 上的最大值与最小值．

6．指出函数 $y=e^x$ 在 $[2,4]$ 上的最大值与最小值．

7．证明方程 $x^5-3x-1=0$ 在区间 $(1,2)$ 内至少有一个根．

8．证明三次方程 $2x^3-3x^2-3x+2=0$ 在区间 $(-2,0)$，$(0,1)$，$(1,3)$ 内各有一个实根．

9．设 $f(x)$，$g(x)$ 在 $[a,b]$ 上连续，且 $f(a)>g(a)$，$f(b)<g(b)$，证明方程 $f(x)=g(x)$ 在 $(a,b)$ 内必有根．

扫码查答案

## 本章小结

### 一、初等函数

（1）基本初等函数：幂函数、指数函数、对数函数、三角函数、反三角函数．

（2）函数的几种特性：函数的单调性、函数的奇偶性、函数的周期性、函数的有界性．

（3）复合函数．

### 二、函数的极限

函数极限的概念如下：

（1）当 $x\to\infty$ 时，函数 $f(x)$ 的极限．

当 $x$ 的绝对值无限增大时，函数 $f(x)$ 无限趋于一个确定的常数 $A$，则称 $A$ 为函数 $f(x)$ 在 $x\to\infty$ 的极限，记作 $\lim\limits_{x\to\infty}f(x)=A$．

$\lim\limits_{x\to\infty}f(x)=A$ 的充要条件是 $\lim\limits_{x\to-\infty}f(x)=\lim\limits_{x\to+\infty}f(x)=A$．

（2）当 $x \to x_0$ 时，函数 $f(x)$ 的极限．

当 $x$ 无限趋于 $x_0$ 时，函数 $f(x)$ 无限趋于一个确定的常数 $A$，则称常数 $A$ 为函数 $f(x)$ 在 $x \to x_0$ 的极限，记作 $\lim\limits_{x \to x_0} f(x) = A$ .

$\lim\limits_{x \to x_0} f(x) = A$ 的充要条件是 $\lim\limits_{x \to x_0 - 0} f(x) = \lim\limits_{x \to x_0 + 0} f(x) = A$ .

## 三、无穷小与无穷大

### 1．无穷小的概念

极限为零的变量，称为无穷小量，简称无穷小．

### 2．无穷小的性质

（1）有限个无穷小的代数和是无穷小；

（2）有限个无穷小的乘积是无穷小；

（3）有界函数与无穷小的积是无穷小．

### 3．无穷大的概念

当 $x \to x_0$（或 $x \to \infty$）时，函数 $f(x)$ 的绝对值无限增大，则称函数 $f(x)$ 为当 $x \to x_0$（或 $x \to \infty$）时的无穷大量，简称无穷大．

### 4．无穷小与无穷大的关系

在自变量的同一变化过程中，若 $\lim f(x) = 0$ ，则 $\lim \dfrac{1}{f(x)} = \infty$ .

### 5．无穷小的比较

设 $\alpha$ 和 $\beta$ 都是在自变量的同一变化过程中的无穷小，且 $\lim \dfrac{\alpha}{\beta}$ 是在这一变化过程中的极限，则

（1）如果 $\lim \dfrac{\alpha}{\beta} = 0$ ，则称 $\alpha$ 是比 $\beta$ 的高阶无穷小；

（2）如果 $\lim \dfrac{\alpha}{\beta} = \infty$ ，则称 $\alpha$ 是比 $\beta$ 的低阶无穷小；

（3）如果 $\lim \dfrac{\alpha}{\beta} = C$ ，则称 $\alpha$ 和 $\beta$ 是同阶无穷小（其中 $C \neq 0$ 为常数）；

（4）如果 $\lim \dfrac{\alpha}{\beta} = 1$ ，则称 $\alpha$ 和 $\beta$ 是等价无穷小，记作 $\alpha \sim \beta$ .

## 四、函数极限的四则运算

设 $\lim f(x)=A$，$\lim g(x)=B$（自变量的变化趋近于为 $x_0$ 或 $\infty$），则

$\lim[f(x)\pm g(x)]=\lim f(x)\pm\lim g(x)=A\pm B$；

$\lim[f(x)g(x)]=\lim f(x)\lim g(x)=AB$；

$\lim\dfrac{f(x)}{g(x)}=\dfrac{\lim f(x)}{\lim g(x)}=\dfrac{A}{B}$（$B\neq 0$）.

## 五、两个重要极限

（1）极限 $\lim\limits_{x\to 0}\dfrac{\sin x}{x}=1$；

（2）极限 $\lim\limits_{x\to\infty}\left(1+\dfrac{1}{x}\right)^x=\mathrm{e}$ .

## 六、函数的连续性

（1）设函数 $y=f(x)$ 在点 $x_0$ 处及其附近有定义，如果当自变量的增量趋于零时，函数的相应增量也趋于零，即

$$\lim_{\Delta x\to 0}\Delta y=\lim_{\Delta x\to 0}[f(x+\Delta x)-f(x)]=0,$$

则称函数 $y=f(x)$ 在点 $x_0$ 处连续，否则称函数 $y=f(x)$ 在点 $x_0$ 处间断.

（2）如果函数 $y=f(x)$ 在点 $x_0$ 处满足：

① $y=f(x)$ 在点 $x_0$ 处有定义；

② $\lim\limits_{x\to x_0}f(x)$ 存在；

③ $\lim\limits_{x\to x_0}f(x)=f(x_0)$ .

则称函数 $y=f(x)$ 在点 $x_0$ 处连续. 若三个条件中任一条不满足，则称函数 $y=f(x)$ 在点 $x_0$ 处间断.

# 测试题二

## 一、判断题

1. 若 $\lim\limits_{x\to 0}f(x)=2$，则 $f(0)=2$ . （ ）
2. 如果 $f(x)$在点$x_1$处无定义，则 $\lim\limits_{x\to x_1}f(x)$ 必不存在. （ ）

3. $\lim\limits_{x\to 1}\frac{\sin x}{x}=1$. ( )

4. $\lim\limits_{x\to 0}(1+x)^{\frac{1}{x}}=\infty$. ( )

5. 函数 $f(x)=\ln(x+1)$的定义域是$x>0$. ( )

## 二、填空题

1. 函数 $f(x)=\mathrm{e}^{\cos(2x+1)}$ 的复合过程是________.

2. $\lim\limits_{\Delta x\to 0}\frac{\sqrt{x+\Delta x}-\sqrt{x}}{\Delta x}=$________.

3. $\lim\limits_{n\to\infty}\left(1-\frac{1}{n}\right)^{n}=$________.

4. $\lim\limits_{x\to\infty}\frac{(x+1)(x+2)(x+3)}{3x^3}=$________.

5. 如果函数 $y=f(x)$ 在点 $x_0$ 处连续，那么 $\lim\limits_{x\to x_0}[f(x)-f(x_0)]=$________.

## 三、选择题

1. 函数 $y=\ln(\sqrt{x^2+1}+x)$ 是（ ）.

A. 奇函数　　B. 偶函数

C. 非奇非偶函数　　D. 不确定

2. 如果函数 $y=f(x)$ 在点 $x_0$ 处间断，那么（ ）.

A. $\lim\limits_{x\to x_0}f(x)$ 不存在　　B. $f(x_0)$ 不存在

C. $\lim\limits_{x\to x_0}f(x)\neq f(x_0)$　　D. 以上三种情况至少有一种发生

3. 当 $x\to 0$ 时，下列变量是无穷小的是（ ）.

A. $\sin x$　　B. $\ln(x+3)$

C. $\mathrm{e}^x$　　D. $x^3-1$

4. $\lim\limits_{x\to 0}\left(1+\frac{x}{2}\right)^{\frac{x-1}{x}}$ 的值是（ ）.

A. $\mathrm{e}^2$　　B. $\mathrm{e}^{\frac{1}{2}}$

C. $\mathrm{e}^{-\frac{1}{2}}$　　D. $\mathrm{e}^{-2}$

5. 下列极限存在的是（ ）.

A. $\lim\limits_{x\to\infty}\frac{x^2}{x^2-1}$　　B. $\lim\limits_{x\to 0}\frac{1}{2^x-1}$

C. $\lim\limits_{x\to\infty}\sin x$　　　　D. $\lim\limits_{x\to\infty}\operatorname{arccot} x$

## 四、解答题

1．指出下列函数的复合过程.

（1）$y=\sqrt{\arctan(x+1)}$；　　（2）$y=\tan^2\dfrac{x}{2}$.

2．求下列函数的极限.

（1）$\lim\limits_{x\to 1}\dfrac{x^4-1}{x^3-1}$；　　（2）$\lim\limits_{x\to+\infty}x(\sqrt{x^2+1}-x)$；

（3）$\lim\limits_{x\to\infty}\left(1-\dfrac{1}{2x}\right)^x$；　　（4）$\lim\limits_{x\to 1}\dfrac{x^2-3x+2}{x^2-1}$；

（5）$\lim\limits_{x\to\infty}\dfrac{x\arctan x}{x^2+1}$；　　（6）$\lim\limits_{x\to 0}\dfrac{\sin x}{x^2+2x}$.

3．讨论函数 $f(x)=\begin{cases}x, & x\leqslant 0\\ x\sin\dfrac{1}{x}, & x>0\end{cases}$ 在点 $x=0$ 处的连续性.

4．证明方程 $\sin x+x+1=0$ 在区间 $\left(-\dfrac{\pi}{2},\dfrac{\pi}{2}\right)$ 内至少有一个根.

5．某工厂生产计算机的日生产能力为 0～100 台，工厂维持生产的日固定费用为 4 万元，生产一台计算机的直接费用（含材料费和劳务费）是 4 250 元．求该厂日生产 $x$ 台计算机的总成本，并指出其定义域.

6．某工厂生产某产品的总成本函数为 $C(p)=p^3-9p^2+33p+10$，该产品的需求函数为 $Q(p)=75-p$（$p$ 为价格），求：（1）产量为 10 时的平均成本；（2）产量为 10 时的利润.

扫码查答案

# 第三章　导数与微分

**【名人名言】**

微积分的创立是人类精神的最高胜利.

——恩格斯

## 趣味阅读——微积分产生的历史背景

微积分在科学史上具有划时代的贡献，它的产生有着深刻的社会背景. 17 世纪中叶，有许多重大科学问题需要解决，这些问题也就成了促使微积分产生的因素，归结起来有以下四类：

第一类　瞬时速度问题. 那时人们已经知道自由落体运动、炮弹的运动等许多物体的运动不是匀速运动. 已知物体运动的距离表示为时间的函数，怎样求物体在任意时刻的速度和加速度？

第二类　切线问题. 17 世纪光学成为重要的研究领域，必须知道光线射入透镜的角度，以便应用光的反射和折射定律，然而入射角就是光线与镜面曲线法线的夹角，法线是过切点垂直于切线的. 另外在研究物体的曲线运动时，如何确定其轨迹上任一点的运动方向（也即轨迹的切线方向）等，这些问题都在于求切线.

第三类　函数的最值问题. 早在 16 世纪，西欧军事强国的火炮制造技术就已经非常先进了，而一个现实的问题是，发射角多大时炮弹获得最大射程；研究行星运动也涉及最值问题，如求行星离太阳最近和最远的距离等.

第四类　求曲线围成的面积和体积、曲线弧长、物体的重心等问题. 随着天文学的发展，这些问题变得更为突出. 例如，开普勒三大定律及许多天文学问题都涉及行星运行的轨道、太阳和运动中的行星在相等的时间内扫过的面积，以及物体重心等计算.

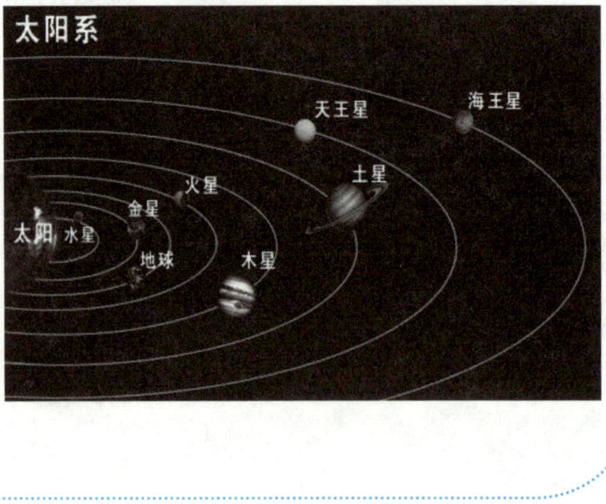


基于以上问题的研究和解决，并且在众多科学家研究的基础上，英国大科学家牛顿和德国数学家莱布尼茨分别在自己的国度里独自研究和完成了微积分的创立工作.

【导　学】

导数与微分是微分学的两个基本概念．导数的概念最初是从寻找平面曲线的切线以及确定变速运动的瞬时速度产生的．其中导数反映函数相对于自变量的变化快慢及程度，即函数对自变量的变化率；而微分则反映当自变量有微小改变时，函数就有微小的改变量．这两个问题就是我们本章所要讨论的主要内容——导数和微分．

# 3-1　导数

## 一、引例

1.自由落体的瞬时速度

如果物体在真空中自由下落，则它的运动方程为

$$s=f(t)=\frac{1}{2}gt^2,$$

其中 $g$ 为常量．试求物体在 $t_0$ 时刻的瞬时速度 $v$．

**分析**　我们知道，当物体做匀速直线运动时，它在任意时刻的速度可用公式

$$速度=\frac{路程}{时间}$$

来计算．但在这里物体是变速直线运动，上式中的速度只能反映物体在某段时间内的平均速度，而不能精确地描述物体运动过程中任一时刻的瞬时速度．因此，求物体在 $t_0$ 时刻的瞬时速度，需要采用新的方法．下面我们用求极限的方法来解决这个问题．

如图 3-1 所示，给定时间变量 $t$ 在 $t_0$ 时的一个增量 $\Delta t$，则在从 $t_0$ 到 $t_0+\Delta t$ 这段时间内，物体运动路程的增量为

$$\begin{aligned}\Delta s&=f(t_0+\Delta t)-f(t_0)\\&=\frac{1}{2}g(t_0+\Delta t)^2-\frac{1}{2}gt_0^2\\&=gt_0\Delta t+\frac{1}{2}g(\Delta t)^2,\end{aligned}$$

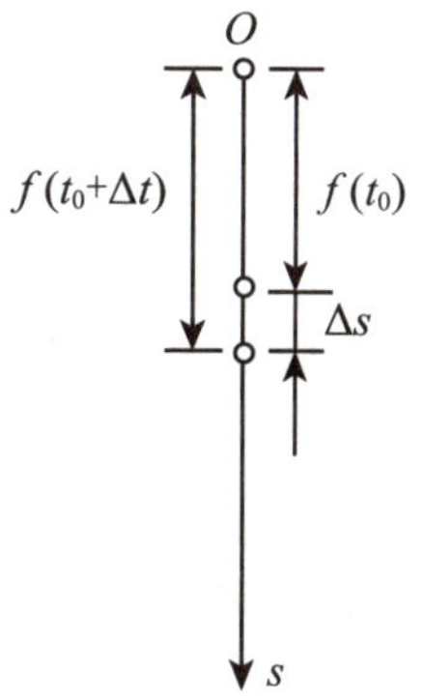

图 3-1

从而可以求得物体在时间段 $\Delta t$ 内的平均速度为

$$\bar{v}=\frac{\Delta s}{\Delta t}=\frac{f(t_0+\Delta t)-f(t_0)}{\Delta t}=gt_0+\frac{1}{2}g\Delta t.$$

显然，当 $|\Delta t|$ 无限变小时，平均速度 $\bar{v}$ 无限接近于物体在 $t_0$ 时刻的瞬时速度 $v$．因此，平均速度的极限值就是物体在 $t_0$ 时刻的瞬时速度 $v$，即可定义为

$$v=\lim_{\Delta t\to 0}\overline{v}=\lim_{\Delta t\to 0}\frac{\Delta s}{\Delta t}=\lim_{\Delta t\to 0}\frac{f(t_0+\Delta t)-f(t_0)}{\Delta t}$$
$$=\lim_{\Delta t\to 0}\left[gt_0+\frac{1}{2}g\,\Delta t\right]=gt_0.$$

可以看到，上述定义与物理学中自由落体的瞬时速度公式是一致的.

从数学的角度看，以上案例的实质就是求一个函数在某一点处的增量与其自变量的增量之比的极限．在实际生活中，许多问题都可以归结为这样一种求增量比的极限问题．在数学上，我们把这类问题定义为导数.

2．平面曲线的切线斜率

设曲线 $C$ 所对应的函数为 $y=f(x)$，求曲线 $C$ 在点 $M\left(x_0,f(x_0)\right)$ 处的切线的斜率.

圆的切线可定义为“与曲线只有一个交点的直线”，但是对于其他曲线，用“与曲线只有一个交点的直线”作为切线的定义就不一定合适．实际上，包括圆在内的各种平面曲线的切线的严格定义如下：

**定义 1** 设 $M$，$N$ 是曲线 $C$ 上的两点，过这两点作割线 $MN$，当点 $N$ 沿曲线 $C$ 无限接近于点 $M$ 时，如果割线 $MN$ 绕点 $M$ 旋转而趋近于极限位置 $MT$ 时，则称直线 $MT$ 为曲线 $C$ 在点 $M$ 处的切线（见图 3-2）.

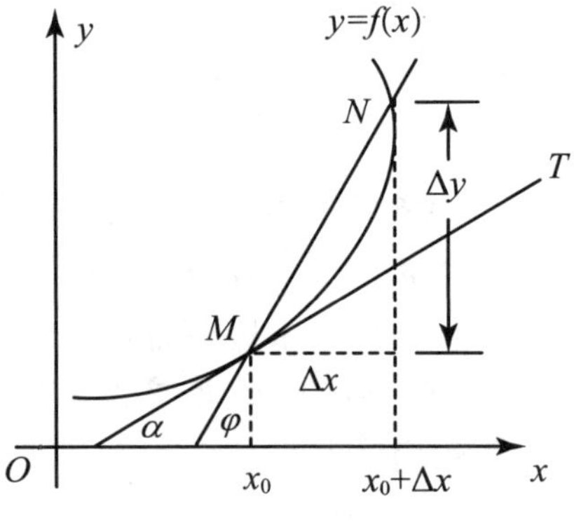


图 3-2

由图 3-2 可知，曲线 $C$ 的割线 $MN$ 的斜率为

$$\tan\varphi=\frac{\Delta y}{\Delta x}=\frac{f\left(x_0+\Delta x\right)-f\left(x_0\right)}{\Delta x}.$$

其中 $\varphi$ 为割线 $MN$ 的倾斜角.

显然，当点 $N$ 沿曲线 $C$ 趋近于点 $M$ 时，$\Delta x\to 0$．此时 $\varphi\to\alpha$，$\tan\varphi\to\tan\alpha$.

如果当 $\Delta x\to 0$ 时，割线的斜率 $\tan\varphi$ 的极限存在，则曲线 $C$ 在点 $M\left(x_0,y_0\right)$ 处的切线斜率为

$$\tan\alpha=\lim_{\varphi\to\alpha}\tan\varphi=\lim_{\Delta x\to 0}\frac{\Delta y}{\Delta x}=\lim_{\Delta x\to 0}\frac{f\left(x_0+\Delta x\right)-f\left(x_0\right)}{\Delta x}.$$

3．产品总成本的变化率

设某产品的总成本 $C$ 是产量 $Q$ 的函数，即 $C=C(Q)$．当产量由 $Q_0$ 变到 $Q_0+\Delta Q$ 时，总成本相应的改变量为 $\Delta C=C(Q_0+\Delta Q)-C(Q_0)$．

则产量由 $Q_0$ 变到 $Q_0+\Delta Q$ 时，总成本的平均变化率为

$$\frac{\Delta C}{\Delta Q}=\frac{C(Q_0+\Delta Q)-C(Q_0)}{\Delta Q}.$$

当 $\Delta Q$ 趋向于零时，如果极限

$$\lim_{\Delta Q\to 0}\frac{\Delta C}{\Delta Q}=\lim_{\Delta Q\to 0}\frac{C(Q_0+\Delta Q)-C(Q_0)}{\Delta Q}$$

存在，则称此极限是产量为 $Q_0$ 时总成本对产量的变化率，又称产量为 $Q_0$ 时的边际成本．它表示产量为 $Q_0$ 时，再多生产一件产品时，成本要增加多少．

## 二、导数的概念

上面所讨论的三个问题，虽然实际意义不同，但具有相同的数学表达形式：归结为求函数的增量与自变量的增量之比（当自变量的增量趋于零时的极限）．把这种形式的极限抽象出来，就是函数的导数的概念．

**定义 2**　设函数 $y=f(x)$ 在点 $x_0$ 附近的区域内有定义，当自变量 $x$ 在 $x_0$ 处有增量 $\Delta x$ 时，相应地，函数 $y$ 也有增量

$$\Delta y=f(x_0+\Delta x)-f(x_0).$$

如果 $\Delta y$ 与 $\Delta x$ 之比当 $\Delta x\to 0$ 时的极限

$$\lim_{\Delta x\to 0}\frac{\Delta y}{\Delta x}=\lim_{\Delta x\to 0}\frac{f(x_0+\Delta x)-f(x_0)}{\Delta x}$$

存在，那么称此极限值为函数 $y=f(x)$ 在点 $x_0$ 处的导数，并且说，函数 $y=f(x)$ 在点 $x_0$ 处可导，记作 $y'\big|_{x=x_0}$，$f'(x_0)$，$\left.\frac{\mathrm{d}y}{\mathrm{d}x}\right|_{x=x_0}$ 或 $\left.\frac{\mathrm{d}f(x)}{\mathrm{d}x}\right|_{x=x_0}$，即

$$y'\big|_{x=x_0}=\lim_{\Delta x\to 0}\frac{\Delta y}{\Delta x}=\lim_{\Delta x\to 0}\frac{f(x_0+\Delta x)-f(x_0)}{\Delta x}.$$

函数 $f(x)$ 在点 $x_0$ 处可导有时也说成 $f(x)$ 在点 $x_0$ 处具有导数或导数存在．

**说明：**

在导数定义中比值 $\frac{\Delta y}{\Delta x}$ 是函数 $y=f(x)$ 在区间 $[x_0,x_0+\Delta x]$ 上的平均变化率．

导数 $f'(x_0)=\lim\limits_{\Delta x\to 0}\frac{\Delta y}{\Delta x}$ 则是函数 $y=f(x)$ 在点 $x_0$ 处的变化率，反映了函数随自变量的变化而变化的快慢程度．

若 $f'(x_0)=\lim\limits_{\Delta x\to 0}\frac{\Delta y}{\Delta x}$ 存在，则称函数 $y=f(x)$ 在点 $x_0$ 处可导．若极限不存在，则称函数

$y=f(x)$ 在点 $x_0$ 处不可导.

有了导数的概念，前面讨论的三个实例可以叙述为:

（1）变速直线运动的速度 $v(t_0)$ 是路程 $s=s(t)$ 在 $t_0$ 时刻处的导数，即

$$v(t_0)=s'(t_0)\text{；}$$

（2）曲线 $C$ 在点 $M\left(x_0,f(x_0)\right)$ 处的切线的斜率等于函数 $f(x)$ 在点 $x_0$ 处的导数，即

$$k_{切}=\tan\alpha=f'(x_0)\text{；}$$

（3）产品总成本的变化率等于总成本 $C(Q)$ 在点 $Q_0$ 处的导数，即边际成本 $C'(Q_0)$.

**定义 3** 如果函数 $f(x)$ 在区间 $(a,b)$ 内的每一点都可导，就称函数 $f(x)$ 在区间 $(a,b)$ 内可导. 这时，函数 $f(x)$ 对于 $(a,b)$ 内的每一个确定的 $x$ 的值，都对应着一个确定的导数，这就构成了一个新的函数，这个函数叫作 $f(x)$ 的导函数，记作 $y'$，$f'(x)$，$\dfrac{dy}{dx}$ 或 $\dfrac{df(x)}{dx}$，即

$$y'=\lim_{\Delta x\to 0}\frac{\Delta y}{\Delta x}=\lim_{\Delta x\to 0}\frac{f(x+\Delta x)-f(x)}{\Delta x}.$$

**注意：**

$f'(x)$ 是 $x$ 的函数，而 $f'(x_0)$ 是一个常数，二者的关系为 $f'(x_0)=f'(x)\big|_{x=x_0}$.

在不产生混淆问题的情况下，导函数也简称导数.

**例 1** 已知函数 $f(x)=x^2$，求其在点 $x_0$ 处的导数 $f'(x_0)$.

**解** 因为在点 $x_0$ 处，函数值的改变量

$$\Delta y=f(x_0+\Delta x)-f(x_0)=(x_0+\Delta x)^2-{x_0}^2=2x_0\Delta x+(\Delta x)^2,$$

于是

$$\frac{\Delta y}{\Delta x}=\frac{2x_0\Delta x+(\Delta x)^2}{\Delta x}=2x_0+\Delta x,$$

所以

$$f'(x_0)=\lim_{\Delta x\to 0}\frac{\Delta y}{\Delta x}=\lim_{\Delta x\to 0}(2x_0+\Delta x)=2x_0.$$

## 三、导数的应用分析——变化率模型

数学上的导数在各个领域的实际问题中，表示的是各种各样的变化率. 为了使大家更深刻地理解变化率，掌握用导数表示变化率的方法，下面给出几个应用案例.

**案例 1 切线的斜率**

设曲线 $y=f(x)$ 在点 $M(x_0,f(x_0))$ 处有切线且斜率存在，求曲线 $y=f(x)$ 在点 $M(x_0,f(x_0))$ 处的切线斜率.

由引例及导数的定义可知，函数 $y=f(x)$ 在点 $x_0$ 处的导数 $f'(x_0)$ 在几何上表示曲线 $y=f(x)$ 在点 $M(x_0,y_0)$ 处的切线的斜率，即

$$f'(x_0)=\tan\alpha,$$

其中 $\alpha$ 是切线的倾斜角.

根据导数的几何意义，应用直线的点斜式方程，得到曲线 $f(x)$ 在点 $M(x_0,y_0)$ 处的切线方程为

$$y-y_0=f'(x_0)(x-x_0).$$

过切点 $M(x_0,y_0)$ 与切线垂直的直线叫作曲线 $f(x)$ 在点 $M(x_0,y_0)$ 处的法线，若 $f'(x_0)\neq 0$，则法线方程为

$$y-y_0=-\frac{1}{f'(x_0)}(x-x_0).$$

**例 2**　求曲线 $y=x^3$ 在点 $(2,8)$ 处的切线斜率，并写出该点处的切线方程和法线方程.

**解**　由导数的几何意义可知，所求的切线斜率为

$$k=y'\big|_{x=2}=3x^2\big|_{x=2}=12,$$

从而所求的切线方程为

$$y-8=12(x-2),$$

即

$$12x-y-16=0.$$

所求法线的斜率为

$$-\frac{1}{k}=-\frac{1}{12},$$

于是所求的法线方程为

$$y-8=-\frac{1}{12}(x-2),$$

即

$$x+12y-98=0.$$

**案例 2　速度、加速度**

由引例可知，若物体的运动方程为 $s=s(t)$，则物体在时刻 $t$ 处的瞬时速度为

$$v=\lim_{\Delta t\to 0}\frac{\Delta s}{\Delta t}=s'(t).$$

因为加速度（描述速度变化的快慢程度）是速度关于时间的变化率，所以物体在 $t$ 时刻的加速度为

$$a=\lim_{\Delta t\to 0}\frac{\Delta v}{\Delta t}=v'(t).$$

**案例 3　电流**

电路中电荷的定向移动形成电流，通过导体横截面的电荷量 $Q$ 与所用时间 $t$ 之比称为电流，记作 $i$. 已知导体内的电荷随时间变化为 $Q=Q(t)$，那么在时间段 $[t,t+\Delta t]$ 内的平均电流 $i=\frac{\Delta Q}{\Delta t}$，$t$ 时刻的电流

$$i=\lim_{\Delta t\to 0}\frac{\Delta Q}{\Delta t}=\frac{\mathrm{d}Q(t)}{\mathrm{d}t}.$$

## 四、可导与连续的关系

可导性与连续性是函数的两个重要概念，它们之间有什么内在的联系呢？

**定理 1**　如果函数 $y=f(x)$ 在点 $x_0$ 处可导，则函数 $y=f(x)$ 在点 $x_0$ 处必连续.

**证** 因为函数 $y=f(x)$ 在点 $x_0$ 处可导，即极限 $\lim\limits_{\Delta x\to 0}\dfrac{\Delta y}{\Delta x}=f'(x_0)$ 存在，于是

$$\lim_{\Delta x\to 0}\Delta y=\lim_{\Delta x\to 0}\frac{\Delta y}{\Delta x}\Delta x=\lim_{\Delta x\to 0}\frac{\Delta y}{\Delta x}\cdot\lim_{\Delta x\to 0}\Delta x=f'(x_0)\cdot 0=0,$$

即函数 $y=f(x)$ 在点 $x_0$ 处必连续.

**注意：**

定理 1 的逆定理是不成立的，即如果函数 $y=f(x)$ 在点 $x_0$ 处连续，则在该点不一定可导.

**例 3** 讨论函数 $y=\sqrt[3]{x}$ 在 $x=0$ 处是否可导.

**解** 函数 $y=\sqrt[3]{x}$ 在区间 $(-\infty,+\infty)$ 内连续，但在 $x=0$ 处不可导. 这是因为在 $x=0$ 处，有

$$\lim_{\Delta x\to 0}\frac{\Delta y}{\Delta x}=\lim_{\Delta x\to 0}\frac{\sqrt[3]{0+\Delta x}-\sqrt[3]{0}}{\Delta x}$$

$$=\lim_{\Delta x\to 0}(\Delta x)^{-\frac{2}{3}}=\infty.$$

函数 $y=\sqrt[3]{x}$ 在 $x=0$ 处的导数为无穷大，即极限不存在. 曲线 $y=\sqrt[3]{x}$ 在 $x=0$ 处具有垂直于 $x$ 轴的切线（见图 3-3）.

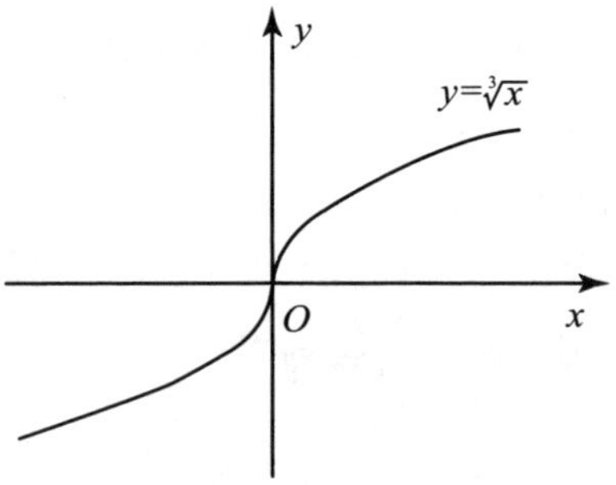


图 3-3

**例 4** 讨论函数 $y=|x|$ 在点 $x=0$ 处是否连续，是否可导.

**解** （1）连续性.

因为 $\Delta y=|0+\Delta x|-|0|=|\Delta x|$，于是 $\lim\limits_{\Delta x\to 0}\Delta y=\lim\limits_{\Delta x\to 0}|\Delta x|=0$. 所以 $y=|x|$ 在点 $x=0$ 处连续.

（2）可导性.

因为 $\lim\limits_{\Delta x\to 0}\dfrac{\Delta y}{\Delta x}=\lim\limits_{\Delta x\to 0}\dfrac{|\Delta x|}{\Delta x}$，所以 $\lim\limits_{\Delta x\to 0^+}\dfrac{\Delta y}{\Delta x}=\lim\limits_{\Delta x\to 0^+}\dfrac{|\Delta x|}{\Delta x}=\lim\limits_{\Delta x\to 0^+}\dfrac{\Delta x}{\Delta x}=1$，

$\lim\limits_{\Delta x\to 0^-}\dfrac{\Delta y}{\Delta x}=\lim\limits_{\Delta x\to 0^-}\dfrac{|\Delta x|}{\Delta x}=\lim\limits_{\Delta x\to 0^-}\dfrac{-\Delta x}{\Delta x}=-1$，故极限 $\lim\limits_{\Delta x\to 0}\dfrac{\Delta y}{\Delta x}$ 不存在，所以函数 $y=|x|$ 在点 $x=0$ 处不可导（见图 3-4）.

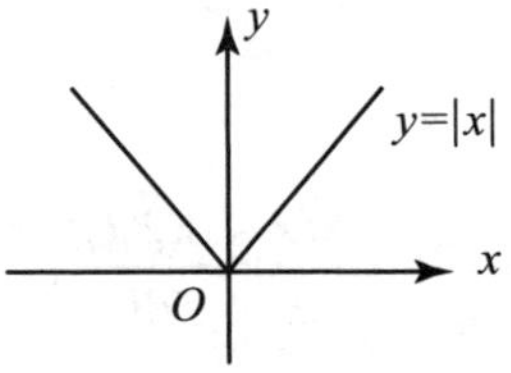


图 3-4

上述两例说明函数连续是可导的必要条件，而非充分条件.

## 五、求导数举例

由导数的定义可知，求函数 $y=f(x)$ 的导数 $f'(x)$ 可按以下三个步骤进行.

（1）求函数增量：$\Delta y=f(x+\Delta x)-f(x)$；

（2）计算比值：$\dfrac{\Delta y}{\Delta x}=\dfrac{f(x+\Delta x)-f(x)}{\Delta x}$；

（3）求极限：$f'(x)=\lim\limits_{\Delta x\to 0}\dfrac{\Delta y}{\Delta x}=\lim\limits_{\Delta x\to 0}\dfrac{f(x+\Delta x)-f(x)}{\Delta x}$.

下面，利用以上三个步骤求一些基本初等函数的导数.

**例 5**　求 $f(x)=C$（$C$ 是常数）的导数.

**解**　（1）求增量：$\Delta y=C-C=0$；

（2）算比值：$\dfrac{\Delta y}{\Delta x}=0$；

（3）取极限：$f'(x)=\lim\limits_{\Delta x\to 0}\dfrac{\Delta y}{\Delta x}=\lim\limits_{\Delta x\to 0}0=0$.

**例 6**　求 $f(x)=x^3$ 的导数.

**解**　（1）求增量：$\Delta y=f(x+\Delta x)-f(x)=(x+\Delta x)^3-x^3$

$$=3x^2\Delta x+3x(\Delta x)^2+(\Delta x)^3；$$

（2）算比值：$\dfrac{\Delta y}{\Delta x}=\dfrac{3x^2\Delta x+3x(\Delta x)^2+(\Delta x)^3}{\Delta x}=3x^2+3x(\Delta x)+(\Delta x)^2$；

（3）取极限：$f'(x)=\lim\limits_{\Delta x\to 0}\dfrac{\Delta y}{\Delta x}=\lim\limits_{\Delta x\to 0}[3x^2+3x(\Delta x)+(\Delta x)^2]=3x^2$，

即
$$(x^3)'=3x^2.$$

例 1 和例 6 的结果可推广到任意正整数幂的情况，即

$$(x^n)'=nx^{n-1}.$$

推广到更一般的情况，对任意幂函数 $y=x^{\alpha}$（$\alpha$ 是任意常数）都有

$$(x^{\alpha})'=\alpha x^{\alpha-1}.$$

**例 7**　求 $f(x)=\sin x$ 的导数.

**解**　
$$f'(x)=\lim_{\Delta x\to 0}\frac{\sin(x+\Delta x)-\sin x}{\Delta x}$$

$$=\lim_{\Delta x\to 0}\frac{2\cos(x+\frac{\Delta x}{2})\sin(\frac{\Delta x}{2})}{\Delta x}$$

$$=\lim_{\Delta x\to 0}\frac{\sin(\frac{\Delta x}{2})}{\frac{\Delta x}{2}}\cdot\cos(x+\frac{\Delta x}{2})=\cos x,$$

即
$$(\sin x)'=\cos x.$$

类似地，可以求得
$$(\cos x)'=-\sin x.$$

**例 8** 求 $f(x)=\log_a x\ (a>0,a\neq 1,x>0)$ 的导数.

**解** 
$$f'(x)=\lim_{\Delta x\to 0}\frac{\log_a(x+\Delta x)-\log_a x}{\Delta x}$$
$$=\lim_{\Delta x\to 0}\frac{\log_a(1+\frac{\Delta x}{x})}{\Delta x}=\lim_{\Delta x\to 0}\log_a(1+\frac{\Delta x}{x})^{\frac{1}{\Delta x}}$$
$$=\lim_{\Delta x\to 0}\frac{1}{x}\log_a(1+\frac{\Delta x}{x})^{\frac{x}{\Delta x}}=\log_a\lim_{\Delta x\to 0}[(1+\frac{\Delta x}{x})^{\frac{x}{\Delta x}}]^{\frac{1}{x}}$$
$$=\frac{1}{x}\log_a \mathrm{e}=\frac{1}{x\ln a},$$

即
$$(\log_a x)'=\frac{1}{x\ln a}.$$

特殊情况，当 $a=\mathrm{e}$ 时，可得
$$(\ln x)'=\frac{1}{x}.$$

## 习题 3-1

1．根据导数的定义求下列函数在指定点的导数.

（1）$y=x^2-3$，$x=3$；（2）$y=\frac{2}{x}$，$x=1$.

2．一物体做变速直线运动，它所经过的路程和时间的关系是 $s=6t^2+3$．求 $t=3$ 时的瞬时速度.

3．求正弦曲线 $y=\sin x$ 在点 $(\frac{\pi}{3},\frac{\sqrt{3}}{2})$ 处的切线方程和法线方程.

4．曲线 $y=\ln x$ 上哪一点的切线平行于直线 $x-2y-2=0$.

5．某厂生产某种产品，总成本 $C$ 是产量 $Q$ 的函数，$C(Q)=200+4Q+0.05Q^2$（单位：元）．求边际成本函数及产量 $Q=200$ 时的边际成本.

6．讨论下列函数在点 $x=0$ 处是否连续，是否可导.

（1）$f(x)=|\sin x|$；（2）$f(x)=\begin{cases}\sin x, & x<0\\ x, & x\geqslant 0\end{cases}$.

7．设 $f(x)=\begin{cases}x^2, & x\leqslant 1\\ ax+b, & x>1\end{cases}$，当 $a$，$b$ 为何值时，$f(x)$ 在 $x=1$ 处可导？

扫码查答案

## 3-2 求导法则

前面根据导数的定义，求出了一些简单函数的导数，但是对于比较复杂的函数直接根

据定义来求其导数往往很困难．本节我们将介绍一些求导数的基本法则和基本初等函数的求导公式，利用这些法则和公式，就能比较方便地求出常见初等函数的导数．

## 一、导数的四则运算法则

**定理 2** 设函数 $u=u(x)$ 和 $v=v(x)$ 在点 $x$ 处都可导，则它们的和、差、积、商（分母不为零）构成的函数在点 $x$ 处也都可导，且有以下法则：

（1）$[u(x)\pm v(x)]'=u'(x)\pm v'(x)$．

（2）$[u(x)v(x)]'=u'(x)v(x)+u(x)v'(x)$．

特殊情况，$(Cu)'=Cu'$（$C$ 是常数）．

（3）$\left[\dfrac{u(x)}{v(x)}\right]'=\dfrac{u'(x)v(x)-u(x)v'(x)}{v^2(x)}$ （$v(x)\neq 0$）．

特殊情况，$\left[\dfrac{C}{v(x)}\right]'=\dfrac{-Cv'(x)}{v^2(x)}$ （C 是常数，$v(x)\neq 0$）．

**注意：**

定理 2 中的 (1)(2) 均可推广到有限多个函数运算的情形．例如，设 $u=u(x)$，$v=v(x)$，$w=w(x)$ 均可导，则有

$$(u-v+w)'=u'-v'+w';$$

$$(uvw)'=u'vw+uv'w+uvw'.$$

定理 2 可利用导数的定义进行证明，这里仅给出（2）的证明．

**证** 设 $y=u(x)v(x)$，则

$$\begin{aligned}\Delta y&=u(x+\Delta x)v(x+\Delta x)-u(x)v(x)\\&=u(x+\Delta x)v(x+\Delta x)-u(x)v(x+\Delta x)+u(x)v(x+\Delta x)-u(x)v(x)\\&=v(x+\Delta x)[u(x+\Delta x)-u(x)]+u(x)[v(x+\Delta x)-v(x)]\\&=v(x+\Delta x)\Delta u(x)+u(x)\Delta v(x).\end{aligned}$$

由于 $u=u(x)$ 和 $v=v(x)$ 在点 $x$ 处都可导，而可导必连续，于是

$$\begin{aligned}y'&=\lim_{\Delta x\to 0}\frac{\Delta y}{\Delta x}=\lim_{\Delta x\to 0}\frac{v(x+\Delta x)\Delta u(x)+u(x)\Delta v(x)}{\Delta x}\\&=\lim_{\Delta x\to 0}v(x+\Delta x)\lim_{\Delta x\to 0}\frac{\Delta u(x)}{\Delta x}+u(x)\lim_{\Delta x\to 0}\frac{\Delta v(x)}{\Delta x}\\&=u'(x)v(x)+u(x)v'(x)\end{aligned}$$

即
$$(uv)'=u'v+uv'.$$

**例 1** 已知 $f(x)=x^3-\dfrac{3}{x^2}+2x-\ln x$，求 $f'(x)$．

**解** $f'(x)=(x^3-\dfrac{3}{x^2}+2x-\ln x)'$

$$=(x^3)'-(\frac{3}{x^2})'+(2x)'-(\ln x)'$$

$$=3x^2+\frac{6}{x^3}-\frac{1}{x}+2.$$

**例 2** 已知 $f(x)=x^5\sin x$，求 $f'(x)$.

**解** $f'(x)=(x^5)'\sin x+x^5(\sin x)'$

$$=5x^4\sin x+x^5\cos x.$$

**例 3** 求 $y=x^3\ln x+2\cos x$ 的导数.

**解** $y'=(x^3\ln x+2\cos x)'=(x^3)'\ln x+x^3(\ln x)'+2(\cos x)'$

$$=3x^2\ln x+x^3\cdot\frac{1}{x}+2(-\sin x)=3x^2\ln x+x^2-2\sin x.$$

**例 4** 已知 $f(x)=\tan x$，求 $f'(x)$.

**解** $f'(x)=(\tan x)'=\left(\dfrac{\sin x}{\cos x}\right)'=\dfrac{(\sin x)'\cos x-\sin x(\cos x)'}{\cos^2 x}$

$$=\frac{\cos x\cdot\cos x-\sin x(-\sin x)}{\cos^2 x}=\frac{1}{\cos^2 x}=\sec^2 x$$

即

$$(\tan x)'=\sec^2 x.$$

类似地，可得

$$(\cot x)'=-\csc^2 x,$$

$$(\sec x)'=\sec x\tan x,$$

$$(\csc x)'=-\csc x\cot x.$$

## 二、反函数的求导法则

**定理 3** 如果函数 $x=\varphi(y)$ 在某一区间内单调、可导，且 $\varphi'(y)\neq 0$，则它的反函数 $y=f(x)$ 在对应区间内单调、可导，且有

$$f'(x)=\frac{1}{\varphi'(y)}.$$

也就是说，反函数的导数等于直接函数导数的倒数.

**例 5** 求函数 $y=a^x\ (a>0且a\neq 1)$ 的导数.

**解** 对数函数 $x=\log_a y$ 在区间 $(0,+\infty)$ 内单调、可导，且

$$(\log_a y)'=\frac{1}{y\ln a}\neq 0,$$

由定理 3 可知，它的反函数 $y=a^x$ 在对应区间 $(-\infty,+\infty)$ 内单调、可导，且

$$(a^x)'=\frac{1}{(\log_a y)'}=\frac{1}{\frac{1}{y\ln a}}=y\ln a=a^x\ln a,$$

即

$$(a^x)'=a^x\ln a.$$

特殊情况，当 $a=\mathrm{e}$ 时，有 $(\mathrm{e}^x)'=\mathrm{e}^x$ .

**例 6** 求函数 $y=\arcsin x$ 的导数.

**解** 函数 $x=\sin y$ 在区间 $(-\frac{\pi}{2},\frac{\pi}{2})$ 内单调、可导，且

$$(\sin y)'=\cos y>0,$$

由定理 3 可知，它的反函数 $y=\arcsin x$ 在对应区间 $(-1,1)$ 内单调、可导，且

$$(\arcsin x)'=\frac{1}{(\sin y)'}=\frac{1}{\cos y}.$$

而当 $y\in(-\frac{\pi}{2},\frac{\pi}{2})$ 时，$\cos y=\sqrt{1-\sin^2 y}=\sqrt{1-x^2}$ ，因此

$$(\arcsin x)'=\frac{1}{\sqrt{1-x^2}}.$$

类似地，可得
$$(\arccos x)'=-\frac{1}{\sqrt{1-x^2}}.$$

**例 7** 求函数 $y=\arctan x$ 的导数.

**解** 函数 $x=\tan y$ 在区间 $(-\frac{\pi}{2},\frac{\pi}{2})$ 内单调、可导，且

$$(\tan y)'=\sec^2 y\neq 0,$$

由定理 3 可知，它的反函数 $y=\arctan x$ 在对应区间 $(-\infty,\infty)$ 内单调、可导，且

$$(\arctan x)'=\frac{1}{(\tan y)'}=\frac{1}{\sec^2 y}=\frac{1}{1+\tan^2 y}=\frac{1}{1+x^2},$$

即
$$(\arctan x)'=\frac{1}{1+x^2}.$$

类似地，可得
$$(\text{arccot}\, x)'=-\frac{1}{1+x^2}.$$

## 三、复合函数的求导法则

**引例** 求函数 $y=\sin 2x$ 的导数.

**解** 因为
$$y=\sin 2x=2\sin x\cos x,$$

所以
$$y'=(2\sin x\cos x)'=2[(\sin x)'\cos x+\sin x(\cos x)']$$
$$=2(\cos^2 x-\sin^2 x)=2\cos 2x.$$

由引例的计算结果可知，$(\sin 2x)'\neq\cos 2x$ ，所以求函数 $y=\sin 2x$ 的导数不能直接应用基本的求导公式.

对于函数 $y=\sin 2x$ ，很显然它是复合函数，是由 $y=\sin u$ 和 $u=2x$ 复合而成的. 而 $y=\sin u$ 的导数 $\frac{\mathrm{d}y}{\mathrm{d}u}=\cos u$ ，$u=2x$ 的导数 $\frac{\mathrm{d}u}{\mathrm{d}x}=2$ . 显然函数 $y=\sin 2x$ 的导数 $\frac{\mathrm{d}y}{\mathrm{d}x}=\frac{\mathrm{d}y}{\mathrm{d}u}\cdot\frac{\mathrm{d}u}{\mathrm{d}x}=2\cos u=2\cos 2x$ .

对于复合函数的求导问题，有如下定理：

**定理4** 若函数$u=\varphi(x)$在$x$处可导，而函数$y=f(u)$在$u$处可导，则复合函数$y=f[\varphi(x)]$在$x$处可导，且有

$$\frac{\mathrm{d}y}{\mathrm{d}x}=\frac{\mathrm{d}y}{\mathrm{d}u}\cdot\frac{\mathrm{d}u}{\mathrm{d}x} \text{ 或 } y'_x=y'_u\cdot u'_x .$$

上式就是复合函数的求导公式，复合函数的导数等于已知函数对中间变量的导数乘以中间变量对自变量的导数.

**证** 因为$y=f(u)$可导，所以$\lim\limits_{\Delta u\to 0}\frac{\Delta y}{\Delta u}=f'(u)$存在．由无穷小与函数极限的关系得

$$\frac{\Delta y}{\Delta u}=f'(u)+\alpha ,$$

其中$\alpha$是$\Delta u\to 0$时的无穷小．上式两端同乘以$\Delta u$，得

$$\Delta y=f'(u)\Delta u+\alpha\cdot\Delta u ,$$

两端同除以$\Delta x$，得

$$\frac{\Delta y}{\Delta x}=f'(u)\frac{\Delta u}{\Delta x}+\alpha\cdot\frac{\Delta u}{\Delta x} ,$$

当$\Delta x\to 0$时，$\Delta u\to 0$，于是

$$\begin{aligned}\lim_{\Delta x\to 0}\frac{\Delta y}{\Delta x}&=f'(u)\lim_{\Delta x\to 0}\frac{\Delta u}{\Delta x}+\lim_{\Delta x\to 0}\alpha\cdot\lim_{\Delta x\to 0}\frac{\Delta u}{\Delta x}\\&=f'(u)\varphi'(x)+0\cdot\varphi'(x)=f'(u)\varphi'(x) .\end{aligned}$$

定理4可以推广到有限个中间变量的情形．例如，设

$$y=f(u),u=g(v),v=\varphi(x) ,$$

则复合函数$y=f\{g[\varphi(x)]\}$的导数为

$$y'_x=f'_u\cdot g'_v\cdot\varphi'_x .$$

**例8** 求函数$y=\sqrt{x^2+1}$的导数.

**解** $y=\sqrt{x^2+1}$可看作由$y=\sqrt{u}$，$u=x^2+1$复合而成.

因为
$$\frac{\mathrm{d}y}{\mathrm{d}u}=\frac{1}{2\sqrt{u}},\quad \frac{\mathrm{d}u}{\mathrm{d}x}=2x ,$$

所以
$$\frac{\mathrm{d}y}{\mathrm{d}x}=\frac{\mathrm{d}y}{\mathrm{d}u}\cdot\frac{\mathrm{d}u}{\mathrm{d}x}=\frac{1}{2\sqrt{u}}\cdot 2x=\frac{x}{\sqrt{x^2+1}} .$$

**例9** 求函数$y=\ln[\sin(\mathrm{e}^x)]$的导数.

**解** $y=\ln[\sin(\mathrm{e}^x)]$可看作由$y=\ln u$，$u=\sin v$，$v=\mathrm{e}^x$复合而成.

因为
$$\frac{\mathrm{d}y}{\mathrm{d}u}=\frac{1}{u},\quad \frac{\mathrm{d}u}{\mathrm{d}v}=\cos v ,\quad \frac{\mathrm{d}v}{\mathrm{d}x}=\mathrm{e}^x ,$$

所以
$$\begin{aligned}\frac{\mathrm{d}y}{\mathrm{d}x}&=\frac{\mathrm{d}y}{\mathrm{d}u}\cdot\frac{\mathrm{d}u}{\mathrm{d}v}\cdot\frac{\mathrm{d}v}{\mathrm{d}x}\\&=\frac{1}{u}\cdot\cos v\cdot\mathrm{e}^x=\frac{\cos(\mathrm{e}^x)}{\sin(\mathrm{e}^x)}\cdot\mathrm{e}^x=\mathrm{e}^x\cdot\cot(\mathrm{e}^x) .\end{aligned}$$

**注意：**

复合函数求导运算熟练后，可不必再写出中间变量，而直接由外往里、逐层求导即可，但是千万要分清楚函数的复合过程.

**例 10** 求函数 $y=\tan x^2$ 的导数.

**解** $\frac{\mathrm{d}y}{\mathrm{d}x}=(\tan x^2)'=\sec^2 x^2\cdot(x^2)'=2x\sec^2 x^2$ .

**例 11** 求函数 $y=\mathrm{e}^{\cos\frac{1}{x}}$ 的导数.

**解** $y'_x=(\mathrm{e}^{\cos\frac{1}{x}})'=\mathrm{e}^{\cos\frac{1}{x}}(\cos\frac{1}{x})'$

$=\mathrm{e}^{\cos\frac{1}{x}}\cdot(-\sin\frac{1}{x})\cdot(\frac{1}{x})'=\frac{1}{x^2}\cdot\mathrm{e}^{\cos\frac{1}{x}}\cdot\sin\frac{1}{x}$ .

**例 12** 求函数 $y=\sin^2(x^3+1)$ 的导数.

**解** $y'_x=[\sin^2(x^3+1)]'=2\sin(x^3+1)\cdot[\sin(x^3+1)]'$

$=2\sin(x^3+1)\cdot\cos(x^3+1)\cdot(x^3+1)'$

$=3x^2\sin[2(x^3+1)]$ ·

## 四、常数和基本初等函数的导数公式

常数和基本初等函数的导数公式见表 3-1

**表 3-1**

| | |
|---|---|
| $(C)'=0$ | $(x^\alpha)'=\alpha x^{\alpha-1}$ |
| $(\sin x)'=\cos x$ | $(\cos x)'=-\sin x$ |
| $(\tan x)'=\sec^2 x=\frac{1}{\cos^2 x}$ | $(\cot x)'=-\csc^2 x=-\frac{1}{\sin^2 x}$ |
| $(\sec x)'=\sec x\cdot\tan x$ | $(\csc x)'=-\csc x\cdot\cot x$ |
| $(a^x)'=a^x\ln a$ | $(\mathrm{e}^x)'=\mathrm{e}^x$ |
| $(\log_a x)'=\frac{1}{x\ln a}$ | $(\ln x)'=\frac{1}{x}$ |
| $(\arcsin x)'=\frac{1}{\sqrt{1-x^2}}$ | $(\arccos x)'=-\frac{1}{\sqrt{1-x^2}}$ |
| $(\arctan x)'=\frac{1}{1+x^2}$ | $(\mathrm{arccot} x)'=-\frac{1}{1+x^2}$ |

## 五、函数和、差、积、商的求导法则

设 $u=u(x)$ ， $v=v(x)$ ， 则

（1） $(u\pm v)'=u'\pm v'$ ；　　（2） $(Cu)'=Cu'$ （$C$ 是常数）；

（3） $(uv)'=u'v+uv'$；　　（4） $(\frac{u}{v})'=\frac{u'v-uv'}{v^2}$.

## 习题 3-2

1．求下列函数的导数.

（1） $y=\frac{1}{x}-\sqrt{x}-e^2$；　　（2） $y=e^x\cos x$；

（3） $y=\frac{x}{4^x}$；　　（4） $y=\sqrt{x}\ln x\cos x$；

（5） $y=\frac{e^x}{1+x^2}$；　　（6） $y=x^2\arctan x-\ln x$；

（7） $y=\sqrt{x}\csc x$；　　（8） $y=5^x+x^6$.

2．设 $f(x)=x\tan x+\frac{1}{2}\cos x$，求 $f'(\frac{\pi}{4})$.

3．求下列函数的导数.

（1） $y=e^{\sin x}$；　　（2） $y=\arcsin(3x^2)$；

（3） $y=(1-x^2)^6$；　　（4） $y=\sqrt{1-2x^2}$；

（5） $y=\ln\cos\sqrt{x}$；　　（6） $y=\tan\frac{1}{x}$；

（7） $y=e^{-3x}\cos 2x$；　　（8） $y=\ln(\sec x+\tan x)$；

（9） $y=\frac{x}{\sqrt{1-x^2}}$；　　（10） $y=\ln[\ln(\ln x)]$.

扫码查答案

## 3-3　隐函数及参数式函数的导数

### 一、隐函数的导数

前面所遇到的函数都是 $y=f(x)$ 的形式，这样的函数叫作**显函数**，如 $y=\sin 3x$，$y=\ln x-\tan x$ 等. 有些函数的表达式却不是这样的，例如，方程 $\cos(xy)+e^y=y^2$ 也表示一个函数，因为自变量 $x$ 在某个定义域内取值时，因变量 $y$ 有唯一确定的值与之对应，这样由方程 $f(x,y)=0$ 的形式所确定的函数叫作**隐函数**.

**例 1**　求由方程 $x^3+y^3-3=0$ 所确定的隐函数 $y=f(x)$ 的导数.

**解**　方程两边同时对 $x$ 求导，注意 $y$ 是 $x$ 的函数，得

$$(x^3)'+(y^3)'-(3)'=0,$$

$$3x^2+3y^2y'=0.$$

从中解出隐函数的导数为

$$y'_x=-\frac{x^2}{y^2}\quad (y^2\neq 0).$$

**例 2**　求由方程 $e^y-xy-\sin x=1$ 所确定的隐函数 $y=f(x)$ 的导数 $y'$，并求 $y'(0)$.

**解**　方程两边同时对 $x$ 求导，得

$$(e^y)'-(xy)'-(\sin x)'=(1)',$$

$$e^y y'-y-xy'-\cos x=0,$$

$$y'=\frac{y+\cos x}{e^y-x}.$$

又因为 $x=0$ 时 $y=0$，所以 $y'(0)=1$.

**注意：**

(1) 方程两端同时对 $x$ 求导，有时要把 $y$ 当作 $x$ 的复合函数的中间变量来看待，用复合函数的求导法则，例如，$(\cos y)'=-\sin y\cdot y'$；

(2) 从求导后的方程中解出 $y'$；

(3) 在隐函数的导数中，允许用 $x$，$y$ 两个变量来表示，若求导数值，不但要把 $x$ 值代进去，还要把对应的 $y$ 值代进去.

**例 3**　求由方程 $y=\cos(x+y)+y^4$ 所确定的隐函数 $y=f(x)$ 的导数.

**解**　方程两边同时对 $x$ 求导，得

$$\begin{aligned}y'&=\cos'(x+y)+(y^4)'\\&=-\sin(x+y)(x+y)'+4y^3y'\\&=-\sin(x+y)(1+y')+4y^3y'\\&=\frac{-\sin(x+y)}{1+\sin(x+y)-4y^3}.\end{aligned}$$

## 二、对数求导法

幂指函数 $y=u(x)^{v(x)}$ 是没有求导公式的，对于这类函数，可以先在函数两边取自然对数化幂指函数为隐函数，然后在等式两边同时对自变量 $x$ 求导，最后解出所求导数 $y'$. 我们把这种求导法称为**对数求导法**.

对于一些由几个因子通过连乘、连除、开方或乘方所构成的比较复杂的函数，虽然可以用运算法则来求导数或微分，但往往比较麻烦，我们也可以通过对数求导法来求.

**例 4**　求函数 $y=x^{\sin x}$ $(x>0)$ 的导数.

**解法一**　利用对数求导法求导.

方程两端同时取对数，得 $\ln y=\sin x\ln x$，

上式两边同时对 $x$ 求导，得 $$\frac{1}{y}y'=\cos x\ln x+\sin x\cdot\frac{1}{x},$$

于是 $$y'=y(\cos x\ln x+\frac{\sin x}{x})$$
$$=x^{\sin x}(\cos x\ln x+\frac{\sin x}{x}).$$

**解法二** 将幂指函数变成复合函数，再求导
$$y=\mathrm{e}^{\sin x\ln x}.$$

由复合函数求导法可得
$$y'=(\mathrm{e}^{\sin x\ln x})'=\mathrm{e}^{\sin x\ln x}(\sin x\cdot\ln x)'$$
$$=\mathrm{e}^{\sin x\ln x}(\cos x\cdot\ln x+\frac{1}{x}\sin x)$$
$$=x^{\sin x}(\cos x\cdot\ln x+\frac{1}{x}\sin x).$$

**例 5** 求函数 $y=\sqrt{\dfrac{(x-1)(x-2)}{(x-3)(x-4)}}$ 的导数（$x>4$）.

**解** 方程两端同时取对数，得
$$\ln y=\frac{1}{2}\left[\ln(x-1)+\ln(x-2)-\ln(x-3)-\ln(x-4)\right],$$

再两边对 $x$ 求导，得 $\dfrac{1}{y}\cdot y'=\dfrac{1}{2}(\dfrac{1}{x-1}+\dfrac{1}{x-2}-\dfrac{1}{x-3}-\dfrac{1}{x-4})$，

于是得 $$y'=\frac{1}{2}\sqrt{\frac{(x-1)(x-2)}{(x-3)(x-4)}}\cdot(\frac{1}{x-1}+\frac{1}{x-2}-\frac{1}{x-3}-\frac{1}{x-4}).$$

## 三、由参数方程所确定的函数的导数

设由参数方程 $\begin{cases}x=\varphi(t)\\ y=f(t)\end{cases}$ 确定 $y$ 与 $x$ 之间的函数关系，若函数 $x=\varphi(t)$，$y=f(t)$ 都可导，且 $\varphi'(t)\neq 0$，$x=\varphi(t)$ 具有单调性和连续性，其反函数为 $t=\varphi^{-1}(x)$，则函数 $y=f(x)$ 可看作 $y=f(t)$，$t=\varphi^{-1}(x)$ 的复合函数．由复合函数和反函数的求导法则，可得
$$\frac{\mathrm{d}y}{\mathrm{d}x}=\frac{\mathrm{d}y}{\mathrm{d}t}\cdot\frac{\mathrm{d}t}{\mathrm{d}x}=f'(t)\cdot\frac{1}{\frac{\mathrm{d}x}{\mathrm{d}t}}=\frac{f'(t)}{\varphi'(t)}=\frac{y'_t}{x'_t}.$$

这就是由参数方程所确定的函数的导数公式.

**例 6** 设 $\begin{cases}x=\ln(1+t^2)\\ y=t-\arctan t\end{cases}$，求 $\dfrac{\mathrm{d}y}{\mathrm{d}x}$.

**解** $\dfrac{dy}{dx}=\dfrac{y_t'}{x_t'}=\dfrac{(t-\arctan t)'}{[\ln(1+t^2)]'}=\dfrac{1-\dfrac{1}{1+t^2}}{\dfrac{2t}{1+t^2}}=\dfrac{t}{2}$.

**例 7** 已知曲线的参数方程为$\begin{cases}x=\sin t\\ y=\cos 2t\end{cases}$，求曲线在$t=\dfrac{\pi}{4}$处的切线方程.

**解** 把$t=\dfrac{\pi}{4}$代入原参数方程，得曲线上的相应点为$(\dfrac{\sqrt{2}}{2},0)$．又因为$\dfrac{dy}{dx}=\dfrac{y_t'}{x_t'}=-\dfrac{2\sin 2t}{\cos t}=-4\sin t$，所以所求曲线的斜率为

$$k=\left.\frac{dy}{dx}\right|_{t=\frac{\pi}{4}}=-4\sin\frac{\pi}{4}=-2\sqrt{2},$$

故切线方程为

$$y-0=-2\sqrt{2}(x-\frac{\sqrt{2}}{2}),$$

即

$$2\sqrt{2}x+y-2=0.$$

## 习题 3-3

1．求由下列方程所确定的隐函数$y$的导数.

（1）$xy-e^x+e^y=0$；（2）$y\sin x-\cos(x-y)=0$；

（3）$x=y+\arctan y$；（4）$e^{xy}+y\ln x=\cos 2x$.

2．求由方程$y^5+2y-x^2-3x=0$所确定的隐函数$y$在$x=0$处的导数$y'|_{x=0}$．

3．求曲线$2y^2=x^2(x+1)$在点$(1,1)$处的切线方程.

4．求下列函数的导数.

（1）$y=(x+1)^{\sin x}$；（2）$y=(\cos\dfrac{1}{2x})^{2x}$；

（3）$y=x^x\quad(x>0)$；（4）$y=\dfrac{\sqrt{x+1}(2-x)^2}{(2x-1)^3}$.

5．求由下列参数方程所确定的函数$y$的导数.

（1）$\begin{cases}x=3e^{-t}\\ y=2e^t\end{cases}$；（2）$\begin{cases}x=e^t\sin t\\ y=e^t\cos t\end{cases}$；

（3）$\begin{cases}x=1-t^2\\ y=t-t^3\end{cases}$；（4）$\begin{cases}x=\theta(1-\sin\theta)\\ y=\theta\cos\theta\end{cases}$.

扫码查答案

## 3-4 高阶导数

### 一、高阶导数的导数

**定义 4** 如果函数 $y=f(x)$ 的导数仍是 $x$ 的可导函数，那么 $y'=f'(x)$ 的导数就叫作原来函数 $y=f(x)$ 的**二阶导数**，记作

$$f''(x)，\quad y''，\quad \frac{\mathrm{d}^2y}{\mathrm{d}x^2} 或 \frac{\mathrm{d}^2f(x)}{\mathrm{d}x^2}，$$

即

$$y''=(y')' 或 \frac{\mathrm{d}^2y}{\mathrm{d}x^2}=\frac{\mathrm{d}}{\mathrm{d}x}\left(\frac{\mathrm{d}y}{\mathrm{d}x}\right).$$

相应地，把 $y=f(x)$ 的导数 $y'=f'(x)$ 称为函数 $y=f(x)$ 的一阶导数.

类似地，二阶导数的导数叫三阶导数，三阶导数的导数叫四阶导数，……，一般地，$n-1$ 阶导数的导数叫作 $n$ 阶导数，分别记作 $y'''$，$y^{(4)}$，…，$y^{(n)}$ 或 $\frac{\mathrm{d}^3y}{\mathrm{d}x^3}$，$\frac{\mathrm{d}^4y}{\mathrm{d}x^4}$，…，$\frac{\mathrm{d}^ny}{\mathrm{d}x^n}$.

二阶以及二阶以上的导数统称为**高阶导数**.

由上述定义可知，求函数的高阶导数，只要逐阶求导，直到求到所要求的阶数即可，所以仍用前面的求导方法来计算高阶导数.

### 二、高阶导数的计算

**例 1** 求函数 $y=\mathrm{e}^{-2x}$ 的二阶导数 $y''$ 和三阶导数 $y'''$.

**解**

$$y'=(\mathrm{e}^{-2x})'=\mathrm{e}^{-2x}(-2x)'=-2\mathrm{e}^{-2x}，$$
$$y''=(-2\mathrm{e}^{-2x})'=-2\mathrm{e}^{-2x}(-2x)'=4\mathrm{e}^{-2x}，$$
$$y'''=(4\mathrm{e}^{-2x})'=4\mathrm{e}^{-2x}(-2x)'=-8\mathrm{e}^{-2x}.$$

**例 2** 求函数 $y=\mathrm{e}^t\sin t$ 的二阶导数 $y''$.

**解**

$$\begin{aligned} y'&=(\mathrm{e}^t\sin t)'=\mathrm{e}^t\sin t+\mathrm{e}^t\cos t\\ &=\mathrm{e}^t(\sin t+\cos t)，\\ y''&=[\mathrm{e}^t(\sin t+\cos t)]'\\ &=\mathrm{e}^t(\sin t+\cos t)+\mathrm{e}^t(\cos t-\sin t)\\ &=2\mathrm{e}^t\cos t.\end{aligned}$$

下面介绍几个初等函数的 $n$ 阶导数.

**例 3** $y=x^\alpha$ $(\alpha\in\mathbf{R})$，求 $y^{(n)}$.

**解**

$$y'=\alpha x^{\alpha-1}，\quad y''=\alpha(\alpha-1)x^{\alpha-2}，$$
$$y'''=\alpha(\alpha-1)(\alpha-2)x^{\alpha-3}，$$
$$y^{(4)}=\alpha(\alpha-1)(\alpha-2)(\alpha-3)x^{\alpha-4}.$$

一般地，可得

$$y^{(n)}=\alpha(\alpha-1)(\alpha-2)(\alpha-3)\cdots(\alpha-n+1)x^{\alpha-n}.$$

**例 4** 已知 $y=\sin x$，求 $y^{(n)}$.

**解**

$$y'=\cos x=\sin(x+\frac{\pi}{2}),$$

$$y''=-\sin x=\sin(x+2\cdot\frac{\pi}{2}),$$

$$y'''=-\cos x=\sin(x+3\cdot\frac{\pi}{2}),$$

$$y^{(4)}=\sin x=\sin(x+4\cdot\frac{\pi}{2}).$$

一般地，有

$$y^{(n)}=\sin(x+n\cdot\frac{\pi}{2}).$$

类似地，可以求得

$$(\cos x)^{(n)}=\cos(x+n\cdot\frac{\pi}{2}).$$

**例 5** 已知 $y=a^x$，求 $y^{(n)}$.

**解** $y'=a^x\ln a$，$y''=a^x\ln^2 a$，$y'''=a^x\ln^3 a$，

一般地，有

$$y^{(n)}=a^x\ln^n a.$$

特殊情况，令 $a=\mathrm{e}$ 时，有 $(\mathrm{e}^x)^{(n)}=\mathrm{e}^x$.

## 三、二阶导数的物理意义

下面我们来研究二阶导数的物理意义.

我们知道，做变速直线运动的物体的速度 $v(t)$ 是路程 $s(t)$ 对时间 $t$ 的导数，即

$$v(t)=s'(t).$$

而加速度 $a$ 又是速度 $v$ 对时间 $t$ 的变化率，即速度 $v$ 对时间 $t$ 的导数，所以加速度是路程 $s(t)$ 对时间 $t$ 的二阶导数，即

$$a=v'(t)=s''(t).$$

**例 6** 已知物体做变速直线运动，其运动方程为 $s=A\cos(\omega t+\varphi)$（$A$，$\omega$，$\varphi$是常数），求物体运动的速度和加速度.

**解** 因为 $s=A\cos(\omega t+\varphi)$，所以

$$v=s'=-A\omega\sin(\omega t+\varphi),$$

$$a=s''=-A\omega^2\cos(\omega t+\varphi).$$

## 习题 3-4

1．求下列函数的二阶导数.

（1） $y=2x^2+\ln x$； （2） $y=\mathrm{e}^{2x-1}$；

（3） $y=\sqrt{x^2-1}$； （4） $y=\arctan 2x$ .

2．求下列函数的 $n$ 阶导数.

（1） $y=\ln(x+1)$； （2） $y=x\mathrm{e}^x$；

（3） $y=\sin^2 x$ .

扫码查答案

## 3-5 函数的微分

### 一、微分的定义

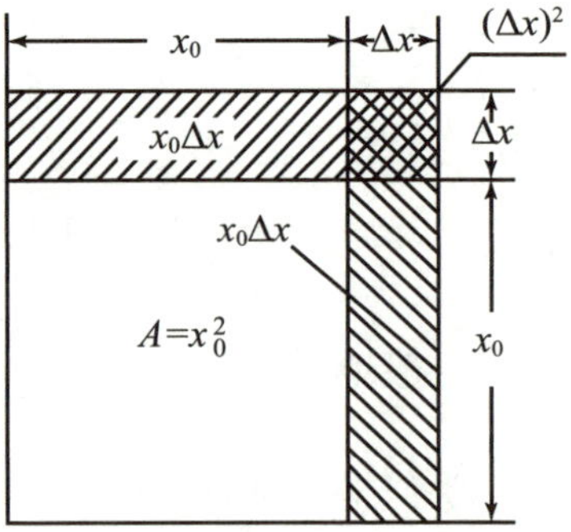

图 3-5

**引例** 一块正方形金属薄片受温度变化的影响，其边长由 $x_0$ 变到 $x_0+\Delta x$ （见图 3-5），此薄片的面积改变了多少？

**解** 设正方形边长为 $x$ 时，面积为 $A$，则

$$A=x^2 .$$

当正方形边长由 $x_0$ 变到 $x_0+\Delta x$ 时，面积的改变量

$$\Delta A=A(x_0+\Delta x)-A(x_0)=(x_0+\Delta x)^2-x_0{}^2=2x_0\Delta x+(\Delta x)^2 .$$

上式中 $\Delta A$ 包含两部分：第一部分 $2x_0\Delta x$ 是 $\Delta x$ 的线性函数，即图中带有斜线的两个矩形面积之和；第二部分 $(\Delta x)^2$ 当 $\Delta x\to 0$ 时是比 $\Delta x$ 高阶的无穷小，即 $(\Delta x)^2=o(\Delta x)$，它在图中是带有交叉斜线的小正方形的面积.

当 $\Delta x$ 很小时，面积的改变量可近似地用第一部分来代替，而省略第二部分 $(\Delta x)^2$ .

根据上面的讨论，$\Delta A$ 可以表示为

$$\Delta A=2x_0\Delta x+o(\Delta x) ,$$

其中的第一部分 $2x_0\Delta x$ 叫作函数 $A=x^2$ 在点 $x_0$ 处的微分.

一般地，有下面的定义：

**定义 5** 设函数 $y=f(x)$ 在点 $x$ 的某一邻域内有定义，如果函数的增量 $\Delta y=f(x+\Delta x)-f(x)$ 可以表示为

$$\Delta y=A\Delta x+o(\Delta x) ,$$

其中 $A$ 不依赖 $\Delta x$，而 $o(\Delta x)$ 是比 $\Delta x$ 高阶的无穷小，则称函数 $y=f(x)$ 在点 $x$ 处可微，且称 $A\Delta x$ 为函数 $y=f(x)$ 在点 $x$ 处相应于自变量增量 $\Delta x$ 的**微分**，记作 $\mathrm{d}y$，即

$$\mathrm{d}y=A\Delta x .$$

下面讨论函数可微的条件.

**定理 5** 函数 $y=f(x)$ 在点 $x$ 处可微的充分必要条件是它在点 $x$ 处可导.

**证** 先证必要性. 设 $y=f(x)$ 在点 $x$ 处可微，那么按定义有

$$\Delta y=A\Delta x+o(\Delta x) ,$$

在等式两边除以 $\Delta x$，得

$$\frac{\Delta y}{\Delta x}=A+\frac{o(\Delta x)}{\Delta x}.$$

因此，极限

$$\lim_{\Delta x\to 0}\frac{\Delta y}{\Delta x}=\lim_{\Delta x\to 0}A+\lim_{\Delta x\to 0}\frac{o(\Delta x)}{\Delta x}=A+0=A$$

存在，即 $y=f(x)$ 在点 $x$ 处可导，且 $A=f'(x)$.

再证充分性. 设 $y=f(x)$在点 $x$ 处可导，即极限

$$\lim_{\Delta x\to 0}\frac{\Delta y}{\Delta x}=f'(x)$$

存在，由函数极限与无穷小的关系定理可得

$$\frac{\Delta y}{\Delta x}=f'(x)+\alpha,$$

其中 $\alpha$ 是 $\Delta x\to 0$ 时的无穷小，因此

$$\Delta y=f'(x)\Delta x+\alpha\,\Delta x.$$

显然 $\alpha\Delta x=o(\Delta x)$（$\Delta x\to 0$ 时），且 $f'(x)$ 不依赖 $\Delta x$，故 $f(x)$ 在点 $x$ 处可导.

由定理的必要性证明可见，当 $f(x)$ 在点 $x$ 处可微时，其微分可表示为

$$dy=f'(x)\Delta x.$$

**例 1**　求函数 $y=x$ 的微分.

**解**　因为 $y'=1$，所以 $dy=dx=y'\Delta x=\Delta x$.

值得注意的是，当 $y=x$ 时，$dx=\Delta x$，这表明自变量的微分等于自变量的改变量，所以函数的微分又可记作

$$dy=f'(x)dx.$$

这说明函数的微分是函数的导数与自变量微分的乘积.

由 $dy=y'dx$，可得 $\frac{dy}{dx}=y'$，所以导数又称为**微商**.

## 二、基本初等函数的微分公式与微分运算法则

根据函数微分的表达式 $dy=f'(x)dx$. 函数的微分等于函数的导数乘以自变量的微分（改变量）. 由此可以得到基本初等函数的微分公式和微分运算法则.

1. 基本初等函数的微分公式（见表 3-2）

表 3-2

| | |
|---|---|
| $d(C)=0$ | $d(x^{\alpha})=\alpha x^{\alpha-1}dx$ |
| $d(a^x)=a^x\ln a\,dx$ | $d(e^x)=e^x dx$ |
| $d(\log_a x)=\frac{dx}{x\ln a}$ | $d(\ln x)=\frac{dx}{x}$ |
| $d(\sin x)=\cos x\,dx$ | $d(\cos x)=-\sin x\,dx$ |

（续表）

| | |
|---|---|
| $d(\tan x)=\sec^2 x dx$ | $d(\cot x)=-\csc^2 x dx$ |
| $d(\sec x)=\sec x\cdot\tan x dx$ | $d(\csc x)=-\csc x\cdot\cot x dx$ |
| $d(\arcsin x)=\dfrac{dx}{\sqrt{1-x^2}}$ | $d(\arccos x)=-\dfrac{dx}{\sqrt{1-x^2}}$ |
| $d(\arctan x)=\dfrac{dx}{1+x^2}$ | $d(\text{arccot} x)=-\dfrac{dx}{1+x^2}$ |

2．函数的和、差、积、商的微分法则

（1）$d(u\pm v)=du\pm dv$；（2）$d(C\cdot u)=C\cdot du$；

（3）$d(uv)=udv+vdu$；（4）$d(\dfrac{u}{v})=\dfrac{vdu-udv}{v^2}$．

3．复合函数的微分法则

我们知道，如果函数 $y=f(u)$ 对 $u$ 是可导的，则

（1）当 $u$ 是自变量时，此时函数的微分为

$$dy=f'(u)du；$$

（2）当 $u$ 不是自变量，而是 $u=\varphi(x)$，为 $x$ 的可导函数时，则 $y$ 为 $x$ 的复合函数．根据复合函数的求导公式，$y$ 对 $x$ 的导数为

$$\frac{dy}{dx}=f'(u)\varphi'(x)，$$

于是

$$dy=f'(u)\varphi'(x)dx．$$

但是，$\varphi'(x)dx$ 就是函数 $u=\varphi(x)$ 的微分，即 $du=\varphi'(x)dx$，所以

$$dy=f'(u)du．$$

由此可见，对函数 $y=f(u)$ 来说，不论 $u$ 是自变量还是自变量的可导函数，它的微分形式同样都是 $dy=f'(u)du$，这就叫作**微分形式的不变性**．

**例 2** 求 $y=\cos(3x+5)$ 的微分．

**解法一**
$$\begin{aligned}dy&=[\cos(3x+5)]'dx\\&=-\sin(3x+5)(3x+5)'dx\\&=-3\sin(3x+5)dx．\end{aligned}$$

**解法二**
$$\begin{aligned}dy&=d\cos(3x+5)\\&=-\sin(3x+5)d(3x+5)\\&=-3\sin(3x+5)dx．\end{aligned}$$

**例 3** 求 $y=\ln(1+e^{2x})$ 的微分．

**解** $dy=d\ln(1+e^{2x})=\dfrac{1}{1+e^{2x}}d(1+e^{2x})=\dfrac{2e^{2x}}{1+e^{2x}}dx$．

**例 4**　在下列等式左边的括号中填入适当的函数，使等式成立.

（1）$\mathrm{d}(\quad)=x^2\mathrm{d}x$；　　（2）$\mathrm{d}(\quad)=\cos 5t\mathrm{d}t$.

**解**　（1）因为

$$\mathrm{d}(x^3)=3x^2\mathrm{d}x,$$

所以

$$x^2\mathrm{d}x=\frac{1}{3}\mathrm{d}(x^3)=\mathrm{d}(\frac{x^3}{3}),$$

于是

$$\mathrm{d}(\frac{x^3}{3}+C)=x^2\mathrm{d}x\quad（C 为任意常数）；$$

（2）因为

$$\mathrm{d}(\sin 5t)=5\cos 5t\mathrm{d}t,$$

所以

$$\cos 5t\mathrm{d}t=\frac{1}{5}\mathrm{d}(\sin 5t)=\mathrm{d}(\frac{1}{5}\sin 5t),$$

于是

$$\mathrm{d}(\frac{1}{5}\sin 5t+C)=\cos 5t\mathrm{d}t\quad（C 为任意常数）.$$

## 三、微分的几何意义

设点 $M(x_0,y_0)$ 和点 $N(x_0+\Delta x,y_0+\Delta y)$ 是曲线 $y=f(x)$ 上的两点，如图 3-6 所示. 从图中可以看出，

$$MQ=\Delta x,\ QN=\Delta y.$$

设切线 $MT$ 的倾斜角为 $\alpha$，则

$$\mathrm{d}y=f'(x_0)\Delta x=\tan\alpha\cdot\Delta x=QP.$$

因此，函数 $y=f(x)$ 在点 $x_0$ 处的微分 $\mathrm{d}y|_{x=x_0}$ 在几何上表示曲线 $y=f(x)$ 在点 $M(x_0,y_0)$ 处的切线 $MT$ 的纵坐标的增量.

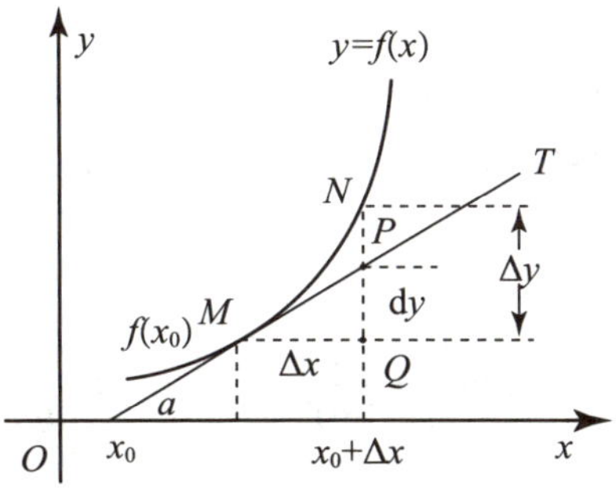


图 3-6

## 四、微分在近似计算中的应用

从前面的讨论可知，当 $f'(x_0)\neq 0$，且 $|\Delta x|$ 很小时，有

$$\Delta y\approx \mathrm{d}y=f'(x_0)\Delta x.\tag{3-1}$$

因为 $\Delta y=f(x_0+\Delta x)-f(x_0)$，所以由（3-1）式得

$$f(x_0+\Delta x)\approx f(x_0)+f'(x_0)\Delta x.\tag{3-2}$$

特殊情况，当（3-2）式中 $x_0=0$， $f'(0)\neq 0$ 时，则（3-2）式变为

$$f(x)\approx f(0)+f'(0)x \quad (|x| 很小). \tag{3-3}$$

由（3-3）式易推出下面几个工程上常用的近似公式：

（1） $\sin x\approx x$ （$x$ 用弧度做单位）；

（2） $\tan x\approx x$ （$x$ 用弧度做单位）；

（3） $e^x\approx 1+x$；

（4） $\ln(1+x)\approx x$；

（5） $\sqrt[n]{1+x}\approx 1+\frac{1}{n}x$.

当 $|\Delta x|$ 很小时，可得 $\Delta y\approx dy=f'(x_0)\Delta x$.

1．计算函数增量的近似值

**例 5** 求外直径为10 cm，壳厚为0.125 cm 的球壳体积的近似值.

**解** 设球体的直径为 $x$，体积为 $V$，则 $V=\frac{\pi}{6}x^3$，利用式（3-1），得

$$|\Delta V|\approx|dV|=\frac{\pi}{2}x_0^2|\Delta x|.$$

取 $x_0=10$， $\Delta x=-2\times 0.125=-0.25$，得

$$|\Delta V|\approx\frac{\pi}{2}x_0^2|\Delta x|=\frac{1}{2}\times 3.1416\times 10^2\times\frac{1}{4}\approx 39.27\,(\text{cm}^3),$$

即球壳体积的近似值为 $39.27\ \text{cm}^3$.

2．计算函数值的近似值

**例 6** 计算 $\sin 31^\circ$ 的近似值.

**解** 设 $f(x)=\sin x$，当 $|\Delta x|$ 很小时，利用式（3-2），得

$$\sin(x_0+\Delta x)\approx\sin x_0+\cos x_0\cdot\Delta x.$$

取 $x_0=\frac{\pi}{6}$， $\Delta x=\frac{\pi}{180}$，得

$$\sin 31^\circ\approx\sin(\frac{\pi}{6}+\frac{\pi}{180})\approx\sin\frac{\pi}{6}+\cos\frac{\pi}{6}\cdot\frac{\pi}{180}$$
$$=\frac{1}{2}+\frac{\sqrt{3}}{2}\times\frac{\pi}{180}\approx 0.5151.$$

**例 7** 计算 $\sqrt[6]{65}$ 的近似值.

**解** 由（3-3）式得

$$\sqrt[6]{65}=\sqrt[6]{64+1}=2\sqrt[6]{1+\frac{1}{64}}\approx 2(1+\frac{1}{6}\times\frac{1}{64})=2\frac{1}{192}.$$

**例 8** 求 $e^{-0.001}$ 的近似值.

**解** 利用公式 $e^x\approx 1+x$，得

$$e^{-0.001}\approx 1+(-0.001)=0.999.$$

在解决实际问题时，为了简化计算，经常要用到一些近似公式. 由微分得到的上述近似公式，为解决近似计算中的某些问题提供了较好的方法.

3. 误差估计

如果某个量的精确值为 $A$，它的近似值为 $a$，那么 $|A-a|$ 称为近似值 $a$ 的**绝对误差**，而绝对误差 $|A-a|$ 与 $|a|$ 的比值 $\dfrac{|A-a|}{|a|}$ 称为近似值 $a$ 的**相对误差**.

在实际工作中，某个量的精确值往往是无法知道的，于是绝对误差和相对误差也就无法求得. 但是根据测量仪器的精度等因素，有时能够确定误差在某一个范围内. 如果某个量的精确值是 $A$，测得它的近似值是 $a$，又已知它的误差不超过 $\delta_A$：$|A-a|\leqslant\delta_A$，则 $\delta_A$ 叫作测量 $A$ 的**绝对误差限**（简称**绝对误差**），$\dfrac{\delta_A}{|a|}$ 叫作测量 $A$ 的**相对误差限**（简称**相对误差**）.

**例 9**　测得圆钢截面的直径 $D=60.03$ mm，测量 $D$ 的绝对误差限 $\delta_D=0.05$. 利用公式 $A=\dfrac{\pi}{4}D^2$ 计算圆钢的截面积时，试估计面积的误差.

**解**　$\Delta A\approx \mathrm{d}A=A'\Delta D=\dfrac{\pi}{2}D\Delta D$，$|\Delta A|\approx|\mathrm{d}A|=\dfrac{\pi}{2}D|\Delta D|\leqslant\dfrac{\pi}{2}D\delta_D$.

已知 $D=60.03$，$\delta_D=0.05$，所以，面积的绝对误差为

$$\delta_A=\frac{\pi}{2}D\delta_D=\frac{\pi}{2}\times60.03\times0.05=4.715\ (\mathrm{mm}^2),$$

面积的相对误差为

$$\frac{\delta_A}{A}=\frac{\frac{\pi}{2}D\delta_D}{\frac{\pi}{4}D^2}=2\frac{\delta_D}{D}=2\times\frac{0.05}{60.03}\approx0.17\%.$$

## 习题 3-5

1. 求下列函数的微分.

（1）$y=[\ln(1-x)]^2$；　　（2）$y=2^{\ln(\tan x)}$；

（3）$y=\tan^2(1+x^2)$；　　（4）$y=\dfrac{\cos x}{1-x^2}$.

2. 将适当的函数填在横线上，使等式成立.

（1）$\mathrm{d}$____ $=-5\mathrm{d}x$；　　（2）$\mathrm{d}$____ $=3x\mathrm{d}x$；

（3）$\mathrm{d}$____ $=\mathrm{e}^{-2x}\mathrm{d}x$；　　（4）$\mathrm{d}$____ $=\dfrac{1}{x-2}\mathrm{d}x$；

（5）$\mathrm{d}$____ $=\dfrac{2}{\sqrt{1-4x^2}}\mathrm{d}x$；　　（6）$\mathrm{d}$____ $=\sec^2 2x\mathrm{d}(2x)$；

（7）$\mathrm{d}(\mathrm{atc}\tan 5x)=$____ $\mathrm{d}(5x)$；　　（8）$\mathrm{d}[5^{x^3}]=$____ $\mathrm{d}(x^3)=$____ $\mathrm{d}x$.

扫码查答案

3．利用微分求下列各数的近似值.

（1）$\sin 59°30'$；（2）$\arctan 1.05$；

（3）$\sqrt{0.97}$；（4）$\ln 0.98$.

## 本章小结

### 一、基本概念

（1）导数的概念：函数的增量与自变量的增量之比在自变量趋于零时的极限

$$f'(x_0)=\lim_{\Delta x\to 0}\frac{\Delta y}{\Delta x}=\lim_{\Delta x\to 0}\frac{f(x_0+\Delta x)-f(x_0)}{\Delta x}.$$

（2）导数的几何意义：表示曲线 $y=f(x)$ 在点 $M(x_0,y_0)$ 处的切线的斜率.

（3）可导与连续的关系：可导必连续，但连续不一定可导.

（4）微分：$\mathrm{d}y=f'(x)\mathrm{d}x$.

（5）可导与可微的关系：可导 $\Leftrightarrow$ 可微.

### 二、基本公式、法则和方法

（1）导数的 16 个基本公式：见表 3-1.

（2）四则运算法则：

① $(u\pm v)'=u'\pm v'$；② $(Cu)'=Cu'$（$C$ 是常数）；

③ $(uv)'=u'v+uv'$；④ $(\frac{u}{v})'=\frac{u'v-uv'}{v^2}$.

（3）复合函数求导法：

$$\frac{\mathrm{d}y}{\mathrm{d}x}=\frac{\mathrm{d}y}{\mathrm{d}u}\cdot\frac{\mathrm{d}u}{\mathrm{d}x} \quad 或 \quad y'_x=y'_u u'_x.$$

逐层求导再相乘，最后记住复原.

（4）隐函数求导法：

① 方程 $f(x,y)=0$ 两边对 $x$ 求导；② 解出 $y'_x$.

（5）对数求导法：

① 两边同取自然对数；② 方程 $f(x,y)=0$ 两边对 $x$ 求导；③ 解出 $y'_x$.

（6）利用微分求近似值：

$f(x_0+\Delta x)\approx f(x_0)+f'(x_0)\Delta x$；$f(x)\approx f(0)+f'(0)x$（$|x|$ 很小）.

# 测试题三

## 一、填空题

1. d____ $=\frac{1}{\sqrt{x}}\mathrm{d}x$；d____ $=\mathrm{e}^{3x+1}\mathrm{d}x$ .

2. 设 $f(x)=\mathrm{e}^{\cos x-2}$，则 $[f(2)]'=$__________.

3. 若 $f(x)=x\mathrm{e}^{-x}$，则 $f''(0)=$__________.

4. $\mathrm{e}^{0.97}\approx$__________.

5. 若函数 $y=\pi^2+x^n+\arctan\frac{1}{\pi}$，则 $y'(1)=$__________.

## 二、选择题

1. 已知 $f'(x)=2^{\sin x}$，则 $\mathrm{d}[f(x)]=$（　　）.

 A. $\ln 2\cdot 2^{\sin x}\cos x$　　B. $2^{\sin x}\mathrm{d}x$

 C. $2^{\sin x}\cos x\mathrm{d}x$　　D. $\ln 2\cdot 2^{\sin x}\cos x\mathrm{d}x$

2. 设 $y-x\mathrm{e}^y=\ln 2$，则 $y'=$（　　）.

 A. $\frac{1}{2}+(1+x)\mathrm{e}^y$　　B. $(1+x)\mathrm{e}^y$

 C. $\frac{\mathrm{e}^y}{1-x\mathrm{e}^y}$　　D. $\frac{1-x\mathrm{e}^y}{\mathrm{e}^y}$

3. 曲线 $y=x^3-3x$ 上的点的切线平行于 $x$ 轴的点是（　　）.

 A. $(0,0)$　　B. $(-2,2)$

 C. $(-1,2)$　　D. $(1,2)$

4. 已知 $y=\ln x$，则 $y^{(n)}=$（　　）.

 A. $(-1)^n n!x^n$　　B. $(-1)^n(n-1)!x^{-2n}$

 C. $(-1)^{n-1}n!x^{-n-1}$　　D. $(-1)^{n-1}(n-1)!x^{-n}$

5. 设 $y=\lg 2x$，则 $\mathrm{d}y=$（　　）.

 A. $\frac{1}{x\ln 10}\mathrm{d}x$　　B. $\frac{1}{2x}\mathrm{d}x$

 C. $\frac{\ln 10}{x}\mathrm{d}x$　　D. $\frac{1}{x}\mathrm{d}x$

## 三、选择正确的求导方法求下列函数的导数

1. $y=x\sin x\ln x$ .　　2. $y=\mathrm{e}^{-3x^2}$ .

3. $y=x^{3}\ln x+2\cos x$.　　4. $y=\sqrt{x\sqrt{x\sqrt{x}}}$.

5. $y=\ln(2-x)$.　　6. $y=2\sin(2x+7)$.

7. $y=\cos x^{3}4x$.　　8. $y=\ln(2x)\sin(3x)$.

9. $y=\tan x^{2}\cos 3x$.　　10. $y=\arctan\sqrt{6x-1}$.

11. $y=\dfrac{(x+1)^{2}\sqrt{x-3}}{(3x+1)^{3}}$.　　12. $y=(\sin x)^{\cos x}\ (\sin x>0)$.

## 四、求由下列方程所确定的隐函数 $y$ 的导数

1. $y=x+\ln y$.　　2. $\sin(x\cdot y)+\ln(y-x)=x$.

## 五、解答题

1．一物体做自由落体运动，其运动方程为 $s=\dfrac{1}{2}gt^{2}$，求物体在任意时刻的瞬时速度 $v(t)$.

2．已知生产某种产品 $x$ 件时，总成本 $C(x)=200+0.03x^{2}$ 元，求 $x=100$ 时总成本的变化率.

3．求曲线 $y=\dfrac{1}{3}x^{3}$ 上的点的切线与直线 $x-4y=5$ 平行的切线方程.

4．证明函数 $f(x)=\begin{cases}2x-1, & x\leqslant 1\\ \sqrt{x}, & x>1\end{cases}$ 在 $x=1$ 处连续，但不可导.

5．已知 $f(x)=x^{3}-2x^{2}+5x-\sin\dfrac{\pi}{2}$，求 $f'(x)$，$f'(-1)$.

扫码查答案

# 第四章　导数的应用

**【名人名言】**

不管数学的任一分支是多么抽象，总有一天会应用在这实际世界上.

—— 罗巴切夫斯基

**趣味阅读——蜂巢中的数学**

蜜蜂既“精通”数学，又是出色的“建筑师”. 达尔文称赞蜂巢为“在已知的仅凭本能的建筑中，它是最令人惊奇的成就”. 蜂巢由许多正六面柱的柱状体连接而成，它的入口由许多的正六边形镶嵌地铺满了一个平面区域，而每一个巢房的底部是由三个相同的菱形组成的封闭的三棱锥形. 学者们观察得知，组成底盘的菱形所有的钝角为 $109°28'$，所有的锐角为 $70°32'$，每个蜂房的容积几乎都是 $0.25\ \text{cm}^3$. 这样的蜂巢结构，不论是在劳动力上，还是蜂胶材料的使用上，都符合最经济原则.

人们对于蜂巢结构的巧妙精准，无不赞扬有加，进而提出两个数学问题：

(1) 在平面镶嵌上，用相同的正多边形无缝隙地铺满整个平面，采用怎样的正多边形，才能使围成区域的面积最大而用料最省？

(2) 在容积一定时，一个六面柱用怎样的三个全等的菱形做底，才能最节省材料？

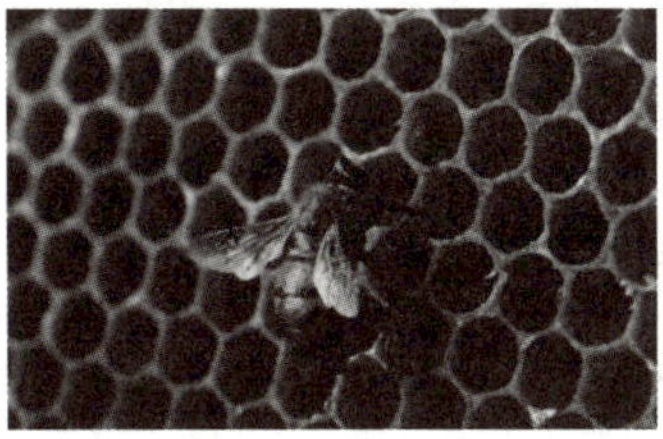

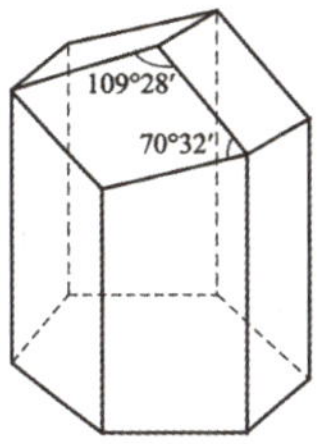


我们可以通过数学方法分析验证，采用正六边形镶嵌的入口和以给定角度的菱形做底的蜂巢最节省材料，蜜蜂的设计做到了绝对的完美. 马克思高度地评价它：蜜蜂建筑蜂巢的本领使人间的许多建筑师感到惭愧.

**【导　学】**

第三章中我们引进了导数和微分的概念，系统学习了导数和微分的运算法则与计算方法. 本章我们将应用导数来研究函数的单调性、极值、最值以及导数在经济工作中的应用. 本章我们将以导数为工具，来研究函数及其图像的各种性质、形态，并应用这些知识解决一些常见的实际问题. 首先我们先介绍微分中值定理，它是导数应用的理论基础.

# 4-1 微分中值定理

本节介绍的三个定理都是微分学的基本定理，包括罗尔中值定理、拉格朗日中值定理和柯西中值定理．在学习的过程中，可以借助于几何图形来理解定理的条件、结论及其思想．其中拉格朗日中值定理尤为重要．

## 一、引理（费马定理）

**费马定理** 设函数 $y=f(x)$ 在 $(a,b)$ 内有定义，且在 $(a,b)$ 内的点 $\xi$ 处取得最大（小）值；另外 $y=f(x)$ 在 $\xi$ 处可导，则必有 $f'(\xi)=0$．

**证** 设 $y=f(x)$ 在 $\xi$ 处有最大值．

因为 $y=f(x)$ 在 $\xi$ 处可导，所以极限

$$\lim_{\Delta x\to 0}\frac{f(\xi+\Delta x)-f(\xi)}{\Delta x}$$

存在，从而有

$$f'(\xi)=\lim_{\Delta x\to 0^+}\frac{f(\xi+\Delta x)-f(\xi)}{\Delta x}=\lim_{\Delta x\to 0^-}\frac{f(\xi+\Delta x)-f(\xi)}{\Delta x}.$$

再假设，$f(\xi)$ 是 $f(x)$ 在 $[a,b]$ 上的最大值，所以不论 $\Delta x>0$ 还是 $\Delta x<0$ 都有 $f(\xi+\Delta x)-f(\xi)\leqslant 0$，

从而当 $\Delta x>0$ 时，$\dfrac{f(\xi+\Delta x)-f(\xi)}{\Delta x}\leqslant 0$，进而 $f'(\xi)=\lim\limits_{\Delta x\to 0}\dfrac{f(\xi+\Delta x)-f(\xi)}{\Delta x}\leqslant 0$；

当 $\Delta x<0$ 时，$\dfrac{f(\xi+\Delta x)-f(\xi)}{\Delta x}\geqslant 0$，进而 $f'(\xi)=\lim\limits_{\Delta x\to 0}\dfrac{f(\xi+\Delta x)-f(\xi)}{\Delta x}\geqslant 0$．

由以上两方面可知，$f'(\xi)=0$．

## 二、罗尔中值定理

**罗尔（Rolle）中值定理** 设函数 $f(x)$ 满足以下条件：

（1）在闭区间 $[a,b]$ 上连续，

（2）在开区间 $(a,b)$ 内可导，

（3）$f(a)=f(b)$，

则在开区间 $(a,b)$ 内至少存在一点 $\xi$，使得

$$f'(\xi)=0 \quad (a<\xi<b).$$

证明从略．

罗尔中值定理的几何意义是：如果连续曲线 $y=f(x)$ 除端点外处处具有不垂直于 $x$ 轴的切线，且两端点的纵坐标相等，如图 4-1 所示，那么我们不难发现，在该曲线上至少有一点 $C$，使得曲线在点 $C$ 处的切线平行于 $x$ 轴．设点 $C$ 的横坐标为 $\xi$，则有

$$f'(\xi)=0 \quad (a<\xi<b). \tag{4-1}$$

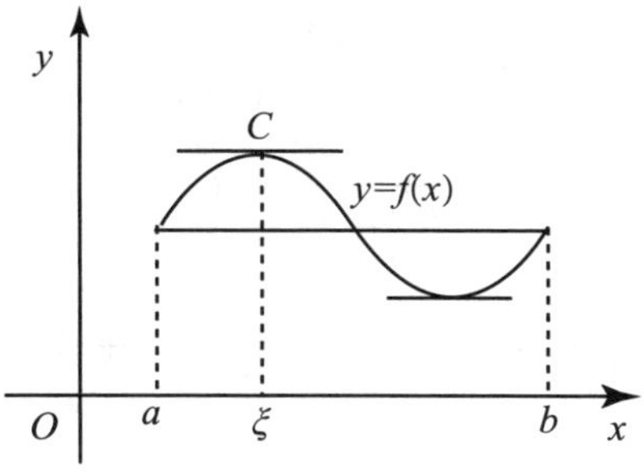


图 4-1

必须指出，罗尔中值定理的条件有三个，缺少其中任何一个条件，定理都不成立.

**例 1**　验证函数 $f(x)=x^3-3x$ 在 $[-\sqrt{3},\sqrt{3}]$ 上满足罗尔中值定理的条件，并求出使 $f'(\xi)=0$ 的 $\xi$ 值.

**解**　因为 $f(x)=x^3-3x$ 是初等函数，且在 $[-\sqrt{3},\sqrt{3}]$ 上有定义，所以在该区间上连续. 又因为 $f'(x)=3x^2-3$ 在 $(-\sqrt{3},\sqrt{3})$ 内存在，且 $f(-\sqrt{3})=f(\sqrt{3})$，所以函数 $f(x)=x^3-3x$ 在 $[-\sqrt{3},\sqrt{3}]$ 上满足罗尔中值定理的条件.

令 $f'(x)=0$，即

$$3x^2-3=0，$$

解得 $x=\pm1$，即 $f'(-1)=0$，$f'(1)=0$. 所以，在 $[-\sqrt{3},\sqrt{3}]$ 内，使得 $f'(\xi)=0$ 的 $\xi$ 有两个：$\xi_1=-1$，$\xi_2=1$.

## 三、拉格朗日中值定理

在罗尔中值定理中，如果函数 $f(x)$ 满足条件（1）（2），而不满足条件（3），即 $f(a)\neq f(b)$，那么由图 4-2 易看出，在曲线 $y=f(x)$ 上（只要把弦 $AB$ 平行移动）至少可以找到一点 $C\ (\xi,f(\xi))$，使得曲线在点 $C$ 处的切线平行于弦 $AB$，因此，切线的斜率 $f'(\xi)$ 与弦 $AB$ 的斜率相等，即

$$k_{AB}=f'(\xi).$$

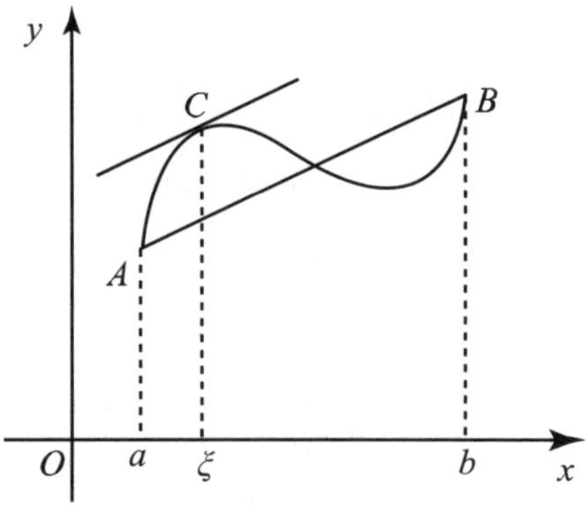


图 4-2

由 $A(a,f(a))$ ，$B(b,f(b))$ 及斜率公式，得

$$k_{AB}=\frac{f(b)-f(a)}{b-a}.$$

于是，得
$$f'(\xi)=\frac{f(b)-f(a)}{b-a}\quad(a<\xi<b).$$

由此可得下面的定理.

**拉格朗日（Lagrange）中值定理** 如果函数 $f(x)$ 满足条件：

（1）在闭区间 $[a,b]$ 上连续，

（2）在开区间 $(a,b)$ 内可导，

则在开区间 $(a,b)$ 内至少存在一点 $\xi$，使得

$$f'(\xi)=\frac{f(b)-f(a)}{b-a}\quad(a<\xi<b),\tag{4-2}$$

或 $f(b)-f(a)=f'(\xi)(b-a)$ .

**证** 从图 4-2 可以看出，弦 $AB$ 的方程为

$$y=f(a)+\frac{f(b)-f(a)}{b-a}(x-a).$$

在同一横坐标 $x$ 处，我们用弧 $\overset{\frown}{AB}$ 的纵坐标减去弦 $AB$ 的纵坐标，得到辅助函数

$$\varphi(x)=f(x)-f(a)-\frac{f(b)-f(a)}{b-a}(x-a).$$

显然，$\varphi(x)$在 $[a,b]$ 上连续，在 $(a,b)$ 内可导，即

$$\varphi'(x)=f'(x)-\frac{f(b)-f(a)}{b-a}.$$

又因为 $\varphi(a)=\varphi(b)=0$ ，故由罗尔中值定理可知，在 $(a,b)$ 内至少存在一点 $\xi$，使得

$$\varphi'(\xi)=f'(\xi)-\frac{f(b)-f(a)}{b-a}=0,$$

所以
$$f'(\xi)=\frac{f(b)-f(a)}{b-a},$$

即
$$f(b)-f(a)=f'(\xi)(b-a).$$

这就证明了拉格朗日中值定理.

容易看出，罗尔中值定理是拉格朗日中值定理的特殊情况，而拉格朗日中值定理是罗尔中值定理的推广.

**例 2** 验证函数 $f(x)=x^3+2x$ 在区间 $[0,1]$ 上满足拉格朗日中值定理的条件，并求 $\xi$ 的值.

**解** 因为初等函数 $f(x)=x^3+2x$ 在区间 $[0,1]$ 上有定义，所以在区间 $[0,1]$ 上连续；又因为 $f'(x)=3x^2+2$ 在开区间 $(0,1)$ 内存在，所以函数 $f(x)=x^3+2x$ 在区间 $[0,1]$ 上满足拉格朗日中值定理的条件.

由
$$\frac{f(1)-f(0)}{1-0}=f'(\xi)$$

得
$$\frac{3-0}{1}=3\xi^2+2,$$

解得
$$\xi=\pm\frac{\sqrt{3}}{3}.$$

因为$\xi=-\frac{\sqrt{3}}{3}\notin(0,1)$，所以舍去．因此$\xi=\frac{\sqrt{3}}{3}\in(0,1)$为所求．

利用拉格朗日中值定理可以推导出微积分学中的两个重要的推论．

**推论 1**　如果在区间$(a,b)$内$f'(x)=0$，则在$(a,b)$内$f(x)=C$（$C$为常数）．

**证**　设$x_1$，$x_2\in(a,b)$内任意两点，且$x_1<x_2$，则由式（4-2）得
$$f(x_2)-f(x_1)=f'(\xi)(x_2-x_1)\xi\in(x_1,x_2),$$
由推论假设知$f'(\xi)=0$，所以$f(x_2)-f(x_1)=0$，即
$$f(x_1)=f(x_2).$$

因为$x_1$，$x_2$是$(a,b)$内任意两点，所以上面的等式表明，$f(x)$在区间$(a,b)$内函数值总是相等的．这就是说，$f(x)$在区间$(a,b)$内是一常数．

**推论 2**　如果在区间$(a,b)$内，$f'(x)=g'(x)$，则在$(a,b)$内$f(x)-g(x)=C$（$C$为常数）．

## 四、柯西中值定理

**柯西（Cauchy）中值定理**　如果函数$f(x)$和$F(x)$满足条件：

（1）在闭区间$[a,b]$上连续，

（2）在开区间$(a,b)$内可导，且对任意$x\in(a,b)$，$F'(x)\neq 0$，

那么在$(a,b)$内至少存在一点$\xi$，使得
$$\frac{f'(\xi)}{F'(\xi)}=\frac{f(b)-f(a)}{F(b)-F(a)}.\tag{4-3}$$

证明从略．

在柯西中值定理中，如果取$F(x)=x$，那么
$$F(b)-F(a)=b-a,\quad F'(x)=1,$$
于是式（4-3）变成
$$f'(\xi)=\frac{f(b)-f(a)}{b-a}.$$

这就是拉格朗日中值定理，可见柯西中值定理是拉格朗日中值定理的推广．

## 习题 4-1

1．下列函数在给定的区间上是否满足罗尔中值定理的条件？若满足，求出定理结论中的$\xi$值．

（1）$f(x)=\frac{1}{1+x^2}$，$[-2,2]$；　　（2）$f(x)=x\sqrt{4-x}$，$[0,4]$；

（3）$f(x)=\ln\sin x$，$[\frac{\pi}{6},\frac{5\pi}{6}]$；（4）$f(x)=\sqrt{x}$，$[0,2]$.

2．下列函数在给定的区间上是否满足拉格朗日中值定理的条件？若满足，求出定理结论中的$\xi$值.

（1）$f(x)=\ln x$，$[1,2]$；（2）$f(x)=4x^3-5x^2+x-2$，$[0,1]$.

3．证明$\arcsin x+\arccos x=\frac{\pi}{2}$，$x\in[-1,1]$.

扫码查答案

## 4-2 洛必达法则

如果两个函数$f(x)$，$F(x)$当$x\to x_0$（或$x\to\infty$）时，都趋于零或无穷大，那么极限$\lim\limits_{\substack{x\to x_0\\(x\to\infty)}}\frac{f(x)}{F(x)}$可能存在，也可能不存在，而且不能用商的极限法则进行计算，我们把这类极限称为$\frac{0}{0}$型或$\frac{\infty}{\infty}$型未定式. 对于这类极限我们将根据柯西中值定理推导出一个简便且重要的方法，即所谓的**洛必达法则**（L'Hospital）.

### 一、$\frac{0}{0}$型未定式

**定理1** 如果函数$f(x)$与$F(x)$满足条件：

（1）$\lim\limits_{x\to x_0}f(x)=\lim\limits_{x\to x_0}F(x)=0$，

（2）在点$x_0$的某个邻域内（点$x_0$可以除外）可导，且$F'(x)\neq 0$，

（3）$\lim\limits_{x\to x_0}\frac{f'(x)}{F'(x)}$存在（或无穷大），

那么有$\lim\limits_{x\to x_0}\frac{f(x)}{F(x)}=\lim\limits_{x\to x_0}\frac{f'(x)}{F'(x)}$存在（或无穷大）.

**证** 因为$\lim\limits_{x\to x_0}\frac{f(x)}{F(x)}$是否存在与$f(x)$，$F(x)$在点$x_0$处有无定义无关，所以为了使用柯西中值定理，我们可以假定

$$f(x_0)=F(x_0)=0.$$

这样由条件（1）（2）可知，$f(x)$，$F(x)$在点$x_0$的某一邻域内都是连续的. 设$x$为该邻域内的一点，在以$x$及$x_0$为端点的区间上对函数$f(x)$，$F(x)$用柯西中值定理，得到

$$\frac{f(x)}{F(x)}=\frac{f(x)-f(x_0)}{F(x)-F(x_0)}=\frac{f'(\xi)}{F'(\xi)}\quad（\xi在x和x_0之间）.$$

在上式两端，令$x\to x_0$求极限并注意$x\to x_0$时$\xi\to x_0$，根据条件（3）有

$$\lim_{x\to x_0}\frac{f(x)}{F(x)}=\lim_{x\to x_0}\frac{f'(\xi)}{F'(\xi)}=\lim_{\xi\to x_0}\frac{f'(\xi)}{F'(\xi)}=\lim_{x\to x_0}\frac{f'(x)}{F'(x)}.$$

**例 1**　求 $\lim\limits_{x\to 0}\dfrac{e^x-1}{x^3-x}$.

**解**　此极限为 $\dfrac{0}{0}$ 型未定式，由洛必达法则，得

$$\lim_{x\to 0}\frac{e^x-1}{x^3-x}=\lim_{x\to 0}\frac{e^x}{3x^2-1}=-1.$$

**例 2**　求 $\lim\limits_{x\to 1}\dfrac{x^3-3x+2}{x^3-x^2-x+1}$.

**解**　此极限为 $\dfrac{0}{0}$ 型未定式，使用两次洛必达法则，得

$$\lim_{x\to 1}\frac{x^3-3x+2}{x^3-x^2-x+1}=\lim_{x\to 1}\frac{3x^2-3}{3x^2-2x-1}=\lim_{x\to 1}\frac{6x}{6x-2}=\frac{3}{2}.$$

**例 3**　求 $\lim\limits_{x\to 0}\dfrac{x-\sin x}{x^3}$.

**解**

$$\lim_{x\to 0}\frac{x-\sin x}{x^3}=\lim_{x\to 0}\frac{1-\cos x}{3x^2}=\lim_{x\to 0}\frac{\sin x}{6x}=\frac{1}{6}.$$

**例 4**　求 $\lim\limits_{x\to +\infty}\dfrac{(\frac{\pi}{2}-\arctan x)}{\operatorname{arccot} x}$.

**解**　此极限为 $\dfrac{0}{0}$ 型未定式，由洛必达法则，得

$$\lim_{x\to +\infty}\frac{(\frac{\pi}{2}-\arctan x)}{\operatorname{arccot} x}=\lim_{x\to +\infty}\frac{-\frac{1}{1+x^2}}{-\frac{1}{1+x^2}}=1.$$

## 二、$\dfrac{\infty}{\infty}$ 型未定式

**例 5**　求 $\lim\limits_{x\to +\infty}\dfrac{\ln x}{x^2}$.

**解**　此极限为 $\dfrac{\infty}{\infty}$ 型未定式，由洛必达法则，得

$$\lim_{x\to +\infty}\frac{\ln x}{x^2}=\lim_{x\to +\infty}\frac{\frac{1}{x}}{2x}=\lim_{x\to +\infty}\frac{1}{2x^2}=0.$$

**例 6**　求 $\lim\limits_{x\to 0^+}\dfrac{\ln\sin 3x}{\ln\sin x}$.

**解**　此极限为 $\dfrac{\infty}{\infty}$ 型未定式，由洛必达法则，得

$$\lim_{x\to0^+}\frac{\ln\sin3x}{\ln\sin x}=\lim_{x\to0^+}\left(\frac{3\cos3x}{\sin3x}\cdot\frac{\sin x}{\cos x}\right)$$
$$=3\lim_{x\to0^+}\frac{\sin x}{\sin3x}=3\lim_{x\to0^+}\frac{\cos x}{3\cos3x}=1.$$

**注意：**

（1）只要属于$\frac{0}{0}$或$\frac{\infty}{\infty}$型的极限，无论自变量$x\to x_0$，还是$x\to\infty$，只要满足定理中的全部条件，就可应用洛必达法则；

（2）当$x\to x_0$或 $x\to\infty$时，$\frac{f'(x)}{F'(x)}$仍为$\frac{0}{0}$和$\frac{\infty}{\infty}$型未定式，且满足洛必达法则的条件，可以有限次地连续使用洛必达法则；

（3）使用洛必达法则在求极限运算中不一定是最有效的，如果与其他方法结合使用，效果更好.

**思考：**

如何求$\lim\limits_{x\to+\infty}\frac{e^x+e^{-x}}{e^x-e^{-x}}$，是否能用洛必达法则？

## 三、其他未定式的极限求法

除$\frac{\infty}{\infty}$型和$\frac{0}{0}$型未定式，还有$0\cdot\infty$型、$\infty-\infty$型、$1^\infty$型、$0^0$型、$\infty^0$型五种未定式，在条件允许的情况下，一般可以设法将其他类型的未定式极限转化为$\frac{0}{0}$型或$\frac{\infty}{\infty}$型未定式，然后使用洛必达法则求值.

**例 7** 求$\lim\limits_{x\to+\infty}x(\frac{\pi}{2}-\arctan x)$.

**解** 此极限为$0\cdot\infty$型未定式，可以通过变形转化为$\frac{0}{0}$型未定式，由洛必达法则，得

$$\lim_{x\to+\infty}x(\frac{\pi}{2}-\arctan x)=\lim_{x\to+\infty}\frac{(\frac{\pi}{2}-\arctan x)}{\frac{1}{x}}$$

$$=\lim_{x\to+\infty}\frac{-\frac{1}{1+x^2}}{-\frac{1}{x^2}}=\lim_{x\to+\infty}\frac{x^2}{1+x^2}=1.$$

**例 8**　求 $\lim\limits_{x\to 0}(\frac{1}{x}-\frac{1}{e^x-1})$.

**解**　此极限为 $\infty-\infty$ 型未定式，通过通分转化为 $\frac{0}{0}$ 型未定式，由洛必达法则，得

$$\lim_{x\to 0}(\frac{1}{x}-\frac{1}{e^x-1})=\lim_{x\to 0}\frac{e^x-1-x}{x(e^x-1)}$$

$$=\lim_{x\to 0}\frac{e^x-1}{e^x-1+xe^x}=\lim_{x\to 0}\frac{e^x}{e^x+e^x+xe^x}=\frac{1}{2}.$$

**例 9**　求 $\lim\limits_{x\to 0^+}x^x$（$0^0$ 型）.

**解**　设 $y=x^x$，两边取对数，得

$$\ln y=x\ln x,$$

因为

$$\lim_{x\to 0^+}\ln y=\lim_{x\to 0^+}x\ln x=\lim_{x\to 0^+}\frac{\ln x}{\frac{1}{x}}=\lim_{x\to 0^+}(-x)=0,$$

所以

$$\lim_{x\to 0^+}x^x=\lim_{x\to 0^+}y=\lim_{x\to 0^+}e^{\ln y}=e^{\lim\limits_{x\to 0^+}\ln y}=e^0=1.$$

**例 10**　求 $\lim\limits_{x\to 1}x^{\frac{1}{1-x}}$（$1^\infty$ 型）.

**解**　设 $y=x^{\frac{1}{1-x}}$，两边取对数，得

$$\ln y=\frac{\ln x}{1-x},$$

因为

$$\lim_{x\to 1}\ln y=\lim_{x\to 1}\frac{\ln x}{1-x}=\lim_{x\to 1}\frac{\frac{1}{x}}{-1}=-1,$$

所以

$$\lim_{x\to 1}x^{\frac{1}{1-x}}=\lim_{x\to 1}y=\lim_{x\to 1}e^{\ln y}=e^{\lim\limits_{x\to 1}\ln y}=e^{-1},$$

即

$$\lim_{x\to 1}x^{\frac{1}{1-x}}=e^{-1}.$$

## 习题 4-2

求下列极限.

（1）$\lim\limits_{x\to\alpha}\frac{\sin x-\sin\alpha}{x-\alpha}$；　　（2）$\lim\limits_{x\to 0^+}\frac{\ln(1+x)-x}{\cos x-1}$；

（3）$\lim\limits_{x\to 0}\frac{\tan x-\sin x}{x^3}$；　　（4）$\lim\limits_{x\to 0^+}\frac{\ln\tan 7x}{\ln\tan 2x}$；

（5）$\lim\limits_{x\to 1}(\frac{x}{x-1}-\frac{1}{\ln x})$；　　（6）$\lim\limits_{x\to\frac{\pi}{2}}(\sec x-\tan x)$；

（7）$\lim\limits_{x\to+\infty}\frac{x^2}{e^{3x}}$；　　（8）$\lim\limits_{x\to 0}\frac{\tan x-x}{x-\sin x}$；

（9）$\lim\limits_{x\to+\infty}(x)^{\frac{1}{x}}$；　　（10）$\lim\limits_{x\to 0^+}(x)^{\sin x}$.

扫码查答案

## 4-3　函数的单调性

单调性是函数的重要性质之一．前面我们给出了单调函数的定义，即对于函数 $y=f(x)$，若对于 $\forall x_1<x_2\in[a,b]$，有 $f(x_1)<f(x_2)$（或 $f(x_1)>f(x_2)$），则称函数 $y=f(x)$ 在区间 $[a,b]$ 上单调增加（或减少）．利用函数单调性的定义来判定函数的单调性往往是比较困难的．本节我们将利用导数来研究函数单调性的判定方法．

由图 4-3 可以看出，如果函数 $y=f(x)$ 在区间 $[a,b]$ 上单调增加，其图像是一条沿 $x$ 轴正向上升的曲线，曲线上各点切线的倾斜角都是锐角，切线的斜率大于零，即 $f'(x)>0$．

由图 4-4 可以看出，如果函数 $y=f(x)$ 在区间 $[a,b]$ 上单调减少，其图像是一条沿 $x$ 轴正向下降的曲线，曲线上各点切线的倾斜角都是钝角，切线的斜率小于零，即 $f'(x)<0$．

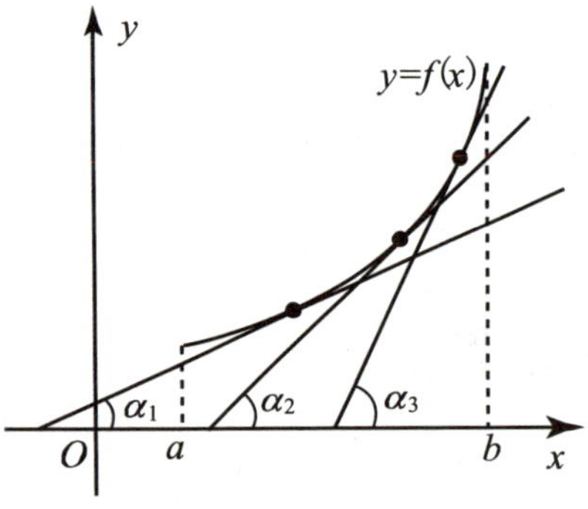


图 4-3

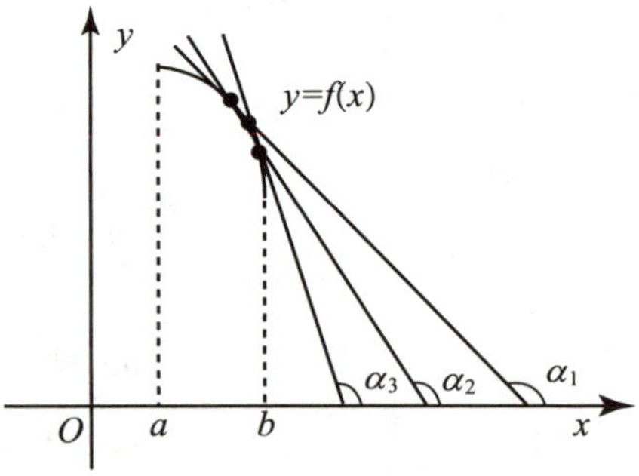


图 4-4

由此看出，函数在 $[a,b]$ 上单调增加时有 $f'(x)>0$；函数在 $[a,b]$ 上单调减少时有 $f'(x)<0$．

反之，能否用 $f'(x)$ 的符号判定函数 $f(x)$ 的单调性呢？

下面我们用拉格朗日中值定理进行讨论．

设函数 $y=f(x)$ 在区间 $[a,b]$ 上连续，在 $(a,b)$ 内可导，若对于 $\forall x_1<x_2\in[a,b]$，由拉格朗日中值定理，得到

$$f(x_2)-f(x_1)=f'(\xi)(x_2-x_1)\quad(x_1<\xi<x_2).$$

在上式中，因为 $x_2-x_1>0$，在 $(a,b)$ 内当 $f'(x)>0$ 时，也有 $f'(\xi)>0$，于是

$$f(x_2)-f(x_1)=f'(\xi)(x_2-x_1)>0,$$

即
$$f(x_1) < f(x_2).$$
就是说，函数 $y=f(x)$ 在 $[a,b]$ 上单调增加.

同理可证，在 $(a,b)$ 内当 $f'(x)<0$ 时，函数 $y=f(x)$ 在 $[a,b]$ 上单调减少.

综上所述，得到函数单调性的判定方法：

**定理 2**　设函数 $f(x)$ 在区间 $[a,b]$ 上连续，在 $(a,b)$ 内可导. 则在 $(a,b)$ 内

（1）若 $f'(x)>0$，则函数 $y=f(x)$ 在 $[a,b]$ 上单调增加；

（2）若 $f'(x)<0$，则函数 $y=f(x)$ 在 $[a,b]$ 上单调减少.

**说明：**

(1) 定理 2 中的区间改成任意区间（包括无穷区间），结论仍成立；

(2) 有些函数在定义区间上不具有单调性，但在定义区间中的部分区间上具有单调性. 这就需要我们寻找能够将定义区间进行划分的点，即区间的“分界点”. 对于可导函数来说，显然这些单调区间的“分界点”处的导数值应为零. 如 $y=x^2$ 在 $(-\infty,0]$ 内单调减少，在 $[0,+\infty)$ 内单调增加，但在 $(-\infty,+\infty)$ 上不具备单调性，$x=0$ 是单调区间的“分界点”.

但反过来，导数值为零的点，不一定是单调区间的“分界点”. 如函数 $f(x)=x^3$，在 $(-\infty,+\infty)$ 内单调增加，但在 $x=0$ 处有 $f'(x)=0$. 使 $f'(x)=0$ 的点叫作函数 $y=f(x)$ 的**驻点**.

**例 1**　确定函数 $f(x)=2x^3-9x^2+12x-3$ 的单调区间.

**解**　（1）函数 $f(x)$ 的定义域为 $(-\infty,+\infty)$.

（2）$f'(x)=6x^2-18x+12=6(x-1)(x-2)$.

（3）令 $f'(x)=0$，即
$$6(x-1)(x-2)=0,$$
解得
$$x_1=1, x_2=2.$$

（4）列表分析函数的单调性（见表 4-1）.

**表 4-1**

| $x$ | $(-\infty,1)$ | 1 | $(1,2)$ | 2 | $(2,+\infty)$ |
|---|---|---|---|---|---|
| $f'(x)$ | + | 0 | - | 0 | + |
| $f(x)$ | ↗ | 2 | ↘ | 1 | ↗ |

（5）函数 $f(x)$ 的单调增区间是 $(-\infty,1)$ 和 $(2,+\infty)$，单调减区间是 $(1,2)$.

**例 2**　求函数 $f(x)=3(x-1)^{\frac{2}{3}}$ 的单调区间.

**解**　（1）函数 $f(x)$ 的定义域为 $(-\infty,+\infty)$.

（2）$f'(x)=2(x-1)^{-\frac{1}{3}}=\dfrac{2}{\sqrt[3]{x-1}}$.

（3）函数 $f(x)$ 在 $(-\infty,+\infty)$ 内没有导数为零的点，但在点 $x=1$ 处导数不存在.

（4）列表分析函数的单调性（见表 4-2）.

表 4-2

| $x$ | $(-\infty,1)$ | 1 | $(1,+\infty)$ |
| --- | --- | --- | --- |
| $f'(x)$ | - | 不存在 | + |
| $f(x)$ | ↘ | 0 | ↗ |

（5）函数 $f(x)$ 的单调增区间为 $(1,+\infty)$，单调减区间为 $(-\infty,1)$.

综合以上几例，我们得到求函数单调区间的步骤如下：

（1）求函数的定义域；

（2）求导数；

（3）求使 $f'(x)=0$ 或 $f'(x)$ 不存在的点；

（4）列表讨论 $f'(x)$ 在各区间内的符号；

（5）由表判断函数在各区间内的单调性.

利用函数的单调性还可以证明一些不等式.

**例 3** 求证：$x>\ln(1+x)$（$x>0$）.

**证** 设 $f(x)=x-\ln(1+x)$，则

$$f'(x)=1-\frac{1}{1+x}.$$

当 $x>0$ 时，$f'(x)>0$，由定理可知 $f(x)$ 为单调增加；又因为 $f(0)=0$，故当 $x>0$ 时，$f(x)>f(0)$，即 $x-\ln(1+x)>0$．因此 $x>\ln(1+x)$．

## 习题 4-3

1．确定下列函数的单调区间.

（1）$f(x)=2x^2-\ln x$；（2）$f(x)=x^3-3x$；

（3）$f(x)=\dfrac{e^x}{1+x}$；（4）$f(x)=(x-1)^2(x+3)^3$.

2．证明下列不等式.

（1）$e^x>1+x$（$x>0$）；（2）$2\sqrt{x}>3-\dfrac{1}{x}$（$x>1$）.

扫码查答案

## 4-4 函数的极值

### 一、函数极值的定义

**定义 1** 设函数 $f(x)$ 在 $x_0$ 的某个邻域内有定义，如果对于该邻域内的任意点 $x$（$x\neq x_0$）：

（1）若 $f(x)<f(x_0)$，则称 $f(x_0)$ 为函数 $f(x)$ 的极大值，并且称点 $x_0$ 是 $f(x)$ 的极大值点；

（2）若 $f(x) > f(x_0)$，则称 $f(x_0)$ 为函数 $f(x)$ 的极小值，并且称点 $x_0$ 是 $f(x)$ 的极小值点.

函数的极大值与极小值统称为函数的极值；极大值点和极小值点统称为函数的**极值点**.

在图 4-5 中，$f(x_2)$，$f(x_5)$ 是函数 $f(x)$ 的极大值，点 $x_2$，$x_5$ 称为极大值点；$f(x_1)$，$f(x_4)$，$f(x_6)$ 是函数 $f(x)$ 的极小值，点 $x_1$，$x_4$，$x_6$ 称为极小值点.

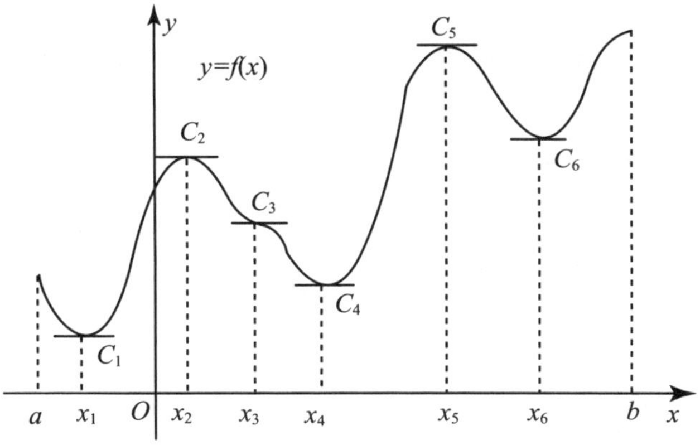


图 4-5

**注意：**

（1）极值是指函数值，而极值点是指自变量的值.

（2）函数极值的概念具有局部性，函数的极大值和极小值之间并无确定的大小关系；图 4-5 中极大值 $f(x_2)$ 就比极小值 $f(x_6)$ 要小.

（3）函数极值只在区间 $(a,b)$ 内部取得，不可能在区间的端点取得.

（4）一个函数的极大值或极小值，并不一定是该函数的最大值和最小值. 在图 4-5 中，只有一个极小值 $f(x_1)$ 同时也是最小值，而没有一个极大值是最大值. 图 4-5 中函数的最大值是 $f(b)$.

## 二、函数极值的判定和求法

由图 4-5 可以看出，极值点对应的曲线处都具有水平切线，于是我们可以得到如下定理：

**定理 3（极值的必要条件）**　如果函数 $f(x)$ 在点 $x_0$ 处可导，且在 $x_0$ 处存在极值，则 $f'(x_0)=0$.

**说明：**

（1）由定理 3 可知，可导函数的极值点必是驻点，但反之，函数的驻点却不一定是极值点. 图 4-5 中的点 $C_3$ 处有水平切线，即有 $f'(x_3)=0$，点 $x_3$ 是驻点，但 $f(x_3)$ 并不是极值，故点 $x_3$ 不是极值点. 从图像上看，点 $x_3$ 的左右近旁函数的单调性没有改变.

（2）导数不存在的点也可能是函数的极值点. 例如，函数 $y=|x|$，点 $x=0$ 时，$y'$ 不存在，但函数在 $x=0$ 处有极小值.

综上所述，函数的极值只可能在驻点或导数不存在的点取得，如何判定这些点是否为函数的极值点呢？

下面研究极值存在的充分条件.

**定理 4（极值的第一充分条件）** 设函数 $f(x)$ 在点 $x_0$ 的某个邻域内可导，且 $f'(x_0)=0$，如果在该邻域内：

（1）当 $x<x_0$ 时，$f'(x)>0$，而当 $x>x_0$ 时，$f'(x)<0$，则函数 $f(x)$ 在 $x_0$ 处取得极大值（见图 4-6）；

（2）当 $x<x_0$ 时，$f'(x)<0$，而当 $x>x_0$ 时，$f'(x)>0$，则函数 $f(x)$ 在 $x_0$ 处取得极小值（见图 4-7）；

（3）如果在 $x_0$ 的某个邻域内，若 $f'(x)$ 不改变符号，则函数 $f(x)$ 在 $x_0$ 处没有极值.

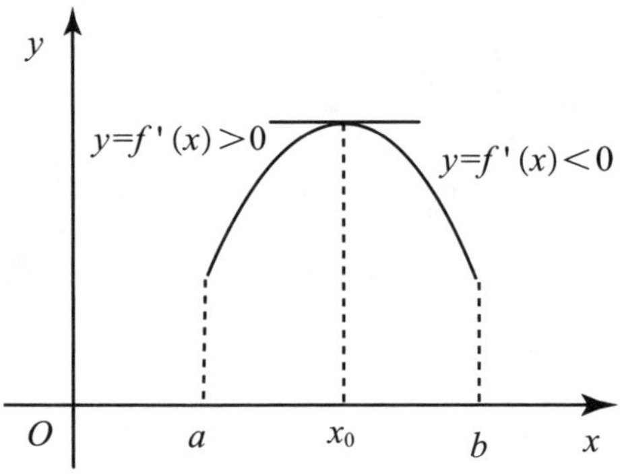


图 4-6

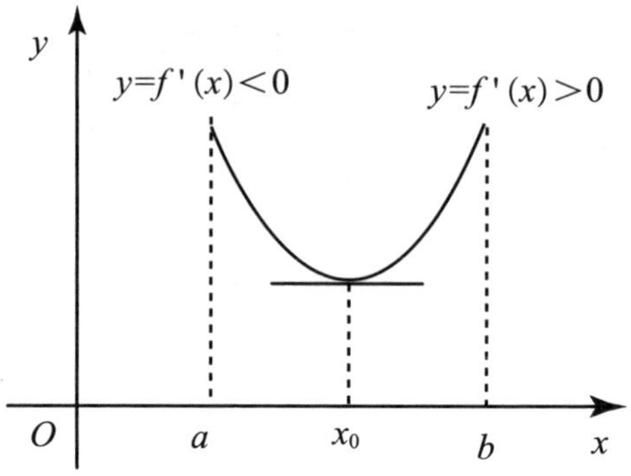


图 4-7

**例 1** 求函数 $f(x)=2x^3+3x^2-12x+1$ 的极值.

**解** （1）函数的定义域为 $(-\infty,+\infty)$.

（2）$f'(x)=6x^2+6x-12=6(x+2)(x-1)$.

（3）令 $f'(x)=0$，得驻点 $x_1=-2$，$x_2=1$.

（4）列表讨论如下（见表 4-3）.

**表 4-3**

| $x$ | $(-\infty,-2)$ | $-2$ | $(-2,1)$ | $1$ | $(1,+\infty)$ |
|---|---|---|---|---|---|
| $f'(x)$ | + | 0 | − | 0 | + |
| $f(x)$ | ↗ | 极大值 | ↘ | 极小值 | ↗ |

（5）由表 4-3 可知，函数的极大值为 $f(-2)=21$，极小值为 $f(1)=-6$.

**例 2** 求函数 $f(x)=x-\dfrac{3}{2}x^{\frac{2}{3}}$ 的极值.

**解** （1）函数 $f(x)$ 的定义域为 $(-\infty,+\infty)$.

（2）$f'(x)=1-x^{-\frac{1}{3}}=\dfrac{\sqrt[3]{x}-1}{\sqrt[3]{x}}$.

（3）令 $f'(x)=0$，得驻点 $x=1$．当 $x=0$ 时，导数不存在；

（4）列表讨论如下（见表 4-4）．

**表 4-4**

| $x$ | $(-\infty,0)$ | 0 | $(0,1)$ | 1 | $(1,+\infty)$ |
|---|---|---|---|---|---|
| $f'(x)$ | + | 不存在 | − | 0 | + |
| $f(x)$ | ↗ | 极大值 | ↘ | 极小值 | ↗ |

（5）由表 4-4 可知，函数的极大值为 $f(0)=0$，极小值为 $f(1)=-\dfrac{1}{2}$．

**定理 5（极值的第二充分条件）**　设函数 $f(x)$ 在点 $x_0$ 处具有二阶导数，且 $f'(x_0)=0$，$f''(x_0)\neq 0$，如果

（1）当 $f''(x_0)>0$ 时，函数 $f(x)$ 在 $x_0$ 处取得极小值；

（2）当 $f''(x_0)<0$ 时，函数 $f(x)$ 在 $x_0$ 处取得极大值．

**例 3**　求函数 $f(x)=\sin x+\cos x$ 在区间 $[0,2\pi]$ 上的极值．

**解**　（1）$\forall x\in[0,2\pi]$；

（2）$f'(x)=\cos x-\sin x$；

（3）令 $f'(x)=0$，得 $x=\dfrac{\pi}{4}$，$f''(x)=-\sin x-\cos x$；

（4）因为 $f''(\dfrac{\pi}{4})=-\sqrt{2}<0$，所以 $f(x)$ 在 $x=\dfrac{\pi}{4}$ 处取得极大值 $f(\dfrac{\pi}{4})=\sqrt{2}$；因为 $f''(\dfrac{5\pi}{4})=\sqrt{2}>0$，所以 $f(x)$ 在 $x=\dfrac{5\pi}{4}$ 处取得极小值 $f(\dfrac{5\pi}{4})=-\sqrt{2}$．

## 习题 4-4

1．求下列函数的极值．

（1）$f(x)=x-\ln(1+x)$；　　（2）$f(x)=2x^3-6x^2-18x+7$；

（3）$f(x)=1-(x-2)^{\frac{2}{3}}$；　　（4）$f(x)=(x^2-1)^3+1$；

（5）$f(x)=x^2\mathrm{e}^{-x}$；　　（6）$f(x)=\dfrac{2x}{1+x^2}$．

2．利用二阶导数，判断下列函数的极值．

（1）$f(x)=x^2(1-x)$；　　（2）$f(x)=2x-\ln(4x)^2$．

3．已知函数 $f(x)=\mathrm{e}^{-x}\cdot\ln ax$ 在 $x=\dfrac{1}{2}$ 处有极值，求 $a$ 的值．

扫码查答案

## 4-5 函数的最大值和最小值

在日常生活中，工程技术及市场经济中，常常会遇到如何做才能使“用料最省”“效率最高”“路程最短”等问题. 用数学的方法进行描述可归结为求一个函数的最大值与最小值问题.

由前面的知识可知，在闭区间上的连续函数一定存在最大值与最小值. 显然，要求函数的最大（小）值，必须先找出函数 $f(x)$ 在区间 $[a,b]$ 上取得最大值和最小值的点. 怎样在区间 $[a,b]$ 上找出取得最大（小）值的点呢？下面我们就来解决这个问题.

（1）若函数 $f(x)$ 的最大（小）值在区间 $[a,b]$ 内部取得，那么对可导函数来讲，必在驻点处取得；

（2）函数 $f(x)$ 的最大（小）值可以在区间的端点处取得；

（3）函数在其 $f'(x)$ 不存在的点可能取得极值，则函数的最大（小）值也可能在使 $f'(x)$ 不存在的点处取得.

综上所述，求函数 $f(x)$ 在区间 $[a,b]$ 上的最大（小）值的步骤为：

（1）求函数 $f(x)$ 的导数，并求出所有的驻点和导数不存在的点；

（2）求各驻点、导数不存在的点及各端点的函数值；

（3）比较上述各函数值的大小，其中最大的就是 $f(x)$ 在闭区间 $[a,b]$ 上的最大值，最小的就是 $f(x)$ 在闭区间 $[a,b]$ 上的最小值.

**例 1** 求函数 $y=\sqrt[3]{(x^2-2x)^2}$ 在区间 $[0,3]$ 上的最大值与最小值.

**解** 显然，函数 $y=\sqrt[3]{(x^2-2x)^2}$ 在区间 $[0,3]$ 上连续，且

$$y'=\frac{4(x-1)}{3\sqrt[3]{x^2-2x}},$$

可知，驻点 $x=1$，不可导点 $x=2$，$x=0$，端点 $x=0$，$x=3$，这些点的函数值分别为

$$y(0)=y(2)=0,\quad y(1)=1,\quad y(3)=\sqrt[3]{9}.$$

那么函数在区间 $[0,3]$ 上的最大值为 $y(3)=\sqrt[3]{9}$，最小值为 $y(0)=y(2)=0$.

在实际问题中常常存在这样一种特殊情况，连续函数 $y=f(x)$ 若在区间 $(a,b)$ 内有且只有唯一驻点 $x_0$，根据实际问题，当 $f(x_0)$ 是极大值时就是最大值；而当 $f(x_0)$ 为极小值时就是最小值.

**例 2（用料最省）** 某工厂要用围墙围成面积为 $96\text{m}^2$ 的矩形场地，如图 4-8 所示，并在正中间用一堵墙将它隔成两块. 这块地的长和宽各取多少时，才能使所用的建筑材料最省？

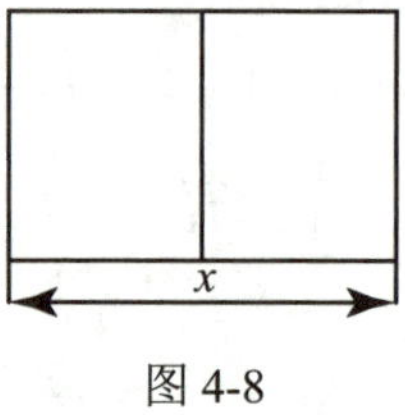


图 4-8

**解**　设这块地的长为 $x$ m，则宽为 $\frac{96}{x}$ m，可得围墙和隔墙的总长度为

$$f(x)=2x+3\times\frac{96}{x}=2x+\frac{288}{x}\qquad(x>0).$$

令

$$f'(x)=2-\frac{288}{x^2}=2(1-\frac{12}{x})(1+\frac{12}{x})=0,$$

解得 $x=12$ 是 $(0,+\infty)$ 中唯一的驻点.

而 $f''(12)>0$，即 $f(x)$ 在 $x=12$ 处取得极小值，故知 $f(x)$ 在 $x=12$ 处取得最小值.

因此，当土地的长为 12 m、宽为 8 m 时，围墙和隔墙的长度最短，才能使所用的建筑材料最省.

求实际问题的最大（小）值有以下步骤：

（1）先根据问题的条件建立目标函数；

（2）求目标函数的定义域；

（3）求目标函数的驻点（唯一驻点），并判断在此驻点处取得的是极大值还是极小值；

（4）根据实际问题的性质确定该函数值是最大值还是最小值.

**例 3（费用最低）**　铁路上 $A$，$B$ 两座城市的距离为 100 km，工厂 $C$ 距铁路线 20 km，即 $AC=20$ km，且 $AC\perp AB$（见图 4-9）. 现在要在 $AB$ 中选一点 $D$，修一条公路直通 $C$ 厂. 已知铁路运货每千米的运费与公路的运费之比是 3∶5，问 $D$ 应选在何处，才能使从 $B$ 城运往工厂 $C$ 的运费最省.

图 4-9

点，AC＞AD

**解**　设 $AD$ 为 $x$ km，先建立运费函数.

由于 $CD=\sqrt{20^2+x^2}=\sqrt{400+x^2}$，$DB=100-x$，故由 $B$ 城市经 $D$ 到 $C$ 厂，单位重量的货物运费为

$$y=5\sqrt{400+x^2}+3(100-x)\quad(0\leqslant x\leqslant 100).$$

令

$$y'=\frac{10x}{2\sqrt{400+x^2}}-3=\frac{5x-3\sqrt{400+x^2}}{\sqrt{400+x^2}}=0,$$

解得 $x=15$，是 $[0,100]$ 上唯一的驻点.

而 $f''(15)>0$，即 $f(x)$ 在 $x=15$ 处取得极小值，故知 $f(x)$ 在 $x=15$ 处取得最小值.

因此，距 $A$ 城市 15 km 处选为 $D$ 点可使运费最省.

**例 4** 如图 4-10 所示，有一块边长为 $a$ 的正方形铁皮，从其四个角截去大小相同的四个小正方形，做成一个无盖的容器，问截去小正方形的边长为多少时，该容器的体积最大.

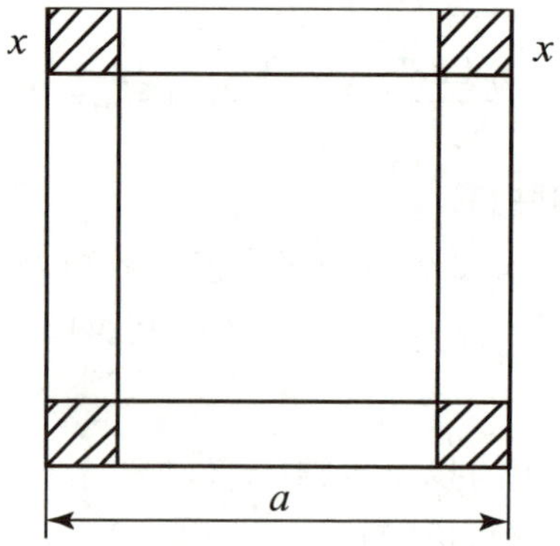


图 4-10

**解** 设截去的小正方形的边长为 $x$，则做成的无盖容器的体积为

$$V(x)=(a-2x)^2x\,,\quad x\in\left(0,\frac{a}{2}\right).$$

于是该问题可描述为：求 $x$ 在区间 $\left(0,\frac{a}{2}\right)$ 内函数 $V(x)=(a-2x)^2x$ 的最大值.

因为 $V'(x)=(a-2x)(a-6x)$，令 $V'(x)=0$，得唯一解

$$x=\frac{a}{6}.$$

因为在区间 $\left(0,\frac{a}{2}\right)$ 内只有一个驻点，根据题意最大容积一定存在，因此当截去的小正方形边长为 $\frac{a}{6}$ 时，做成的容器容积最大.

利用求函数的最大值或最小值知识，还常常计算爆破施工中炸药包的埋深问题，主要出现在土木工程相关专业的课程中，应用于水利工程和建筑工程施工爆破漏斗的设计和布置. 所谓爆破漏斗是指在有限介质中的爆破，当药包的爆破作用具有使部分介质抛向临空面的能量时，往往形成一个倒立圆锥的爆破坑，形如漏斗，称为爆破漏斗，如图 4-11 所示.

爆破漏斗的几何特征参数有：最小抵抗线 $W$、爆破作用半径 $R$、漏斗底半径 $r$、可见漏斗深度 $P$ 和抛掷距离 $L$ 等. 爆破漏斗的几何特征反映了药包重量和埋深的关系，反映了爆破作用的影响范围.

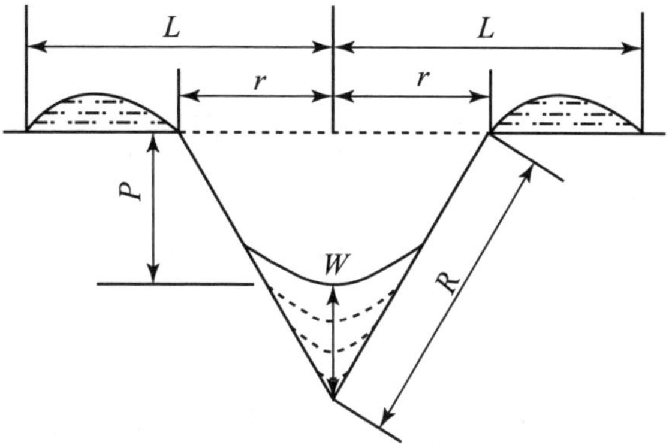


图 4-11

**例 5**　建筑工程采石或取土时，常用炸药包先进行爆破．实践表明，爆破部分呈倒立圆锥形状，如图 4-12 所示．圆锥的母线长度（即爆破作用半径）$R$ 是一定的，圆锥的底面半径（即漏斗底半径）为 $r$，试求炸药包埋藏多深可使爆破体积最大．

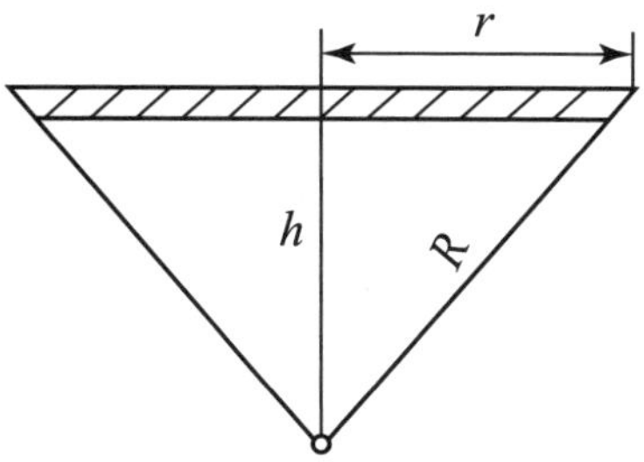


图 4-12

**解**　根据圆锥的体积公式 $V=\frac{1}{3}\pi r^2 h$，建立函数关系式．根据图 4-12 可知，$r^2=R^2-h^2$，

即得
$$V=\frac{1}{3}\pi(R^2-h^2)h,$$
$$V'=-\pi h^2+\frac{1}{3}\pi R^2.$$

令 $V'=0$，得一个驻点
$$h=\frac{\sqrt{3}}{3}R.$$

所以当炸药包埋深为 $h=\frac{\sqrt{3}}{3}R$ 时，爆破体积最大．

**例 6（收入最高）**　某房地产公司有 50 套公寓要出租，当租金定为每月 180 元时，公寓会全部租出去，当租金每月增加 10 元时，就有一套公寓租不出去，而租出去的房子每月需花费 20 元的整修维护费．试问房租定为多少可获得最高收入．

**解**　设房租为每月 $x$ 元，则租出去的房子有 $50-(\frac{x-180}{10})$ 间，每月总收入为

$$R(x)=(x-20)[50-(\frac{x-180}{10})]$$

即 $$R(x)=(x-20)(68-\frac{x}{10})\quad(x\geqslant 180).$$

令 $$R'(x)=(68-\frac{x}{10})+(x-20)(-\frac{1}{10})=70-\frac{x}{5}=0,$$

解得 $x=350$ 是 $(0,+\infty)$ 中唯一的驻点.

而 $R''(350)<0$，即 $R(x)$ 在 $x=350$ 处取得极大值，由此可知 $R(x)$ 在 $x=350$ 处取得最大值.

因此，每月每套租金定为 350 元时收入最高.

**例 7（利润最大）** 某公司每月生产 1 000 件产品，每件有 10 元纯利润，生产 1 000 件后，每增产一件获利减少 0.02 元，问每月生产多少件产品，可使纯利润最大？

**解** 本问题可分从两方面考虑：每月生产 1 000 件产品，该利润是固定的，由题设知，所获利润为 $L_1=10\times 1\,000=10\,000$（元）.

生产 1 000 件产品之后，再增加生产，所获利润将随着产量的变化而改变，只要计算增产件数即可.

设生产 1 000 件产品之后，增产 $x$ 件产品可获最大利润. 由此可得，增产第 $x$ 件产品的纯利润为 $10-0.02x$；而增产 $x$ 件产品的纯利润为

$$L_2=(10-0.02x)x=10x-0.02x^2.$$

由于 $L_2'=(10x-0.02x^2)'=10-0.04x$，令 $L_2'=0$，即 $10-0.04x=0$. 解得 $x=250$（件）.

又因为 $L_2''=-0.04<0$，所以，增产 250 件产品时，纯利润最大.

增产 250 件产品的纯利润为

$$L_2=(10x-0.02x^2)\big|_{x=250}=1\,250\text{（元）}.$$

于是可知，每月生产 1 250 件产品时，可获最大利润，其利润为

$$L=10\,000+1\,250=11\,250\text{（元）}.$$

## 习题 4-5

1．求下列函数在给定区间上的最大值和最小值.

（1）$f(x)=2x^3+3x^2-12x+10$，$x\in[-3,4]$；

（2）$f(x)=\frac{1}{2}x^2-3\sqrt[3]{x}$，$x\in[-1,2]$；

（3）$f(x)=\ln(1+x^2)$，$x\in[-1,2]$；

（4）$f(x)=x+\sqrt{1+x}$，$x\in[-5,1]$.

扫码查答案

2．要做一个容积为 $V$ 的圆柱形油罐，底半径 $r$ 和高 $h$ 等于多少时才能使所用材料最省？

3．有一块宽为 $2a$ 的正方形铁片，将它的两个边缘向上折起成一个开口水槽，其横截面为矩形，高为 $x$，高 $x$ 取何值时，水槽的流量最大？

4. 某厂生产某种产品 $Q$ 个单位时的费用为 $C(Q)=\frac{1}{4}Q^2+1$，销售收入为 $R(Q)=8\sqrt{Q}$，求使利润达到最大的产量 $Q$.

5. 设生产某种产品 $x$ 个单位的生产费用为 $C(x)=900+20x+x^2$ 元，$x$ 为多少时平均费用最低？最低的平均费用是多少？

6. 欲利用围墙围成面积为 216 $m^2$ 的一块矩形土地，并在正中间用一堵墙将其隔成两块，这块土地长和宽选取多大的尺寸，才能使所用建筑材料最省？

## 4-6 曲线的凹凸、拐点与渐近线

要想较准确地描绘函数的图像，仅知道 $y=f(x)$ 的单调性和极值是不够的，还需要进一步研究曲线的凹凸性.

### 一、曲线的凹凸与拐点

图 4-13 中的两条曲线弧 $ACB$ 和 $ADB$ 都是单调上升的，但它们的弯曲方向明显不同，曲线弧 $ACB$ 向下凹，曲线弧 $ADB$ 向上凸. 下面介绍描述曲线弯曲方向的概念.

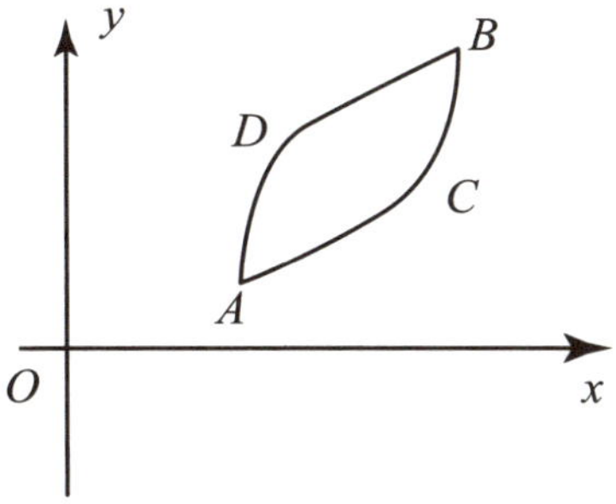


图 4-13

**定义 2** 在开区间 $(a,b)$ 内，如果曲线上每一点处的切线都在它的下方，则称曲线在 $(a,b)$ 内是凹的，区间 $(a,b)$ 称为**曲线的凹区间**；如果曲线上每一点处的切线都在它的上方，则称曲线在区间 $(a,b)$ 内是凸的，区间 $(a,b)$ 称为**曲线的凸区间**.

为了能用导数来判断曲线是凹的或凸的，我们先分析凹的曲线或凸的曲线与导数的关系. 如图 4-14 和图 4-15 所示，对于凹的曲线，当 $x$ 增大时，曲线上对应点的切线的斜率 $f'(x)$ 也是增大的，即 $f'(x)$ 是单调递增的，从而 $f''(x)>0$；而对于凸的曲线，曲线上对应点的切线的斜率 $f'(x)$ 是减小的，即 $f'(x)$ 是单调递减的，从而 $f''(x)<0$. 这说明可以用函数 $f(x)$ 的二阶导数 $f''(x)$ 来判断曲线的凹凸性.

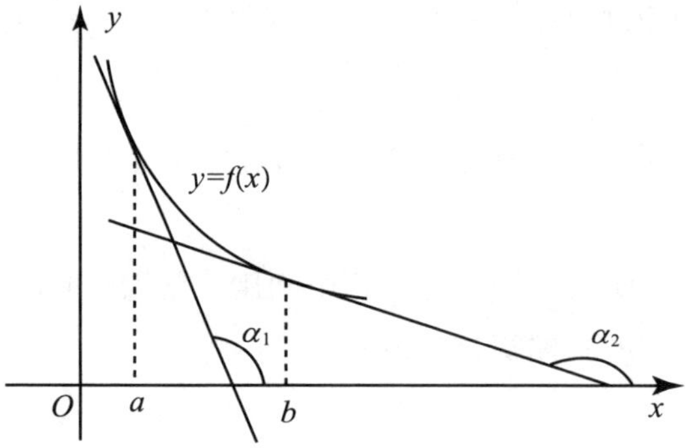


图 4-14

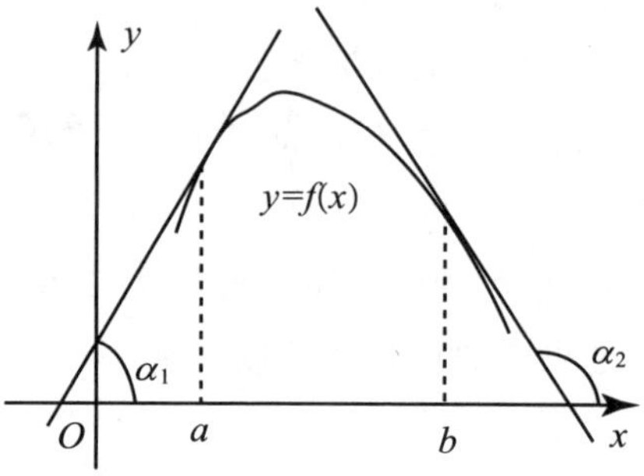


图 4-15

**定理 6**　设函数 $f(x)$ 在区间 $(a,b)$ 内具有二阶导数.

（1）如果在 $(a,b)$ 内，$f''(x)>0$，那么曲线在区间 $(a,b)$ 内是凹的;

（2）如果在 $(a,b)$ 内，$f''(x)<0$，那么曲线在区间 $(a,b)$ 内是凸的.

**例 1**　判断曲线 $y=x^4-6x^2+24x-12$ 的凹凸性.

**解**　（1）函数的定义域为 $(-\infty,+\infty)$ .

（2）$y'=4x^3-12x+24$，$y''=12x^2-12=12(x-1)(x+1)$ .

（3）令 $y''=0$，得 $x=\pm1$ .

（4）列表考查（表中"∩"表示曲线是凸的，"∪"表示曲线是凹的）（见表 4-5）.

表 4-5

| $x$ | $(-\infty,-1)$ | $(-1,1)$ | $(1,+\infty)$ |
|---|---|---|---|
| $y''$ | + | − | + |
| 曲线 $y$ | ∪ | ∩ | ∪ |

（5）由表 4-5 可知，曲线在 $(-1,1)$ 内是凸的，在 $(-\infty,-1)$ 和 $(1,+\infty)$ 内是凹的.

**定义 3**　连续曲线上凹曲线和凸曲线的分界点称为曲线的**拐点**.

由例 1 可知，曲线 $y=x^4-6x^2+24x-12$ 的拐点为 $(-1,-41)$ 和 $(1,7)$ .

**注意：**

（1）在拐点处，函数的二阶导数为零或不存在;

（2）拐点是指曲线上的点，而不是 $x$ 轴上的点.

**例 2**　求曲线 $y=x^3-3x^2$ 的凹凸区间和拐点.

**解**　（1）函数的定义域为 $(-\infty,+\infty)$ .

（2）$y'=3x^2-6x$，$y''=6x-6=6(x-1)$ .

（3）令 $y''=0$，得 $x=1$ .

（4）列表考查（表中"∩"表示曲线是凸的，"∪"表示曲线是凹的）（见表 4-6）.

表 4-6

| $x$ | $(-\infty,1)$ | 1 | $(1,+\infty)$ |
|---|---|---|---|
| $y''$ | − | 0 | + |
| 曲线 $y$ | ∩ | 拐点 $(1,-2)$ | ∪ |

（5）由表 4-6 可知，曲线在区间 $(-\infty,1)$ 内是凸的，在区间 $(1,+\infty)$ 内是凹的；曲线的拐点为 $(1,-2)$ .

**例 3**　求曲线 $y=\sqrt[3]{x}$ 的凹凸区间和拐点.

**解**　（1）函数的定义域为 $(-\infty,+\infty)$ .

（2）$y'=\dfrac{1}{3\sqrt[3]{x^2}}$，$y''=-\dfrac{2}{9\sqrt[3]{x^5}}$ .

（3）$x=0$ 是使 $y''$ 不存在的点.

（4）列表考查（表中“∩”表示曲线是凸的，“∪”表示曲线是凹的）（见表 4-7）.

表 4-7

| $x$ | $(-\infty,0)$ | 0 | $(0,+\infty)$ |
|---|---|---|---|
| $y''$ | + | 不存在 | − |
| 曲线 $y$ | ∪ | 拐点 $(0,0)$ | ∩ |

（5）由表 4-7 可知，曲线在 $(0,+\infty)$ 内是凸的，在 $(-\infty,0)$ 内是凹的；曲线的拐点为 $(0,0)$ .

**例 4**　判断曲线 $y=(2x-1)^4+1$ 是否有拐点？

**解**　（1）函数的定义域为 $(-\infty,+\infty)$；

（2）$y'=8(2x-1)^3$，$y''=48(2x-1)^2$；

（3）令 $y''=0$，得 $x=\dfrac{1}{2}$；

（4）因为当 $x\neq\dfrac{1}{2}$ 时，$y''$ 恒为正数，也就是说在点 $x=\dfrac{1}{2}$ 的左右近旁，$y''$ 的符号相同，都是正的，所以点 $\left(\dfrac{1}{2},1\right)$ 不是曲线 $y=(2x-1)^4+1$ 的拐点．事实上，在整个定义域内曲线是凹的，所以它没有拐点（见图 4-16）.

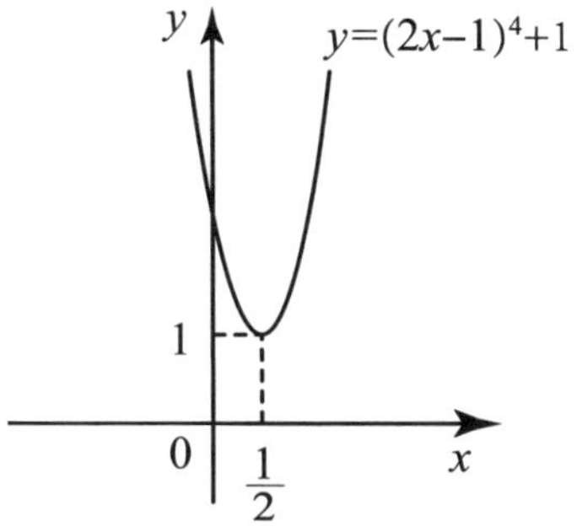


图 4-16

## 二、曲线的渐近线

先看下面的例子：

（1）当 $x \to +\infty$ 时，曲线 $y=\arctan x$ 无限接近于直线 $y=\dfrac{\pi}{2}$；

（2）当 $x \to -\infty$ 时，曲线 $y=\arctan x$ 无限接近于直线 $y=-\dfrac{\pi}{2}$；

（3）当 $x \to 1^+$ 时，曲线 $y=\ln(x-1)$ 无限接近于直线 $x=1$．

一般来说，对于具有上述特性的直线，我们给出下面的定义：

**定义 4** 如果当自变量 $x \to \infty$（有时仅当 $x \to +\infty$ 或 $x \to -\infty$）时，函数 $f(x)$ 以常量 $b$ 为极限，即

$$\lim_{\substack{x\to\infty \\ \left(\substack{x\to+\infty \\ x\to-\infty}\right)}} f(x)=b,$$

那么直线 $y=b$ 叫作曲线 $y=f(x)$ 的**水平渐近线**．

例如，因为 $\lim\limits_{x\to+\infty}\arctan x=\dfrac{\pi}{2}$，$\lim\limits_{x\to-\infty}\arctan x=-\dfrac{\pi}{2}$，所以直线 $y=\dfrac{\pi}{2}$ 和 $y=-\dfrac{\pi}{2}$ 是曲线 $y=\arctan x$ 的两条水平渐近线．

**定义 5** 如果当自变量 $x \to x_0$（有时仅当 $x \to x_0^+$ 或 $x \to x_0^-$）时，函数 $f(x)$ 以无穷大为极限，即

$$\lim_{\substack{x\to x_0 \\ \left(\substack{x\to x_0^+ \\ x\to x_0^-}\right)}} f(x)=\infty,$$

那么直线 $x=x_0$ 叫作曲线 $y=f(x)$ 的**垂直渐近线**．

例如，因为 $\lim\limits_{x\to1^+}\ln(x-1)=-\infty$，所以直线 $x=1$ 是曲线 $y=\ln(x-1)$ 的垂直渐近线．

**例 5** 求下列曲线的水平渐近线和垂直渐近线．

（1） $y=\dfrac{2x}{1+x^2}$；　　（2） $y=\dfrac{x+1}{x-2}$．

**解** （1）因为 $\lim\limits_{x\to\infty}\dfrac{2x}{1+x^2}=0$，所以直线 $y=0$ 是曲线 $y=\dfrac{2x}{1+x^2}$ 的水平渐近线．

（2）因为 $\lim\limits_{x\to2}\dfrac{x+1}{x-2}=\infty$，所以直线 $x=2$ 是曲线 $y=\dfrac{x+1}{x-2}$ 的垂直渐近线．又因为 $\lim\limits_{x\to\infty}\dfrac{x+1}{x-2}=1$，所以直线 $y=1$ 是曲线的水平渐近线．

## 习题 4-6

1．求下列曲线的拐点及凹凸区间．

（1） $y=x^4-2x^3+1$；　　（2） $y=xe^{-x}$；

（3）$y=\ln(x^2+1)$；　　　　（4）$y=2+(x-4)^{\frac{1}{3}}$.

2．求下列曲线的渐近线.

（1）$y=\dfrac{1}{x-5}$；　　　　（2）$y=e^{\frac{1}{x}}$；

（3）$y=\dfrac{x^2+x}{(x-2)(x+3)}$；　　　　（4）$y=\dfrac{2x^2+1}{1-x^2}$.

扫码查答案

## 4-7　函数图像的描绘

前面我们学习了函数的单调性与极值、曲线的凹凸性与拐点的判定方法，还建立了寻求渐近线的方法，本节将综合运用这些知识，画出函数的图像.

利用导数描绘函数图像的一般步骤如下：

（1）确定函数 $y=f(x)$ 的定义域，考查函数的奇偶性；

（2）求出函数的一阶导数 $f'(x)$ 和二阶导数 $f''(x)$，解出方程 $f'(x)=0$ 和 $f''(x)=0$ 在函数定义域内的全部实根，把函数的定义域划分成几个区间；

（3）考查在各个部分区间内 $f'(x)$ 和 $f''(x)$ 的符号，列表确定函数的单调性与极值，曲线的凹凸性与拐点；

（4）确定曲线的水平渐近线和垂直渐近线；

（5）计算方程 $f'(x)=0$ 和 $f''(x)=0$ 的根所对应的函数值，定出图像上相应的点；

（6）为了把图像描得准确，有时还要补充一些点，然后结合（3）（4）中得到的结果，把它们连成光滑的曲线，从而得到函数 $y=f(x)$ 的图像.

**例 1**　作函数 $y=\dfrac{1}{3}x^3-x$ 的图像.

**解**　（1）函数的定义域为 $(-\infty,+\infty)$，因为

$$f(-x)=\frac{1}{3}(-x)^3-(-x)=-(\frac{1}{3}x^3-x)=-f(x),$$

所以函数是奇函数，它的图像关于原点对称.

（2）$y'=x^2-1$，由 $y'=0$，得 $x=-1$ 和 $x=1$；

$y''=2x$，由 $y''=0$，得 $x=0$.

（3）列表讨论如下（见表 4-8）.

表 4-8

| $x$ | $(-\infty,-1)$ | $-1$ | $(-1,0)$ | $0$ | $(0,1)$ | $1$ | $(1,+\infty)$ |
|---|---|---|---|---|---|---|---|
| $y'$ | + |  | − | − | − | 0 | + |
| $y''$ | − | − | − | 0 | + | + | + |
| 曲线 $y$ | 单调增凸 | 极大值 $\frac{2}{3}$ | 单调减凸 | 拐点 $(0,0)$ | 单调减凹 | 极小值 $-\frac{2}{3}$ | 单调增凹 |

（4）由表 4-8 可知，函数有极大值 $f(-1)=\frac{2}{3}$，极小值 $f(1)=-\frac{2}{3}$，曲线有拐点 $(0,0)$.

（5）取辅助点 $(-2,-\frac{2}{3})$，$(-\sqrt{3},0)$，$(2,\frac{2}{3})$ 等，结合上述讨论作出函数的图像（见图 4-17）.

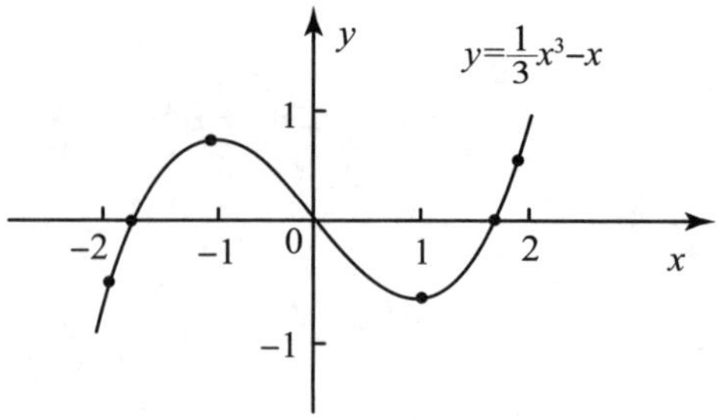


图 4-17

**例 2**　作函数 $y=\frac{1}{\sqrt{2\pi}}e^{-\frac{x^2}{2}}$ 的图像.

**解**　（1）函数的定义域为 $(-\infty,+\infty)$，因为

$$f(-x)=\frac{1}{\sqrt{2\pi}}e^{-\frac{(-x)^2}{2}}=\frac{1}{\sqrt{2\pi}}e^{-\frac{x^2}{2}}=f(x),$$

所以 $f(x)$ 是偶函数，它的图像关于 $y$ 轴对称.

（2）$y'=-\frac{1}{\sqrt{2\pi}}xe^{-\frac{x^2}{2}}$，由 $y'=0$，得 $x=0$；

$y''=-\frac{1}{\sqrt{2\pi}}(1-x^2)e^{-\frac{x^2}{2}}$，由 $y''=0$，得 $x=\pm1$.

（3）列表讨论如下（见表 4-9）.

表 4-9

| $x$ | $(-\infty,-1)$ | $-1$ | $(-1,0)$ | 0 | $(0,1)$ | 1 | $(1,+\infty)$ |
|---|---|---|---|---|---|---|---|
| $y'$ | + | + | + | 0 | − | − | − |
| $y''$ | + | 0 | − | − | − | 0 | + |
| 曲线 $y$ | 单调增凹 | 拐点 $(-1,\frac{1}{\sqrt{2\pi}}e^{-\frac{1}{2}})$ | 单调增凸 | 极大值 $\frac{1}{\sqrt{2\pi}}$ | 单调减凸 | 拐点 $(1,\frac{1}{\sqrt{2\pi}}e^{-\frac{1}{2}})$ | 单调减凹 |

（4）由表 4-9 可知，函数的极大值为 $f(0)=\frac{1}{\sqrt{2\pi}}\approx0.4$，曲线的拐点为 $(-1,\frac{1}{\sqrt{2\pi}}e^{-\frac{1}{2}})$ 和 $(1,\frac{1}{\sqrt{2\pi}}e^{-\frac{1}{2}})$. 因为 $\frac{1}{\sqrt{2\pi}}e^{-\frac{1}{2}}\approx0.2$，所以拐点为 $(-1,0.2)$ 和 $(1,0.2)$.

因为 $\lim\limits_{x\to\infty}\frac{1}{\sqrt{2\pi}}e^{-\frac{x^2}{2}}=\frac{1}{\sqrt{2\pi}}\lim\limits_{x\to\infty}\frac{1}{e^{\frac{x^2}{2}}}=0$，所以直线 $y=0$ 是曲线 $y=\frac{1}{\sqrt{2\pi}}e^{-\frac{x^2}{2}}$ 的水平渐近线.

（5）取辅助点：$(2,\frac{1}{\sqrt{2\pi \mathrm{e}^2}})$，$(-2,\frac{1}{\sqrt{2\pi \mathrm{e}^2}})$，即$(2,0.05)$，$(-2,0.05)$.

综合以上讨论，作出函数的图像（见图 4-18），这条曲线称为标准正态分布曲线.

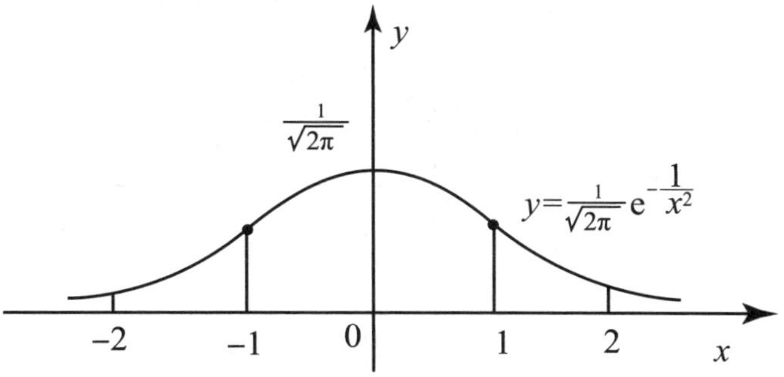


图 4-18

**例 3**　作函数$y=\frac{x}{(x+1)(x-1)}$的图像.

**解**　（1）函数的定义域为$(-\infty,-1)\cup(-1,+\infty)$，因为

$$f(x)=\frac{x}{(x+1)(x-1)}=\frac{x}{x^2-1},$$

$$f(-x)=\frac{-x}{(-x)^2-1}=-\frac{x}{x^2-1}=-f(x),$$

所以$f(x)$是奇函数，它的图像关于原点对称.

（2）$y'=\frac{x^2-1-x(2x)}{(x^2-1)^2}=-\frac{1+x^2}{(x^2-1)^2}$，因为$y'<0$，所以函数在定义域内是单调减少的.

$$y''=-\frac{2x(x^2-1)^2-(1+x^2)\cdot 2(x^2-1)\cdot 2x}{(x^2-1)^4}$$

$$=-\frac{2x(x^2-1)-4x(1+x^2)}{(x^2-1)^3}=\frac{2x(x^2+3)}{(x^2-1)^3}.$$

由$y''=0$，得$x=0$.

（3）列表讨论如下（见表 4-10）.

表 4-10

| $x$ | $(-\infty,-1)$ | $(-1,0)$ | 0 | $(0,1)$ | $(1,+\infty)$ |
|---|---|---|---|---|---|
| $y'$ | − | − | − | − | − |
| $y''$ | − | + | 0 | − | + |
| 曲线 $y$ | 单调减凸 | 单调减凹 | 拐点(0,0) | 单调减凸 | 单调减凹 |

由表 4-10 可知，函数没有极值，曲线有拐点(0,0).

（4）曲线有两条垂直渐近线$x=1$和$x=-1$，以及一条水平渐近线$y=0$.

（5）取辅助点：$M_1(3,\frac{3}{8})$，$M_2(2,\frac{2}{3})$，$M_3(\frac{3}{2},\frac{6}{5})$，$M_4(-\frac{1}{2},\frac{2}{3})$.

综合上述讨论，并利用曲线关于原点对称的特点，作出函数的图像（见图 4-19）.

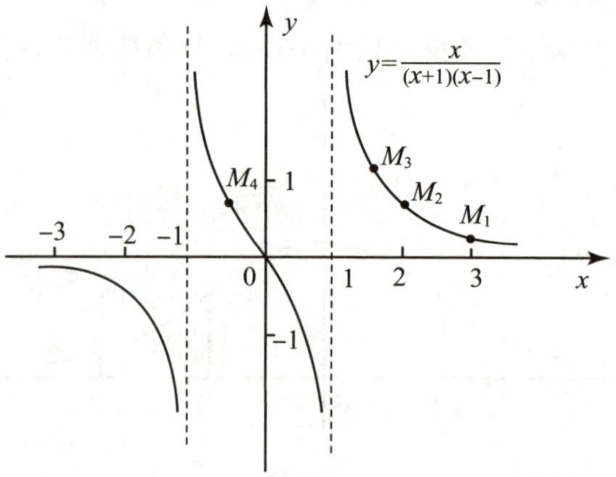


图 4-19

## 习题 4-7

作出下列函数的图像.

（1） $y=3x^2-x^3$；（2） $y=\mathrm{e}^{-x^2}$；

（3） $y=1+\dfrac{1-2x}{x^2}$；（4） $y=x+\dfrac{x}{x-1}$.

扫码查答案

## 4-8 导数在经济分析中的应用

导数是经济管理中非常重要的数学工具，在这里我们将介绍边际分析和弹性分析.

### 一、边际与边际分析

设 $y=f(x)$ 是一个经济函数，如果 $f(x)$ 可导，$f(x)$ 在点 $x=x_0$ 处的导数为

$$f'(x_0)=\lim_{\Delta x\to 0}\frac{f(x_0+\Delta x)-f(x_0)}{\Delta x}.$$

表示 $y$ 关于 $x$ 在"边际上"（$x_0$ 处）的变化率，即 $x$ 从 $x=x_0$ 起做微小变化时，$y$ 关于 $x$ 的变化率. 经济学中，称达到 $x=x_0$ 前一个单位时 $y$ 的变化为边际变化. 在 $x=x_0$ 处，$x$ 从 $x_0$ 改变一个单位，$y$ 相应改变的值为 $\Delta y\Big|_{\substack{x=x_0\\ \Delta x=1}}$. 但当 $x$ 改变的单位很小时，或 $\Delta x$ 的一个单位与 $x_0$ 值相比很小时，则有

$$\Delta y\Big|_{\substack{x=x_0\\ \Delta x=1}} \approx \mathrm{d}y\Big|_{\substack{x=x_0\\ \mathrm{d}x=1}} = f'(x)\mathrm{d}x\Big|_{\substack{x=x_0\\ \mathrm{d}x=1}}$$
$$= f'(x_0)$$

于是有如下定义：

**定义 6**　设函数 $y=f(x)$ 在 $x$ 处可导，则称导数 $f'(x)$ 为 $f(x)$ 的边际函数．$f'(x)$ 在 $x_0$ 处的值 $f'(x_0)$ 为边际函数值．

这说明，$f(x)$ 在点 $x_0$ 处当 $x$ 改变一个单位时，$y$ 近似改变 $f'(x_0)$ 个单位．在实际问题中，解释边际函数值的具体意义时，我们略去“近似”二字．

例如，设函数 $y=2x^2$，试求 $y$ 在 $x=5$ 时的边际函数值．

因为 $y'=4x$，所以 $y'|_{x=5}=20$．

该值表明，当 $x=5$ 时，$x$ 改变一个单位（增加或减少一个单位），$y$ 改变 20 个单位（增加或减少 20 个单位）．

1．边际成本

边际成本是总成本的变化率．

设 $C$ 为总成本，$C_1$ 为固定成本，$C_2$ 为可变成本，$\overline{C}$ 为平均成本，$C'$ 为边际成本，$Q$ 为产量，则有

总成本函数　$C=C(Q)=C_1+C_2(Q)$；

平均成本函数　$\overline{C}=\overline{C}(Q)=\dfrac{C_1}{Q}+\dfrac{C_2(Q)}{Q}$；

边际成本函数　$C'=C'(Q)$；

如已知总成本 $C(Q)$，通过除法可求出平均成本 $\overline{C}(Q)=\dfrac{C(Q)}{Q}$；

如已知平均成本 $\overline{C}(Q)$，通过乘法可求出总成本 $C(Q)=Q\overline{C}(Q)$；

如已知总成本 $C(Q)$，通过微分法可求出边际成本 $C'=C'(Q)$．

**边际成本的经济意义**：在产量为 $Q$ 个单位的基础上，再生产一个单位的产品，其总成本的近似增量，即 $C'(Q)$ 近似地描述了从生产第 $Q$ 个到第 $Q+1$ 个单位的产品时，总成本的近似增值．

2．边际收益

总收益是生产者出售一定量产品所得到的全部收入．设商品的总收入 $R$ 是销售量 $Q$ 的函数 $R=R(Q)$，那么，总收入函数对销售量的导数 $R'(Q)$，就叫作销售量为 $Q$ 时的**边际收益**．其经济意义为：当销售量为 $Q$ 个单位时，再增加 1 个单位的销售量，总收入的近似增值．

3．边际利润

收益与成本之差，就是利润．设产品的总利润 $L$ 是产量（或销售量）$Q$ 的函数 $L=L(Q)$，则 $L'(Q)$ 称为**边际利润**，其经济意义与前述概念类同．

**例 1** 设某产品生产 $q$ 吨的总成本 $C$ 元为产量 $q$ 的函数：$C(q)=1000+7q+50\sqrt{q}$ $(0\leqslant q\leqslant 1000)$，求：（1）当产量为 100 吨时的总成本；

（2）当产量为 100 吨时的平均单位成本；

（3）当产量从 100 吨增加到 225 吨时，总成本的平均变化率；

（4）当产量为 100 吨时，总成本的边际成本．

**解** （1）产量为 100 吨时的总成本为

$$C(100)=1\,000+7\times 100+50\sqrt{100}=2\,200\text{（元）；}$$

（2）当产量为 100 吨时的平均单位成本为

$$\left.\frac{C(q)}{q}\right|_{q=100}=\frac{2\,200}{100}=22\text{（元/吨）；}$$

（3）当产量从 100 吨增加到 225 吨时

$$\Delta q=225-100=125\text{（吨），}$$

相应地 $\Delta C=C(225)-C(100)=3\,325-2\,200=1\,125$（元）；

所以此时总成本的平均变化率为

$$\frac{\Delta C}{\Delta q}=\frac{1\,125}{125}=9\text{（元/吨）；}$$

（4）边际成本为

$$C'(q)=7+\frac{25}{\sqrt{q}},$$

$$C'(100)=7+\frac{25}{\sqrt{100}}=9.5\text{（元）．}$$

经济意义：$C'(100)=9.5$ 表示当产量在 100 吨的基础上，再增产 1 吨时，所花费的成本为 9.5 元．

**例 2** 某企业生产某种产品，每天的总利润 $L$ 元与产量 $q$ 吨的函数关系为 $L(q)=250q-5q^2$，试求当每天产量为 20 吨、25 吨及 35 吨时的边际利润，并说明其经济意义．

**解** 边际利润是

$$L'(q)=250-10q.$$

每天生产 20 吨、25 吨、35 吨时的边际利润分别为

$$L'(20)=250-10\times 20=50,$$

$$L'(25)=250-10\times 25=0,$$

$$L'(35)=250-10\times 35=-100.$$

经济意义：$L'(20)=50$ 表示当每天产量在 20 吨的基础上，再增产 1 吨时，总利润将增加 50 元；$L'(25)=0$ 表示当每天产量在 25 吨的基础上，再增产 1 吨时，总利润没有增加；$L'(35)=-100$ 表示当每天产量在 35 吨的基础上，再增产 1 吨时，总利润将减少 100 元．

## 二、弹性与弹性分析

前面所谈的函数改变量与函数变化率是绝对改变量与绝对变化率．我们从实践中体会到仅仅研究函数的绝对改变量与绝对变化率是不够的．例如，商品甲每单位价格为 10 元，涨价 1 元；商品乙每单位价格为 1 000 元，也涨价 1 元．哪种商品的涨价幅度更大呢？两种商品的绝对改变量都是 1 元，但各与其原价相比，两者涨价的百分比却有很大的不同，商品甲涨了 10%，而商品乙仅涨了 0.1%，显然商品甲的涨价幅度要比商品乙的涨价幅度更大．因此有必要研究函数的相对改变量与相对变化率．

例如，设函数为 $y=x^2$，当 $x$ 从 8 增加到 10 时，相应地，$y$ 从 64 增加到 100，即自变量 $x$ 的绝对增量 $\Delta x=2$，函数 $y$ 的绝对增量 $\Delta y=36$．而

$$\frac{\Delta x}{x}=\frac{2}{8}=25\%,\quad \frac{\Delta y}{y}=\frac{36}{64}=56.25\%.$$

即当 $x$ 从 $x=8$ 增加到 $x=10$ 时，$x$ 增加了 25%，$y$ 相应地增加了 56.25%.

我们分别称 $\frac{\Delta x}{x}$ 与 $\frac{\Delta y}{y}$ 为自变量与函数的相对改变量（或相对增量），它们的比值

$$\frac{\Delta y}{y}\Big/\frac{\Delta x}{x}=\frac{56.25\%}{25\%}=2.25,$$

则表示在区间(8,10)内从 $x=8$ 到 $x=10$ 时，函数 $y=x^2$ 的平均相对变化率.

### 1．弹性的概念

**定义 7**　设函数 $y=f(x)$ 在 $x$ 处可导，函数的相对改变量 $\frac{\Delta y}{y}=\frac{f(x+\Delta x)-f(x)}{f(x)}$ 与自变量的相对改变量 $\frac{\Delta x}{x}$ 之比 $\frac{\Delta y}{y}\Big/\frac{\Delta x}{x}$ 称为函数 $f(x)$ 在 $x$ 与 $x+\Delta x$ **两点间的弹性**．当 $\Delta x\to 0$ 时，$\frac{\Delta y}{y}\Big/\frac{\Delta x}{x}$ 的极限称为 $f(x)$ 在点 $x$ 处的弹性，记作 $\eta$，即

$$\eta=\lim_{\Delta x\to 0}\frac{\frac{\Delta y}{y}}{\frac{\Delta x}{x}}.$$

容易推得

$$\eta=\lim_{\Delta x\to 0}\frac{\frac{\Delta y}{y}}{\frac{\Delta x}{x}}=\lim_{\Delta x\to 0}\frac{\Delta y}{\Delta x}\cdot\frac{x}{y}$$

$$=f'(x)\cdot\frac{x}{f(x)},$$

即

$$\eta=x\frac{f'(x)}{f(x)}.$$

这就是函数 $f(x)$ 在点 $x$ 处的弹性计算公式.

函数 $f(x)$ 在点 $x$ 处的弹性表示函数 $f(x)$ 在点 $x$ 处的相对变化率，即近似地表示当自

变量变化 1%时，函数变化的百分数.

$\eta$ 的表达式可改写为

$$\eta=\frac{\frac{\mathrm{d}y}{\mathrm{d}x}}{\frac{y}{x}}=\frac{边际函数}{平均函数}.$$

在经济学中，弹性又可理解为边际函数与平均函数之比.

2. 需求弹性

需求量是指在一定价格条件下，消费者愿意购买并且有支付能力购买的商品量. 通常把商品的需求量 $Q$ 看作价格 $p$ 的函数 $Q=f(p)$ .

设某商品的需求函数 $Q=f(p)$ 在 $p$ 处可导，$\frac{\Delta Q}{Q}\Big/\frac{\Delta p}{p}$ 为该商品在 $p$ 与 $p+\Delta p$ 两点间的需求弹性. 当 $\Delta p\to 0$ 时，极限值

$$\eta=\lim_{\Delta p\to 0}\frac{\frac{\Delta Q}{Q}}{\frac{\Delta p}{p}}$$

称为该商品在 $p$ 处的需求弹性. 显然，若 $f(p)$ 在 $p$ 处可导，则

$$\eta=p\frac{Q'(p)}{Q(p)}.$$

经济意义：在价格为 $p$ 时，价格每变动 1%，需求量变化的百分比是 $p\frac{Q'(p)}{Q(p)}\%$ .

**例 3** 某商品的需求量 $Q$ 与价格 $p$ 的关系为 $Q=Q(p)=1\,600(\frac{1}{4})^p$ .

（1）求需求弹性 $\eta(p)$；

（2）当商品价格 $p=10$ 元时，再增加 1%，求该商品需求量的变化情况.

**解** （1）根据弹性的计算公式，需求弹性为

$$\begin{aligned}\eta(p)&=p\cdot\frac{Q'(p)}{Q(p)}=p\cdot\frac{(1\,600(\frac{1}{4})^p)'}{1\,600(\frac{1}{4})^p}\\&=p\frac{1\,600(\frac{1}{4})^p\ln\frac{1}{4}}{1\,600(\frac{1}{4})^p}=p\ln\frac{1}{4}\\&=(-2\ln 2)p\approx-1.39p\ .\end{aligned}$$

需求弹性为负，说明商品价格 $p$ 增加 1%时，商品需求量 $Q$ 将减少 $1.39p$ .

（2）当商品价格 $p$=10 元时，

$$\eta(10)=-1.39\times 10=-13.9\ .$$

这表示价格 $p=10$ 元时，价格增加 1%时，商品需求量将减少 13.9%；如果价格减少 1%，

商品的需求将增加 13.9%.

同样可以定义供给弹性.

## 习题 4-8

1. 设某产品的价格和销售量的关系为 $P=10-\dfrac{Q}{5}$，求销售量为 30 时的总收益、平均收益与边际收益.

2. 已知某产品的总成本函数为 $C(q)=200++4q+0.05q^2$（单位：万元），求 $q=200$ 时的边际成本并说明其经济意义.

3. 设某商品的需求量 $Q$ 关于价格 $P$ 的函数为 $Q=5\,000\mathrm{e}^{-2P}$，求需求量 $Q$ 对 $P$ 的价格弹性函数.

4. 已知某商品的需求函数 $Q=\mathrm{e}^{-\frac{p}{10}}$，求 $p=5$，$p=10$，$p=15$ 时的需求弹性并说明其经济意义.

5. 某商品的需求函数为 $Q=12-\dfrac{p}{2}$，

（1）确定需求弹性函数；

（2）确定 $p=6$ 时的需求弹性；

（3）当 $p=6$ 时，价格 $P$ 上涨 1%，总收益将变化百分之几？是增加还是减少？

扫码查答案

## 本章小结

### 一、基本概念

（1）极值点与极值：

若 $f(x)<f(x_0)$，则称 $f(x_0)$ 为函数 $f(x)$ 的极大值，并且称点 $x_0$ 是 $f(x)$ 的极大值点；

若 $f(x)>f(x_0)$，则称 $f(x_0)$ 为函数 $f(x)$ 的极小值，并且称点 $x_0$ 是 $f(x)$ 的极小值点.

（2）驻点：使 $f'(x)=0$ 的点称为驻点.

（3）可导函数的极值点必是驻点；函数的驻点却不一定是极值点.

（4）拐点：凹凸分界点是拐点.

（5）曲线的渐进线：

若 $\lim\limits_{x\to\infty}f(x)=b$，则直线 $y=b$ 叫作曲线 $y=f(x)$ 的水平渐近线；

若 $\lim\limits_{x\to x_0}f(x)=\infty$，则直线 $x=x_0$ 叫作曲线 $y=f(x)$ 的垂直渐近线.

（6）边际成本：在产量为 $x$ 个单位的基础上，再生产 1 个单位的产品，其总成本的近似增量，即 $C'(x)$ 近似地描述了生产第 $x$ 个或第 $x+1$ 个单位的产品时，总成本的近似增值.

（7）边际收益：当销售量为 $x$ 个单位时，再增加 1 个单位的销售量，总收入的近似增值.

（8）边际利润：当销售量为 $x$ 个单位时，再增加 1 个单位的销售量时所增加的利润.

（9）需求弹性：在价格为 $p$ 时，价格每变动 1%，需求量变化的百分比是 $p\dfrac{Q'(p)}{Q(p)}\%$.

## 二、基本定理

（1）罗尔中值定理、拉格朗日中值定理是微分学的基本定理，注意它们的条件和结论.

（2）洛必达法则：

$$\lim_{x\to x_0}\frac{f(x)}{g(x)}=\lim_{x\to x_0}\frac{f'(x)}{g'(x)}.$$

该法则只适用于计算 $\dfrac{0}{0}$ 型及 $\dfrac{\infty}{\infty}$ 型未定式的极限. 其他未定式可通过变形转换成 $\dfrac{0}{0}$ 型或 $\dfrac{\infty}{\infty}$ 型未定式. 当法则失效时应换用其他方法求解极限.

（3）函数单调性的判定定理：

在区间 $(a,b)$ 内，$f'(x)>0$，则 $y=f(x)$ 单调增加；$f'(x)<0$，则 $y=f(x)$ 单调减少.

（4）极值的第一充分条件：

利用一阶导数 $f'(x)$ 在点 $x_0$ 左右近旁的符号变化判断 $x_0$ 处是否取得极值. 若 $f'(x)$ 由正变到负，则 $f(x_0)$ 是极大值；反之是极小值.

（5）极值的第二充分条件：

若 $f'(x_0)=0$，$f''(x_0)\neq 0$，那么当 $f''(x_0)>0$ 时，则 $f(x_0)$ 是极小值；当 $f''(x_0)<0$ 时，则 $f(x_0)$ 是极大值.

（6）曲线的凹凸性的判定定理：

在区间 $(a,b)$ 内，若 $f''(x)>0$，那么曲线是凹的；若 $f''(x)<0$，那么曲线是凸的.

## 三、基本方法

### 1. 求函数单调区间的步骤

（1）求函数的定义域；

（2）求导数；

（3）使 $f'(x)=0$ 或 $f'(x)$ 不存在的点；

（4）列表讨论 $f'(x)$ 在各区间内的符号；

（5）由表判断函数在各区间内的单调性从而下结论.

### 2. 求函数极值的步骤

（1）求函数的定义域；

（2）求导数 $f'(x)$；

（3）求 $f(x)$ 的全部驻点及导数不存在的点；

（4）讨论各驻点及导数不存在的点是否为极值点，是极大值点还是极小值点；

（5）求各极值点的函数值，得到函数的全部极值.

3．求函数的最大值与最小值的步骤

（1）求函数 $f(x)$ 的导数，并求出所有的驻点和导数不存在的点；

（2）求各驻点、导数不存在的点及各端点的函数值；

（3）比较上述各函数值的大小，其中最大的就是 $f(x)$ 在闭区间 $[a,b]$ 上的最大值，最小的就是 $f(x)$ 在闭区间 $[a,b]$ 上的最小值.

4．求实际问题中的最大（小）值的步骤

（1）先根据问题的条件建立目标函数；

（2）求目标函数的定义域；

（3）求目标函数的驻点（唯一驻点）；并判断在此驻点处取得的是极大值还是极小值；

（4）根据实际问题的性质确定该函数值是最大值还是最小值.

5．利用导数描绘函数图像的一般步骤

（1）确定函数 $y=f(x)$ 的定义域，考查函数的奇偶性；

（2）求出函数的一阶导数 $f'(x)$ 和二阶导数 $f''(x)$，解出方程 $f'(x)=0$ 和 $f''(x)=0$ 在函数定义域内的全部实根，把函数的定义域划分成几个区间；

（3）考查在各个区间内 $f'(x)$ 和 $f''(x)$ 的符号，列表确定函数的单调性与极值、曲线的凹凸性与拐点；

（4）确定曲线的水平渐近线和垂直渐近线；

（5）计算方程 $f'(x)=0$ 和 $f''(x)=0$ 的根所对应的函数值，定出图像上相应的点.

（6）为了把图像描得准确，有时还要补充一些点，然后结合（3）（4）中得到的结果，把它们连成光滑的曲线，从而得到函数 $y=f(x)$ 的图像.

## 测试题四

### 一、填空题

1．若函数 $f(x)$ 在闭区间 $[a,b]$ 上连续，且在区间 $(a,b)$ 内 $f'(x)>0$，则 $f(x)$ 在闭区间 $[a,b]$ 的最大值是__________，最小值是__________.

2．若函数 $f(x)=x^3+ax^2+bx$ 在 $x=1$ 处有极小值 $-2$，则 $a=$ __________，$b=$__________.

3．拉格朗日中值定理的结论为 $f'(\xi)=$__________.

4．若 $f'(x_0)=0$，则 $x_0$ 称为__________.

5．曲线 $f(x)=(x-1)^3-1$ 的拐点是__________.

6．设某产品的价格与销售量的关系为 $p=10-\dfrac{Q}{5}$，则总收益 $R(Q)=$__________，边际收益为__________.

7．某商品的需求函数为 $Q=200e^{-0.06p}$，则价格为 100 元时的需求弹性为__________.

## 二、选择题

1．下列极限中不能使用洛必达法则求极限的是（　　）.

A．$\lim\limits_{x\to 0}\dfrac{\sin x}{x}$　　B．$\lim\limits_{x\to 0}\dfrac{\tan 2x}{\tan 3x}$

C．$\lim\limits_{x\to\infty}\dfrac{x+\sin x}{x}$　　D．$\lim\limits_{x\to 0^+}x\ln x$

2．下列说法正确的是（　　）.

A．驻点必为极值点　　B．极值点必为驻点

C．可导函数的驻点必为极值点　　D．可导函数的极值点必为驻点

3．若点 $(1,3)$ 为曲线 $y=ax^3+bx^2$ 的拐点，则 $a$，$b$ 的值分别为（　　）.

A．$a=2,b=1$　　B．$a=-6,b=9$

C．$a=\dfrac{9}{2},b=-\dfrac{3}{2}$　　D．$a=-\dfrac{3}{2},b=\dfrac{9}{2}$

4．函数 $f(x)=e^{-x}$ 在其定义内是（　　）.

A．单调增加且凹的　　B．单调减少且凹的

C．单调增加且凸的　　D．单调减少且凸的

5．下列函数在 $[1,e]$ 上满足拉格朗日中值定理条件的是（　　）.

A．$\dfrac{1}{\sqrt{\ln x}}$　　B．$\dfrac{1}{\ln x}$

C．$\ln x$　　D．$\ln(2-x)$

## 三、求下列极限

1．$\lim\limits_{x\to 1}\dfrac{\ln x}{x-1}$；　　2．$\lim\limits_{x\to\frac{\pi}{2}}\dfrac{\cos 5x}{\cos 3x}$；

3．$\lim\limits_{x\to 0}\left(\dfrac{1}{\sin x}-\dfrac{1}{x}\right)$；　　4．$\lim\limits_{x\to 0}\dfrac{1-\cos x}{\ln(1+x)-x}$；

5．$\lim\limits_{x\to 0^+}\left(\dfrac{1}{x}\right)^{\tan x}$；　　6．$\lim\limits_{x\to\frac{\pi}{2}}(\sin x)^{\tan x}$.

## 四、解答题

1．验证函数 $f(x)=x^2-3x-4$ 在闭区间 $[-1,4]$ 上是否满足罗尔定理的条件．如果满足试求罗尔中值定理中 $\xi$ 的值．

2．验证函数 $f(x)=x^3-3x$ 在闭区间 $[0,2]$ 上是否满足拉格朗日中值定理的条件．如果满足试求拉格朗日中值定理中的 $\xi$ 的值．

3．求函数 $f(x)=x^3+3x^2-24x-20$ 的极值．

4．求出函数 $f(x)=(x-1)\sqrt[3]{x^2}$ 的极值和单调性．

5．$a$ 为何值时，函数 $f(x)=a\sin x+\frac{1}{3}\sin 3x$ 在 $x=\frac{\pi}{3}$ 处取得极值？它是极大值还是极小值？并求此极值．

6．求下列曲线的拐点及凹凸区间．

（1）$y=(x+1)^4+\mathrm{e}^x$；　　（2）$y=(2x-5)\sqrt[3]{x^2}$．

7．求下列曲线的渐近线．

（1）$y=x^2-\frac{1}{x}$；　　（2）$y=\frac{1}{4-x^2}$．

8．作出下列函数的图像．

（1）$y=x^3-x^2-x+1$；　　（2）$y=\frac{\mathrm{e}^x}{1+x}$；

（3）$y=\frac{2x-1}{(x-1)^2}$；　　（4）$y=\ln(x^2+1)$．

扫码查答案

## 五、应用题

1．某厂生产某种商品 $x$ 个单位的费用为 $C(x)=5x+200$ 元，得到的收入是 $R(x)=10x-0.01x^2$ 元，生产多少个单位时才能使利润最大？

2．窗户形状下部是矩形，上部是半圆形，周长 15 m，矩形的宽和高各是多少米时窗户的面积最大？

3．设某商品的需求函数为 $Q(p)=75-p^2$，求 $p=4$ 时的边际需求和需求弹性．

# 第五章　不定积分

**【名人名言】**

数学是知识的工具，亦是其他知识工具的源泉.

——笛卡儿

## 资料阅读——积分学的发展过程

积分思想是从面积、体积的计算（求积问题）中发展起来的. 早在公元前 3 世纪，古希腊的数学家阿基米德（公元前 287—公元前 212 年）在解决抛物弓形的面积、球的体积等问题时，就运用了积分学的思想.

到了 16 世纪，开普勒（1571—1630 年）进一步发展了求积分的极限方法，开普勒的这一杰出思想体现在 1615 年发表的《测定酒桶体积的新方法》一书中（据说他对求积问题的兴趣，起源于对啤酒商的酒桶体积的怀疑）.

在该书中，他用无限分割的办法，求出了许多图像的面积和体积，其基本思想是化曲为直、无限求和，即把曲线形看作边数无限多的直线形. 例如，将圆面积分割为无穷多个等腰三角形面积之和，这些三角形的顶点在圆心、底在圆上，而高为半径 $R$. 显然，圆面积等于圆周长与半径的乘积的一半. 他对球体积公式的推导就是在此基础上发展而来的.

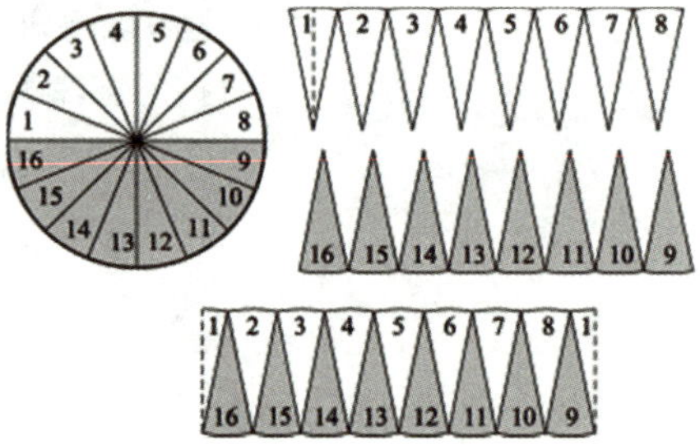

著名的开普勒行星三大定律中的第二定律——由太阳到行星的矢径扫过的面积与经过的时间成正比，其推导过程也应用了这种求积方法：用无穷多个无限小的元素之和来确定曲边形的面积和体积，这是开普勒求积术的核心，也是他对积分学的最大贡献.

此外，还有众多的数学家也为微积分的诞生做了积极的准备工作.

**【导　学】**

微积分包含两部分内容：微分学和积分学. “无限细分，无限求和”的积分思想先于微分的产生. 早期的数学家逐步得到了一系列求面积和体积（积分）、求极值和切线斜率（导数）的重要结果，但这些结果都是孤立的，不成体系的，直到 17 世纪中期，牛顿和莱布尼兹意识到微分与积分之间的互逆关系，创立了微积分. 本章将主要介绍不定积分的概念、性质，不定积分计算方法及运用不定积分的微元法解决实际问题.

# 5-1 不定积分的概念和性质

在微分学中，已知函数可以求出其导数，例如，若已知曲线方程 $y=f(x)$，则可以求出该曲线在任一点 $x$ 处的切线的斜率 $k=f'(x)$. 如曲线 $y=x^2$ 在点 $x$ 处切线的斜率为 $k=(x^2)'=2x$；又如，若已知某产品的成本函数 $C=C(q)$，则可以求得其边际成本函数 $C'=C'(q)$. 但在实际问题中，常常会遇到与此相反的问题：

**引例 1** 已知切线斜率，求曲线的方程，如求过点 $(1,0)$，斜率为 $2x$ 的曲线方程.

**引例 2** 已知某产品的边际成本函数，求生产该产品的成本函数. 例如，某产品的边际成本函数为 $C'(q)=2q+3$，其中 $q$ 是产量，已知生产的固定成本为 3，求生产成本函数.

## 一、原函数

以上两个问题的共同点是，它们都是已知一个函数的导数 $F'(x)=f(x)$，求原来的函数 $F(x)$ 的问题，为此引进原函数的概念.

**定义 1** 设 $f(x)$ 在区间 $I$ 上有定义，如果存在函数 $F(x)$，对任意 $x\in I$，都有 $F'(x)=f(x)$（或 $\mathrm{d}F(x)=f(x)\mathrm{d}x$），则称 $F(x)$ 为 $f(x)$ 在区间 $I$ 上的一个**原函数**.

例如，在区间 $\mathbf{R}$ 内，$(2^x)'=2^x\ln 2$，则 $2^x$ 是 $2^x\ln 2$ 的一个原函数.

函数 $f(x)$ 满足什么条件，它一定有原函数呢？

**定理 1（原函数存在定理）** 如果函数 $f(x)$ 在区间 $I$ 上连续，则 $f(x)$ 在该区间上的原函数必存在.

一般地，由 $F'(x)=f(x)$ 可以得到 $[F(x)+C]'=f(x)$（$C$ 为任意常数).

**定理 2** 若 $F(x)$ 是 $f(x)$ 在区间 $I$ 上的一个原函数，则 $F(x)+C$（$C$ 为任意常数)都是 $f(x)$ 在区间 $I$ 上的原函数.

例如，$\sin x$ 为 $\cos x$ 的原函数，则 $\sin x+1$，$\sin x-\sqrt{5}$，$\sin x+\frac{1}{5}$ 都是 $\cos x$ 的原函数. 显然，如果函数有一个原函数存在，则必有无穷多个原函数，且它们彼此间相差一个常数.

$F(x)+C$（$C$ 为任意常数)是 $f(x)$ 的全体原函数，称为**原函数族**.

## 二、不定积分的概念

**定义 2** 在区间 $I$ 内，若 $F(x)$ 是 $f(x)$ 的一个原函数，则 $f(x)$ 的全体原函数 $F(x)+C$（$C$ 为任意常数)称为 $f(x)$ 在 $I$ 内的不定积分，记作 $\int f(x)\mathrm{d}x$，即

$$\int f(x)\mathrm{d}x=F(x)+C.$$

其中"$\int$"称为**积分号**，$f(x)$ 称为**被积函数**，$f(x)\mathrm{d}x$ 称为**被积表达式**，$x$ 称为**积分变量**.

我们把求已知函数的全部原函数的方法称为不定积分法，简称积分法. 显然，它是微

分运算的逆运算.

**例 1** 求$\int x^5 dx$.

**解** 因为$(\frac{1}{6}x^6)'=x^5$，所以$\frac{1}{6}x^6$是$x^5$的一个原函数，因此$\int x^5 dx=\frac{1}{6}x^6+C$.

**例 2** 求$\int \frac{1}{1+x^2}dx$.

**解** 因为$(\arctan x)'=\frac{1}{1+x^2}$，所以$\int \frac{1}{1+x^2}dx=\arctan x+C$.

**例 3（引例 2 的解答）** 某产品的边际成本函数为$C'(q)=2q+3$，其中$q$是产量，已知生产的固定成本为 3，求生产成本函数.

**解** 设所求生产成本函数为$C(q)$，根据题设$C'(q)=2q+3$，因为$(q^2+3q)'=2q+3$，所以$C(q)=\int(2q+3)dx=q^2+3q+C$. 因为固定成本为 3，即$C(0)=3$，代入上式，得$C=3$，所以，生产成本函数$C(q)=\int(2q+3)dx=q^2+3q+3$.

## 三、不定积分的性质

根据不定积分的定义，不定积分有以下性质：

**性质 1** 微分运算和积分运算互为逆运算.

$$[\int f(x)dx]'=f(x) \quad 或 \quad d[\int f(x)dx]=f(x)dx;$$

$$\int F'(x)dx=F(x)+C \quad 或 \quad \int dF(x)=F(x)+C.$$

**性质 2** 两个函数代数和的积分，等于这两个函数积分的代数和.

$$\int[f(x)\pm g(x)]dx=\int f(x)dx\pm\int g(x)dx.$$

这一性质可推广到任意有限多个函数代数和的情形，即

$$\int[f_1(x)\pm f_2(x)\pm\cdots\pm f_n(x)]dx$$
$$=\int f_1(x)dx\pm\int f_2(x)dx\pm\cdots\pm\int f_n(x)dx.$$

**性质 3** 被积函数中的非零常数因子可提到积分号前

$$\int kf(x)dx=k\int f(x)dx \quad (k\text{ 是常数，} k\neq 0).$$

## 四、不定积分的几何意义

$f(x)$的一个原函数$F(x)$的图像叫作$f(x)$的一条**积分曲线**，其方程是$y=F(x)$；而$f(x)$的全部原函数是$F(x)+C$，所有这些函数的图像组成一个曲线族，即$\int f(x)dx$在几何上表示一簇曲线，称为$f(x)$的**积分曲线族**，其方程是$y=F(x)+C$. 这就是$\int f(x)dx$的几何意义，如图 5-1 所示. 其中任何一条积分曲线都可以通过其中某一条曲线沿$y$轴方向上下移动而得到，并且在每条积分曲线上横坐标为$x$的点处作曲线的切线，所有切线的斜率

都为 $f(x)$ . 这些切线是互相平行的.

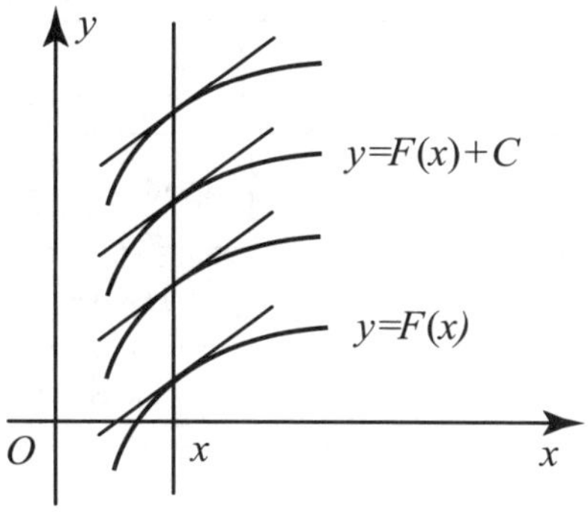


图 5-1

**例 4（引例 1 解的答）** 求过点 $(1,0)$，斜率为 $2x$ 的曲线方程.

**解** 设曲线方程为 $y=f(x)$ ，则由题意得 $k=y'=2x$ ，由不定积分的定义得 $y=\int 2x\mathrm{d}x$ . 因为 $(x^2+C)'=2x$ ， 所以 $y=\int 2x\mathrm{d}x=x^2+C$ .

$y=x^2+C$ 就是 $2x$ 的积分曲线族. 将 $(1,0)$ 代入，得 $C=-1$ ，那么所求曲线为 $y=x^2-1$ ，这是 $2x$ 的一条积分曲线.

## 五、直接积分法

由于不定积分是求导数（或微分）的逆运算，因此根据导数的基本公式，可得相应的积分公式. 下面列出不定积分的基本积分公式以及其对应的导数求导公式（见表 5-1）.

**表 5-1**

| 导数公式 | 积分公式 |
|---|---|
| $C'=0$ | $\int 0\mathrm{d}x=C$ |
| $(x)'=1$ | $\int 1\mathrm{d}x=x+C$ |
| $(x^{\alpha+1})'=(\alpha+1)x^{\alpha}$ | $\int x^{\alpha}\mathrm{d}x=\dfrac{1}{\alpha+1}x^{\alpha+1}+C$ |
| $(\ln x)'=\dfrac{1}{x}$ | $\int \dfrac{1}{x}\mathrm{d}x=\ln\lvert x\rvert+C$ |
| $(a^x)'=a^x\ln a$ | $\int a^x\mathrm{d}x=\dfrac{a^x}{\ln a}+C$ |
| $(\mathrm{e}^x)'=\mathrm{e}^x$ | $\int \mathrm{e}^x\mathrm{d}x=\mathrm{e}^x+C$ |
| $(\cos x)'=-\sin x$ | $\int \sin x\mathrm{d}x=-\cos x+C$ |
| $(\sin x)'=\cos x$ | $\int \cos x\mathrm{d}x=\sin x+C$ |

（续表）

| 导数公式 | 积分公式 |
| --- | --- |
| $(\tan x)'=\sec^2 x=\frac{1}{\cos^2 x}$ | $\int\sec^2 x\mathrm{d}x=\int\frac{1}{\cos^2 x}\mathrm{d}x=\tan x+C$ |
| $(\cot x)'=-\csc^2 x=-\frac{1}{\sin^2 x}$ | $\int\csc^2 x\mathrm{d}x=\int\frac{1}{\sin^2 x}\mathrm{d}x=-\cot x+C$ |
| $(\sec x)'=\sec x\tan x$ | $\int\sec x\tan x\mathrm{d}x=\sec x+C$ |
| $(\csc x)'=-\csc x\cot x$ | $\int\csc x\cot x\mathrm{d}x=-\csc x+C$ |
| $(\arcsin x)'=\frac{1}{\sqrt{1-x^2}}$ | $\int\frac{1}{\sqrt{1-x^2}}\mathrm{d}x=\arcsin x+C$ |
| $(\arctan x)'=\frac{1}{1+x^2}$ | $\int\frac{1}{1+x^2}\mathrm{d}x=\arctan x+C$ |

表 5-1 中的公式是计算不定积分的基础，必须熟记．在上述公式的基础上，再对被积函数进行适当的恒等变形，就可以求一些不定积分．这种方法称为**直接积分法**．

**例 5** 求 $\int(\frac{1}{x^3}-3\cos x+\frac{1}{x})\mathrm{d}x$．

**解** 
$$\int(\frac{1}{x^3}-3\cos x+\frac{1}{x})\mathrm{d}x=\int\frac{1}{x^3}\mathrm{d}x-\int 3\cos x\mathrm{d}x+\int\frac{1}{x}\mathrm{d}x$$
$$=\int x^{-3}\mathrm{d}x-3\int\cos x\mathrm{d}x+\int\frac{1}{x}\mathrm{d}x$$
$$=-\frac{1}{2}x^{-2}-3\sin x+\ln|x|+C.$$

**例 6** 求 $\int\frac{1}{x^2(1+x^2)}\mathrm{d}x$．

**解** 
$$\int\frac{1}{x^2(1+x^2)}\mathrm{d}x=\int\frac{1+x^2-x^2}{x^2(1+x^2)}\mathrm{d}x=\int(\frac{1}{x^2}-\frac{1}{x^2+1})\mathrm{d}x$$
$$=\int\frac{1}{x^2}\mathrm{d}x-\int\frac{1}{x^2+1}\mathrm{d}x=-\frac{1}{x}-\arctan x+C.$$

**例 7** 求 $\int\cos^2\frac{x}{2}\mathrm{d}x$．

**解** 
$$\int\cos^2\frac{x}{2}\mathrm{d}x=\int\frac{1+\cos x}{2}\mathrm{d}x$$
$$=\frac{1}{2}\int\mathrm{d}x+\frac{1}{2}\int\cos x\mathrm{d}x=\frac{1}{2}x+\frac{1}{2}\sin x+C.$$

**例 8** 求 $\int\tan^2 x\mathrm{d}x$．

**解** $\int\tan^2 x\mathrm{d}x=\int(\sec^2 x-1)\mathrm{d}x=\tan x-x+C$．

**例 9** 设某厂生产某种商品的边际收入为 $R'(Q)=500-2Q$，其中 $Q$ 为该商品的产量，如果该产品可在市场上全部售出，求总收入函数．

**解** 因为 $R'(Q)=500-2Q$，两边积分得

$$R(Q)=\int R'(Q)\mathrm{d}Q=\int(500-2Q)\mathrm{d}Q$$
$$=500Q-Q^2+C.$$

又因为当 $Q=0$ 时，总收入 $R(0)=0$，所以 $C=0$.

总收入函数为 $R(Q)=500Q-Q^2$.

## 习题 5-1

1．求下列不定积分.

（1）$\int x^2\sqrt{x}\mathrm{d}x$；　　（2）$\int\dfrac{1-x}{\sqrt[3]{x}}\mathrm{d}x$；

（3）$\int(\dfrac{1}{x}+2^x\mathrm{e}^x+\dfrac{1}{\cos^2 x})\mathrm{d}x$；　　（4）$\int\dfrac{x^2+\sqrt{x^3}+3}{\sqrt{x}}\mathrm{d}x$；

（5）$\int\dfrac{x^2}{1+x^2}\mathrm{d}x$；　　（6）$\int(10^x+\cot^2 x)\mathrm{d}x$；

（7）$\int\dfrac{6^x-2^x}{3^x}\mathrm{d}x$；　　（8）$\int\dfrac{1}{\sin^2 x\cdot\cos^2 x}\mathrm{d}x$；

（9）$\int\sec x(\sec x-\tan x)\mathrm{d}x$；　　（10）$\int\sin^2\dfrac{x}{2}\mathrm{d}x$；

（11）$\int\dfrac{\cos 2x}{\cos x-\sin x}\mathrm{d}x$；　　（12）$\int\dfrac{\mathrm{e}^{2x}-1}{\mathrm{e}^x+1}\mathrm{d}x$；

（13）$\int\dfrac{1}{1+\cos 2x}\mathrm{d}x$；　　（14）$\int\dfrac{-2}{\sqrt{1-x^2}}\mathrm{d}x$.

扫码查答案

2．设物体以速度 $v=2\cos t$ 做直线运动，开始时质点的位移为 $s_0$，求质点的运动方程.

3．曲线 $y=f(x)$ 在点 $(x,y)$ 处的切线斜率为 $-x+2$，曲线过点(2,5)，求此曲线的方程.

4．某工厂生产某产品的边际成本函数为 $C'=3q^2-4q+100$，固定成本 $C(0)=10\,000$，求生产 $q$ 个产品的总成本函数.

## 5-2　换元积分法

能用直接积分法计算的不定积分是非常有限的，因此我们有必要进一步研究新的积分方法．从本节开始我们会陆续介绍几种求不定积分的方法：换元积分法和分部积分法.

换元积分法就是通过选择适当的变量替换，可以把某些不定积分转化为可以用基本积分公式进行积分的形式进行计算．换元积分法通常分为两类：第一类换元积分法和第二类换元积分法.

## 一、第一类换元积分法

**引例 1** 求$\int e^{2x}dx$.

这个积分不能直接用公式$\int e^{x}dx=e^{x}+C$来求，为能套用公式，将积分做如下变换：

$$\int e^{2x}dx \xlongequal{\text{变换积分}} \frac{1}{2}\int e^{2x}(2x)'dx \xlongequal{\text{凑微分}} \frac{1}{2}\int e^{2x}d(2x) \xlongequal{\text{令}u=2x} \frac{1}{2}\int e^{u}d(u) \xlongequal{\text{由公式求积分}} \frac{1}{2}e^{u}+C \xlongequal{\text{回代}u=2x} \frac{1}{2}e^{2x}+C.$$

因为$(\frac{1}{2}e^{2x}+C)'=\frac{1}{2}e^{2x}\cdot(2x)'=e^{2x}$，所以上述结果是正确的.

引例 1 就是利用了第一类换元积分法.

一般地，有下面的定理：

**定理 3** 如果$\int f(u)du=F(u)+C$，且$u=\varphi(x)$有连续导数，则$\int g(x)dx \xlongequal{\text{变换积分}} \int f[\varphi(x)]\varphi'(x)dx \xlongequal{\text{凑微分}} \int f[\varphi(x)]d\varphi(x) \xlongequal{\text{令}\varphi(x)=u} \int f(u)du \xlongequal{\text{由公式求积分}} F(u)+C \xlongequal{\text{回代}u=\varphi(x)} F[\varphi(x)]+C$.

这种先“凑”微分式，再做变量代换的积分方法，称为**第一类换元积分法**. 上式中由$\varphi'(x)dx$凑成微分$d\varphi(x)$是关键的一步. 因此这种方法也称为凑微分法.

**例 1** 求$\int \frac{1}{4+3x}dx$.

**解** $\int \frac{1}{4+3x}dx=\frac{1}{3}\int \frac{1}{4+3x}(4+3x)'dx=\frac{1}{3}\int \frac{1}{4+3x}d(4+3x) \xlongequal{\text{令}4+3x=u} \frac{1}{3}\int \frac{1}{u}du=\frac{1}{3}\ln|u|+C \xlongequal{\text{回代}u=4+3x} \frac{1}{3}\ln|4+3x|+C$.

**例 2** 求$\int (2x+1)^{3}dx$.

**解** $\int (2x+1)^{3}dx=\frac{1}{2}\int (2x+1)^{3}(2x+1)'dx=\frac{1}{2}\int (2x+1)^{3}d(2x+1) \xlongequal{\text{令}2x+1=u}$

$\frac{1}{2}\int u^{3}du=\frac{1}{8}u^{4}+C \xlongequal{\text{回代}u=2x+1} \frac{1}{8}(2x+1)^{4}+C$.

**注意：**

在十分熟练后不必写出新变量$u$，直接写出结果.

**例 3** 求$\int \sin\frac{x}{3}dx$.

**解** $\int \sin\frac{x}{3}dx=3\int \sin\frac{x}{3}d(\frac{x}{3})=-3\cos\frac{x}{3}+C$.

**例 4** 求 $\int xe^{x^2}dx$.

**解** 将 $dx$ 进行“配凑”，因为 $xdx=\frac{1}{2}dx^2$，所以

$$\int xe^{x^2}dx=\frac{1}{2}\int xe^{x^2}dx^2\overset{u=x^2}{=\!=}\frac{1}{2}\int e^u du=\frac{1}{2}e^u+C\overset{\text{还原}}{=\!=}\frac{1}{2}e^{x^2}+C.$$

从以上例子可以看出，第一类换元积分法的关键在于“配凑”．为方便计算，下面给出一些常用的凑微分形式供大家参考．

（1）$dx=\frac{1}{a}d(ax+b)$；（2）$xdx=\frac{1}{2}dx^2=\frac{1}{2a}d(ax^2+b)$；

（3）$\frac{1}{\sqrt{x}}dx=2d\sqrt{x}=\frac{2}{a}d(a\sqrt{x}+b)$；（4）$a^x dx=\frac{1}{\ln a}d(a^x)$；

（5）$\frac{1}{x^2}dx=-d(\frac{1}{x})$；（6）$\frac{1}{x}dx=d(\ln|x|+C)$；

（7）$\cos xdx=d(\sin x)$；（8）$\sin xdx=-d(\cos x)$；

（9）$\sec^2 xdx=d(\tan x)$；（10）$\sec x\tan xdx=d(\sec x)$；

（11）$\frac{1}{\sqrt{1-x^2}}dx=d(\arcsin x)$；（12）$\frac{1}{1+x^2}dx=d(\arctan x)$．

替换变量的目的是为了计算上的方便，在计算熟练的基础上，我们可以省略设中间变量的步骤．

**例 5** 求 $\int\frac{1}{\sqrt{a^2-x^2}}dx$.

**解** $\int\frac{1}{\sqrt{a^2-x^2}}dx=\int\frac{1}{\sqrt{1-(\frac{x}{a})^2}}d(\frac{x}{a})=\arcsin\frac{x}{a}+C$.

**例 6** 求 $\int\frac{1}{a^2+x^2}dx$.

**解** $\int\frac{1}{a^2+x^2}dx=\frac{1}{a}\int\frac{1}{1+(\frac{x}{a})^2}d(\frac{x}{a})=\frac{1}{a}\arctan\frac{x}{a}+C$.

**例 7** 求 $\int\frac{1}{x^2-a^2}dx$.

**解**

$$\begin{aligned}\int\frac{1}{x^2-a^2}dx&=\frac{1}{2a}\int(\frac{1}{x-a}-\frac{1}{x+a})dx\\&=\frac{1}{2a}[\ln|x-a|-\ln|x+a|]+C\\&=\frac{1}{2a}\ln\left|\frac{x-a}{x+a}\right|+C.\end{aligned}$$

类似地，可得 $\int\frac{1}{a^2-x^2}dx=\frac{1}{2a}\ln\left|\frac{a+x}{a-x}\right|+C$.

**例 8** 求 $\int \frac{\cos\sqrt{x}}{\sqrt{x}}\mathrm{d}x$ .

**解** $\int \frac{\cos\sqrt{x}}{\sqrt{x}}\mathrm{d}x = 2\int \cos\sqrt{x}\mathrm{d}(\sqrt{x}) = 2\sin\sqrt{x} + C$ .

**例 9** 求 $\int \tan x\mathrm{d}x$ .

**解**
$$\int \tan x\mathrm{d}x = \int \frac{\sin x}{\cos x}\mathrm{d}x = -\int \frac{\mathrm{d}(\cos x)}{\cos x}$$
$$= -\ln|\cos x| + C .$$

类似地，可得 $\int \cot x\mathrm{d}x = \ln|\sin x| + C$ .

**例 10** 求 $\int \csc x\mathrm{d}x$ .

**解**
$$\int \csc x\mathrm{d}x = \int \frac{1}{\sin x}\mathrm{d}x = \int \frac{1}{2\sin\frac{x}{2}\cos\frac{x}{2}}\mathrm{d}x = \int \frac{\mathrm{d}\left(\frac{x}{2}\right)}{\tan\frac{x}{2}\cos^2\frac{x}{2}}$$
$$= \int \frac{\sec^2\frac{x}{2}\mathrm{d}\left(\frac{x}{2}\right)}{\tan\frac{x}{2}} = \int \frac{\mathrm{d}\left(\tan\frac{x}{2}\right)}{\tan\frac{x}{2}} = \ln\left|\tan\frac{x}{2}\right| + C .$$

因为
$$\tan\frac{x}{2} = \frac{\sin\frac{x}{2}}{\cos\frac{x}{2}} = \frac{2\sin^2\frac{x}{2}}{\sin x} = \frac{1-\cos x}{\sin x} = \csc x - \cot x .$$

所以
$$\int \csc x\mathrm{d}x = \ln|\csc x - \cot x| + C .$$

类似地，可得 $\int \sec x\mathrm{d}x = \ln|\sec x + \tan x| + C$ .

**例 11** 求 $\int \sin^2 x \cdot \cos x\mathrm{d}x$ .

**解**
$$\int \sin^2 x \cdot \cos x\mathrm{d}x = \int \sin^2 x(\sin x)'\mathrm{d}x$$
$$= \int \sin^2 x\mathrm{d}(\sin x) = \frac{1}{3}\sin^3 x + C .$$

**例 12** 求 $\int \tan^5 x \cdot \sec^3 x\mathrm{d}x$ .

**解**
$$\int \tan^5 x \cdot \sec^3 x\mathrm{d}x = \int \tan^4 x \cdot \sec^2 x \cdot \sec x \cdot \tan x\mathrm{d}x$$
$$= \int (\sec^2 x - 1)^2 \cdot \sec^2 x\mathrm{d}(\sec x)$$
$$= \int (\sec^6 x - 2\sec^4 x + \sec^2 x)\mathrm{d}(\sec x)$$
$$= \frac{1}{7}\sec^7 x - \frac{2}{5}\sec^5 x + \frac{1}{3}\sec^3 x + C .$$

## 二、第二类换元积分法

### 1. 根式代换

**引例 2**　求$\int \frac{1}{1+\sqrt{x}} \mathrm{d}x$.

**解**　由于被积函数中含有根式$\sqrt{x}$，用直接积分法和凑微分法难以求解.可通过换元法去根式，化难为易.

令$x=t^2$（$t>0$），则$\sqrt{x}=t$，$\mathrm{d}x=2t\mathrm{d}t$，于是

$$\begin{aligned}\int \frac{1}{1+\sqrt{x}} \mathrm{d}x &= \int \frac{1}{1+t} \cdot 2t\mathrm{d}t = 2\int \frac{(1+t)-1}{1+t}\mathrm{d}t = 2\int \left(1-\frac{1}{1+t}\right)\mathrm{d}t \\ &= 2\left[\int \mathrm{d}t - \int \frac{1}{1+t}\mathrm{d}(1+t)\right] = 2[t-\ln|1+t|]+C \\ &= 2[\sqrt{x}-\ln(1+\sqrt{x})]+C .\end{aligned}$$

引例 2 就是利用了第二类换元积分法.

一般地，第二类换元积分法的具体解题步骤如下：

（1）换元，令$x=\psi(t)$，即$\int f(x)\mathrm{d}x = \int f[\psi(t)]\psi'(t)\mathrm{d}t$；

（2）积分，即$\int f[\psi(t)]\psi'(t)\mathrm{d}t = F(t)+C$；

（3）回代，$F(t)+C = F(\overline{\psi}(x))+C$.

运用第二类换元积分法的关键是选择适当的变量替换$x=\psi(t)$．而$x=\psi(t)$单调可导，且$\psi'(t)\neq 0$，$x=\psi(t)$的反函数是$\overline{\psi}(x)$.

**例 13**　求$\int \frac{\mathrm{d}x}{\sqrt{x+1}+\sqrt[3]{x+1}}$.

**解**　为了同时消去两个异次根式，令$x+1=t^6$，$\mathrm{d}x=6t^5\mathrm{d}t$，从而

$$\begin{aligned}\int \frac{\mathrm{d}x}{\sqrt{x+1}+\sqrt[3]{x+1}} &= \int \frac{6t^5}{t^3+t^2}\mathrm{d}t = 6\int \frac{t^3+1-1}{t+1}\mathrm{d}t \\ &= 6\int (t^2-t+1-\frac{1}{1+t})\mathrm{d}t = 6(\frac{1}{3}t^3-\frac{1}{2}t^2+t-\ln|1+t|)+C \\ &= 2\sqrt{x+1}-3\sqrt[3]{x+1}+\sqrt[6]{x+1}-6\ln\left|1+\sqrt[6]{x+1}\right|+C .\end{aligned}$$

### 2. 三角代换

**例 14**　求$\int \sqrt{a^2-x^2}\mathrm{d}x \quad (a>0)$.

**解**　利用三角公式$\sin^2 t+\cos^2 t=1$消去根式.

令$x=a\sin t\,(-\frac{\pi}{2}<x<\frac{\pi}{2})$，则$\mathrm{d}x=a\cos t\mathrm{d}t$，$\sqrt{a^2-x^2}=a\cos t$，从而

$$\begin{aligned}\sqrt{a^2-x^2}\mathrm{d}x &= \int a\cos t \cdot a\cos t\mathrm{d}t = \int a^2\cos^2 t\mathrm{d}t \\ &= a^2\int \frac{1+\cos 2t}{2}\mathrm{d}t = \frac{a^2}{2}(t+\frac{1}{2}\sin 2t)+C .\end{aligned}$$

为了换回原积分变量，根据代换 $x=a\sin t$ 作辅助直角三角形，如图 5-2 所示，可知 $\cos t=\dfrac{\sqrt{a^2-x^2}}{a}$，$t=\arcsin\dfrac{x}{a}$，故

$$\int\sqrt{a^2-x^2}\mathrm{d}x=\frac{a^2}{2}(t+\sin t\cos t)+C$$
$$=\frac{a^2}{2}\arcsin\frac{x}{a}+\frac{x}{2}\sqrt{a^2-x^2}+C.$$

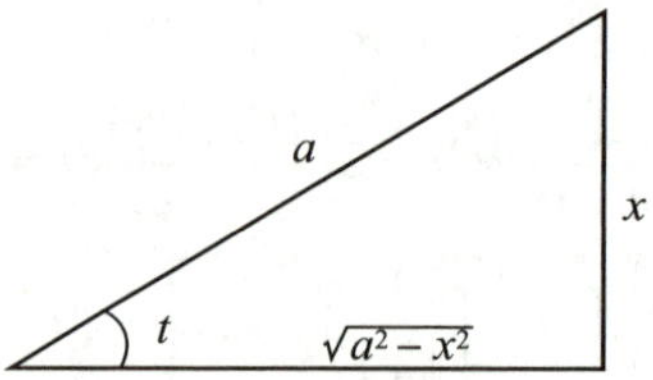


图 5-2

**例 15** 求 $\int\dfrac{1}{\sqrt{a^2+x^2}}\mathrm{d}x\ \ (a>0)$.

**解** 利用三角函数公式 $1+\tan^2 t=\sec^2 t$ 消去根式.

令 $x=a\tan t\ \ (-\dfrac{\pi}{2}<t<\dfrac{\pi}{2})$，则 $\mathrm{d}x=a\sec^2 t\mathrm{d}t$，$\sqrt{a^2+x^2}=a\sec t$，从而

$$\int\frac{1}{\sqrt{a^2+x^2}}\mathrm{d}x=\int\frac{a\sec^2 t}{a\sec t}\mathrm{d}t$$
$$=\int\sec t\mathrm{d}t=\ln|\sec t+\tan t|+C_1.$$

为了换回原积分变量，根据代换 $x=a\tan t$ 作辅助直角三角形，如图 5-3 所示，可知 $\sec t=\dfrac{\sqrt{a^2+x^2}}{a}$，$\tan t=\dfrac{x}{a}$，故

$$\int\frac{1}{\sqrt{a^2+x^2}}\mathrm{d}x=\ln\left|\frac{\sqrt{a^2+x^2}}{a}+\frac{x}{a}\right|+C_1=\ln\left|x+\sqrt{a^2+x^2}\right|+C,$$

其中 $C=C_1-\ln a$.

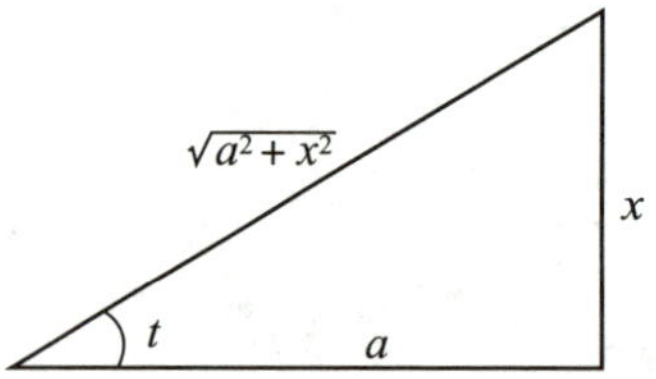


图 5-3

**例 16**　求$\int\frac{1}{\sqrt{x^2-a^2}}\mathrm{d}x$ （$a>0$）.

**解**　利用三角函数公式 $\sec^2 t-1=\tan^2 t$ 消去根式.

令 $x=a\sec t$ （$0<t<\frac{\pi}{2}$），则 $\mathrm{d}x=a\sec t\cdot\tan t\mathrm{d}t$，$\sqrt{x^2-a^2}=a\tan t$，从而

$$\int\frac{1}{\sqrt{x^2-a^2}}\mathrm{d}x=\int\frac{a\sec t\cdot\tan t}{a\tan t}\mathrm{d}t$$

$$=\int\sec t\mathrm{d}t=\ln|\sec t+\tan t|+C_1 .$$

为了换回原积分变量，根据代换 $x=a\sec t$ 作辅助直角三角形，如图 5-4 所示，可知 $\sec t=\frac{x}{a}$，$\tan t=\frac{\sqrt{x^2-a^2}}{a}$，故

$$\int\frac{1}{\sqrt{x^2-a^2}}\mathrm{d}x=\ln\left|\frac{x}{a}+\frac{\sqrt{x^2-a^2}}{a}\right|+C_1=\ln\left|x+\sqrt{x^2-a^2}\right|+C ,$$

其中 $C=C_1-\ln a$ .

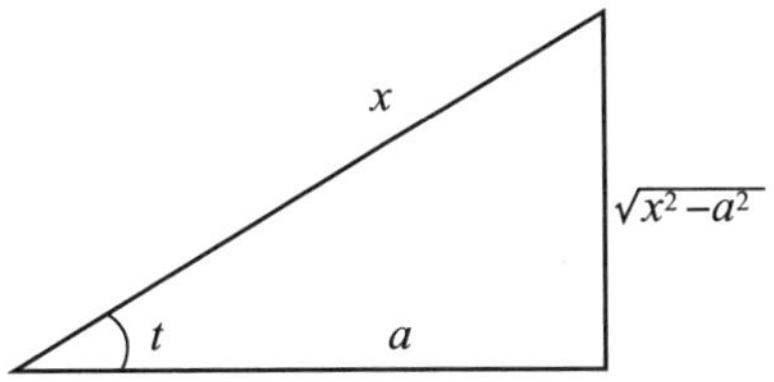


图 5-4

由上面三个例子可知，若被积函数含有根式 $\sqrt{a^2+x^2}$ 或 $\sqrt{x^2-a^2}$，则可代换 $x=a\sin t$，$x=a\tan t$ 或 $x=a\sec t$ 消去根式，这种代换叫作**三角代换**.

可见，第一类换元积分法应先凑微分，然后再换元，换元过程可省略；而第二类换元积分法必须先进行换元，目的是把"$\sqrt{\ }$"去掉，不可省略换元及回代过程.

现将本节举过的一些例子的结论作为前面积分公式的补充，归纳如下，以后可直接引用：

$\int\tan x\mathrm{d}x=-\ln|\cos x|+C$；

$\int\cot x\mathrm{d}x=\ln|\sin x|+C$；

$\int\sec x\mathrm{d}x=\int\frac{\mathrm{d}x}{\cos x}=\ln|\sec x+\tan x|+C$；

$\int\csc x\mathrm{d}x=\int\frac{\mathrm{d}x}{\sin x}=\ln|\csc x-\cot x|+C$；

$\int\frac{1}{x^2+a^2}\mathrm{d}x=\frac{1}{a}\arctan\frac{x}{a}+C$；

$\int\frac{1}{x^2-a^2}\mathrm{d}x=\frac{1}{2a}\ln\left|\frac{x-a}{x+a}\right|+C$；

$$\int\frac{\mathrm{d}x}{\sqrt{x^2\pm a^2}}=\ln\left|x+\sqrt{x^2\pm a^2}\right|+C\ .$$

## 习题 5-2

1．应用第一类换元积分法求下列不定积分.

（1）$\int\frac{1}{1-2x}\mathrm{d}x$；　　（2）$\int\sqrt{2x-1}\mathrm{d}x$；

（3）$\int\mathrm{e}^{3x+1}\mathrm{d}x$；　　（4）$\int\sin\frac{5x}{3}\mathrm{d}x$；

（5）$\int\cos(1-2x)\mathrm{d}x$；　　（6）$\int\frac{1}{\cos^2 7x}\mathrm{d}x$；

（7）$\int\frac{x}{\sqrt{1-x^2}}\mathrm{d}x$；　　（8）$\int\frac{\mathrm{e}^x}{1+\mathrm{e}^x}\mathrm{d}x$；

（9）$\int\frac{\ln^2 x}{x}\mathrm{d}x$；　　（10）$\int\frac{x^2}{1+x^3}\mathrm{d}x$；

（11）$\int\sin^3 x\mathrm{d}x$；　　（12）$\int\sec^6 x\mathrm{d}x$；

（13）$\int\sin^2 x\cos^5 x\mathrm{d}x$；　　（14）$\int\frac{\mathrm{e}^{2x}}{1+\mathrm{e}^{2x}}\mathrm{d}x$；

（15）$\int\frac{(\arctan x)^2}{1+x^2}\mathrm{d}x$；　　（16）$\int\frac{\sin\sqrt{x}}{\sqrt{x}}\mathrm{d}x$.

2．应用第二类换元积分法求下列不定积分.

（1）$\int\frac{\sqrt{x-1}}{x}\mathrm{d}x$；　　（2）$\int\frac{1}{\sqrt{2x-3}+1}\mathrm{d}x$；

（3）$\int\frac{1}{\sqrt{x}+\sqrt[3]{x}}\mathrm{d}x$；　　（4）$\int\frac{x+1}{\sqrt[3]{3x+1}}\mathrm{d}x$；

（5）$\int\frac{x^2}{\sqrt{4-x^2}}\mathrm{d}x$；　　（6）$\int\frac{\sqrt{x^2-2}}{x}\mathrm{d}x$.

扫码查答案

## 5-3　分部积分法

前面我们介绍了直接积分法和换元积分法，但对于某些不定积分，用前面介绍的方法往往不能奏效. 为此，本节将利用两个函数乘积的微分法则来推得另一种求积分的基本方法——分部积分法. 分部积分法常用于被积数是两种不同类型函数乘积的积分，如 $\int x\cos x\mathrm{d}x$，$\int x\mathrm{e}^x\mathrm{d}x$，$\int x^2\ln x\mathrm{d}x$ 等.

设函数 $u=u(x)$，$v=v(x)$ 均可微，根据两个函数乘积的微分法则，有

$$\mathrm{d}(uv)=v\mathrm{d}u+u\mathrm{d}v\ ,$$

移项得 $$u\mathrm{d}v=\mathrm{d}(uv)-v\mathrm{d}u,$$

两边积分得 $$\int u\mathrm{d}v=\int \mathrm{d}(uv)-\int v\mathrm{d}u=uv-\int v\mathrm{d}u,$$

即 $$\int u\mathrm{d}v=uv-\int v\mathrm{d}u.$$

上式叫作不定积分的**分部积分公式**.

我们先通过一个例子来说明如何使用分部积分公式.

**例 1**　求 $\int x\mathrm{e}^x\mathrm{d}x$.

**解**　选取 $u=x$，$\mathrm{d}v=\mathrm{e}^x\mathrm{d}x=\mathrm{d}(\mathrm{e}^x)$，$v=\mathrm{e}^x$，$\mathrm{d}u=\mathrm{d}x$，则

$$\int x\mathrm{e}^x\mathrm{d}x=\int x\mathrm{d}(\mathrm{e}^x)=x\mathrm{e}^x-\int \mathrm{e}^x\mathrm{d}x=x\mathrm{e}^x-\mathrm{e}^x+C=\mathrm{e}^x(x-1)+C.$$

如果选取 $u=\mathrm{e}^x$，$\mathrm{d}v=x\mathrm{d}x=\mathrm{d}(\frac{x^2}{2})$，$v=\frac{1}{2}x^2$，$\mathrm{d}u=\mathrm{d}(\mathrm{e}^x)=\mathrm{e}^x\mathrm{d}x$，则

$$\int x\mathrm{e}^x\mathrm{d}x=\int \mathrm{e}^x\mathrm{d}\left(\frac{x^2}{2}\right)=\frac{1}{2}x^2\mathrm{e}^x-\int\frac{1}{2}x^2\mathrm{e}^x\mathrm{d}x.$$

上式右边的积分 $\int\frac{1}{2}x^2\mathrm{e}^x\mathrm{d}x$ 比左边的积分 $\int x\mathrm{e}^x\mathrm{d}x$ 更不易求出．由此可见，$u$ 和 $\mathrm{d}v$ 选择不当，就求不出结果．所以用分部积分法求积分的关键在于恰当地选取 $u$ 和 $\mathrm{d}v$．选取 $u$ 和 $\mathrm{d}v$ 一般要考虑以下两点：

（1）将被积分式凑成 $u\mathrm{d}v$ 的形式时，$v$ 要容易求得；

（2）$\int v\mathrm{d}u$ 要比 $\int u\mathrm{d}v$ 容易求出.

熟练后选取 $u$ 和 $\mathrm{d}v$ 的过程不必写出．可通过凑微分，将积分 $\int f(x)g(x)\mathrm{d}x$ 凑成 $\int u\mathrm{d}v$ 的形式，然后应用公式．应用公式后，需将积分 $\int v\mathrm{d}u$ 写成 $\int vu'\mathrm{d}x$，以便进一步计算积分，即

$$\int uv'\mathrm{d}x=\int u\mathrm{d}v=uv-\int v\mathrm{d}u=uv-\int vu'\mathrm{d}x.$$

**例 2**　求 $\int x^2\sin x\mathrm{d}x$.

**解**　
$$\begin{aligned}\int x^2\sin x\mathrm{d}x&=\int x^2\mathrm{d}(-\cos x)=-x^2\cos x-\int(-\cos x)\mathrm{d}(x^2)\\&=-x^2\cos x+\int\cos x\cdot 2x\mathrm{d}x=-x^2\cos x+\int 2x\cos x\mathrm{d}x\\&=-x^2\cos x+2\int x\mathrm{d}(\sin x)=-x^2\cos x+2x\sin x-2\int\sin x\mathrm{d}x\\&=-x^2\cos x+2x\sin x+2\cos x+C.\end{aligned}$$

**注意：**

有些不定积分需要连续使用分部积分法才能求出积分结果.

**例 3**　求 $\int x\arctan x\mathrm{d}x$.

**解**　令 $u=\arctan x$，$\mathrm{d}v=x\mathrm{d}x=\mathrm{d}(\frac{1}{2}x^2)$，$v=\frac{x^2}{2}$，$\mathrm{d}u=\frac{1}{1+x^2}\mathrm{d}x$，则

$$\int x\arctan x\mathrm{d}x=\int\arctan x\cdot x\mathrm{d}x=\int\arctan x\mathrm{d}(\frac{x^2}{2})$$

$$=\frac{x^2}{2}\arctan x-\int\frac{x^2}{2}\mathrm{d}(\arctan x)$$
$$=\frac{x^2}{2}\arctan x-\frac{1}{2}\int\frac{x^2}{1+x^2}\mathrm{d}x$$
$$=\frac{x^2}{2}\arctan x-\frac{1}{2}\int\frac{(1+x^2)-1}{1+x^2}\mathrm{d}x$$
$$=\frac{x^2}{2}\arctan x-\frac{1}{2}\int\left(1-\frac{1}{1+x^2}\right)\mathrm{d}x$$
$$=\frac{x^2}{2}\arctan x-\frac{x}{2}+\frac{1}{2}\arctan x+C.$$

**例 4** 求$\int\ln x\mathrm{d}x$.

**解** $\int\ln x\mathrm{d}x=x\ln x-\int x\mathrm{d}(\ln x)=x\ln x-\int x\cdot\frac{1}{x}\mathrm{d}x$

$$=x\ln x-\int\mathrm{d}x=x\ln x-x+C.$$

**例 5** 求$\int\mathrm{e}^x\sin x\mathrm{d}x$.

**解** 令$u=\mathrm{e}^x$，$\mathrm{d}v=\sin x\mathrm{d}x=\mathrm{d}(-\cos x)$，$v=-\cos x$，$\mathrm{d}u=\mathrm{e}^x\mathrm{d}x$，则

$$\int\mathrm{e}^x\sin x\mathrm{d}x=-\mathrm{e}^x\cos x+\int\mathrm{e}^x\cos x\mathrm{d}x,$$

而

$$\int\mathrm{e}^x\cos x\mathrm{d}x=\int\mathrm{e}^x\mathrm{d}\sin x=\mathrm{e}^x\sin x-\int\mathrm{e}^x\sin x\mathrm{d}x,$$

于是

$$\int\mathrm{e}^x\sin x\mathrm{d}x=-\mathrm{e}^x\cos x+\mathrm{e}^x\sin x-\int\mathrm{e}^x\sin x\mathrm{d}x,$$

上式右端出现原积分，将此项移到左端，再两端同除以 2，得

$$\int\mathrm{e}^x\sin x\mathrm{d}x=\frac{1}{2}\mathrm{e}^x(\sin x-\cos x)+C.$$

**注意：**

（1）实际上，按照“反→对→幂→指→三”的顺序来选择$u$和$\mathrm{d}v$即可．当被积表达式是上面五种基本初等函数的乘积时，在上述顺序前面的为$u$，在顺序后面的与$\mathrm{d}x$凑成$\mathrm{d}v$.

（2）例 5 中，两个函数选取哪个为$u$都可以，但一经选定，再次分部积分时，必须按照原来函数的顺序进行计算.

## 习题 5-3

求下列函数的不定积分.

（1）$\int x^2\mathrm{e}^x\mathrm{d}x$；　（2）$\int x\ln x\mathrm{d}x$；

（3）$\int x\cos x\mathrm{d}x$；　（4）$\int\arcsin x\mathrm{d}x$；

（5）$\int x\mathrm{e}^{-x}\mathrm{d}x$；　（6）$\int\frac{\ln x}{x^2}\mathrm{d}x$；

扫码查答案

（7）$\int e^{-x}\cos x\mathrm{d}x$；　　（8）$\int x\sin x\cos x\mathrm{d}x$；

（9）$\int x\ln(x-1)\mathrm{d}x$；　　（10）$\int x\tan^2 x\mathrm{d}x$.

## 5-4　简单有理函数的积分

有理函数是指两个多项式之商的函数，即

$$\frac{P(x)}{Q(x)}=\frac{b_m x^m+b_{m-1}x^{m-1}+\cdots+b_1 x+b_0}{a_n x^n+a_{n-1}x^{n-1}+\cdots+a_1 x+a_0}\quad (a_n\neq 0,\ b_m\neq 0),$$

其中$m$，$n$是非负整数，并且假定$P(x)$与$Q(x)$之间没有公因子．若$m<n$，则称$\frac{P(x)}{Q(x)}$为有理真分式；若$m>n$，则称$\frac{P(x)}{Q(x)}$为有理假分式.

任何有理假分式都可以通过多项式除法化成一个多项式和一个有理真分式和的形式．例如，

$$\frac{x^3}{x-1}=x^2+x+1+\frac{1}{x-1}.$$

有理函数的积分就是多项式和真分式的积分，多项式的积分很容易求出，因此只需讨论有理真分式的积分法.

我们知道，$n$次实系数多项式$Q(x)$在实数范围内总可以分解成一次因式（可能有重因式）与二次质因式的乘积，然后就可以把真分式按分母的因式，分解成若干个简单分式之和.

（1）当$Q(x)$含有一次因式$(x-a)$时，分解后对应有形如$\frac{A}{x-a}$的部分分式，其中$A$为待定常数；

（2）当$Q(x)$含有$k$重一次因式$(x-a)^k$时，分解后有$k$个部分分式之和

$$\frac{P(x)}{Q(x)}=\frac{A_1}{(x-a)^k}+\frac{A_2}{(x-a)^{k-1}}+\cdots+\frac{A_k}{x-a},$$

其中$A_1$，$A_2$，…，$A_k$为待定常数；

（3）当$Q(x)$含有质因式$x^2+px+q$ $(p^2-4q<0)$时，分解后对应有形如$\frac{Bx+C}{x^2+px+q}$的部分分式，其中$B$，$C$为待定常数；

（4）当$Q(x)$含有质因式$(x^2+px+q)^s$ $(p^2-4q<0)$时，这种情况积分过于复杂，在此不讨论；

（5）当$Q(x)$既有因式$(x-a)^k$又有质因式$x^2+px+q$时，分解后有$k+1$个部分分式之和

$$\frac{P(x)}{Q(x)}=\frac{A_1}{(x-a)^k}+\frac{A_2}{(x-a)^{k-1}}+\cdots+\frac{A_k}{x-a}+\frac{Bx+C}{x^2+px+q},$$

例如，

$$\frac{2x+3}{(x-1)^2(x^2+x+2)}=\frac{A_1}{(x-1)^2}+\frac{A_2}{x-1}+\frac{Bx+C}{x^2+x+2}.$$

真分式经过上面的分解后，它的不定积分就容易求了.

**例 1** 求 $\int\frac{x-1}{x(x+2)}\mathrm{d}x$.

**解** 由于
$$\frac{x-1}{x(x+2)}=\frac{A}{x}+\frac{B}{x+2},$$
去分母，得
$$x-1=A(x+2)+Bx,$$
合并同类项，得
$$x-1=(A+B)x+2A.$$
比较两端同次幂的系数，得方程组
$$\begin{cases}A+B=1\\2A=-1\end{cases}，解得\begin{cases}A=-\dfrac{1}{2}\\[2mm]B=\dfrac{3}{2}\end{cases}.$$
于是
$$\frac{x-1}{x(x+2)}=\frac{1}{2}(-\frac{1}{x}+\frac{3}{x+2}).$$
所以
$$\int\frac{x-1}{x(x+2)}\mathrm{d}x=\frac{1}{2}\int(-\frac{1}{x}+\frac{3}{x+2})\mathrm{d}x=\frac{1}{2}(-\ln|x|+3\ln|x+2|)+C.$$

**例 2** 求 $\int\frac{5x+4}{x^3+4x^2+4x}\mathrm{d}x$.

**解** 由于
$$\frac{5x+4}{x^3+4x^2+4x}=\frac{5x+4}{x(x+2)^2}=\frac{A}{x}+\frac{B}{x+2}+\frac{C}{(x+2)^2},$$
去分母，得
$$5x+4=A(x+2)^2+Bx(x+2)+Cx,$$
合并同类项，得
$$5x+4=(A+B)x^2+(4A+2B+C)x+4A.$$
比较两端同次幂的系数，得方程组
$$\begin{cases}A+B=0\\4A+2B+C=5\\4A=4\end{cases}，解得\begin{cases}A=1\\B=-1\\C=3\end{cases}.$$
于是
$$\frac{5x+4}{x^3+4x^2+4x}=\frac{1}{x}+\frac{-1}{x+2}+\frac{3}{(x+2)^2}.$$
所以
$$\begin{aligned}\int\frac{5x+4}{x^3+4x^2+4x}\mathrm{d}x&=\int\frac{1}{x}+\frac{-1}{x+2}+\frac{3}{(x+2)^2}\mathrm{d}x\\&=\ln|x|-\ln|x+2|-\frac{3}{x+2}+C\\&=\ln\left|\frac{x}{x+2}\right|-\frac{3}{x+2}+C.\end{aligned}$$

**例 3**　求 $\int \frac{x^2}{(x+2)(x^2+2x+2)}\mathrm{d}x$.

**解**　因为 $x^2+2x+2$ 为质因式，所以设

$$\frac{x^2}{(x+2)(x^2+2x+2)}=\frac{A}{x+2}+\frac{Bx+C}{x^2+2x+2},$$

易求得 $A=2$， $B=-1, C=-2$.

于是

$$\begin{aligned}\int \frac{x^2}{(x+2)(x^2+2x+2)}\mathrm{d}x &= \int \frac{2}{x+2}+\frac{-x-2}{x^2+2x+2}\mathrm{d}x \\ &= \int \frac{2}{x+2}\mathrm{d}x+\int \frac{-x-2}{x^2+2x+2}\mathrm{d}x \\ &= 2\ln|x+2|-\frac{1}{2}\int \frac{2x+4}{x^2+2x+2}\mathrm{d}x \\ &= 2\ln|x+2|-\frac{1}{2}\int \frac{\mathrm{d}(x^2+2x+2)}{x^2+2x+2}-\int \frac{\mathrm{d}(x+1)}{(x+1)^2+1} \\ &= 2\ln|x+2|-\frac{1}{2}\ln\left|x^2+2x+2\right|-\arctan(x+1)+C.\end{aligned}$$

**例 4**　求 $\int \frac{x^5+x-1}{x^3-x}\mathrm{d}x$.

**解**　由于

$$\frac{x^5+x-1}{x^3-x}=x^2+1+\frac{2x-1}{x^3-x},$$

而真分式

$$\frac{2x-1}{x^3-x}=\frac{2x-1}{x(x-1)(x+1)}=\frac{A}{x}+\frac{B}{x-1}+\frac{C}{x+1},$$

去分母，得

$$2x-1=A(x^2-1)+Bx(x+1)+Cx(x-1),$$

合并同类项，得

$$2x-1=(A+B+C)x^2+(B-C)x-A.$$

比较两端同次幂的系数，得方程组

$$\begin{cases}A+B+C=0\\ B-C=2\\ -A=-1\end{cases}，解得\begin{cases}A=1\\ B=\dfrac{1}{2}\\ C=-\dfrac{3}{2}\end{cases},$$

于是

$$\frac{2x-1}{x^3-x}=\frac{1}{x}+\frac{1}{2(x-1)}-\frac{3}{2(x+1)},$$

所以

$$\begin{aligned}\int \frac{x^5+x-1}{x^3-x}\mathrm{d}x &= \int [x^2+1+\frac{1}{x}+\frac{1}{2(x-1)}-\frac{3}{2(x+1)}]\mathrm{d}x \\ &= \frac{1}{3}x^3+x+\ln|x|+\ln\sqrt{x-1}-\ln\left|(x+1)\sqrt{x+1}\right|+C \\ &= \frac{1}{3}x^3+x+\ln\left|\frac{x}{x+1}\sqrt{\frac{x-1}{x+1}}\right|+C.\end{aligned}$$

## 习题 5-4

求下列函数的不定积分.

(1) $\int\frac{1}{x^2+5x+6}\mathrm{d}x$；

(2) $\int\frac{5x-3}{x^2-6x-7}\mathrm{d}x$；

(3) $\int\frac{2x}{(x+1)^2(x-1)}\mathrm{d}x$；

(4) $\int\frac{2x^2-3x-3}{(x-1)(x^2-2x+5)}\mathrm{d}x$；

(5) $\int\frac{2x+3}{x^2+2x+2}\mathrm{d}x$；

(6) $\int\frac{x^3-4x^2+2x+9}{x^2-5x+6}\mathrm{d}x$.

扫码查答案

## 本章小结

### 一、基本概念

1. 原函数

若 $F'(x)=f(x)$（或 $\mathrm{d}F(x)=f(x)\,\mathrm{d}x$），则称 $F(x)$ 为 $f(x)$ 在区间 $I$ 上的一个原函数.

2. 不定积分

称 $f(x)$ 的全体原函数 $F(x)+C$ ($C$ 为任意常数)为 $f(x)$ 在 $I$ 内的不定积分，即

$$\int f(x)\mathrm{d}x=F(x)+C.$$

### 二、基本公式

1. 微分运算和积分运算互为逆运算

(1) $[\int f(x)\mathrm{d}x]'=f(x)$ 或 $\mathrm{d}[\int f(x)\mathrm{d}x]=f(x)\mathrm{d}x$；

(2) $\int F'(x)\mathrm{d}x=F(x)+C$ 或 $\int \mathrm{d}F(x)=F(x)+C$.

2. 运算法则

(1) $\int[f(x)\pm g(x)]\mathrm{d}x=\int f(x)\mathrm{d}x\pm\int g(x)\mathrm{d}x$；

(2) $\int kf(x)\mathrm{d}x=k\int f(x)\mathrm{d}x$.

3. 积分的基本公式

积分的 14 个基本公式，见表 5-1.

## 三、基本积分法

1. 直接积分法

直接积分法是直接运用性质和公式进行积分，常常要对被积函数进行适当的恒等变形.

2. 第一类换元积分法

$$\int g(x)\mathrm{d}x \overset{拆成}{=\!=} \int f[\varphi(x)]\varphi'(x)\mathrm{d}x \overset{凑成}{=\!=} \int f[\varphi(x)]\mathrm{d}\varphi(x) \overset{令u=\varphi(x)}{=\!=\!=} \int f(u)\mathrm{d}u$$

$$= F(u)+C \overset{回代u=\varphi(x)}{=\!=\!=\!=} F[\varphi(x)]+C \cdot$$

3. 第二类换元积分法

$$\int f(x)\mathrm{d}x \overset{令x=\psi(t)}{=\!=\!=} \int f[\psi(t)]\psi'(t)\mathrm{d}t = F(t)+C \overset{t=\overline{\psi}(x)}{=\!=\!=} F[\overline{\psi}(x)]+C \cdot$$

4. 分部积分法

$$\int u\mathrm{d}v = uv - \int v\mathrm{d}u \text{ .}$$

# 测试题五

## 一、填空题

1. $\mathrm{d}(\int \frac{x}{1+\ln x}\mathrm{d}x) =$ __________.
2. 已知 $f'(x)=x+\ln x$，则 $f(x)=$ __________.
3. 若 $\int f(x)\mathrm{d}x = 2\sin\frac{x}{2}+C$，则 $f(x)=$ __________.
4. $\int \frac{x}{x^2+2}\mathrm{d}x =$ __________.
5. $\int \frac{1}{x^2} f'(\frac{1}{x})\mathrm{d}x =$ __________.

## 二、选择题

1. 设 $f(x)=\mathrm{e}^{-x}$，则不定积分 $\int f(2x)\mathrm{d}x =$ (　　).

A. $2\mathrm{e}^{-2x}+C$　　B. $\mathrm{e}^{-2x}+C$

C. $\frac{1}{2}\mathrm{e}^{2x}+C$　　D. $-\frac{1}{2}\mathrm{e}^{-2x}+C$

2. 求$\int\frac{\sqrt{x^2-a^2}}{x}\mathrm{d}x$（$a>0$）时，令$x=a\sec t$，则与此被积函数相同的是（　　）.

A. $\int a^2\tan^2 t\mathrm{d}t$　　B. $\int a\tan^2 t\mathrm{d}t$

C. $\int\frac{a\tan^2 t}{\sec t}\mathrm{d}t$　　D. $\int a^2\tan^2 t\sec t\mathrm{d}t$

3. $\int(\frac{1}{\sin^2 x}+1)\mathrm{d}\sin x=$（　　）.

A. $-\cot x+x+C$　　B. $-\cot x+\sin x+C$

C. $\frac{1}{\sin x}+\sin x+C$　　D. $-\frac{1}{\sin x}+\sin x+C$

4. 若$\int f(x)\mathrm{d}x=F(x)+C$，则$\int f(2x)\mathrm{d}x=$（　　）.

A. $F(x)+C$　　B. $2F(2x)+C$　　C. $\frac{1}{2}F(2x)+C$　　D. $F(2x)+C$

5. 在计算积分$\int x^2\cdot\sqrt[3]{1-x}\mathrm{d}x$时，为使被积函数有理化，可做变换（　　）.

A. $t=\sqrt[3]{1-x}$　　B. $x=\tan t$

C. $x=\sec t$　　D. $x=\sin t$

## 三、求下列函数的不定积分

1. $\int\frac{x-4}{\sqrt{x}+2}\mathrm{d}x$；　2. $\int\frac{1}{\cos^2 x}-\frac{1}{\sin^2 x}\mathrm{d}x$；　3. $\int\frac{\sqrt[3]{1+\ln x}}{x}\mathrm{d}x$；

4. $\int\frac{x}{\sqrt{4+x^2}}\mathrm{d}x$；　5. $\int\sqrt{\mathrm{e}^x-1}\mathrm{d}x$；　6. $\int\frac{\sqrt{x}}{2(1+x)}\mathrm{d}x$；

7. $\int x\cos\frac{x}{2}\mathrm{d}x$；　8. $\int\ln(1+x^2)\mathrm{d}x$；　9. $\int\frac{1}{x(x-1)^2}\mathrm{d}x$；

10. $\int\frac{x+1}{x^2+2x-3}\mathrm{d}x$；　11. $\int\mathrm{e}^{\sqrt{x}}\mathrm{d}x$；　12. $\int\frac{1}{x^2-2x-3}\mathrm{d}x$.

## 四、综合应用题

1. 已知某曲线经过点$(1,2)$，且每一点处的切线斜率为$k=1-\frac{1}{x}$，求此曲线方程.

2. 一物体以速度$v=3t^2+4t$(单位：m/s)做直线运动，当$t=1\mathrm{s}$时，物体经过的路程$s=3\mathrm{m}$，求物体的运动方程.

3. 若边际收入函数为$R'=50q-q^2$，式中$q$是销售单位数，求收入函数.

扫码查答案

# 第六章　定积分及其应用

**【名人名言】**

数学的发展与完善和国家繁荣昌盛密切相关.

——拿破仑

**趣味阅读——阿基米德轶事**

古希腊伟大的科学家阿基米德有这样一则传诵千古的轶事. 国王做了一顶金王冠，他怀疑工匠用银子偷换了一部分金子，便邀请阿基米德来鉴定，要求不能损坏王冠. 阿基米德捧着这顶王冠日夜苦苦思索. 一天，阿基米德去浴室洗澡，他跨入浴盆，这时，一部分水就溢了出来. 看到这个现象，阿基米德恍然大悟. 他立刻跳出浴盆，忘了穿衣服，就跑到大街上去了，一边跑，一边叫："我发现了！我发现了！"阿基米德成为历史记载中第一个裸奔的人.

阿基米德认为密度与重量相同的两个物体，它们的体积应该相同，与物体的形状结构无关. 他拿一块金块和一块重量相等的银块，分别放入一个盛满水的容器中，发现银块排出的水多得多. 于是阿基米德拿了与王冠重量相等的金块，放入盛满水的容器里，测出排出的水量；再把王冠放入盛满水的容器里，看看排出的水量是否一样，问题就解决了.

罗马为攻占叙拉古城，将此城包围，阿基米德的多项发明帮助叙拉古人在罗马军队的包围中坚守了三年. 罗马军队占领古城的那一天，阿基米德正在沙盘上画着图形，他的注意力非常集中，正在专心地研究着什么问题. 这时，罗马士兵来到他面前，阿基米德对士兵说："不要踩到我的图形."结果被激怒的无知的罗马士兵杀害了这位人类历史上优秀的科学家. 虽然罗马将军在攻打叙拉古城时，曾下令所有士兵不得伤害阿基米德，但这个愚蠢的士兵还是闯了大祸.

**【导　学】**

前面我们讲了不定积分，本章我们将讨论积分学的另一个基本问题——定积分问题. 我们先从几何学与力学问题出发引出定积分的定义，然后讨论它的性质与计算方法，最后讨论定积分的应用.

# 6-1 定积分的定义及其性质

## 一、引例

### 1. 曲边梯形的面积

所谓曲边梯形是指由连续曲线 $y=f(x)$ 与直线 $x=a$，$x=b$ 及 $x$ 轴所围成的图形. 其底边所在的区间是$[a,b]$，如图 6-1 所示.

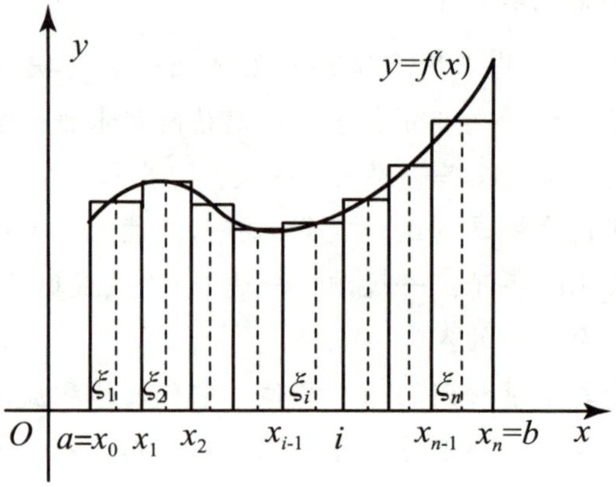


图 6-1

下面我们将采取"化整为零""积零为整"的方法来计算曲边梯形的面积 $S$. 具体分为四个步骤.

（1）分割区间$[a, b]$.

在区间 $[a, b]$ 中任意插入若干个分点

$$a=x_0<x_1<x_2<\cdots<x_{i-1}<x_i<\cdots<x_{n-1}<x_n=b,$$

把$[a, b]$分成 $n$ 个小区间：$[x_0, x_1]$，$[x_1, x_2]$，…，$[x_{i-1}, x_i]$，…，$[x_{n-1}, x_n]$，它们的长度依次为 $\Delta x_1=x_1-x_0$，$\Delta x_2=x_2-x_1$，…，$\Delta x_i=x_i-x_{i-1}$，…，$\Delta x_n=x_n-x_{n-1}$. 过各分点作平行于 $y$ 轴的直线，把曲边梯形分成 $n$ 个小曲边梯形，其中第 $i$ 个小曲边梯形的面积记作 $\Delta S_i\,(i=1, 2, \cdots, n)$，则有 $S=\Delta S_1+\Delta S_2+\cdots+\Delta S_i+\cdots+\Delta S_n$.

（2）近似代替.

在第 $i$ 个小底边区间$[x_{i-1}, x_i]$上任取一点 $\xi_i\ (x_{i-1}\leqslant\xi_i\leqslant x_i)$，用 $\xi_i$ 点的高 $f(\xi_i)$近似代替第 $i$ 个小底边区间$[x_{i-1}, x_i]$上各点处的高，即用以第 $i$ 个小区间$[x_{i-1}, x_i]$的长 $\Delta x_i$ 为底，$f(\xi_i)$为高的小矩形的面积来近似代替同一底$[x_{i-1}, x_i]$上的第 $i$ 个小曲边梯形的面积，即

$$\Delta S_i\approx f(\xi_i)\Delta x_i.$$

（3）连续求和.

将 $n$ 个小矩形面积相加，便得所求曲边梯形的面积 $S$ 的近似值 $S\approx f(\xi_1)\Delta x_1+f(\xi_2)\Delta x_2+\cdots+f(\xi_i)\Delta x_i+\cdots+f(\xi_n)\Delta x_n$，即

$$S \approx \sum_{i=1}^{n} f(\xi_i)\Delta x_i \ .$$

（4）计算极限.

从直观上看，分点越多，即分割越细，$\sum_{i=1}^{n} f(\xi_i)\Delta x_i$ 就越接近于曲边梯形的面积 $S$. 因此若用 $\|\Delta x_i\|$ 表示被分割的 $n$ 个小区间中最大的小区间的长度，则当 $\|\Delta x_i\|$ 趋向于零时，和式 $\sum_{i=1}^{n} f(\xi_i)\Delta x_i$ 的极限就是 $A$，即

$$A = \lim_{\|\Delta x_i\| \to 0} \sum_{i=1}^{n} f(\xi_i)\Delta x_i \ .$$

可见，曲边梯形的面积是一个和式的极限.

2．变速直线运动的路程

设某物体做直线运动，已知速度 $v = v(t)$ 是时间区间$[a,b]$上的一个连续函数，且 $v(t) \geqslant 0$，求在这段时间内物体所经过的路程 $s$.

我们知道，对于匀速直线运动，有公式：

路程 ＝ 速度×时间.

但现在速度不是常量而是随时间变化的变量，因此所求路程不能直接按匀速直线运动的路程公式来计算.

然而，在很短的一段时间内速度的变化很小，近似于匀速，因此在这段时间内可以用匀速运动的路程公式计算出这部分路程的近似值，时间间隔越小，得出的结果越准确. 因此，我们可以采用与求曲边梯形的面积类似的方法来计算路程 $s$. 具体计算步骤如下.

（1）分割区间.

在时间区间$[a, b]$中任意插入若个分点，把 $[a,b]$ 分成 $n$ 个小时间段$[t_0,t_1]$，$[t_1, t_2]$，…，$[t_{i-1}, t_i]$，…，$[t_{n-1}, t_n]$，其中第 $i$ 个小时间段$[t_{i-1}, t_i]$的长记作 $\Delta t_i = t_i - t_{i-1}$（$i=1,2,\cdots,n$），并将物体在第 $i$ 个小时间段 $[t_{i-1}, t_i]$ 内走过的路程记作 $\Delta s_i$（$i=1,2,\cdots,n$），则有 $s = \Delta s_1 + \Delta s_2 + \cdots + \Delta s_i + \cdots + \Delta s_n$.

（2）近似代替.

在第 $i$ 个小时间段$[t_{i-1}, t_i]$上，任取一个时刻 $\xi_i$，用这个时刻 $\xi_i$ 的速度 $v(\xi_i)$近似代替在第 $i$ 个小时间段$[t_{i-1},t_i]$上各时刻的速度，便可得到第 $i$ 个小时间段$[t_{i-1}, t_i]$上的路程 $\Delta s_i$ 的近似值为

$$\Delta s_i \approx v(\xi_i)\Delta t_i \quad (i=1, 2, \cdots, n).$$

（3）求和.

将 $n$ 段小时间段上的路程 $s_i$ 的近似值 $v(\xi_i)\Delta t_i$ 相加，便得所求路程 $s$ 的近似值为 $s \approx v(\xi_1)\Delta t_1 + v(\xi_2)\Delta t_2 + \cdots + v(\xi_i)\Delta t_i + \cdots + v(\xi_n)\Delta t_n$，即

$$s \approx \sum_{i=1}^{n} v(\xi_i)\Delta t_i \ .$$

（4）求极限.

若用$\|\Delta t_i\|$表示被分割的$n$段小时间段中最长的小时间段的时间长，则当$\|\Delta t_i\|$趋向于零时，和式$\sum_{i=1}^{n} v(\xi_i)\Delta t_i$的极限就是$s$，即

$$s=\lim_{\|\Delta t_i\|\to 0}\sum_{i=1}^{n} v(\xi_i)\Delta t_i .$$

可见，变速直线运动的路程也是一个和式的极限.

## 二、定积分的定义

从上面两个例子可以看出，虽然我们所要计算的量的实际意义不同. 前者是几何量，后者是物理量，但是计算这些量的思想方法和步骤都是相同的，并且最终归结为求一个和式的极限：

面积 $$A=\lim_{\|\Delta x_i\|\to 0}\sum_{i=1}^{n} f(\xi_i)\Delta x_i ;$$

路程 $$s=\lim_{\|\Delta t_i\|\to 0}\sum_{i=1}^{n} v(\xi_i)\Delta t_i .$$

类似于这样的实际问题还有很多，抛开这些问题的具体意义，抓住它们在数量关系上共同的本质与特性加以概括，我们就可以抽象出下述定积分的定义：

**定义 1** 设函数$y=f(x)$在$[a,b]$上有界，在$[a,b]$中任意插入若干个分点

$$a=x_0<x_1<x_2<\cdots<x_{i-1}<x_i<\cdots<x_{n-1}<x_n=b,$$

把区间$[a,b]$分成$n$个小区间

$$[x_0,x_1],\ [x_1,x_2],\ \cdots,\ [x_{i-1},x_i],\ \cdots,\ [x_{n-1},x_n],$$

各个小区间的长度依次为.

$$\Delta x_1=x_1-x_0,\ \Delta x_2=x_2-x_1,\ \cdots,\ \Delta x_i=x_i-x_{i-1},\ \cdots,\ \Delta x_n=x_n-x_{n-1}.$$

在每个小区间$[x_{i-1},x_i]$上任取一点$\xi_i$ $(x_{i-1}\leqslant\xi_i\leqslant x_i)$，求函数值$f(\xi_i)$与小区间长度$\Delta x_i$的乘积$f(\xi_i)\Delta x_i$ $(i=1, 2, \cdots, n)$，并求出和

$$\sum_{i=1}^{n} f(\xi_i)\Delta x_i . \tag{6-1}$$

记$\lambda=max\{\Delta x_1, \Delta x_2, \cdots, \Delta x_n\}$，如果不论对$[a,b]$怎样分法，也不论在小区间$[x_{i-1},x_i]$上点$\xi_i$怎样取，只要当$\lambda\to 0$时，上面的和式均有极限，那么我们称这个极限为函数$y=f(x)$在区间$[a,b]$上的**定积分**，记作$\int_a^b f(x)\mathrm{d}x$，即

$$\lim_{\lambda\to 0}\sum_{i=1}^{n} f(\xi_i)\Delta x_i=\int_a^b f(x)\mathrm{d}x .$$

其中$f(x)$叫作**被积函数**，$f(x)\mathrm{d}x$叫作**被积表达式**，$x$叫作**积分变量**，$a$，$b$分别叫作**积分下限与积分上限**，$[a,b]$叫作**积分区间**.

如果定积分$\int_a^b f(x)\mathrm{d}x$存在，则称$f(x)$在区间[a, b]上**可积**.

利用定积分的定义，前面所讨论的两个实际问题可以分别表述如下：

曲边梯形的面积$S$等于其曲边函数$y=f(x)$在其底边所在的区间[a, b]上的定积分：

$$S=\int_a^b f(x)\mathrm{d}x .$$

变速直线运动的物体所经过的路程$s$等于其速度函数$v=v(t)$在时间区间[a, b]上的定积分：

$$s=\int_a^b v(t)\mathrm{d}t .$$

**注意：**

（1）定积分只与被积函数$f(x)$及积分区间[a,b]有关，而与积分变量无关．如果不改变被积函数和积分区间，而只把积分变量$x$换成其他字母，如$t$或$u$，那么，这时定积分的值不变，即

$$\int_a^b f(x)\mathrm{d}x=\int_a^b f(t)\mathrm{d}t=\int_a^b f(u)\mathrm{d}u ,$$

换言之，定积分中积分变量符号的更换不影响它的值．

（2）在上述定积分的定义中要求$a<b$，为了今后运算方便，我们给出以下的补充规定：

$$\int_a^b f(x)\mathrm{d}x=-\int_b^a f(x)\mathrm{d}x \quad (a>b),$$

$$\int_a^a f(x)\mathrm{d}x=0 .$$

## 三、定积分的几何意义

我们已经知道，在区间$[a, b]$上当$f(x)\geqslant 0$时，定积分$\int_a^b f(x)\mathrm{d}x$表示由连续曲线$y=f(x)$与直线$x=a$，$x=b$及$x$轴所围成的曲边梯形的面积．

而在区间$[a, b]$上当$f(x)\leqslant 0$时，如图6-2所示，由于曲边梯形位于$x$轴的下方，$f(\xi_i)<0$，但$\Delta x_i>0$，因此和式$\sum_{i=1}^{n} f(\xi_i)\Delta x_i$的值为负值，从而定积分

$$\int_a^b f(x)\mathrm{d}x=\lim_{\|\Delta x_i\|\to 0}\sum_{i=1}^{n} f(\xi_i)\Delta x_i$$

也是一个负数，故此时曲边梯形的面积为

$$S=-\int_a^b f(x)\mathrm{d}x \quad 或 \quad \int_a^b f(x)\mathrm{d}x=-S .$$

若$f(x)$在区间$[a, b]$上既取得正值又取得负值时，如图6-3所示，则曲线$f(x)$与直线$x=a$，$x=b$及$x$轴所围成的图形是由三个曲边梯形组成的，那么由定积分的定义可得

$$\int_a^b f(x)\mathrm{d}x=S_1-S_2+S_3 .$$

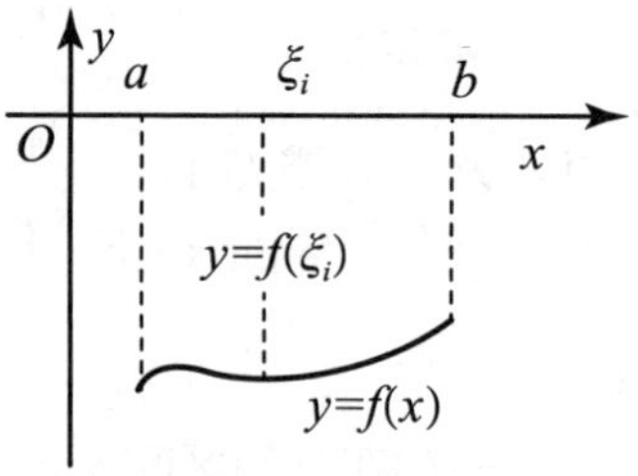


图 6-2

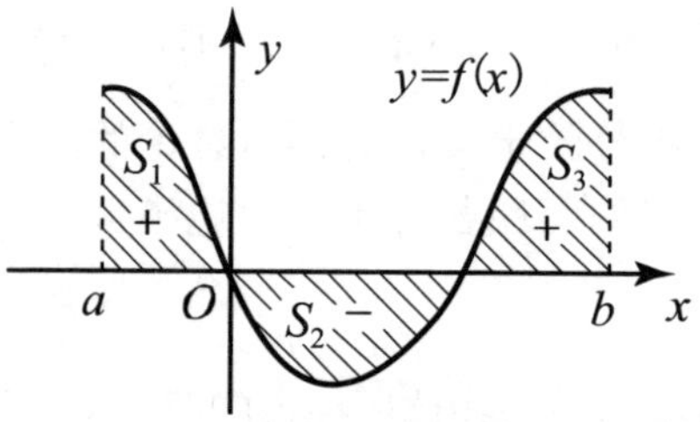


图 6-3

由上面的分析我们可以得到如下结果.

定积分 $\int_a^b f(x)\mathrm{d}x$ 的几何意义为：它的数值可以用曲边梯形的面积的代数和来表示.

**例** 利用定积分表示图 6-4 中四个图形的阴影部分的面积.

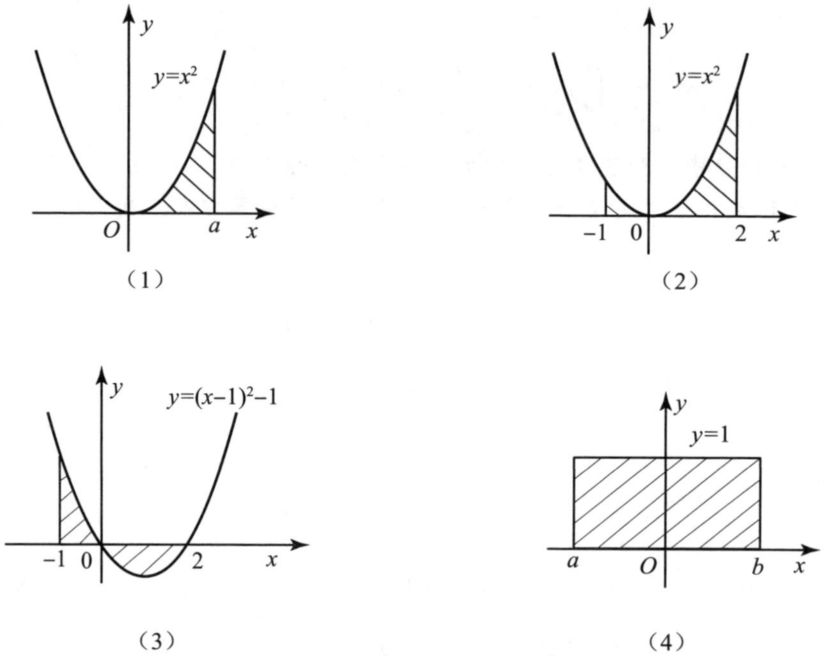


图 6-4

**解** 图 6-4（1）中的阴影部分的面积为 $S=\int_0^a x^2\mathrm{d}x$；

图 6-4（2）中的阴影部分的面积为 $S=\int_{-1}^2 x^2\mathrm{d}x$；

图 6-4（3）中的阴影部分的面积为 $S=\int_{-1}^0[(x-1)^2-1]\mathrm{d}x-\int_0^2[(x-1)^2-1]\mathrm{d}x$；

图 6-4（4）中的阴影部分的面积为 $S=\int_a^b \mathrm{d}x$ .

对于定积分，有这样一个重要问题：什么函数是可积的？

这个问题我们不做深入讨论，而只是直接给出下面的定积分存在定理：

**定理 1**　如果函数 $f(x)$ 在 $[a,b]$ 上连续，则函数 $y=f(x)$ 在 $[a,b]$ 上可积.

证明从略.

定理 1 在直观上是很容易接受的：如图 6-3 所示，由定积分的几何意义可知，若 $f(x)$ 在 $[a,b]$ 上连续，则由曲线 $y=f(x)$，直线 $x=a$，$x=b$ 和 $x$ 轴所围成的曲边梯形面积的代数和是一定存在的，即定积分 $\int_a^b f(x)\mathrm{d}x$ 一定存在.

## 四、定积分的基本性质

下面我们假定函数在区间 $[a,b]$ 上连续，而对 $a$，$b$ 的大小不加限制（特别情况除外）.

**性质 1**　函数的和（差）的定积分等于它们的定积分的和（差），即

$$\int_a^b [f(x)\pm g(x)]\,\mathrm{d}x=\int_a^b f(x)\mathrm{d}x \pm \int_a^b g(x)\,\mathrm{d}x .$$

性质 1 可以推广到有限个连续函数的代数和的定积分.

**性质 2**　被积函数的常数因子可以提到积分号外面，即

$$\int_a^b kf(x)\mathrm{d}x=k\int_a^b f(x)\mathrm{d}x .$$

**性质 3**　如果在区间 $[a,b]$ 上，$f(x)\equiv 1$，那么有

$$\int_a^b 1\cdot \mathrm{d}x=\int_a^b \mathrm{d}x=b-a .$$

以上三条性质可用定积分的定义和极限运算法则导出.

证明从略.

**性质 4**　如果把区间 $[a,b]$ 分为 $[a,c]$ 和 $[c,b]$ 两个区间，则不论 $a$，$b$，$c$ 的大小顺序如何，总有

$$\int_a^b f(x)\mathrm{d}x=\int_a^c f(x)\mathrm{d}x+\int_c^b f(x)\,\mathrm{d}x .$$

**性质 5（定积分中值定理）**　如果函数 $f(x)$ 在区间 $[a, b]$ 上连续，则在区间 $[a,b]$ 上至少存在一点 $\xi$，使得下式成立：

$$\int_a^b f(x)\mathrm{d}x=f(\xi)(b-a)\quad (a\leqslant \xi \leqslant b).$$

**证**　根据闭区间上连续函数的介值定理（2-6 节定理 13），在区间 $[a,b]$ 上至少存在一点 $\xi$，使得 $\frac{1}{b-a}\int_a^b f(x)\mathrm{d}x=f(\xi)$　（$a\leqslant\xi\leqslant b$），即 $\int_a^b f(x)\mathrm{d}x=f(\xi)(b-a)$ .

由图 6-5 可知，在区间 $[a,b]$ 上至少能找到一点 $\xi$，使以 $f(\xi)$ 为高，区间 $[a,b]$ 为底的矩形面积等于曲边梯形 $abBA$ 的面积.

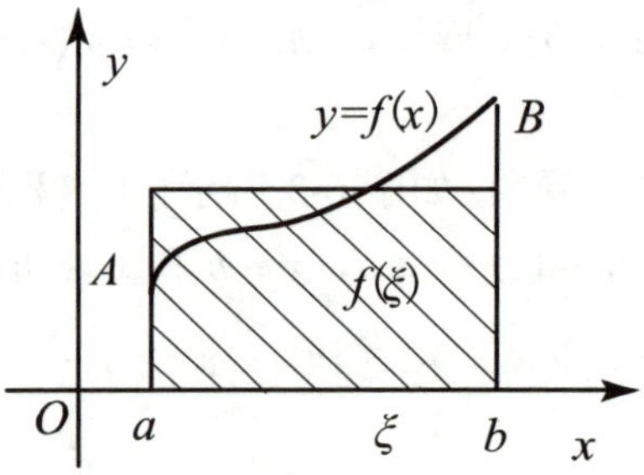


图 6-5

## 习题 6-1

1．利用定积分的定义计算由抛物线 $y = x^2+1$，两直线 $x = a$，$x = b(b>a)$及横轴所围成的图形的面积．

2．利用定积分的定义计算下列积分．

（1）$\int_a^b x\mathrm{d}x$ （$a<b$）；　　　　（2）$\int_0^1 \mathrm{e}^x\mathrm{d}x$ ．

3．利用定积分表示下列图形中阴影部分的面积（见图 6-6）．

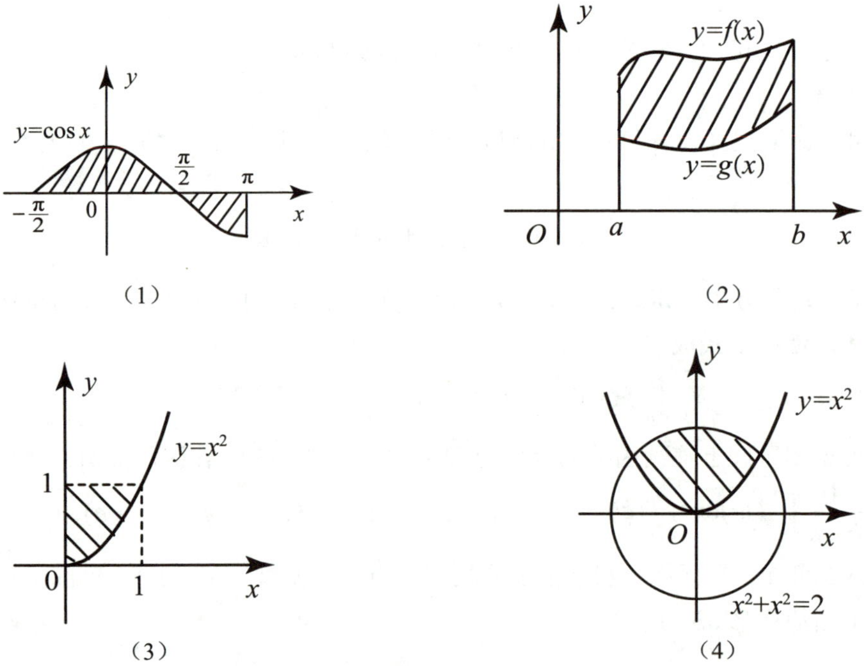


图 6-6

4．利用定积分的几何意义，求下列各定积分．

（1）$\int_1^3 (x-1)\mathrm{d}x$ ；　　　　（2）$\int_0^2 4\mathrm{d}x$ ．

5．已知$\int_0^2 x^2 \mathrm{d}x = \frac{8}{3}$，$\int_0^2 x\mathrm{d}x = 2$，计算下列各式的值.

（1）$\int_0^2 (x+1)^2 \mathrm{d}x$；　　（2）$\int_0^2 (x-\sqrt{3})(x+\sqrt{3})\mathrm{d}x$.

扫码查答案

## 6-2　定积分的计算

按照定积分的定义计算定积分的值比较困难，本节先研究定积分与不定积分的关系，从而得到计算定积分的基本公式（微积分基本公式）牛顿-莱布尼兹公式，并进一步学习定积分的两种常用计算方法：定积分的换元积分法和分部积分法.

### 一、微积分的基本公式

设函数$f(x)$在区间$[a,b]$上连续，$x$为$[a,b]$上任一点，则$f(x)$在$[a,x]$上仍连续，从而积分$\int_a^x f(x)\mathrm{d}x$存在，且确定了$[a,b]$上的一个以上限$x$为自变量的函数，称为积分上限的函数，记作

$$\Phi(x) = \int_a^x f(x)\mathrm{d}x \quad (a \leqslant x \leqslant b).$$

这里$x$既是定积分的上限，又是积分变量．为避免混淆，积分变量改用$t$表示，则上式改写为

$$\Phi(x) = \int_a^x f(t)\mathrm{d}t \quad (a \leqslant x \leqslant b).$$

**定理 2**　如果函数$f(x)$在区间$[a,b]$上连续，那么积分上限函数$\Phi(x) = \int_a^x f(t)\mathrm{d}t$在$[a,b]$上具有导数，且它的导数为

$$\Phi'(x) = f(x) \quad (a \leqslant x \leqslant b).$$

**证**　如图 6-7 所示，给$x$以增量$\Delta x$，则$\Phi(x)$有增量为

$$\begin{aligned}\Delta\Phi(x) = \Phi(x+\Delta x) - \Phi(x) &= \int_a^{x+\Delta x} f(t)\mathrm{d}t - \int_a^x f(t)\mathrm{d}t \\ &= \int_a^x f(t)\mathrm{d}t + \int_x^{x+\Delta x} f(t)\mathrm{d}t - \int_a^x f(t)\mathrm{d}t \\ &= \int_x^{x+\Delta x} f(t)\mathrm{d}t,\end{aligned}$$

由积分中值定理可知，在$[x,x+\Delta x]$内必存在一点$\xi$，使得

$$\Delta\Phi(x) = \int_x^{x+\Delta x} f(t)\mathrm{d}t = f(\xi)\Delta x,$$

即

$$\frac{\Delta\Phi(x)}{\Delta x} = f(\xi).$$

当$\Delta x \to 0$时，$\xi \to x$，根据$f(x)$的连续性，得

$$\lim_{\Delta x \to 0}\frac{\Delta \Phi(x)}{\Delta x}=\lim_{\Delta x \to 0} f(\xi)=\lim_{\xi \to x} f(\xi)=f(x)\ ,$$

即
$$\Phi'(x)=f(x)\,.$$

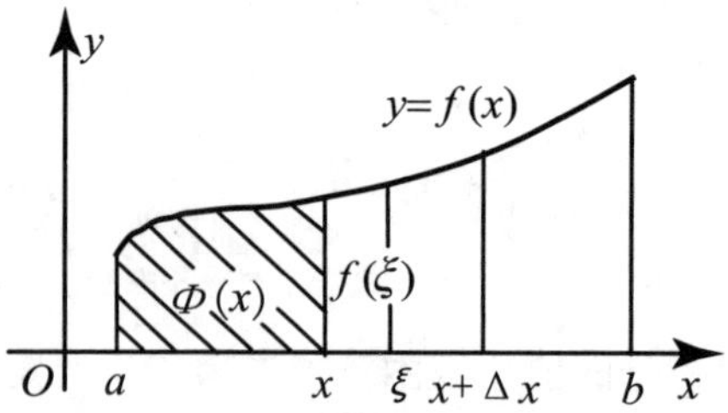


图 6-7

由原函数的定义可知，$\Phi(x)$是连续函数$f(x)$的一个原函数．因此也证明了下面的定理：

**定理 3** 如果函数$f(x)$在区间$[a,b]$上连续，则函数$\Phi(x)=\int_a^x f(t)\mathrm{d}t$就是$f(x)$在区间$[a,b]$上的一个原函数．

## 二、牛顿-莱布尼兹（Newton－Leibniz）公式

**定理 4（微积分基本定理）** 如果函数$F(x)$是连续函数$f(x)$在区间$[a,b]$上的一个原函数，则

$$\int_a^b f(x)\mathrm{d}x=F(b)-F(a)\ . \tag{6-2}$$

**证** 由定理 2 可知，$\Phi(x)=\int_a^x f(t)\mathrm{d}t$是$f(x)$的一个原函数，又假设$F(x)$也是$f(x)$的一个原函数，故

$$F(x)-\Phi(x)=C\quad（a\leqslant x\leqslant b，C 为常数），$$

即
$$F(x)-\int_a^x f(t)\mathrm{d}t=C\,.$$

在上式中令$x=a$，根据$\int_a^a f(t)\mathrm{d}t=0$，得

$$F(a)=C,$$

于是
$$F(x)=\int_a^x f(t)\mathrm{d}t+F(a)\,.$$

在上式中再令$x=b$，得

$$\int_a^b f(t)\mathrm{d}t=F(b)-F(a)\quad 或\quad \int_a^b f(x)\mathrm{d}x=F(b)-F(a)\,.$$

这就证明了定理 4.

（6-2）式又称为**牛顿-莱布尼兹公式**，也称为微积分基本公式．它表明，连续函数$f(x)$在区间$[a,b]$上的定积分等于它的一个原函数$F(x)$在该区间上的增量．它为定积分的计算提供了一个简便有效的方法.

若记$F[b]-F[a]=\left[F(x)\right]_a^b$，则式（6-2）也可以写成

$$\int_a^b f(x)\mathrm{d}x=[F(x)]_a^b=F(b)-F(a).$$

**例 1** 计算$\int_1^{\mathrm{e}}\frac{\mathrm{d}x}{x}$.

**解** 因为$\ln x$是$\frac{1}{x}$的一个原函数，所以

$$\int_1^{\mathrm{e}}\frac{\mathrm{d}x}{x}=[\ln x]_1^{\mathrm{e}}=\ln\mathrm{e}-\ln 1=1.$$

**例 2** 计算$\int_{-\frac{\pi}{4}}^{\frac{\pi}{4}}\sec^2 x\mathrm{d}x$.

**解** 因为$\tan x$是$\sec^2 x$的一个原函数，所以

$$\int_{-\frac{\pi}{4}}^{\frac{\pi}{4}}\sec^2 x\mathrm{d}x=[\tan x]_{-\frac{\pi}{4}}^{\frac{\pi}{4}}=1-(-1)=2.$$

**例 3** 求曲线$y=2^x$，$x=-1$，$x=2$及$x$轴所围图形的面积.

**解** 如图 6-8 所示，曲边梯形的面积为

$$A=\int_{-1}^{2}2^x\mathrm{d}x.$$

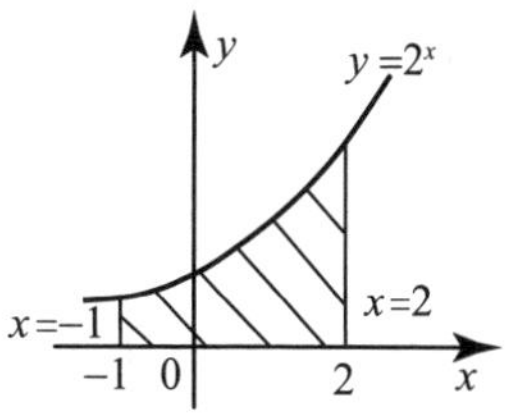

图 6-8

因为$\frac{2^x}{\ln 2}$是$2^x$的一个原函数，所以

$$A=\int_{-1}^{2}2^x\mathrm{d}x=\left[\frac{2^x}{\ln 2}\right]_{-1}^{2}=\frac{7}{\ln 4}.$$

## 三、定积分的换元积分法和分部积分法

### 1. 定积分的换元积分法

**定理 5** 如果

（1）函数$f(x)$在区间$[a,b]$上连续，

（2）函数$x=\varphi(t)$在区间$[\alpha,\beta]$上是单值的且有连续导数，

（3）当$t$在$[\alpha,\beta]$上变化时，$x=\varphi(t)$的值在$[a,b]$上变化，且$\varphi(\alpha)=a$，$\varphi(\beta)=b$，

那么有定积分的换元公式

$$\int_a^b f(x)\mathrm{d}x=\int_\alpha^\beta f[\varphi(t)]\varphi'(t)\mathrm{d}t. \tag{6-3}$$

**证** 由定理条件（1）（2）可知，（6-3）式两端的被积函数的原函数存在，并可用牛顿-莱布尼兹公式，设$F(x)$是$f(x)$的一个原函数，则

$$\int_a^b f(x)\mathrm{d}x=F(a)-F(b).$$

而$x=\varphi(t)$，故$F[\varphi(t)]$可看作是由$F(x)$和$x=\varphi(t)$复合而成的函数．根据复合函数求导法则，得

$$F'[\varphi(t)] = f[\varphi(t)]\varphi'(t) .$$

这说明 $F[\varphi(t)]$ 是 $f[\varphi(t)]\varphi'(t)$ 的一个原函数，所以有

$$\int_{\alpha}^{\beta} f[\varphi(t)]\varphi'(t)\mathrm{d}t = [F[\varphi(t)]]_{\alpha}^{\beta} = F[\varphi(\beta)] - F[\varphi(\alpha)]$$
$$= F(b) - F(a) .$$

这就证明了换元公式.

显然，（6-3）式对 $\alpha>\beta$ 也是适用的.

**例 4** 计算 $\int_0^3 \frac{x}{\sqrt{1+x}} \mathrm{d}x$ .

**解** 设 $\sqrt{1+x} = t$，则 $x = t^2-1$，$\mathrm{d}x = 2t\mathrm{d}t$. 当 $x = 0$ 时，$t = 1$；当 $x = 3$ 时，$t = 2$. 根据定理 5，得

$$\int_0^3 \frac{x}{\sqrt{1+x}}\mathrm{d}x = \int_1^2 \frac{t^2-1}{t} 2t\mathrm{d}t = 2\int_1^2 (t^2-1)\mathrm{d}t = \frac{8}{3} .$$

**例 5** 计算 $\int_0^a \sqrt{a^2-x^2}\mathrm{d}x$ （$a>0$）.

**解** 设 $x=a\sin t$，则 $\mathrm{d}x=a\cos t\mathrm{d}t$，当 $x = 0$ 时，$t = 0$；当 $x = a$ 时，$t = \frac{\pi}{2}$，于是

$$\int_0^a \sqrt{a^2-x^2}\mathrm{d}x = a^2\int_0^{\frac{\pi}{2}} \cos^2 t\mathrm{d}t = \frac{a^2}{2}\int_0^{\frac{\pi}{2}} (1+\cos 2t)\mathrm{d}t$$
$$= \frac{a^2}{2}\left[t + \frac{1}{2}\sin 2t\right]_0^{\frac{\pi}{2}} = \frac{\pi a^2}{4} .$$

**例 6** 计算 $\int_0^{\frac{\pi}{2}} \cos^3 x \cdot \sin x\mathrm{d}x$ .

**解**：设 $\cos x = t$，则 $-\sin x\mathrm{d}x = \mathrm{d}t$. 当 $x = 0$ 时，$t = 1$；当 $x = \frac{\pi}{2}$ 时，$t = 0$，于是

$$\int_0^{\frac{\pi}{2}} \cos^3 x \cdot \sin x\mathrm{d}x = -\int_1^0 t^3\mathrm{d}t = \int_0^1 t^3\mathrm{d}t = [\frac{1}{4}t^4]_0^1 = \frac{1}{4} .$$

这个定积分也可采用凑微分法来计算，即

$$\int_0^{\frac{\pi}{2}} \cos^3 x \cdot \sin x\mathrm{d}x = -\int_0^{\frac{\pi}{2}} \cos^3 x\mathrm{d}(\cos x) = -\left[\frac{1}{4}\cos^4 x\right]_0^{\frac{\pi}{2}} = \frac{1}{4} .$$

可以看出，这时由于没有进行变量代换，积分区间不变，计算更为简便.

**例 7** 计算 $\int_0^{\pi} \sqrt{\sin^3 x - \sin^5 x}\mathrm{d}x$ .

**解** 因为 $\sqrt{\sin^3 x - \sin^5 x} = \sqrt{\sin^3 x(1-\sin^2 x)} = \sin^{\frac{3}{2}} x\,|\cos x|$，在 $\left[0, \frac{\pi}{2}\right]$ 上，$|\cos x| = \cos x$，在 $\left[\frac{\pi}{2}, \pi\right]$ 上，$|\cos x| = -\cos x$，所以

$$\int_0^{\pi}\sqrt{\sin^3 x-\sin^5 x}\mathrm{d}x$$

$$=\int_0^{\frac{\pi}{2}}\sin^{\frac{3}{2}}x\cos x\mathrm{d}x+\int_{\frac{\pi}{2}}^{\pi}\sin^{\frac{3}{2}}x(-\cos x)\mathrm{d}x$$

$$=\int_0^{\frac{\pi}{2}}\sin^{\frac{3}{2}}x\mathrm{d}(\sin x)-\int_{\frac{\pi}{2}}^{\pi}\sin^{\frac{3}{2}}x\mathrm{d}(\sin x)$$

$$=\left[\frac{2}{5}\sin^{\frac{5}{2}}x\right]_0^{\frac{\pi}{2}}-\left[\frac{2}{5}\sin^{\frac{5}{2}}x\right]_{\frac{\pi}{2}}^{\pi}=\frac{2}{5}-(-\frac{2}{5})=\frac{4}{5}.$$

**注意：**

如果忽略 $\cos x$ 在 $\left[\frac{\pi}{2},\pi\right]$ 上非正，而按 $\sqrt{\sin^3 x-\sin^5 x}=\sin^{\frac{3}{2}}x\cdot\cos x$ 计算，将导致错误.

**例 8**　求椭圆 $\frac{x^2}{a^2}+\frac{y^2}{b^2}=1$ 的面积.

**解**　如图 6-9 所示，根据椭圆的对称性，得

$$A=4\int_0^a\frac{b}{a}\sqrt{a^2-x^2}\mathrm{d}x=\frac{4b}{a}\int_0^a\sqrt{a^2-x^2}\mathrm{d}x.$$

设 $x=a\sin t$，则

$$\mathrm{d}x=a\cos t\mathrm{d}t.$$

当 $x=0$ 时，$t=0$；当 $x=a$ 时，$t=\frac{\pi}{2}$. 于是

$$A=\frac{4b}{a}\int_0^{\frac{\pi}{2}}a^2\cos^2 t\mathrm{d}t$$

$$=4ab\int_0^{\frac{\pi}{2}}\cos^2 t\mathrm{d}t=2ab\int_0^{\frac{\pi}{2}}(1+\cos 2t)\mathrm{d}t$$

$$=2ab\left[t+\frac{\sin 2t}{2}\right]_0^{\frac{\pi}{2}}=ab\pi.$$

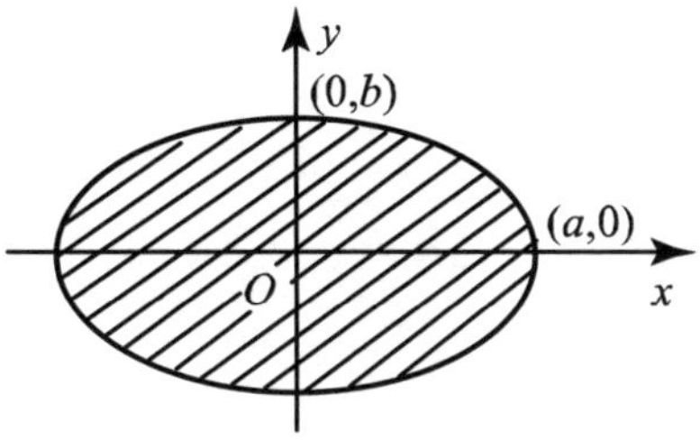


图 6-9

**定理 6**　设 $f(x)$在区间$[a,b]$上连续，

（1）如果 $f(x)$为偶函数，那么 $\int_{-a}^{a}f(x)\mathrm{d}x=2\int_0^a f(x)\mathrm{d}x$；

（2）如果$f(x)$为奇函数，那么$\int_{-a}^{a} f(x)\mathrm{d}x = 0$.

我们用图像来说明：

（1）当 $f(x)$为偶函数时，$f(x)$的图像关于 $y$ 轴对称，则由图 6-10（1）可知，$\int_{-a}^{0} f(x)\mathrm{d}x = \int_{0}^{a} f(x)\mathrm{d}x$，从而有$\int_{-a}^{a} f(x)\mathrm{d}x = 2\int_{0}^{a} f(x)\mathrm{d}x$；

（2）当 $f(x)$为奇函数时，$f(x)$的图像关于原点对称，则由图 6-10（2）可知，$\int_{-a}^{0} f(x)\mathrm{d}x = -\int_{0}^{a} f(x)\mathrm{d}x$，从而有$\int_{-a}^{a} f(x)\mathrm{d}x = 0$.

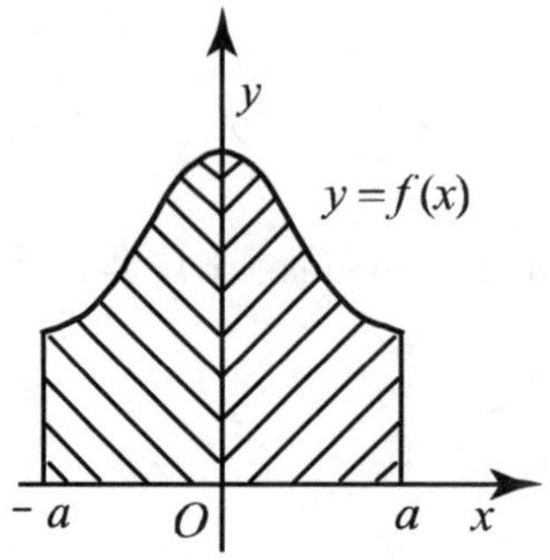


（1）

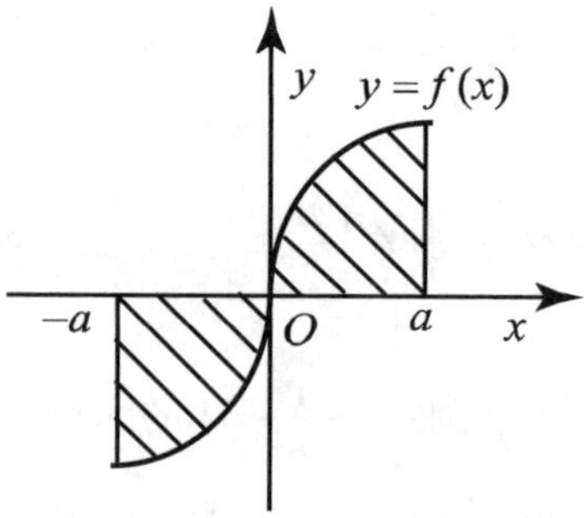


（2）

图 6-10

2．定积分的分部积分法

**定理 7** 如果函数 $u(x)$，$v(x)$在区间$[a,b]$上具有连续导数，那么

$$\int_{a}^{b} u(x)\mathrm{d}[v(x)] = [u(x)\ v(x)]_{a}^{b} - \int_{a}^{b} v(x)\mathrm{d}[u(x)] \ .$$

上式还可简写成
$$\int_{a}^{b} u\mathrm{d}v = [uv]_{a}^{b} - \int_{a}^{b} v\mathrm{d}u \ .$$

**例 9** 计算$\int_{0}^{\pi} x\cos x\mathrm{d}x$.

**解** $\int_{0}^{\pi} x\cos x\mathrm{d}x = \int_{0}^{\pi} x\mathrm{d}(\sin x) = [x\sin x]_{0}^{\pi} - \int_{0}^{\pi} \sin x\mathrm{d}x$

$= 0 - [-\cos x]_{0}^{\pi} = -2$.

**例 10** 计算$\int_{0}^{\frac{\pi}{2}} x^2\sin x\mathrm{d}x$.

**解** $\int_{0}^{\frac{\pi}{2}} x^2\sin x\mathrm{d}x = -\int_{0}^{\frac{\pi}{2}} x^2\mathrm{d}(\cos x)$

$= -\left[x^2\cos x\right]_{0}^{\frac{\pi}{2}} + 2\int_{0}^{\frac{\pi}{2}} x\cos x\mathrm{d}x$

$= 0 + 2\int_{0}^{\frac{\pi}{2}} x\cos x\mathrm{d}x = 2\int_{0}^{\frac{\pi}{2}} x\mathrm{d}(\sin x)$

$= 2\left\{[x\sin x]_{0}^{\frac{\pi}{2}} - \int_{0}^{\frac{\pi}{2}} \sin x\mathrm{d}x\right\}$

$$=2\left\{\frac{\pi}{2}+[\cos x]_0^{\frac{\pi}{2}}\right\}=2(\frac{\pi}{2}-1)=\pi-2\,.$$

**例 11**　计算 $\int_0^1 e^{\sqrt{x}}dx$.

**解**　先用换元法令 $\sqrt{x}=t$，则 $x=t^2$，$dx=2tdt$，并且当 $x=0$ 时，$t=0$；当 $x=1$ 时，$t=1$. 于是有

$$\int_0^1 e^{\sqrt{x}}dx=2\int_0^1 te^t dt\,.$$

再用分部积分法计算上式右端的积分. 设 $u=t$，$dv=e^t dt$，则 $du=dt$，$v=e^t$. 于是

$$\int_0^1 te^t dt=[te^t]_0^1-\int_0^1 e^t dt= e-[e^t]_0^1=e-(e-1)=1\,,$$

即

$$\int_0^1 e^{\sqrt{x}}dx=2\,.$$

**例 12**　求由 $y=\ln x$ 与 $x=1$，$x=e$ 及 $y=0$ 所围成图形的面积.

**解**　设所围成的图形面积为 $S$，如图 6-11 所示，根据定积分的几何意义可知，

$$S=\int_1^e \ln x dx=[x\ln x]_1^e-\int_1^e x\cdot\frac{1}{x}dx$$

$$=e-[x]_1^e=e-(e-1)=1\,.$$

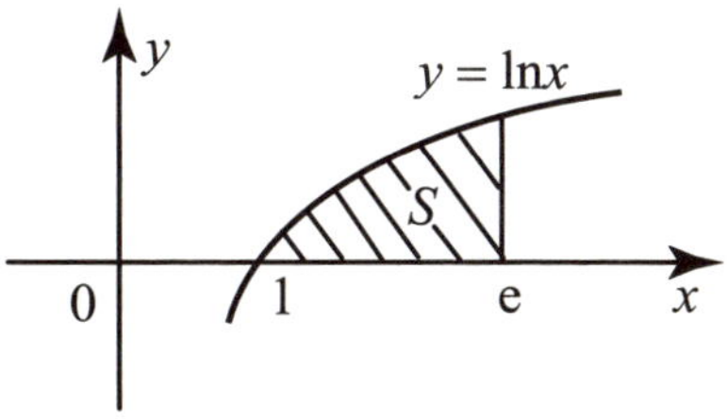


图 6-11

## 习题 6-2

1. 计算下列各定积分.

（1）$\int_1^3 x^3dx$；　（2）$\int_0^a(3x^2-x+1)dx$；

（3）$\int_1^2(x^2+\frac{1}{x^4})dx$；　（4）$\int_4^9\sqrt{x}(1+\sqrt{x})dx$；

（5）$\int_{\frac{1}{\sqrt{3}}}^{\sqrt{3}}\frac{dx}{1+x^2}$；　（6）$\int_{-\frac{1}{2}}^{\frac{1}{2}}\frac{dx}{\sqrt{1-x^2}}$；

（7）$\int_0^{\sqrt{3}a}\frac{dx}{a^2+x^2}$；　（8）$\int_0^1\frac{dx}{\sqrt{4-x^2}}$；

（9）$\int_{-1}^0\frac{3x^4+3x^2+1}{x^2+1}dx$；　（10）$\int_{-e-1}^{-2}\frac{dx}{1+x}$；

（11）$\int_0^{\frac{\pi}{4}}\tan^2\theta\mathrm{d}\theta$；（12）$\int_0^{2\pi}|\sin x|\mathrm{d}x$；

（13）设 $f(x)=\begin{cases}x+1 & (x\leqslant 1)\\ \frac{1}{2}x^2 & (x>1)\end{cases}$，求 $\int_0^2 f(x)\mathrm{d}x$ .

2．求下列各曲线（直线）围成的图形的面积.

（1）$y=2\sqrt{x}$，$x=4$，$x=9$，$y=0$；

（2）$y=\cos x$，$x=0$，$x=\pi$，$y=0$ .

3．计算下列定积分.

（1）$\int_{\frac{\pi}{3}}^{\pi}\sin(x+\frac{\pi}{3})\mathrm{d}x$；（2）$\int_0^{\frac{\pi}{2}}\sin t\cos^3 t\,\mathrm{d}t$；

（3）$\int_{\frac{\pi}{6}}^{\frac{\pi}{2}}\cos^2 u\mathrm{d}u$；（4）$\int_{-\sqrt{2}}^{\sqrt{2}}\sqrt{8-2y^2}\mathrm{d}y$；

（5）$\int_0^a x^2\sqrt{a^2-x^2}\,\mathrm{d}x$；（6）$\int_{-1}^{1}\frac{x\mathrm{d}x}{\sqrt{5-4x}}$；

（7）$\int_{\frac{3}{4}}^{1}\frac{\mathrm{d}x}{\sqrt{1-x}-1}$；（8）$\int_0^1 t\mathrm{e}^{-\frac{t^2}{2}}\mathrm{d}t$；

（9）$\int_{-2}^{0}\frac{\mathrm{d}x}{x^2+2x+2}$ .

4．利用定理 6 计算下列定积分.

（1）$\int_{-\pi}^{\pi}x^4\sin x\mathrm{d}x$；（2）$\int_{-\frac{\pi}{2}}^{\frac{\pi}{2}}4\cos^4 t\mathrm{d}t$；

（3）$\int_{-5}^{5}\frac{x^3\sin^2 x}{x^4+2x^2+1}\mathrm{d}x$ .

5．计算下列定积分.

（1）$\int_0^1 x\mathrm{e}^{-x}\mathrm{d}x$；（2）$\int_0^{\frac{2\pi}{\omega}}t\sin\omega t\mathrm{d}t$（$\omega$为常数）；

（3）$\int_1^4\frac{\ln x}{\sqrt{x}}\mathrm{d}x$；（4）$\int_0^{\frac{\pi}{2}}\mathrm{e}^{2x}\cos x\mathrm{d}x$；

（5）$\int_0^{\pi}(x\sin x)^2\mathrm{d}x$；（6）$\int_{\frac{1}{\mathrm{e}}}^{\mathrm{e}}|\ln x|\mathrm{d}x$ .

扫码查答案

## 6-3 广义积分

在一些实际问题中，我们常遇到积分区间为无穷区间，或被积函数在积分区间上有无穷个间断点（即被积函数为无界函数）的情形，它们已经不属于前面所说的定积分了．因此，我们对定积分做如下两种推广，从而形成了广义积分的概念.

## 一、无穷区间的广义积分

**定义 2**　设函数 $f(x)$ 在区间 $[a,+\infty)$上连续，取 $b>a$，如果极限 $\lim\limits_{b\to+\infty}\int_a^b f(x)dx$ 存在，那么称此极限为函数 $f(x)$ 在无穷区间 $[a,+\infty)$ 上的**广义积分**，记作 $\int_a^{+\infty}f(x)\mathrm{d}x$，即

$$\int_a^{+\infty}f(x)\mathrm{d}x=\lim_{b\to+\infty}\int_a^b f(x)\mathrm{d}x\,. \qquad (6\text{-}4)$$

这时也称广义积分 $\int_a^{+\infty}f(x)\mathrm{d}x$ **收敛**；如果上述极限不存在，那么称广义积分 $\int_a^{+\infty}f(x)\mathrm{d}x$ **发散**．这时虽用同样的记号，但已不表示数值了．

类似地，可以定义下限为负无穷大或上下限都是无穷大的广义积分：

$$\int_{-\infty}^{b}f(x)\mathrm{d}x=\lim_{a\to-\infty}\int_a^b f(x)\mathrm{d}x\,, \qquad (6\text{-}5)$$

则 $\int_{-\infty}^{+\infty}f(x)\mathrm{d}x=\int_{-\infty}^{0}f(x)\mathrm{d}x+\int_0^{+\infty}f(x)\mathrm{d}x$，即

$$\int_{-\infty}^{+\infty}f(x)\mathrm{d}x=\lim_{a\to-\infty}\int_a^0 f(x)\mathrm{d}x+\lim_{b\to+\infty}\int_0^b f(x)\mathrm{d}x\,. \qquad (6\text{-}6)$$

上述广义积分统称为**无穷区间的广义积分**．

**例 1**　计算广义积分 $\int_{-\infty}^{+\infty}\dfrac{\mathrm{d}x}{1+x^2}$．

**解**　如图 6-12 所示，由（6-6）（6-5）（6-4）式得

$$\begin{aligned}\int_{-\infty}^{+\infty}\frac{\mathrm{d}x}{1+x^2}&=\int_{-\infty}^{0}\frac{\mathrm{d}x}{1+x^2}+\int_0^{+\infty}\frac{\mathrm{d}x}{1+x^2}\\&=\lim_{a\to-\infty}\int_a^0\frac{\mathrm{d}x}{1+x^2}+\lim_{b\to+\infty}\int_0^b\frac{\mathrm{d}x}{1+x^2}\\&=\lim_{a\to-\infty}[\arctan x]_a^0+\lim_{b\to+\infty}[\arctan x]_0^b\\&=-\lim_{a\to-\infty}\arctan a+\lim_{b\to+\infty}\arctan b\\&=-(-\frac{\pi}{2})+\frac{\pi}{2}=\pi\,.\end{aligned}$$

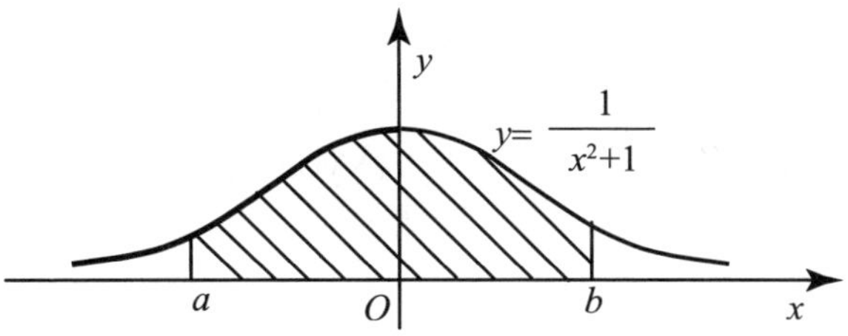


图 6-12

这个广义积分值的几何意义是：当 $a\to-\infty$，$b\to+\infty$ 时，虽然图 6-12 中阴影部分向左右无限延伸，但阴影部分的面积却有极限值π.

**例 2** 计算广义积分$\int_0^{+\infty} t\mathrm{e}^{-pt}\mathrm{d}t$ （$p$ 是常数，且 $p>0$）.

**解** $\int_0^{+\infty} t\mathrm{e}^{-pt}\mathrm{d}t = \lim\limits_{b\to+\infty}\int_0^b t\mathrm{e}^{-pt}\mathrm{d}t$

$$=\lim_{b\to+\infty}\left\{\left[-\frac{t}{p}\mathrm{e}^{-pt}\right]_0^b+\frac{1}{p}\int_0^b \mathrm{e}^{-pt}\mathrm{d}t\right\}$$

$$=\left[-\frac{t}{p}\mathrm{e}^{-pt}\right]_0^{+\infty}-\frac{1}{p^2}\left[\mathrm{e}^{-pt}\right]_0^{+\infty}$$

$$=-\frac{1}{p}\lim_{t\to+\infty} t\mathrm{e}^{-pt}-0-\frac{1}{p^2}(0-1)=\frac{1}{p^2}.$$

**注意：**

（1）有时为了方便，把$\lim\limits_{b\to+\infty}[F(x)]_a^b$记作$[F(x)]_a^{+\infty}$；

（2）式中的极限$\lim\limits_{t\to+\infty} t\mathrm{e}^{-pt}$是未定式，可用洛必达法则确定为零.

## 二、无界函数的广义积分

**定义 3** 设函数$f(x)$在区间$(a,b]$内连续，而$\lim\limits_{x\to a+0} f(x)=\infty$，如果极限$\lim\limits_{\varepsilon\to+0}\int_{a+\varepsilon}^b f(x)\mathrm{d}x\ (\varepsilon>0)$存在，那么称这个极限为函数$f(x)$在区间（$a,b$]内的**广义积分**，记作$\int_a^b f(x)\mathrm{d}x$，即

$$\int_a^b f(x)\mathrm{d}x=\lim_{\varepsilon\to0^+}\int_{a+\varepsilon}^b f(x)\mathrm{d}x. \tag{6-7}$$

这时也称广义积分$\int_a^b f(x)\mathrm{d}x$ **收敛**；如果极限不存在，就称广义积分$\int_a^b f(x)\mathrm{d}x$ **发散**.

同样地，对于函数$f(x)$在$x=b$及$x=c(a<c<b)$处是有无穷间断点的广义积分，分别给出以下的定义：

$$\int_a^b f(x)\mathrm{d}x=\lim_{\varepsilon\to0^+}\int_a^{b-\varepsilon} f(x)\mathrm{d}x\ (\varepsilon>0); \tag{6-8}$$

$$\int_a^b f(x)\mathrm{d}x=\lim_{\varepsilon_1\to0^+}\int_a^{c-\varepsilon_1} f(x)\mathrm{d}x+\lim_{\varepsilon_2\to0^+}\int_{c+\varepsilon_2}^b f(x)\mathrm{d}x\ (\varepsilon_1>0,\varepsilon_2>0). \tag{6-9}$$

如果（6-8）（6-9）式中各极限存在，那么称对应的广义积分$\int_a^b f(x)\mathrm{d}x$ 收敛；否则称广义积分$\int_a^b f(x)\mathrm{d}x$ 发散.

**例 3** 若$f(x)=\dfrac{1}{\sqrt{1-x^2}}$，计算$\int_0^1 f(x)\mathrm{d}x$.

**解** 如图 6-13 所示，因为$\lim\limits_{x\to1-0}\dfrac{1}{\sqrt{1-x^2}}=+\infty$，所以$x=1$为被积函数的无穷间断点. 于是，根据（6-9）式有

$$\begin{aligned}\int_0^1 f(x)\mathrm{d}x &= \int_0^1 \frac{\mathrm{d}x}{\sqrt{1-x^2}} \\ &= \lim_{\varepsilon\to0^+}\int_0^{1-\varepsilon}\frac{\mathrm{d}x}{\sqrt{1-x^2}} = \lim_{\varepsilon\to0^+}[\arcsin x]_0^{1-\varepsilon} \\ &= \lim_{\varepsilon\to0^+}\arcsin(1-\varepsilon) = \frac{\pi}{2}.\end{aligned}$$

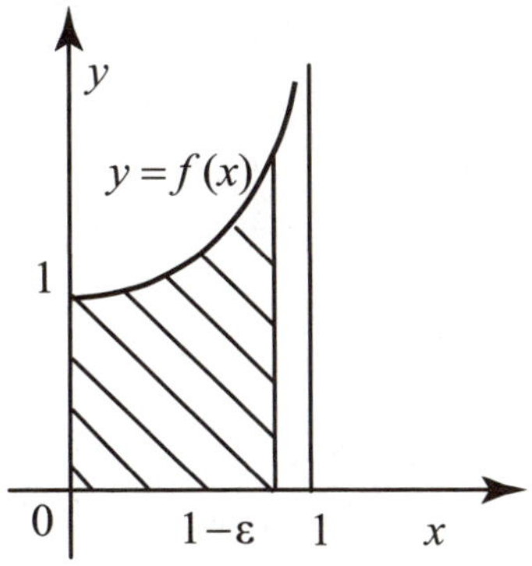


图 6-13

**例 4**　计算$\int_{-1}^{1}\frac{\mathrm{d}x}{x^2}$.

**解**　因为$\lim\limits_{x\to0}\frac{1}{x^2}=+\infty$，所以$x=0$为被积函数的无穷间断点．于是，根据（6-8）式有

$$\begin{aligned}\int_{-1}^{1}\frac{1}{x^2}\mathrm{d}x &= \lim_{\varepsilon_1\to0^+}\int_{-1}^{0-\varepsilon_1}\frac{1}{x^2}\mathrm{d}x + \lim_{\varepsilon_2\to0^+}\int_{0+\varepsilon_2}^{1}\frac{1}{x^2}\mathrm{d}x \\ &= \lim_{\varepsilon_1\to0^+}\left[-\frac{1}{x}\right]_{-1}^{0-\varepsilon_1} + \lim_{\varepsilon_2\to0^+}\left[-\frac{1}{x}\right]_{0+\varepsilon_2}^{1} \\ &= \lim_{\varepsilon_1\to0^+}\left(\frac{1}{\varepsilon_1}-1\right) + \lim_{\varepsilon_2\to0^+}\left(-1+\frac{1}{\varepsilon_2}\right).\end{aligned}$$

因为$\lim\limits_{\varepsilon_1\to0^+}\left(\frac{1}{\varepsilon_1}-1\right)=+\infty$，$\lim\limits_{\varepsilon_2\to0^+}\left(-1+\frac{1}{\varepsilon_2}\right)=+\infty$，所以广义积分$\int_{-1}^{1}\frac{\mathrm{d}x}{x^2}$是发散的.

**注意：**

如果忽略了$x=0$是被积函数的无穷间断点，就会得到以下的错误结果：

$$\int_{-1}^{1}\frac{\mathrm{d}x}{x^2} = \left[-\frac{1}{x}\right]_{-1}^{1} = -1-1 = -2\,.$$

## 习题 6-3

判断下列各广义积分的收敛性．如果收敛，则计算广义积分的值．

（1）$\int_1^{+\infty}\frac{dx}{x^4}$；　　（2）$\int_1^{+\infty}\frac{dx}{\sqrt{x}}$；

（3）$\int_{-\infty}^{+\infty}\frac{dx}{x^2+2x+2}$；　　（4）$\int_0^1\frac{xdx}{\sqrt{1-x^2}}$；

（5）$\int_0^2\frac{dx}{(1-x)^2}$；　　（6）$\int_1^2\frac{xdx}{\sqrt{x-1}}$；

（7）$\int_1^e\frac{dx}{x\sqrt{1-(\ln x)^2}}$.

扫码查答案

## 6-4　定积分的应用

本节我们将应用前面学过的定积分理论来分析和解决一些几何中的问题. 通过这些例子，我们不仅要建立计算这些几何量的公式，而且要介绍运用元素法将一个量表示成定积分的分析方法.

### 一、定积分在函数的平均值上的应用

**定理 8**　如果函数 $y=f(x)$在区间$[a,b]$上连续，那么 $y=f(x)$在区间$[a,b]$上的平均值为

$$\bar{y}=\frac{1}{b-a}\int_a^b f(x)dx. \tag{6-10}$$

这个定理的正确性可用图 6-14 说明.

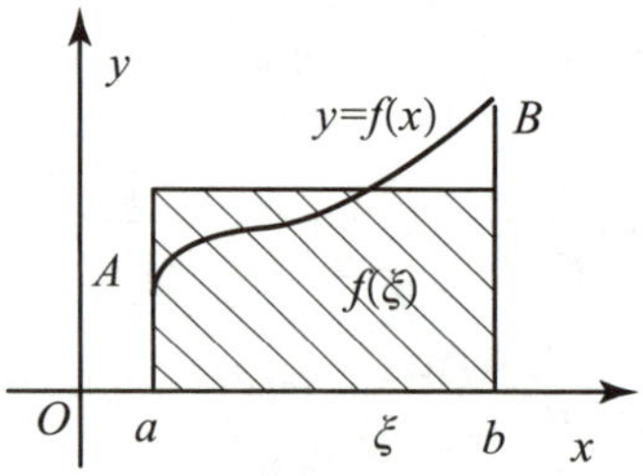


图 6-14

函数 $y=f(x)$的平均值 $\bar{y}$ 在图 6-14 中表示曲边梯形的“平均高度”，因而曲边梯形的面积 $S$ 可以写成下式：

$$S=\bar{y}(b-a).$$

而根据定积分的几何意义，曲边梯形的面积 $S$ 也可以写成下式：

$$S=\int_a^b f(x)dx,$$

因而有 $S=\bar{y}(b-a)=\int_a^b f(x)dx$，即

$$\bar{y}=\frac{1}{b-a}\int_a^b f(x)dx.$$

**例 1**　求函数 $y=x^3$ 在区间 $[0, 2]$ 上的平均值.

**解**　$\overline{y}=\frac{1}{2-0}\int_0^2 x^3\mathrm{d}x=\frac{1}{2}\times\frac{1}{4}\left[x^4\right]_0^2=\frac{1}{8}\times16=2$ .

## 二、定积分在几何上的应用

### 1．定积分的元素法

在 6-1 节中，我们用定积分表示过曲边梯形的面积和变速直线运动的路程．解决这两个问题的基本思想是：分割区间、近似代替、连续求和、计算极限．其中关键一步是近似代替，即在局部范围内“以常代变”　“以直代曲”．我们称这种方法为**元素法**或**微元法**．用元素法可以解决很多累计求和的问题．

用元素法解决总量 $A$ 的累计求和问题的步骤为：

（1）根据问题的具体情况，选取一个变量，如 $x$ 为积分变量，并确定它的变化区间 $[a,b]$；

（2）设想把区间 $[a,b]$ 分成 $n$ 个小区间，任取其中一个小区间并记作 $[x,x+\mathrm{d}x]$，求出这个小区间的部分量 $\Delta A$ 的近似值．如果 $\Delta A$ 能近似地表示为 $[a,b]$ 上的一个连续函数在 $x$ 处的值 $f(x)$ 与 $\mathrm{d}x$ 的乘积（这里 $\Delta U$ 与 $f(x)\mathrm{d}x$ 相差一个比 $\mathrm{d}x$ 高阶的无穷小），就把 $f(x)\mathrm{d}x$ 称为量 $U$ 的元素且记作 $\mathrm{d}A$，即

$$\mathrm{d}A=f(x)\mathrm{d}x.$$

（3）以所求量 $A$ 的元素 $f(x)\mathrm{d}x$ 为被积表达式，在区间 $[a,b]$ 上做定积分，得

$$A=\int_a^b f(x)\mathrm{d}x .$$

这就是所求总量 $A$ 的定积分表达式.

这个方法通常叫作**元素法**，以下我们将应用这个方法来讨论几何、物理中的一些问题.

### 2．平面图形的面积

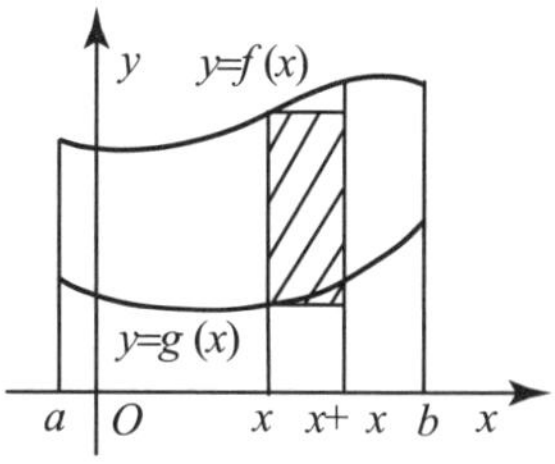

图 6-15

设函数 $f(x)$, $g(x)$ 在 $[a, b]$ 上连续且 $f(x)\geqslant g(x)$，求由曲线 $y=f(x)$，$y=g(x)$，直线 $x=a$，$x=b$ 所围图形的面积，如图 6-15 所示.

（1）取 $x$ 为积分变量，且 $x\in[a, b]$；

（2）在 $[a, b]$ 上任取小区间 $[x, x+\mathrm{d}x]$，与 $[x, x+\mathrm{d}x]$ 对应的小窄条面积近似于高为 $f(x)-g(x)$，底为 $\mathrm{d}x$ 的窄矩形的面积，故面积元素为

$$\mathrm{d}A=[f(x)-g(x)]\mathrm{d}x;$$

（3）做定积分

$$A=\int_a^b[f(x)-g(x)]\mathrm{d}x . \qquad (6\text{-}11)$$

**例 2**　计算由两条抛物线：$y^2=x$，$y=x^2$ 所围成的图形的面积.

**解** 如图 6-16 所示，解方程组 $\begin{cases} y^2 = x \\ y = x^2 \end{cases}$ ，得两抛物线的交点为(0,0)和(1,1)．由（6-8）式得

$$A=\int_0^1(\sqrt{x}-x^2)\mathrm{d}x =\left[\frac{2}{3}x^{\frac{3}{2}}-\frac{1}{3}x^3\right]_0^1=\frac{1}{3}.$$

同理，如图 6-17 所示，设 $x=\Phi_1(y)$ ， $x=\Phi_2(y)$ 在 $[c,d]$ 上连续且 $\Phi_1(y)\leqslant\Phi_2(y)$ ，$y\in[c,d]$，则由曲线 $x=\Phi_1(y)$ $x=\Phi_1(y)$ ，$x=\Phi_2(y)$ $x=\Phi_2(y)$ 和直线 $y=c$，$y=d$ 所围图形的面积为

$$A=\int_c^d[\Phi_2(y)-\Phi_1(y)]\,\mathrm{d}y. \tag{6-12}$$

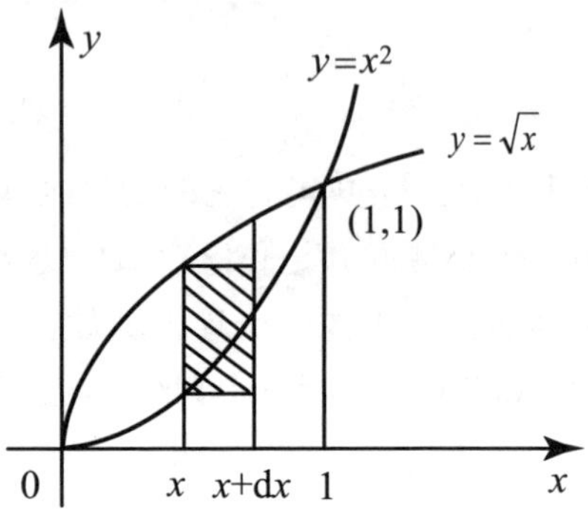


图 6-16

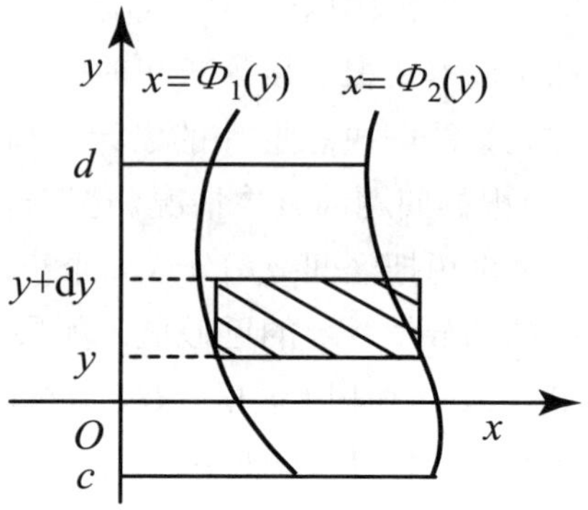


图 6-17

**例 3** 计算抛物线 $y^2=2x$ 与直线 $y=x-4$ 所围成的图形的面积.

**解** 如图 6-18 所示，解方程组 $\begin{cases} y^2 = 2x \\ y = x-4 \end{cases}$,

得抛物线与直线的交点（2,–2）和（8,4），由式（6-9）得

$$A=\int_{-2}^4(y+4-\frac{1}{2}y^2)\mathrm{d}y=\left[\frac{y^2}{2}+4y-\frac{y^3}{6}\right]_{-2}^4=18.$$

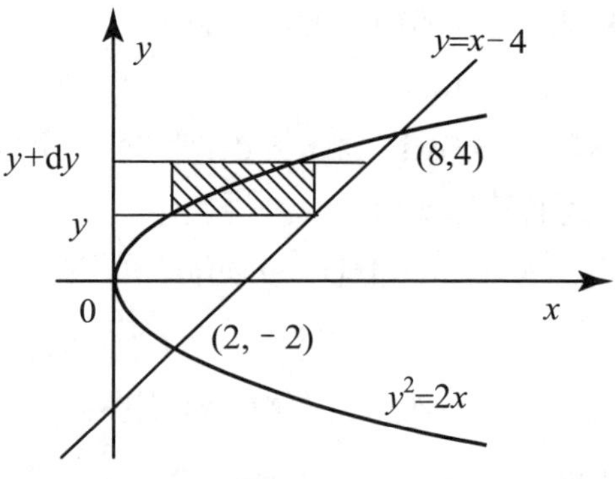


图 6-18

若用式（6-11）来计算，则要复杂一些．积分变量选得适当，计算会简便一些．

3．旋转体的体积

设函数 $y=f(x)\geqslant 0$，$x\in[a,b]$，求由曲线 $y=f(x)$，直线 $x=a$，$x=b$ 及 $x$ 轴所围成的曲边梯形绕 $x$ 轴旋转一周所得旋转体的体积．如图 6-19 所示，任取 $x\in[a,b]$，用过点 $x$ 且垂直于 $x$ 轴的平面去截旋转体，则截面为圆．这个截面圆的面积为

$$A(x)=\pi y^2=\pi f^2(x).$$

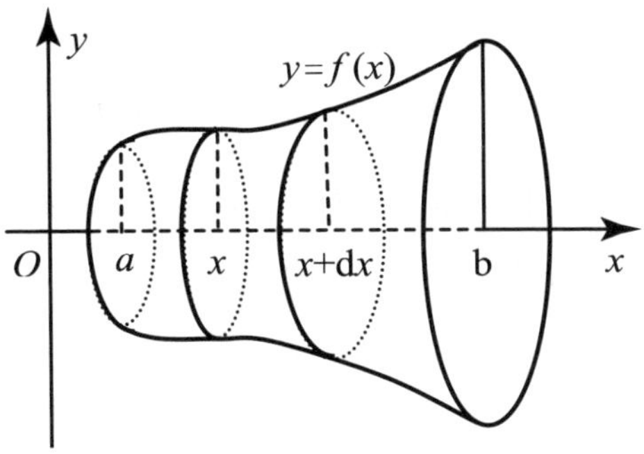


图 6-19

代入式（6-11），得旋转体体积为

$$V=\pi\int_a^b f^2(x)\mathrm{d}x\,. \tag{6-13}$$

同理，设函数 $x=\Phi(y)\geqslant 0$，$y\in[c,d]$，由曲线 $x=\Phi(y)$，直线 $y=c$，$y=d$ 及 $y$ 轴所围成的曲边梯形绕 $y$ 轴旋转一周所得的旋转体的体积为

$$V=\pi\int_c^d \Phi^2(y)\mathrm{d}y\,. \tag{6-14}$$

**例 4**　连接坐标原点 $O$ 及点 $A\,(h,r)$ 的直线 $OA$，直线 $x=h$ 及 $x$ 轴围成一个直角三角形．将它绕 $x$ 轴旋转构成一个底面半径为 $r$、高为 $h$ 的圆锥体．计算这个圆锥体的体积．

**解**　如图 6-20 所示，取圆锥顶点为原点，其中心轴为 $x$ 轴建立坐标系．圆锥体可看成由直角三角形 $ABO$ 绕 $x$ 轴旋转而成，直线 $OA$ 的方程为 $y=\dfrac{r}{h}x$（$0\leqslant x\leqslant h$），代入式（6-13）得圆锥体体积为

$$V=\int_0^h \pi\left(\frac{r}{h}x\right)^2\mathrm{d}x=\frac{\pi r^2}{h^2}\left[\frac{x^3}{3}\right]_0^h=\frac{1}{3}\pi r^2 h\,.$$

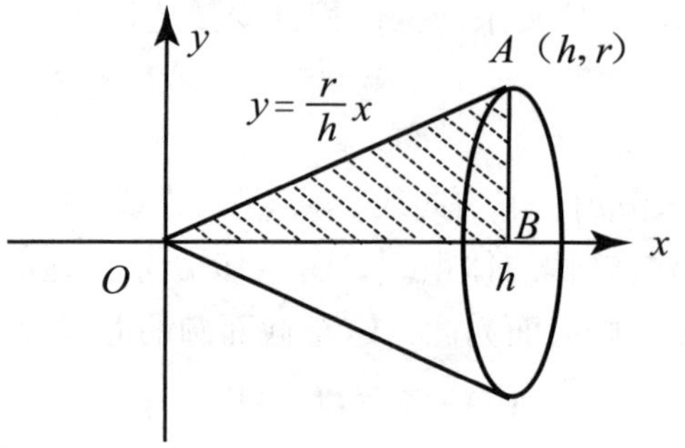


图 6-20

**例 5**　求椭圆$\frac{x^2}{a^2}+\frac{y^2}{b^2}=1$绕 $y$ 轴旋转而成的旋转体的体积.

**解**　如图 6-21 所示，旋转体是由曲边梯形 $BAC$ 绕 $y$ 轴旋转而成．曲边 $BAC$ 的方程为 $x=\frac{a}{b}\sqrt{b^2-y^2}$ （$x>0$，$y\in[-b,b]$），代入式（6-13），得

$$
\begin{aligned}
V&=\int_{-b}^{b}\pi\left(\frac{a}{b}\sqrt{b^2-y^2}\right)^2\mathrm{d}y\\
&=\frac{2\pi a^2}{b^2}\int_0^b(b^2-y^2)\mathrm{d}y\\
&=\frac{2\pi a^2}{b^2}\left[b^2y-\frac{1}{3}y^3\right]_0^b\\
&=\frac{2\pi a^2}{b^2}(b^3-\frac{1}{3}b^3)=\frac{4}{3}\pi a^2b\ .
\end{aligned}
$$

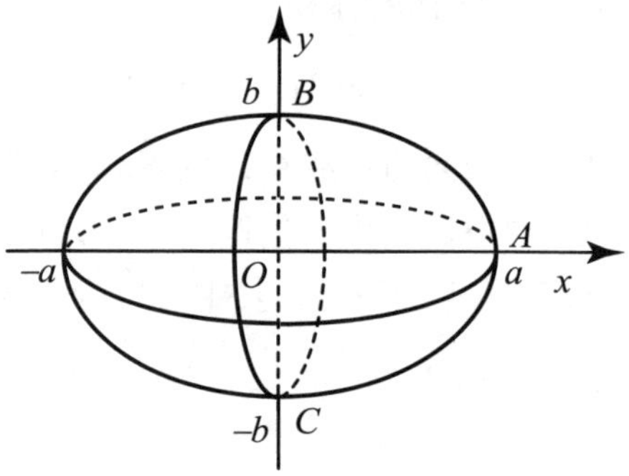


图 6-21

## 三、定积分在物理上的应用

### 1．弹簧做功问题

**例 6**　已知弹簧每拉长 0.02 m 要用 9.8 N 的力，求把弹簧拉长 0.1 m 所做的功.

**解**　物理学中，在一个常力 $F$ 的作用下，物体沿力的方向做直线运动，当物体移动一段距离 $s$ 时，$F$ 所做的功为

$$W = F \cdot s.$$

如果物体在运动过程中所受到的力是变化的，则不能直接使用上面的公式，这时必须利用定积分的思想解决这个问题，后面的几个例子均是如此.

如图 6-22 所示，我们知道，在弹性限度内，拉伸（或压缩）弹簧所需的力 $F$ 与弹簧的伸长量（或压缩量）$x$ 成正比，即 $F = kx$，其中 $k$ 为比例系数. 根据题意，当 $x = 0.02$ 时，$F = 9.8$，故由 $F = kx$ 得 $k = 490$. 这样得到的变力函数为 $F = 490x$.

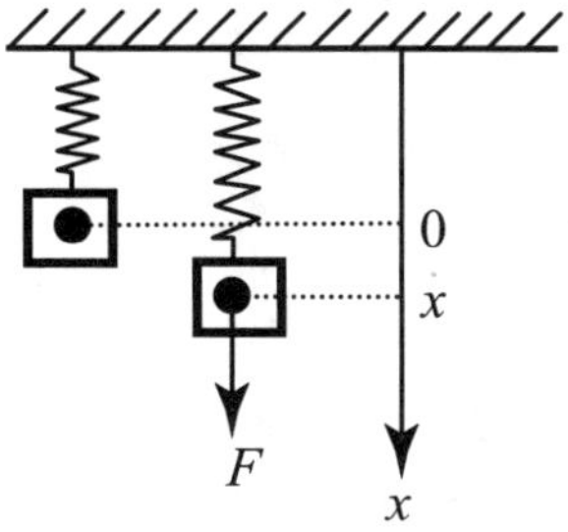


图 6-22

取 $x$ 为积分变量，积分区间为[0,0.1]. 在[0,0.1]上任取一小区间$[x,x+\mathrm{d}x]$，与它对应的变力 $F$ 所做的功近似于把变力 $F$ 看作常力所做的功，从而得到功元素为

$$\mathrm{d}W = 490x\mathrm{d}x,$$

于是所求的功为

$$W = \int_0^{0.1} 490x\mathrm{d}x = 490\left[\frac{x^2}{2}\right]_0^{0.1} = 2.45 \ (\mathrm{J}).$$

2. 抽水做功问题

**例 7**　一圆柱形的贮水桶高为 5 m，底圆半径为 3 m，桶内盛满了水. 要把桶内的水全部抽出需做多少功?

**解**　作 $x$ 轴如图 6-23 所示，取深度 $x$ 为积分变量，它的变化区间为[0,5]. 在[0,5]上任取一小区间$[x,x+\mathrm{d}x]$，与它对应的一薄层水（圆柱）的底面半径为 3 m，高度为 $\mathrm{d}x$，故这薄层水的重量为 $9800\pi \times 3^2\mathrm{d}x$.

因这一薄层水抽出贮水桶所做的功近似于克服这一薄层水的重量所做的功，所以功元素为

$$\mathrm{d}W = 9\,800\pi \times 3^2\,\mathrm{d}x \cdot x = 88\,200\pi x\mathrm{d}x,$$

于是所求的功为

$$W = \int_0^5 88\,200\pi x\mathrm{d}x = 88\,200\pi\left[\frac{x^2}{2}\right]_0^5 = 88\,200\pi \times \frac{25}{2} \approx 3.462 \times 10^6 \ (\mathrm{J}).$$

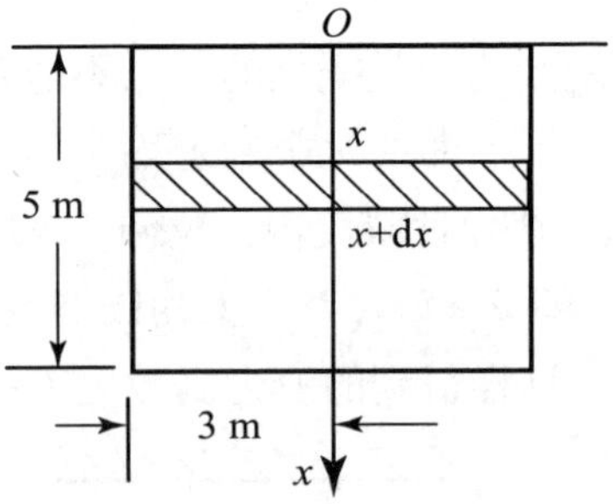


图 6-23

3．静水压力问题

物理学中，水深为 $h$ 处的压强为 $p=\gamma h$，这里$\gamma$是水的比重．如果有一面积为 $A$ 的平板水平地放置在水深为 $h$ 处，那么，平板一侧所受的压力为

$$P=pA.$$

如果平板垂直地放置在水中，那么，由于水深不同的点处压强 $p$ 不相等，平板一侧所受的水压力就不能用上述方法计算．下面我们举例说明它的计算方法．

**例 8** 某水坝中有一个等腰三角形的闸门，该闸门垂直地竖立在水中，它的底边与水面相齐．已知三角形底边长 2 m，高 3 m．该闸门所受的水压力等于多少？

**解** 如图 6-24 所示，取过三角形底边中点且垂直向下的直线为 $x$ 轴，与底边重合的水平线为 $y$ 轴．

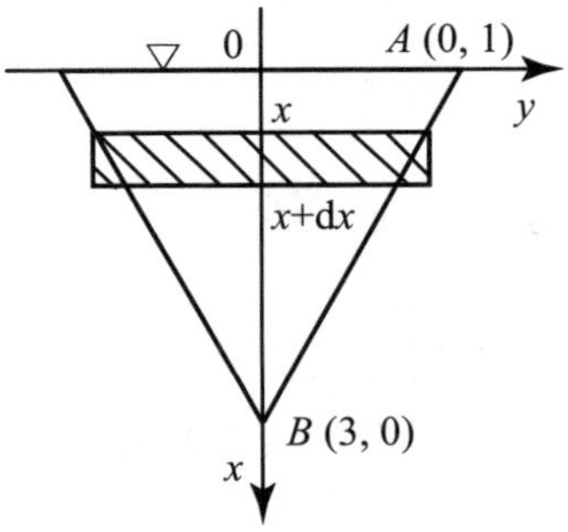


图 6-24

显然，$AB$ 的方程为

$$y=-\frac{1}{3}x+1.$$

取 $x$ 为积分变量，在[0,3]上任取一小区间$[x,x+\mathrm{d}x]$，则对应$[x,x+\mathrm{d}x]$的窄条的面积 $\mathrm{d}S$ 近似于宽为 $\mathrm{d}x$，长为 $2y=-\frac{2}{3}x+2$ 的小矩形面积．这个小矩形上受到的压力近似于把这个小矩形水平地放在距水平面深度为 $h=x$ 的位置上一侧所受到的压力．由于水的密度$\gamma=10^3(\mathrm{kg/m^3})$，$\mathrm{d}S=2y\mathrm{d}x$，即 $\mathrm{d}S=(-\frac{2}{3}x+2)\mathrm{d}x$，$h=x$，因此，该窄条所受水压力的近似值，即压力元素为

$$dP = 9.8\times10^3 \times x(-\frac{2}{3}x+2)dx \text{ (N)}.$$

于是所求压力为

$$P=\int_0^3 9.8\times10^3\times x(-\frac{2}{3}x+2)dx$$
$$=9.8\times10^3\left[-\frac{2}{9}x^3+x^2\right]_0^3=2.94\times10^4 \text{ (N)}.$$

4. 电学上的应用

（1）交流电的平均功率问题.

**例 9**　计算纯电阻电路中正弦交流电 $i=I_m\sin\omega t$ 在一个周期内功率的平均值.

**解**　设电阻为 $R$，那么该电路中，$R$ 两端的电压为

$$U=R\,i=R\,I_m\sin\omega t,$$

而功率

$$P=U\,i=R\,i^2=R\,I_m^2\sin^2\omega t,$$

由于交流电 $i=I_m\sin\omega t$ 的周期为 $T=\dfrac{2\pi}{\omega}$，因此由公式（6-10）可得，在一个周期 $[0,\dfrac{2\pi}{\omega}]$ 上，$P$ 的平均值为

$$\overline{P}=\frac{1}{\frac{2\pi}{\omega}-0}\int_0^{\frac{2\pi}{\omega}}RI_m^2\sin^2\omega t\,dt$$
$$=\frac{\omega RI_m^2}{2\pi}\int_0^{\frac{2\pi}{\omega}}(\frac{1-\cos2\omega t}{2})dt$$
$$=\frac{\omega RI_m^2}{4\pi}\left[t-\frac{1}{2\omega}\sin2\omega t\right]_0^{\frac{2\pi}{\omega}}=\frac{\omega RI_m^2}{4\pi}\cdot\frac{2\pi}{\omega}$$
$$=\frac{RI_m^2}{2}=\frac{I_mU_m}{2}\quad(U_m=I_mR),$$

即纯电阻电路中，正弦交流电的平均功率等于电流、电压的峰值的乘积的一半.

（2）交流电流的有效值问题.

在电工学中，如果交流电流 $i(t)$ 在一个周期内消耗在电阻 $R$ 上的平均功率 $\overline{P}$ 与直流电流 $I$ 消耗在电阻 $R$ 上的功率相等时，那么这个直流电流的数值 $I$ 就叫作交流电流 $i(t)$ 的有效值.

**例 10**　计算交流电流 $i(t)=I_m\sin\omega t$ 的有效值 $I$.

**解**　（1）计算 $i(t)$ 在一个周期内消耗在电阻 $R$ 上的平均功率（直接引用上例的计算结果）：

$$\overline{P}=\frac{1}{\frac{2\pi}{\omega}-0}\int_0^{\frac{2\pi}{\omega}}RI_m^2\sin^2\omega t\,dt=\frac{RI_m^2}{2};$$

（2）由电工学知 $\overline{P}=I^2R$ ，即 $I^2R=\frac{RI_m^2}{2}$，故

$$I=\frac{I_m}{\sqrt{2}}.$$

## 四、定积分在经济学上的应用

由于积分是导数的逆运算，而导数在经济上的意义是“边际”，故在经济学中可用积分的方法解决“边际”的逆运算问题.

### 1. 已知边际量，求总量在区间上的增量

由牛顿-莱布尼兹公式

$$\int_a^b f(x)\,\mathrm{d}x=F(b)-F(a)\quad [F'(x)=f(x)],$$

得 $\int_a^b F'(x)\,\mathrm{d}x=F(b)-F(a)$，即

$$F(b)-F(a)=\int_a^b F'(x)\,\mathrm{d}x, \tag{6-16}$$

即函数在某区间上的增量等于它的导数在该区间上的定积分.

**例 11** 某工厂生产某产品的边际收入为 $R'(q)=200-4q$ 吨/万元，求产量 $q$ 由 20 吨增加到 30 吨时的总收入 $R$ 的增量.

**解** 这是一个已知边际量，求总量增量的问题. 由（6-16）式，得

$$\begin{aligned}R(30)-R(20)&=\int_{20}^{30}R'(q)\,\mathrm{d}q\\&=\int_{20}^{30}(200-4q)\,\mathrm{d}q\\&=\left[200q-2q^2\right]_{20}^{30}=1\,000\ （万元）.\end{aligned}$$

**例 12** 生产某产品的边际成本为 $C'(x)=450-0.6q$，当产量由 200 件增加到 300 件时，需追加多少元成本？

**解** 由（6-15）式，得

$$\begin{aligned}C(300)-C(200)&=\int_{200}^{300}C'(x)\,\mathrm{d}x\\&=\int_{200}^{300}(450-0.6q)\,\mathrm{d}q\\&=\left[450q-0.3q^2\right]_{200}^{300}=30\,000\ （元）.\end{aligned}$$

### 2. 已知边际量，求总量

在（6-15）式中，若 $F(a)=0$，则得

$$F(b)=\int_0^b F'(x)\,\mathrm{d}x. \tag{6-17}$$

**例 13**　已知销售某商品的利润 $L(x)$ (单位：元)是销售量 $x$(单位：台)的函数，且边际利润为 $L'(x)=12.5-\dfrac{x}{80}$ (单位：元/台)，求销售 40 台时的总利润.

**解**　显然，$L(0)=0$，故

$$L(40)=\int_0^{40}L'(x)\mathrm{d}x=\int_0^{40}\left(12.5-\frac{x}{80}\right)\mathrm{d}x$$

$$=\left(12.5x-\frac{x^2}{160}\right)\Bigg|_0^{40}=490 \text{（元）}.$$

3．综合问题

**例 14**　设某工厂生产某种产品的固定成本为 20（单位：万元），边际成本为 $C'(q)=0.4q+2$（单位：万元/件），该产品的需求量与单价的关系为：$P(q)=18-0.2q$，且产品可以全部售出，求：

（1）成本函数；

（2）利润函数.

**解**　（1）设可变成本函数为 $C_1(q)$，由于 $C_1(0)=0$，根据（6-15）式，得

$$C_1(q)=\int_0^x C'(q)\mathrm{d}x=\int_0^q(0.4q+2)\mathrm{d}q=0.2q^2+2q,$$

因而总成本函数为

$$C(q)=C_1(q)+20=0.2q^2+2q+20 \text{（万元）；}$$

（2）由于产品可以全部售出，故收益函数为

$$R(q)=qP(q)=q(18-0.2q) \text{（万元），}$$

因而利润函数为

$$L(q)=R(q)-C(q)=q(18-0.2q)-(0.2q^2+2q+20)$$

$$=18q-0.2q^2-0.2q^2-2q-20$$

$$=-0.4q^2+16q-20 \text{（万元）}.$$

## 习题 6-4

1．求图 6-25 各曲线所围成的图形的面积.

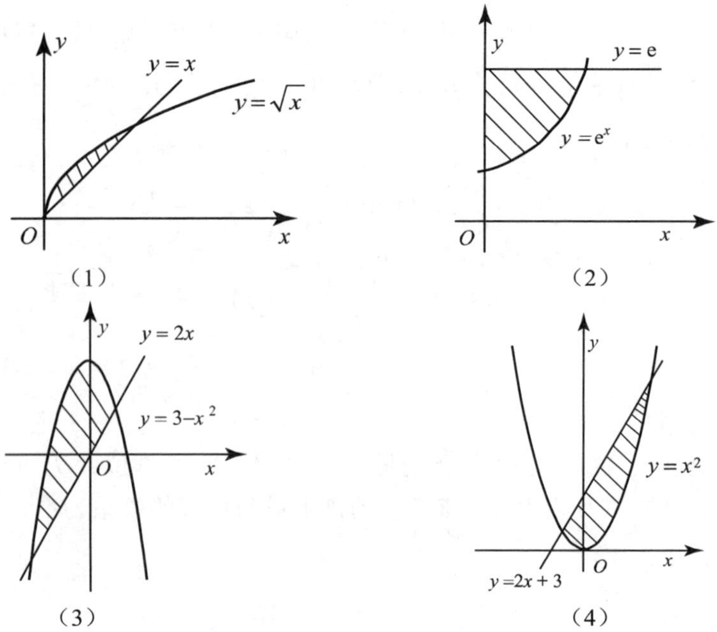


图 6-25

2．求由下列各曲线所围成的图形的面积：

（1）$y=1-x^2$，$y=0$；

（2）$y=\dfrac{1}{x}$与直线 $y=x$ 及 $x=2$；

（3）$y=e^x$，$y=e^{-x}$与直线 $x=1$；

（4）$y=\ln x$，$y$ 轴与直线 $y=\ln a$，$y=\ln b$（$b>a>0$）；

（5）$y=x^2$ 与直线 $y=x$ 及 $y=2x$ ．

3．求下列已知曲线所围成的图形按指定的轴旋转所产生的旋转体的体积．

（1）$2x-y+4=0$，$x=0$ 及 $y=0$，绕 $x$ 轴旋转；

（2）$y=x^2$，$x=y^2$，绕 $y$ 轴旋转；

（3）$x^2+(y-5)^2=16$，绕 $x$ 轴旋转．

4．由 $y=x^3$，$x=2$，$y=0$ 所围成的图形，分别绕 $x$ 轴及 $y$ 轴旋转，计算所得两个旋转体的体积．

5．有一铸铁件，它是由曲线 $y=e^x$，直线 $x=1$，$x=2$ 及 $x$ 轴所围成的图形绕 $y$ 轴旋转而成的旋转体．设长度单位为 cm，铸铁的密度为 0.071 kg/cm$^3$，试算出此铸件的重量（精确到 0.1 kg）．

6．如图 6-26 所示，弹簧原长 0.3 m，每压缩 0.01 m 需力 2 N，求把弹簧从 0.25 m 压缩到 0.2 m 所做的功．

7．有一闸门，它的形状和尺寸如图 6-27 所示，水面超过门顶 2 m，求闸门上所受的水的压力．

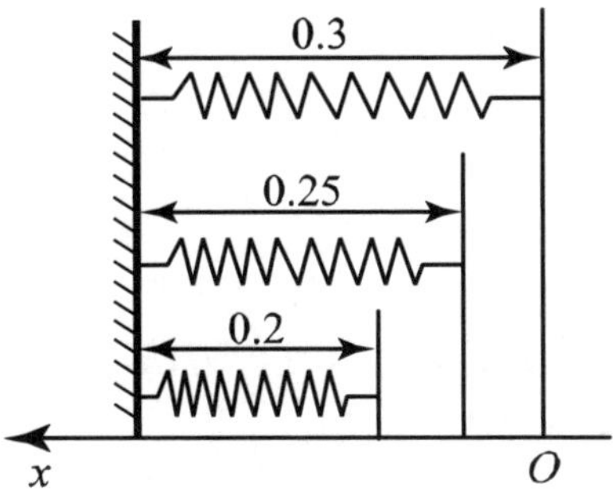

图 6-26

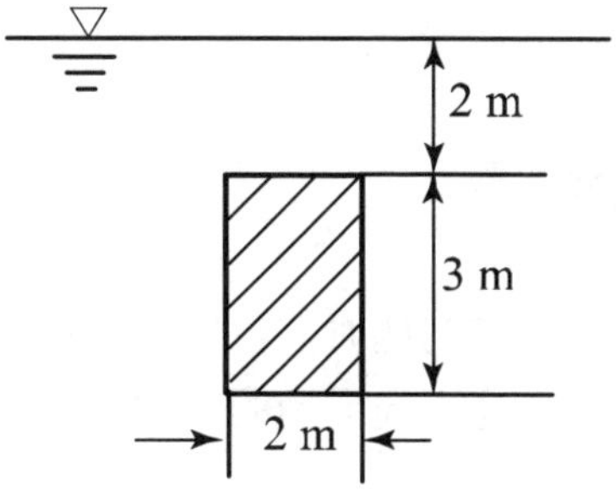

图 6-27

8．有一等腰梯形闸门，它的两条底边的长分别为 10 m 和 6 m，高为 20 m，较长的底边与水面相齐．计算闸门的一侧所受的水压力．

9．如图 6-28 所示，有一锥形贮水池，深 15 m，口径 20 m，盛满水．欲将水吸尽，要做多少功？

10．如图 6-29 所示，半径为 10 m 的半球形水箱充满了水，把水箱内的水全部吸尽，求所做的功．

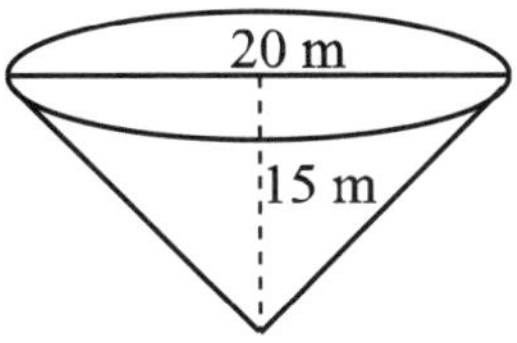

图 6-28

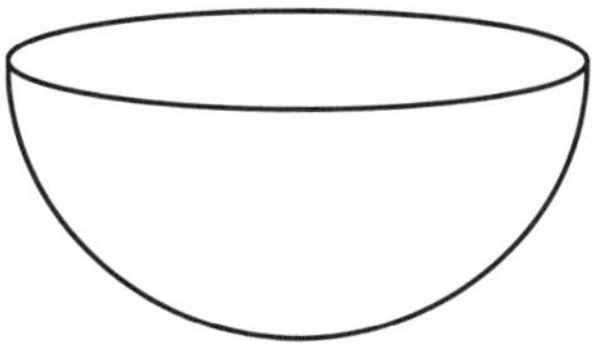
图 6-29

11．一底为 8 cm、高为 6 cm 的等腰三角形片，铅直地沉没在水中，顶在上，底在下且与水面平行，而顶离水面 3 cm，试求它每面所受的压力．

12．已知 $U(t)=U_m\sin\omega t$，其中电压最大值 $U_m=220\sqrt{2}$，角频率 $\omega$=100π，电阻为 $R$，求平均功率．

13．求正弦交流电流 $i=I_m\sin\omega t$ 经半波整流后得到的电流 $i=\begin{cases}I_m\sin\omega t, & 0\leqslant t\leqslant\dfrac{\pi}{\omega}\\ 0, & \dfrac{\pi}{\omega}<t\leqslant\dfrac{2\pi}{\omega}\end{cases}$ 的有效值．

14．已知生产某产品的边际成本为 $C'(x)=100-2x$，当产量由 20 增加到 30 时，需追加多少成本？

15．某工厂某产品的边际收入为 $R'(x)=20+2x$ 元/件，求生产 400 件时的总收入．

## 本章小结

### 一、定积分的概念

在解决许多问题时，往往需要用到“无限细分，累计求和”这一方法，如解决曲边梯形的面积与变速直线运动的路程问题，就要用到这一方法．例如，

曲边梯形的面积 $A=\lim\limits_{\|\Delta x_i\|\to 0}\sum\limits_{i=1}^{n}f(\xi_i)\Delta x_i$ ；

变速直线运动的路程 $s=\lim\limits_{\|\Delta t_i\|\to 0}\sum\limits_{i=1}^{n}v(\xi_i)\Delta t_i$ ．

上面两个例子虽属不同的领域，但思维方式、计算方法均相同，于是，我们便将这种计算方法称为定积分，即

$$\int_a^b f(x)\mathrm{d}x=\lim_{\|\Delta x_i\|\to 0}\sum_{i=1}^{n}f(\xi_i)\Delta x_i .$$

### 二、定积分的常用性质

（1）$\int_a^b[f(x)\pm g(x)]\mathrm{d}x=\int_a^b f(x)\mathrm{d}x\pm\int_a^b g(x)\mathrm{d}x$ ；

（2）$\int_a^b kf(x)\mathrm{d}x=k\int_a^b f(x)\mathrm{d}x$ ；

（3）$\int_a^b 1\cdot\mathrm{d}x=\int_a^b\mathrm{d}x=b-a$ ；

（4）$\int_a^b f(x)\mathrm{d}x=\int_a^c f(x)\mathrm{d}x+\int_c^b f(x)\mathrm{d}x$ ．

### 三、定积分的计算

（1）牛顿-莱布尼兹公式：$\int_a^b f(x)\mathrm{d}x=F(b)-F(a)$ ；

（2）换元积分公式：$\int_a^b f(x)\mathrm{d}x=\int_\alpha^\beta f[\varphi(t)]\varphi'(t)\mathrm{d}t$ ；

（3）分部积分公式：$\int_a^b u(x)\mathrm{d}[v(x)]=[u(x)\,v(x)]_a^b-\int_a^b v(x)\mathrm{d}[u(x)]$ ；

（4）如果 $f(x)$ 为偶函数，那么 $\int_{-a}^{a}f(x)\mathrm{d}x=2\int_0^a f(x)\mathrm{d}x$ ；

（5）如果 $f(x)$ 为奇函数，那么 $\int_{-a}^{a}f(x)\mathrm{d}x=0$ ．

## 四、广义积分

1．无穷区间的广义积分

$$\int_a^{+\infty} f(x)\mathrm{d}x = \lim_{b\to+\infty}\int_a^b f(x)\mathrm{d}x\text{；}$$

$$\int_{-\infty}^b f(x)\mathrm{d}x = \lim_{a\to-\infty}\int_a^b f(x)\mathrm{d}x\text{；}$$

$$\int_{-\infty}^{+\infty} f(x)\mathrm{d}x = \lim_{a\to-\infty}\int_a^0 f(x)\mathrm{d}x + \lim_{b\to+\infty}\int_0^b f(x)\mathrm{d}x.$$

2．无界函数的广义积分

$$\int_a^b f(x)\mathrm{d}x = \lim_{\varepsilon\to+0}\int_{a+\varepsilon}^b f(x)\mathrm{d}x\text{；}$$

$$\int_a^b f(x)\mathrm{d}x = \lim_{\varepsilon\to+0}\int_a^{b-\varepsilon} f(x)\mathrm{d}x\quad(\varepsilon>0)\text{；}$$

$$\int_a^b f(x)\mathrm{d}x = \lim_{\varepsilon_1\to+0}\int_a^{c-\varepsilon_1} f(x)\mathrm{d}x + \lim_{\varepsilon_2\to+0}\int_{c+\varepsilon_2}^b f(x)\mathrm{d}x\quad(\varepsilon_1>0,\varepsilon_2>0).$$

## 五、定积分的应用

（1）函数的平均值：$\overline{y}=\dfrac{1}{b-a}\int_a^b f(x)\mathrm{d}x$；

（2）平面图形的面积：$A=\int_a^b[f(x)-g(x)]\mathrm{d}x$（见图 6-30）或 $A=\int_c^d[\varPhi_2(y)-\varPhi_1(y)]\mathrm{d}y$（见图 6-31）.

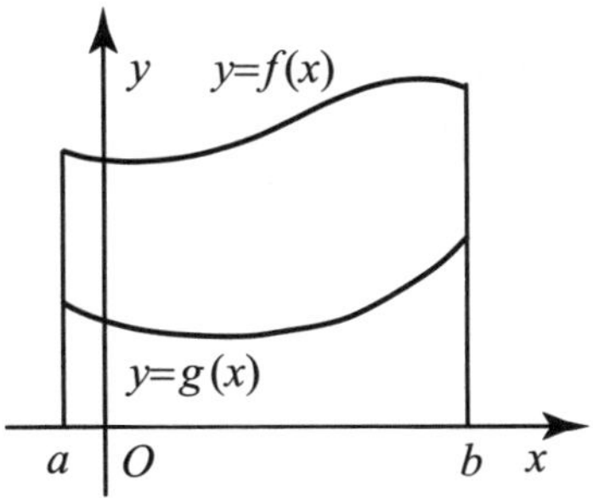

图 6-30

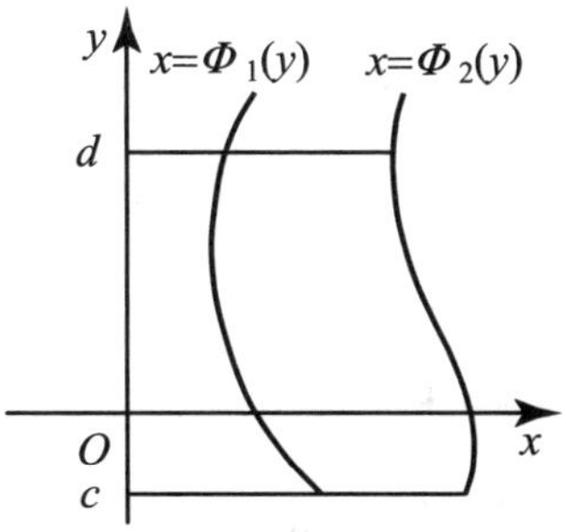

图 6-31

（3）旋转体的体积：$V=\pi\int_a^b f^2(x)\mathrm{d}x$；

（4）物理上的应用举例：略；

（5）经济学上的应用举例：略.

# 测试题六

## 一、填空题

1．定积分的性质：$\int_a^b [f(x)\pm g(x)]\mathrm{d}x=\int_a^b f(x)\mathrm{d}x\pm$__________.

2．如果$f(x)$为奇函数，那么$\int_{-a}^{a} f(x)\mathrm{d}x=$__________.

3．如果$f(x)$为偶函数，那么$\int_{-a}^{a} f(x)\mathrm{d}x=$__________.

4．定积分的换元积分公式是__________.

5．定积分的分部积分公式是__________.

## 二、选择题

1．定积分的几何意义是（　　）.

A．曲边梯形的面积代数和　　B．曲线的切线斜率

C．曲线的切线增量　　D．函数的平均值

2．牛顿-莱布尼兹公式是$\int_a^b f(x)\mathrm{d}x=$（　　）.

A．$F(a)-F(b)$　　B．$F(b)-F(a)$

C．$f(a)-f(b)$　　D．$f(b)-f(a)$

3．定积分的性质：$\int_a^b f(x)\mathrm{d}x=$（　　）.

A．$\int_c^a f(x)\mathrm{d}x+\int_c^b f(x)\,\mathrm{d}x$　　B．$\int_a^b f(x)\mathrm{d}x+\int_b^c f(x)\,\mathrm{d}x$

C．$\int_a^c f(x)\mathrm{d}x+\int_c^b f(x)\,\mathrm{d}x$　　D．$\int_a^c f(x)\mathrm{d}x+\int_b^c f(x)\,\mathrm{d}x$

4．函数的平均值：$\overline{y}=$（　　）.

A．$\dfrac{1}{a-b}\int_b^a f(x)\mathrm{d}x$　　B．$\dfrac{1}{a-b}\int_a^b f(x)\mathrm{d}x$

C．$\dfrac{1}{b-a}\int_b^a f(x)\mathrm{d}x$　　D．$\dfrac{1}{b-a}\int_a^b f(x)\mathrm{d}x$

5．下列式子中错误的是（　　）.

A．$\int_a^b kf(x)\mathrm{d}x=k\int_a^b f(x)\mathrm{d}x$　　B．$\int_a^b kf(x)\mathrm{d}x=\int_a^b f(kx)\mathrm{d}x$

C．$\int_a^b kf(x)\mathrm{d}x=\int_a^b f(x)\mathrm{d}(kx)$　　D．$\int_a^b kf(x)\mathrm{d}x=\int_a^b f(x)k\mathrm{d}x$

## 三、判断题

1．定积分的值恒为非负数．（　　）

2．定积分在变速直线运动中表示物体的加速度．（　　）

3．$\int_a^b \mathrm{d}x = b - a$．（　　）

4．换元积分公式：$\int_a^b f(x)\mathrm{d}x = \int_\alpha^\beta f[\varphi(t)]\varphi(t)\mathrm{d}t$．（　　）

5．分部积分公式：$\int_a^b u\mathrm{d}[v] = [uv] - \int_a^b v\mathrm{d}[u]$．（　　）

## 四、计算下列各定积分

1．$\int_1^3 x^3 \mathrm{d}x$；

2．$\int_1^2 (x^2 + \frac{1}{x^4})\mathrm{d}x$；

3．$\int_0^{\frac{\pi}{2}} \sin x \cos^2 x \mathrm{d}x$；

4．$\int_0^{\frac{\pi}{2}} \cos\left(2x - \frac{\pi}{2}\right)\mathrm{d}x$；

5．$\int_3^8 \frac{\mathrm{d}x}{\sqrt{x+1} - 1}$；

6．$\int_0^\pi x \sin x \mathrm{d}x$；

7．$\int_0^1 x\mathrm{e}^{-2x}\mathrm{d}x$；

8．$\int_1^{+\infty} \frac{\mathrm{d}x}{x^4}$．

## 五、解答题

1．求由 $y = x^3$ 与直线 $x = -1$ 及 $x = 2$ 所围成的图形的面积．

2．求由 $y = x^2$，$y = 0$ 与 $x = 2$ 所围曲边梯形绕 $x$ 轴旋转所产生的旋转体的体积．

## 六、应用题

有一闸门，它的形状和尺寸如图 6-32 所示，水面超过闸门顶端 1 m，试利用定积分求闸门上所受的水的压力．

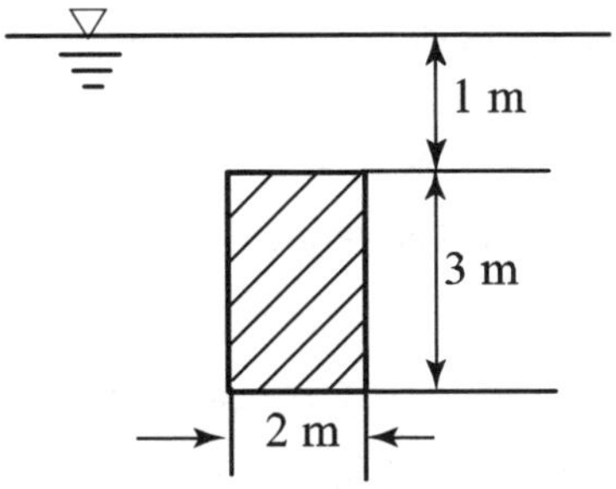


图 6-32

扫码查答案

# *第七章　常微分方程及求解

【名人名言】

数学是上帝描述自然的符号.

——黑格尔

## 资料阅读——微分方程发展简史

常微分方程是指只包含单变量微分（或导数）的微分方程. 常微分方程萌芽于 17 世纪，建立于 18 世纪.

常微分方程是在解决一个又一个物理问题的过程中产生的. 从 17 世纪末开始，摆动运动、弹性理论以及天体力学的实际问题，引出了一系列常微分方程. 例如，雅各布·伯努利在 1690 年发表了“等时曲线”的解，其方法就是对微分方程求积分而得到摆线方程. 同一篇文章中还提出了“悬链线问题”，即求一根柔软但不能伸长的绳子自由悬挂于两定点而形成的曲线的函数. 这个问题在 15 世纪就被提出过，伽利略曾猜想答案是抛物线，惠更斯证明了伽利略的猜想是错误的. 后来，莱布尼茨、惠更斯和伯努利在 1691 年都发表了各自的解答. 其中，伯努利建立了微分方程，然后解方程而得出曲线方程.

解常微分方程的方法最初是作为特殊技巧而提出的，未考虑其严密性. 解常微分方程的一般方法从莱布尼茨的分离变量法（1691 年）开始发展，直到欧拉和克莱罗给出解一阶常微分方程的积分因子法（1734—1740 年），才完全成熟. 至 1740 年左右，目前所有解一阶微分方程的初等方法都已被世人获知.

1724 年，意大利学者里卡蒂（1676—1754 年）通过变量代换将一个二阶微分方程降价为“里卡蒂方程”：$\frac{\mathrm{d}y}{\mathrm{d}x}=a_0(x)+a_1(x)y+a_2(x)y^2$. 他的“降阶”思想是处理高阶常微分方程的主要方法. 高阶微分方程的系统研究是从欧拉于 1728 年发表的《降二阶微分方程化为一阶微分方程的新方法》开始的. 1743 年，欧拉已经获得 $n$ 阶常系数线性齐次方程的完整解法. 1774—1775 年，拉格朗日用参数变易法给出一般 $n$ 阶变系数非线性齐次常微分方程的解，给出了伴随方程的概念. 在欧拉工作的基础上，拉格朗日得出了“知道 $n$ 阶齐次方程的 $m$ 个特解后，可以把方程降低 $m$ 阶”这一结论. 这是 18 世纪解常微分方程的最高成就.

在弹性理论和天文学研究中，许多问题都涉及微分方程组．例如，对两个物体在引力下运动的研究引出了“$n$ 体问题”的研究，这样引出了多个微分方程．但是，即便是“三体问题”也难以求出其精确解．寻求近似解就变成了这一问题研究所追求的目标，“摄动理论”就是其中一个例子．所谓“摄动”是指两个球形物体在相互引力作用下沿圆锥曲线运动，若有任何偏离就称这种运动是摄动的，否则是非摄动的．两个物体所在的介质对运动有阻力，或者两个物体不是球形，或者涉及更多的物体，就会发生摄动现象．18 世纪，求物体摄动运动的近似解成为一大数学难题．克莱罗、达朗贝尔、欧拉、拉格朗日以及拉普拉斯都对这个问题的研究做出了贡献，其中拉普拉斯的贡献是最突出的．

18 世纪中期，微分方程成为一门独立的学科，而这种方程的求解成为它本身的一个目标．探索常微分方程的一般积分方法大概到 1775 年才结束．其后，解常微分方程在方法上没有大的突破，新的著作仍旧是用已知的方法来解微分方程．直到 19 世纪末，人们才引进了算子方法和拉普拉斯变换法．总的来说，这门学科是各种类型的孤立技巧的汇编．

【导　学】

在科学研究和生产实际中，经常需要寻找表示客观事物的变量之间的函数关系，但是在大量的实际问题中，往往不能直接找出所需的函数关系，只能根据问题给出的条件，列出含有未知函数的导数或微分关系式，这种关系等式就是微分方程．本章主要介绍微分方程的一些基本概念、几种常用微分方程的解法和简单应用．

## 7-1　微分方程的基本概念

### 一、引例

先看一个实例．

一曲线上任意一点 $(x,y)$ 处的切线斜率等于 $2x$，且该曲线通过点 $(1,2)$，求该曲线的方程．

**解**　设所求曲线为 $y=f(x)$，由导数的几何意义可知，$y=f(x)$ 满足关系式

$$\frac{\mathrm{d}y}{\mathrm{d}x}=2x . \tag{7-1}$$

又因曲线经过点 $(1,2)$，故所求曲线应满足

$$y|_{x=1}=2 . \tag{7-2}$$

对（7-1）式两边积分，得

$$y=\int 2x\mathrm{d}x=x^2+C \ (C\text{为任意常数}) . \tag{7-3}$$

把条件（7-2）式代入（7-3）式，得　$C=1$．

将 $C=1$ 代入（7-3）式得
$$y=x^2+1. \tag{7-4}$$

可以看出，解决此问题的方法为首先建立一个含有未知函数的导数的方程，然后通过此方程求出满足所给附加条件的未知函数.

## 二、微分方程的定义

表示未知函数、未知函数的导数及自变量之间关系的方程称为**微分方程**. 例如，$\frac{\mathrm{d}y}{\mathrm{d}x}=2x$，$\frac{\mathrm{d}^2 s}{\mathrm{d}t^2}-2\frac{\mathrm{d}s}{\mathrm{d}t}=2s$ 等都是微分方程.

这里必须指出，在微分方程中，自变量及未知函数可以不出现，但未知函数的导数必须出现.

**定义 1** 未知函数是一元函数的微分方程称为**常微分方程**. 未知函数是多元函数的微分方程称为**偏微分方程**. 本章我们只介绍常微分方程的有关知识，故本章所述的微分方程都指常微分方程.

## 三、微分方程的阶

微分方程中所含未知函数的导数的最高阶数称为微分方程的**阶**. 例如，$\frac{\mathrm{d}y}{\mathrm{d}x}=2x$ 是一阶微分方程，$\frac{\mathrm{d}^2 s}{\mathrm{d}t^2}-2\frac{\mathrm{d}s}{\mathrm{d}t}=2s$ 是二阶微分方程，$4y'''+10y''-12y'+15y=\sin 2x$ 是三阶微分方程.

一般地，一阶微分方程的一般形式为
$$y'=f(x,y) \text{ 或 } F(x,y,y')=0 .$$

二阶微分方程的一般形式为
$$y''=f(x,y,y') \text{ 或 } F(x,y,y',y'')=0 .$$

$n$ 阶微分方程的一般形式为
$$y^{(n)}=f(x,y,y',\cdots,y^{(n-1)}) \text{ 或 } F(x,y,y',y'',\cdots,y^{(n)})=0 .$$

## 四、微分方程的解

在引例中将（7-1）式中的未知函数 $y$ 用已知函数 $y=x^2+1$ 代替，则（7-1）式成为恒等式，我们可把 $y=x^2+1$ 称为方程（7-1）的一个解.

**定义 2** 如果函数 $y=f(x)$ 满足一个微分方程，则称它是该微分方程的**解**. 求微分方程的解的过程，称为**解微分方程**.

微分方程的解可以是显函数，也可以是隐函数.

若微分方程的解中含有任意常数且任意常数的个数与该方程的阶数相等，则称这个解为微分方程的**通解**．利用题设中的条件把通解中的任意常数求出后，得到的解叫作微分方程的**特解**．

用来求特解的条件叫作**初始条件**．例如，$y|_{x=-2}=1$，$S|_{t=0}=S_0$，$S'|_{t=0}=V_0$ 都是初始条件．

从几何的角度说，微分方程通解的图像是一族曲线，即积分曲线族，而微分方程的特解是积分曲线族的一条积分曲线．

利用微分方程解决实际问题时，步骤大致如下：

（1）分析问题，建立微分方程，并列出初始条件；

（2）求微分方程的通解；

（3）利用初始条件，确定通解中的任意常数，从而解出微分方程的特解．

## 五、例题讲解

**例 1**　验证函数 $y=C_1\sin x-C_2\cos x$ 是 $y''+y=0$ 的通解，其中 $C_1$，$C_2$ 是任意常数．

**解**　因为 $y'=C_1\cos x+C_2\sin x$，$y''=-C_1\sin x+C_2\cos x$，用 $y$，$y''$ 代入原方程左端，得

$$-C_1\sin x+C_2\cos x+C_1\sin x-C_2\cos x=0\text{，}$$

所以，$y=C_1\sin x-C_2\cos x$ 是 $y''+y=0$ 的解，又因为解中含有两个任意常数，其个数与方程阶数相等，所以 $y=C_1\sin x-C_2\cos x$ 是 $y''+y=0$ 的通解．

**例 2**　已知函数 $y=C_1x+C_2x^2$ 是微分方程 $y=y'x-\dfrac{1}{2}y''x^2$ 的通解，求满足初始条件 $y|_{x=-1}=1$，$y'|_{x=1}=-1$ 的特解．

**解**　将 $y|_{x=-1}=1$ 代入通解中，得 $C_2-C_1=1$，又 $y'=C_1+2C_2x$，将 $y'|_{x=1}=-1$ 代入，得 $C_1+2C_2=-1$，联立

$$\begin{cases}C_2-C_1=1\\C_1+2C_2=-1\end{cases}\text{，}$$

解得　$C_1=-1$，$C_2=0$，所以，满足初始条件的特解为 $y=-x$．

**例 3**　设一个微分方程的通解为 $(x-C)^2+y^2=1$，求对应的微分方程．

**解**　对通解两端求导数得

$$2(x-C)+2yy'=0\text{，}$$

即

$$x-C=-yy'\ \text{或}\ C=x+yy'\text{．}$$

将 $C=x+yy'$ 代入原方程，得 $y^2y'^2+y^2=1$．

微分方程特解的图像是一条曲线，叫作**微分方程的积分曲线**，而微分方程的通解图像是一簇曲线，叫作**积分曲线簇**．显然，特解图像就是积分曲线簇中满足某个初始条件的一条确定的曲线．

## 习题 7-1

1．指出下列微分方程的阶数．

（1）$x(y')^2-2yy'+x=0$；　　（2）$y'''+x=1$；

（3）$\dfrac{\mathrm{d}^2x}{\mathrm{d}t^2}-x=\sin t$；　　（4）$(x-1)\mathrm{d}x-(y+1)\mathrm{d}y=0$．

2．验证下列函数是否是所给方程的解．若是解，指出是通解，还是特解？

（1）$xy'=2y$，　$y=5x^2$；

（2）$y''-(\lambda_1+\lambda_2)y'+\lambda_1\lambda_2y=0$, $y=C_1\mathrm{e}^{\lambda_1x}+C_2\mathrm{e}^{\lambda_2x}$；

（3）$y''=x^2+y^2$，　$y=\dfrac{1}{x}$；

（4）$y''-2y'+y=0$，　$y=x\mathrm{e}^x$．

3．设微分方程的通解是下列函数，求其对应的微分方程．

（1）$y=C\mathrm{e}^{\arcsin x}$；　　（2）$y=C_1x+C_2x^2$．

扫码查答案

## 7-2　可分离变量的微分方程

**定义 3**　形如

$$\frac{\mathrm{d}y}{\mathrm{d}x}=f(x)g(x) \tag{7-5}$$

或

$$M_1(x)M_2(y)\mathrm{d}x+N_1(x)N_2(y)\mathrm{d}y=0 \tag{7-6}$$

的一阶微分方程称为**可分离变量的微分方程**．

例如，$\dfrac{\mathrm{d}y}{\mathrm{d}x}=\dfrac{y}{x}$，$x(y^2-1)\mathrm{d}x+y(x^2-1)\mathrm{d}y=0$ 等都是可分离变量的微分方程．而 $\cos(xy)\mathrm{d}x+xy\mathrm{d}y=0$ 不是可分离变量的微分方程．

可分离变量的微分方程的解法称为**分离变量法**．其步骤如下．

（1）分离变量：$g(y)\mathrm{d}y=f(x)\mathrm{d}x$；

（2）两边求不定积分：$\int g(y)\mathrm{d}y=\int f(x)\mathrm{d}x$，得通解

$$G(y)=F(x)+C\,,$$

其中 $G(y), F(x)$ 分别是 $\dfrac{1}{g(y)}$，$f(x)$ 的原函数，利用初始条件求出常数 $C$，得特解．

在微分方程（7-6）式中，当 $M_2(y)N_1(x)\neq 0$ 时，两端同除以 $M_2(y)N_1(x)$ 得

$$\frac{M_1(x)}{N_1(x)}\mathrm{d}x+\frac{N_2(y)}{M_2(y)}\mathrm{d}y=0\,,$$

两边积分，得

$$\int\frac{M_1(x)}{N_1(x)}\mathrm{d}x+\int\frac{N_2(y)}{M_2(y)}\mathrm{d}y=C\,.$$

上式所确定的隐函数就是微分方程的通解．

**例 1**　求微分方程 $\dfrac{dy}{dx}=\dfrac{y}{x^2}$ 的通解.

**解**　将原方程分离变量，得

$$\frac{dy}{y}=\frac{dx}{x^2},$$

两边积分，得

$$\int\frac{dy}{y}=\int\frac{dx}{x^2},$$

$$\ln|y|=-\frac{1}{x}+C_1,$$

$$y=\pm e^{C_1-\frac{1}{x}},$$

原方程的通解为

$$y=Ce^{-\frac{1}{x}}.\text{（其中 }C=\pm e^{C_1}\text{）}$$

**例 2**　求微分方程 $\cos y\cdot\sin x dx-\sin y\cdot\cos x dy=0$ 满足 $y|_{x=0}=\dfrac{\pi}{4}$ 的特解.

**解**　将原方程两端同除以 $\cos x\cdot\cos y$，得

$$\tan x dx-\tan y dy=0.$$

两边积分，得

$$\int\tan x dx-\int\tan y dy=C_1,$$

$$-\ln|\cos x|+\ln|\cos y|=C_1,$$

$$\ln\left|\frac{\cos y}{\cos x}\right|=C_1,$$

$$\left|\frac{\cos y}{\cos x}\right|=e^{C_1}$$

$$\frac{\cos y}{\cos x}=\pm e^{C_1}$$

$$\frac{\cos y}{\cos x}=C\quad(C=\pm e^{C_1}).$$

将 $x=0$，$y=\dfrac{\pi}{4}$ 代入，得 $C=\cos\dfrac{\pi}{4}=\dfrac{\sqrt{2}}{2}$，原方程的特解为

$$\sqrt{2}\cos y-\cos x=0.$$

**例 3**　求微分方程 $\dfrac{dy}{dx}=1+x+y^2+xy^2$ 的通解.

**解**　方程可化为

$$\frac{dy}{dx}=(1+x)(1+y^2),$$

分离变量，得

$$\frac{1}{1+y^2}dy=(1+x)dx.$$

两边积分，得

$$\int\frac{1}{1+y^2}dy=\int(1+x)dx,$$

得 $$\arctan y=\frac{1}{2}x^2+x+C.$$

于是原方程的通解为 $$y=\tan\left(\frac{1}{2}x^2+x+C\right).$$

**例 4** 已知某商品的生产成本为 $C=C(x)$，它与产量 $x$ 满足微分方程 $C'(x)=1+ax$（$a$ 为常数），且当 $x=0$ 时，$C=C$，求成本函数 $C(x)$.

**解** 由题意列出方程为

$$\begin{cases}\dfrac{\mathrm{d}C(x)}{\mathrm{d}x}=1+ax\\ x=0,\quad C=C_0\end{cases}.$$

分离变量，积分得 $$\int\mathrm{d}C(x)=\int(1+ax)\mathrm{d}x,$$

解得 $$C(x)=\frac{1}{2a}(1+ax)^2+C.$$

由初始条件 $x=0$，$C=C_0$ 得 $C=C_0-\dfrac{1}{2a}$，故成本函数为 $C(x)=\dfrac{1}{2a}(1+ax)^2+C_0-\dfrac{1}{2a}$.

**例 5** 已知某厂的纯利润 $L$ 对广告费 $x$ 的变化率 $\dfrac{\mathrm{d}L}{\mathrm{d}x}$ 与正常数 $A$ 和纯利润 $L$ 之差成正比．当 $x=0$ 时，$L=L_0$（$0<L_0<A$），试求纯利润 $L$ 与广告费 $x$ 之间的函数关系.

**解** 由题意列出方程为

$$\begin{cases}\dfrac{\mathrm{d}L}{\mathrm{d}x}=k(A-L)\\ L\big|_{x=0}=L_0\end{cases}，其中 K>0 为比例常系数.$$

分离变量、积分，得 $$\int\frac{\mathrm{d}L}{A-L}=\int k\mathrm{d}x,$$

解之得 $$-\ln(A-L)=kx-\ln C,$$

即 $$A-L=C\mathrm{e}^{-kx},$$

所以 $$L=A-C\mathrm{e}^{-kx},$$

由初始条件 $L\big|_{x=0}=L_0$，解得 $C=A-L_0$，故纯利润与广告费的函数关系为

$$L=A-(A-L_0)\mathrm{e}^{-kx}.$$

显然，纯利润 $L$ 随广告费 $x$ 增加而趋于常数 $A$.

## 习题 7-2

1．求下列微分方程的通解.

（1）$xy^2\mathrm{d}x+(1+x^2)\mathrm{d}y=0$；（2）$\dfrac{\mathrm{d}y}{\mathrm{d}x}=2xy$；

（3）$\sec^2x\tan y\mathrm{d}x+\sec^2y\tan x\mathrm{d}y=0$；（4）$y'=10^{x+y}$.

2．求下列微分方程满足初始条件的特解.

（1）$(1+\mathrm{e}^x)yy'=\mathrm{e}^x$，　　$y|_{x=1}=1$；

（2）$\dfrac{x}{1+y}\mathrm{d}x-\dfrac{y}{1+x}\mathrm{d}y=0$，　　$y|_{x=0}=1$.

3．一曲线通过点(1,1)且曲线上任意一点$M(x,y)$的切线与直线$OM$垂直，求此曲线的方程.

4．设降落伞从跳伞塔下落后，所受空气阻力与速度成正比，且降落伞离开跳伞塔时速度为零，求降落伞下落速度$V$与时间$t$的函数关系.

5．如图 7-1 所示，已知在$RC$电路中，电容$C$的初始电压为$u_0$，求开关 K 合上后电容器上电压$u_c$随时间$t$的变化规律.

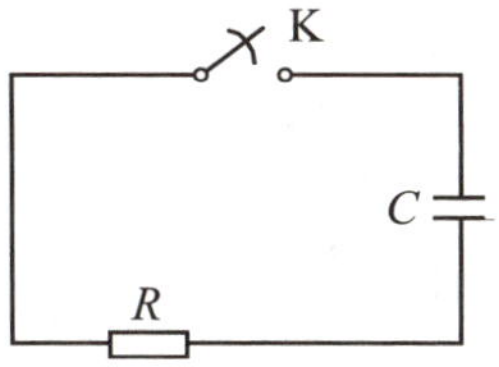


图 7-1

扫码查答案

## 7-3　齐次微分方程

**定义 4**　形如

$$\frac{\mathrm{d}y}{\mathrm{d}x}=f\left(\frac{y}{x}\right)$$

的微分方程称为**齐次型微分方程**．它的解法是变量替换法.

令$u=\dfrac{y}{x}$，则$y=xu$，$\dfrac{\mathrm{d}y}{\mathrm{d}x}=u+x\dfrac{\mathrm{d}u}{\mathrm{d}x}$，代入上式，得到关于未知函数$u$、自变量$x$的微分方程

$$u+x\frac{\mathrm{d}u}{\mathrm{d}x}=f(u).$$

该方程是可分离变量方程，因此可求其通解，进而求得齐次型微分方程的解.

**例 1**　解微分方程$x^2\dfrac{\mathrm{d}y}{\mathrm{d}x}=xy-y^2$.

**解**　原方程变形为

$$\frac{\mathrm{d}y}{\mathrm{d}x}=\frac{y}{x}-\left(\frac{y}{x}\right)^2.$$

令$u=\dfrac{y}{x}$，则$y=xu$，$\dfrac{\mathrm{d}y}{\mathrm{d}x}=u+x\dfrac{\mathrm{d}u}{\mathrm{d}x}$，

即

$$u+x\frac{\mathrm{d}u}{\mathrm{d}x}=u-u^2 \text{ 或 } x\frac{\mathrm{d}u}{\mathrm{d}x}=-u^2,$$

分离变量，得

$$-\frac{\mathrm{d}u}{u^2}=\frac{\mathrm{d}x}{x},$$

两边积分，得 $$\frac{1}{u}=\ln x+C \text{ 或 } u=\frac{1}{\ln x+C},$$

将 $u$ 换成 $\frac{y}{x}$，并解出 $y$，得原方程通解为

$$y=\frac{x}{\ln x+C}.$$

**例 2** 如图 7-2 所示，曲线 $L$ 上一点 $P(x,y)$ 的切线与 $y$ 轴交于 $A$ 点，$OA$，$OP$，$AP$ 构成一个以 $AP$ 为底边的等腰三角形，求曲线 $L$ 的方程.

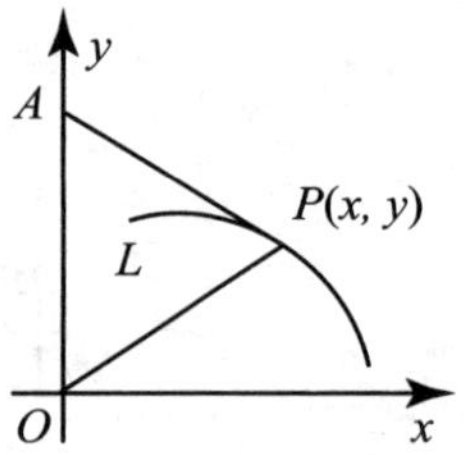


图 7-2

**解** 设曲线 $L$ 的方程为 $y=f(x)$，其上任意一点 $P(x,y)$ 的切线 $AP$ 的方程为

$$Y-y=y'(X-x).$$

该切线 $AP$ 交 $Oy$ 轴于点 $A(0,y-xy')$，由题意知，$|OP|=|OA|$，即有

$$x^2+y^2=(y-xy')^2,$$

即 $$\frac{\mathrm{d}y}{\mathrm{d}x}=\frac{y}{x}\pm\frac{\sqrt{x^2+y^2}}{x}.$$

对方程 $$\frac{\mathrm{d}y}{\mathrm{d}x}=\frac{y}{x}+\frac{\sqrt{x^2+y^2}}{x}=\frac{y}{x}+\sqrt{1+\left(\frac{y}{x}\right)^2},$$

令 $u=\frac{y}{x}$，则 $$x\frac{\mathrm{d}u}{\mathrm{d}x}=u+\sqrt{1+u^2}-u=\sqrt{1+u^2},$$

即 $$\frac{\mathrm{d}u}{\sqrt{1+u^2}}=\frac{\mathrm{d}x}{x},$$

两边积分，得 $$\ln|u+\sqrt{1+u^2}|=\ln x+\ln C,$$

$$u+\sqrt{1+u^2}=Cx,$$

用 $u=\frac{y}{x}$ 代入，得 $$\frac{y}{x}+\sqrt{1+\left(\frac{y}{x}\right)^2}=Cx,$$

所以，曲线 $L$ 的方程为 $$y+\sqrt{x^2+y^2}=Cx^2;$$

对方程 $\frac{\mathrm{d}y}{\mathrm{d}x}=\frac{y}{x}-\frac{\sqrt{x^2+y^2}}{x}$ 来说，类似地，可求得曲线 $L$ 的方程为

$$y+\sqrt{x^2+y^2}=C.$$

所以，曲线 $L$ 的方程为

$$y+\sqrt{x^2+y^2}=Cx^2 \text{ 和 } y+\sqrt{x^2+y^2}=C.$$

**例 3**　求微分方程 $\dfrac{\mathrm{d}y}{\mathrm{d}x}=\dfrac{y}{x}+\tan\dfrac{y}{x}$ 的通解.

**解**　令 $u=\dfrac{y}{x}$，则 $y=xu$，$\dfrac{\mathrm{d}y}{\mathrm{d}x}=u+x\dfrac{\mathrm{d}u}{\mathrm{d}x}$，将其代入原方程，得

$$u+x\frac{\mathrm{d}u}{\mathrm{d}x}=u+\tan u,$$

即

$$\frac{\mathrm{d}u}{\mathrm{d}x}=\frac{\tan u}{x}.$$

分离变量，得

$$\cot u\mathrm{d}u=\frac{1}{x}\mathrm{d}x,$$

两边积分，得

$$\int\cot u\mathrm{d}u=\int\frac{1}{x}\mathrm{d}x,$$

$$\ln\sin u=\ln x+\ln C,$$

$$\sin u=Cx.$$

将 $u=\dfrac{y}{x}$ 回代，得原方程的通解为 $\sin\dfrac{y}{x}=Cx$.

## 习题 7-3

1．求下列微分方程的通解.

（1）$y'=\dfrac{y}{x}+\tan\dfrac{y}{x}$；　　（2）$xy'-x\sin\dfrac{y}{x}-y=0$；

（3）$x\dfrac{\mathrm{d}y}{\mathrm{d}x}+y=2\sqrt{xy}$；　　（4）$x^2y\mathrm{d}x-(x^3+y^3)\mathrm{d}y=0$.

2．求下列微分方程满足初始条件的特解.

（1）$y'=\dfrac{x}{y}+\dfrac{y}{x}$，$y|_{x=-1}=2$；

（2）$(x^2+2xy-y^2)\mathrm{d}x+(y^2+2xy-x^2)\mathrm{d}y=0$，$y_{x=1}=1$.

扫码查答案

## 7-4　一阶线性微分方程

### 一、一阶线性微分方程的概念

**定义 5**　形如

$$y'+p(x)y=Q(x)$$

的方程称为**一阶线性微分方程**，其中 $p(x)$，$Q(x)$ 为已知连续函数.

当 $Q(x)=0$ 时，方程变为

$$y'+p(x)y=0,$$

称为**一阶线性齐次微分方程**.

当 $Q(x)\neq 0$ 时，对应的微分方程称为**一阶线性非齐次微分方程**.

下面介绍这两种方程的解法.

## 二、一阶线性齐次微分方程的解法

对于一阶线性齐次微分方程，可以用分离变量法求出通解.

分离变量
$$\frac{\mathrm{d}y}{y}=-p(x)\mathrm{d}x,$$

两边积分
$$\int\frac{1}{y}\mathrm{d}y=\int -p(x)\mathrm{d}x,$$

$$\ln y=-\int p(x)\mathrm{d}x+\ln C,$$

故一阶线性齐次微分方程 $y'+p(x)y=0$ 的通解为

$$y=C\mathrm{e}^{-\int p(x)\mathrm{d}x}.$$

**例 1** 求方程 $\dfrac{\mathrm{d}y}{\mathrm{d}x}+3x^2y=0$ 的通解.

**解** 所给方程为一阶线性齐次方程，且 $p(x)=3x^2$，根据通解公式，得

$$y=C\mathrm{e}^{-\int p(x)\mathrm{d}x}=C\mathrm{e}^{-\int 3x^2\mathrm{d}x}=C\mathrm{e}^{-x^3},$$

即为所求方程的通解.

## 三、一阶线性非齐次微分方程的解法

求一阶线性非齐次微分方程 $y'+p(x)y=Q(x)$ 的通解，可采用“**常数变易法**”，即将上述一阶线性齐次微分方程通解中的常数 $C$ 换成待定函数 $C(x)$，设微分方程 $y'+p(x)y=Q(x)$ 的解的形式为

$$y=C(x)\mathrm{e}^{-\int p(x)\mathrm{d}x},$$

于是
$$y'=C'(x)\mathrm{e}^{-\int p(x)\mathrm{d}x}+C(x)(-p(x))\mathrm{e}^{-\int p(x)\mathrm{d}x}.$$

将 $y$，$y'$ 代入 $y'+p(x)y=Q(x)$，得

$$C'(x)=\mathrm{e}^{\int p(x)\mathrm{d}x}Q(x),$$

两边积分，得
$$C(x)=\int\mathrm{e}^{\int p(x)\mathrm{d}x}Q(x)\mathrm{d}x+C.$$

于是可得
$$y=\mathrm{e}^{-\int p(x)\mathrm{d}x}\left[\int\mathrm{e}^{\int p(x)\mathrm{d}x}Q(x)\mathrm{d}x+C\right].$$

可以验证，这就是一阶线性非齐次微分方程的通解.

**例 2** 解微分方程 $y'+\frac{y}{x}=\sin x$ .

**解** 设 $P(x)=\frac{1}{x}$，$Q(x)=\sin x$，由一阶线性非齐次微分方程通解公式可得

$$y=e^{-\int\frac{1}{x}dx}\left(\int\sin x e^{\int\frac{1}{x}dx}dx+C\right)$$
$$=\frac{1}{x}\left(\int x\sin x dx+C\right)=\frac{\sin x}{x}-\cos x+\frac{C}{x} .$$

**例 3** 一个由电阻 $R=10\ \Omega$，电感 $L=2$ H 和电源电压 $E=20\sin 5t$ V 串联而成的电路，开关 K 闭合后，电路中有电流通过，求电流 $i$ 和时间 $t$ 的函数关系.

**解** 由电学知识可知，当回路中电流变化时，$L$ 上有感应电动势 $-L\frac{di}{dt}$，由回路定律得

$$20\sin 5t-2\frac{di}{dt}-10i=0 ,$$

即

$$\frac{di}{dt}+5i=10\sin 5t ,$$

由一阶线性非齐次微分方程通解公式可得

$$i(t)=\sin 5t-\cos 5t+Ce^{-5t} ,$$

将初条件 $i(t)|_{t=0}=0$ 代入，得 $C=1$，故得电流 $i$ 与时间 $t$ 的函数关系为

$$i(t)=e^{-5t}+\sin 5t-\cos 5t=e^{-5t}+\sqrt{2}\sin\left(5t-\frac{\pi}{4}\right).$$

**例 4** 某人某天从食物中获取了 10 500 J 热量，其中 5 040 J 用于基础代谢. 他每天的活动强度相当于每千克体重消耗 67.2 J 热量，余下的热量均以脂肪的形式储存起来. 每 42 000 J 热量可转化为 1 kg 脂肪. 这个人的体重是怎样随时间变化的，会达到平衡吗？

**解** 设体重为 $W(t)$，根据题意，先从 $\Delta t=1$ 天的情况分析体重的变化量 $\Delta W$ . 每天的进食量相当于获得体重 $10\,500/42\,000=0.25$ kg，基础代谢用去 $5\,040/42\,000=0.12$ kg，活动消耗为每千克体重 $67.2/42\,000=0.0016$ kg，所以 $\Delta W=(0.25-0.12-0.0016W)\Delta t$ 在长为 $\Delta t$ 的时间间隔内，$W$ 的平均变化率为

$$\frac{\Delta W}{\Delta t}=0.13-0.0016W .$$

因其对任意的 $\Delta t$ 皆成立，故令 $\Delta t\to 0$，求极限，得 $\frac{dW}{dt}=0.13-0.0016W$ 或 $\frac{dW}{dt}+0.0016=0.13$，由一阶线性非齐次微分方程通解公式可得

$$W=e^{-\int 0.0016dt}\left(\int 0.13e^{\int 0.0016dt}dt+C\right)$$
$$=e^{-0.0016t}\left(\int 0.13e^{0.0016t}dt+C\right)$$
$$=e^{-0.0016t}\left(\frac{0.13}{0.0016}e^{0.0016t}+C\right)$$
$$=81.25+Ce^{-0.0016t}.$$

假设 $W(0)=W_0$，代入上式得 $C=W_0-81.25$，因此他的体重 $W$ 随时间 $t$ 变化的函数为 $W=81.25+(W_0-81.25)\mathrm{e}^{-0.0016t}$．因为 $t\to\infty$ 时，$W\to 81.25$，故他的体重会在 81.25 处达到平衡．

## 习题 7-4

1．求下列微分方程的通解．

（1）$xy'+y=x^2+3x+2$；（2）$y'+y\tan x=\sin 2x$；

（3）$(y^2-6x)y'+2y=0$；（4）$(2\mathrm{e}^y-x)y'=1$．

2．求下列微分方程满足所给初始条件的特解．

（1）$\dfrac{\mathrm{d}y}{\mathrm{d}x}+\dfrac{y}{x}=\dfrac{\sin x}{x}$，$y|_{x=\pi}=1$；

（2）$\dfrac{\mathrm{d}y}{\mathrm{d}x}+3y=8$，$y|_{x=0}=2$；

（3）$xy'+y=\dfrac{\ln x}{x}$，$y|_{x=1}=\dfrac{1}{2}$．

扫码查答案

3．一曲线通过原点，并且它在点 $(x,y)$ 处的切线斜率为 $2x+y$，求这条曲线的方程．

4．已知物体在空气中冷却的速率与该物体及空气两者温度的差成正比．假设室温为 20℃时，一物体由 100℃冷却到 60℃需 20 秒钟，共经过多少时间方可使此物体的温度从开始时的 100℃降低到 30℃？

## 7-5　可降阶的高阶微分方程

二阶或二阶以上的微分方程，称为**高阶微分方程**．解这类方程的基本思想是通过某些变换把高阶方程降为低阶方程，再用前面的方法求解．

### 一、$y^{(n)}=f(x)$ 型微分方程

$y^{(n)}=f(x)$ 型微分方程只要通过 $n$ 次积分就可求得通解．

**例 1**　求微分方程 $y'''=\mathrm{e}^{2x}-1$ 的通解．

**解**　对原微分方程连续积分三次得

$$y''=\frac{1}{2}\mathrm{e}^{2x}-x+C_1,$$

$$y'=\frac{1}{4}\mathrm{e}^{2x}-\frac{1}{2}x^2+C_1x+C_2,$$

$$y=\frac{1}{8}e^{2x}-\frac{1}{6}x^3+\frac{C_1}{2}x^2+C_2x+C_3 .$$

## 二、$y''=f(x,y')$ 型微分方程

$y''=f(x,y')$ 型微分方程右端不显含未知函数 $y$，若令 $y'=p$，则 $y''=\frac{\mathrm{d}p}{\mathrm{d}x}=p'$，代入原方程得

$$p'=f(x,p),$$

这是一个关于变量 $x$，$p$ 的一阶微分方程，可用前面的方法求解，设其通解为

$$p=\varphi(x,C_1),$$

而 $p=\frac{\mathrm{d}y}{\mathrm{d}x}$，于是得到

$$\frac{\mathrm{d}y}{\mathrm{d}x}=\varphi(x,C_1),$$

对上式两边积分，得原微分方程的通解为

$$y=\int\varphi(x,C_1)\mathrm{d}x+C_2 .$$

**例 2**　求微分方程 $y''=\frac{2xy'}{1+x^2}$ 满足初始条件 $y|_{x=0}=1$ 和 $y'|_{x=0}=3$ 的特解.

**解**　令 $y'=p$，则 $y''=p'$，代入原方程，并分离变量，得

$$\frac{\mathrm{d}p}{p}=\frac{2x\mathrm{d}x}{1+x^2},$$

两边积分，得

$$\ln p=\ln(1+x^2)+\ln C_1,$$

$$p=C_1(1+x^2),$$

即

$$y'=C_1(1+x^2),$$

将 $y'|_{x=0}=3$ 代入，得 $C_1=3$，因此有

$$y'=3x^2+3,$$

再积分，得

$$y=x^3+3x+C_2,$$

将 $y|_{x=0}=1$ 代入，得 $C_2=1$，于是原方程的特解为

$$y=x^3+3x+1 .$$

## 三、$y''=f(xy')$ 型微分方程

$y''=f(xy')$ 型微分方程右端不含自变量 $x$，令 $y'=p$，显然，$P$ 通过中间变量 $y$ 而成为 $x$ 的复合函数，由复合函数求导法则，得

$$y''=\frac{\mathrm{d}p}{\mathrm{d}x}=\frac{\mathrm{d}p}{\mathrm{d}y}\cdot\frac{\mathrm{d}y}{\mathrm{d}x}=p\frac{\mathrm{d}p}{\mathrm{d}y}$$

代入原方程，得到 $p\frac{\mathrm{d}p}{\mathrm{d}y}=f(y,p)$，这是关于变量 $y$ 和 $p$ 的一阶微分方程，用前面的方法可以求得它的通解为

$$p=\varphi(y,C_1),$$

即 $$\frac{\mathrm{d}y}{\mathrm{d}x}=\varphi(y,C_1),$$

分离变量，得 $$\frac{\mathrm{d}y}{\varphi(y,C_1)}=\mathrm{d}x\quad(\varphi(y,C_1)\neq 0),$$

两端积分，得原方程的通解为

$$\int\frac{\mathrm{d}y}{\varphi(y,C_1)}=x+C_2 .$$

**例 3** 解微分方程 $y''+y'^2=0$.

**解** 令 $y'=p$，则 $y''=p\dfrac{\mathrm{d}p}{\mathrm{d}y}$，代入原方程，得

$$p\frac{\mathrm{d}p}{\mathrm{d}y}+p^2=0 .$$

若 $p\neq 0$，则 $$\frac{\mathrm{d}p}{p}=-\mathrm{d}y,$$

两端积分，得 $$\ln p=-y+\ln C_1,$$

即 $$p=C_1\mathrm{e}^{-y},$$

或 $$\frac{\mathrm{d}y}{\mathrm{d}x}=C_1\mathrm{e}^{-y}$$

再积分，得 $$\mathrm{e}^y=C_1x+C_2,$$

或 $$y=\ln|C_1x+C_2|;$$

若 $p=0$，即 $y'=0$，得 $y=C$．它显然满足原方程，但 $y=C$ 也含在 $y=\ln|C_1x+C_2|$ 中（令 $C_1=0$，便得）．故原方程的通解为

$$y=\ln|C_1x+C_2| .$$

## 习题 7-5

1．求下列微分方程的通解．

（1）$y''=x+\sin x$；（2）$y'''=x\mathrm{e}^x$；

（3）$xy''+y'=0$；（4）$y''=(y')^3+y'$．

扫码查答案

2．求下列微分方程满足所给初始条件的特解．

（1）$y^3y''+1=0,\quad y|_{x=1}=1,\ y'|_{x=1}=0$；

（2）$y''=y'+x,\quad y|_{x=0}=y'|_{x=0}=1$．

3．试求 $y''=x$ 的经过点 $M(0,1)$且在此点与直线 $y=\dfrac{x}{2}+1$ 相切的积分曲线．

4．质量为 $m$ 的质点受力 $F$ 的作用沿 $Ox$ 轴做直线运动，设力 $F$ 仅是时间 $t$ 的函数 $F=F(t)$，开始时刻 $t=0$ 时，$F(0)=F_0$，随着时间 $t$ 的增大，力 $F$ 均匀减小，直到 $t=T$ 时，$F(T)=0$，如果开始运动时，质点位于原点且初始速度为零，求质点的运动规律．

# 7-6　二阶线性微分方程的解的结构

## 一、二阶线性微分方程的基本概念

**定义 6**　形如

$$y'' + p(x)y' + q(x)y = f(x) \tag{7-7}$$

的方程叫作**二阶线性微分方程**. 其中 $p(x), q(x), f(x)$ 都是连续函数. $f(x)$ 叫作微分方程(7-7)式的**自由项**.

若 $f(x) \equiv 0$，则方程

$$y'' + p(x)y' + q(x)y = 0 \tag{7-8}$$

叫作与微分方程（7-7）式对应的**二阶线性齐次微分方程**.

若 $f(x) \neq 0$，则微分方程（7-7）式叫作**二阶线性非齐次微分方程**.

若 $p(x) = p$，$q(x) = q$ 是常数，则微分方程（7-7）式和（7-8）式分别叫作**二阶常系数线性非齐次（或齐次）微分方程**.

## 二、二阶线性齐次微分方程解的结构

**定义 7**　设 $y_1(x)$，$y_2(x)$ 是定义在区间 $I$ 上的两个函数，若它们的比 $\dfrac{y_1(x)}{y_2(x)} =$ 常数，则称 $y_1(x)$ 与 $y_2(x)$ 在区间 $I$ 上是线性相关的. 若 $\dfrac{y_1(x)}{y_2(x)} \neq$ 常数，则称 $y_1(x)$ 与 $y_2(x)$ 在区间之上是线性无关的.

例如，因为 $\dfrac{2e^x}{e^x} = 2$，所以 $2e^x$ 与 $e^x$ 在任何区间上线性相关，因为 $\dfrac{\sin x}{\cos x} = \tan x \neq$ 常数，在 $x \neq k\pi - \dfrac{\pi}{2}$ 时，$\sin x$ 与 $\cos x$ 线性无关.

**定理 1**　如果 $y_1$，$y_2$ 是二阶线性齐次微分方程（7-8）式的解，那么 $y = C_1y_1 + C_2y_2$ 也是该方程的解.

**证**　因为 $y_1$，$y_2$ 是微分方程（7-8）式的解，所以有

$$y_1'' + p(x)y_1' + q(x)y_1 = 0,$$
$$y_2'' + p(x)y_2' + q(x)y_2 = 0.$$

将 $C_1y_1 + C_2y_2$ 代入微分方程（7-8）式的左边，并利用上面两式得

$$(C_1y_1 + C_2y_2)'' + p(x)(C_1y_1 + C_2y_2)' + q(x)(C_1y_1 + C_2y_2)$$
$$= C_1(y_1'' + p(x)y_1' + q(x)y_1) + C_2(y_2'' + p(x)y_2' + q(x)y_2) = 0.$$

这就证明了 $y = C_1y_1 + C_2y_2$ 仍是微分方程（7-8）式的解.

$C_1y_1 + C_2y_2$ 常叫作 $y_1$ 与 $y_2$ 的叠加，故定理 1 又叫作线性齐次微分方程解的**叠加原理**.

若 $y_1$， $y_2$ 是微分方程（7-8）式两个线性相关的解，即 $\dfrac{y_1}{y_2}=k$ （常数），则 $y_1=ky_2$，于是

$$C_1y_1+C_2y_2=C_1ky_2+C_2y_2=(C_1k+C_2)y_2=Cy_2.$$

这时两个任意常数 $C_1$，$C_2$ 就合并为一个常数 $C$，故 $C_1y_1+C_2y_2$ 就不是微分方程（7-8）式的通解.

若 $y_1$， $y_2$ 是微分方程（7-8）式两个线性无关的解，则 $C_1y_1+C_2y_2$ 中的两个任意常数就不能合并，故把 $C_1y_1+C_2y_2$ 叫作微分方程（7-8）式的通解，于是，我们有如下定理：

**定理 2** 如果 $y_1$， $y_2$ 是二阶线性齐次微分方程（7-8）式的两个线性无关的解，那么 $y=C_1y_1+C_2y_2$ 是该微分方程的通解.

## 三、二阶线性非齐次微分方程的解结构

**定理 3** 如果 $y_1$ 是微分方程

$$y''+p(x)y'+q(x)y=f_1(x) \tag{7-9}$$

的解， $y_2$ 是微分方程

$$y''+p(x)y'+q(x)y=f_2(x) \tag{7-10}$$

的解，则 $y_1+y_2$ 是微分方程

$$y''+p(x)y'+q(x)y=f_1(x)+f_2(x) \tag{7-11}$$

的解.

**证** 将 $y_1+y_2$ 代入微分方程（7-11）式的左边，由（7-9）式和（7-10）式得

$$\begin{aligned}&(y_1+y_2)''+p(x)(y_1+y_2)'+q(x)(y_1+y_2)\\&=(y_1''+p(x)y_1'+q(x)y_1)+(y_2''+p(x)y_2'+q(x)y_2)\\&=f_1(x)+f_2(x),\end{aligned}$$

这就证明了 $y_1+y_2$ 是微分方程（7-11）式的解.

定理 3 也叫叠加原理，显然与定理 1 的叠加原理是不相同的.

**定理 4** 如果 $y^*$ 是二阶线性非齐次微分方程

$$y''+p(x)y'+q(x)y=f(x) \tag{7-12}$$

的一个特解， $y_1, y_2$ 是对应的二阶线性齐次微分方程

$$y''+p(x)y'+q(x)y=0 \tag{7-13}$$

的两个线性无关的解，则二阶线性非齐次微分方程（7-12）式的通解为

$$y=y^*+C_1y_1+C_2y_2, \tag{7-14}$$

其中 $C_1$，$C_2$ 是任意常数.

定理 4 完全可以在定理 3 的基础上进行证明. 事实上，在（7-9）式中令 $f_1(x)=f(x)$，在（7-10）式中令 $f_2(x)=0$，则（7-11）式变成了（7-12）式，用 $y^*$ 取代（7-9）式中的 $y_1$，用 $C_1y_1+C_2y_2$ 取代（7-10）式中的 $y_2$，而 $y_1, y_2$ 又线性无关，所以由定理 3 可知，$y^*+C_1y_1+C_2y_2$ 是二阶线性非齐次微分方程（7-12）式的解，且是通解.

定理 4 指出，一个二阶线性非齐次微分方程的通解等于其对应的二阶线性齐次微分方程的通解和其本身的一个特解之和.

**例**　验证 $y_1=\cos\omega x$，$y_2=\sin\omega x$ 都是二阶线性齐次微分方程 $y''+\omega^2 y=0$ 的解，并写出该方程的通解.

**解**　由 $y_1=\cos\omega x$ 得 $y_1'=-\omega\sin\omega x$，$y_1''=-\omega^2\cos\omega x$ 代入方程左边，得

$$-\omega^2\cos\omega x+\omega^2\cos\omega x=0 .$$

故 $y_1$ 是方程的解.

由 $y_2=\sin\omega x$ 得 $y_2'=\omega\cos\omega x$，$y_2''=-\omega^2\sin\omega x$，代入方程左边，得

$$-\omega^2\sin\omega x+\omega^2\sin\omega x=0 ,$$

故 $y_2$ 是方程的解.

而 $\dfrac{y_1}{y_2}=\dfrac{\cos\omega x}{\sin\omega x}=\cot\omega x\neq$ 常数，因此，$y_1=\cos\omega x$，$y_2=\sin\omega x$ 线性无关，于是方程 $y''+\omega^2 y=0$ 的通解为

$$y=C_1\cos\omega x+C_2\sin\omega x .$$

## 习题 7-6

1．验证 $y_1=\mathrm{e}^{x^2}$ 及 $y_2=x\mathrm{e}^{x^2}$ 都是 $y''-4xy'+(4x^2-2)y=0$ 的解，并写出该方程的通解.

2．证明 $y=C_1x^2+C_2x^2\ln x$ （$C_1$，$C_2$ 是任意常数）是方程 $x^2y''-3xy'+4y=0$ 的通解.

3．设 $y_1,y_2$ 都是 $y''+p(x)y'+q(x)y=f(x)$ 的解，证明函数 $y=y_1-y_2$ 必是相应齐次方程 $y''+p(x)y'+q(x)y=0$ 的解.

4．若已知 $y_1=x^2$，$y_2=x+x^2$，$y_3=\mathrm{e}^x+x^2$ 都是方程 $(x-1)y''-xy'+y=-x^2+2x-2$ 的解，求此方程的通解.

5．设 $y_1=\varphi(x)$ 是方程 $y''+p(x)y'+q(x)y=0$ 的一个解，设 $y_2=y_1u(x)$，求出与 $y_1$ 线性无关的解 $y_2$，并写出所给方程的通解.

扫码查答案

# 7-7　二阶常系数线性微分方程

## 一、二阶常系数线性齐次微分方程

二阶常系数线性齐次微分方程为

$$y''+py'+qy=0 , \tag{7-15}$$

其中 $p$，$q$ 为已知实常数.

这种方程的解法不需要积分，而只用代数方法就可求出通解.

由 7－6 节定理 2 可知，要求微分方程（7-15）式的通解，只要求它的两个线性无关的解 $y_1$，$y_2$ 即可.

当 $r$ 是常数时，指数函数 $y=\mathrm{e}^{rx}$ 和它的各阶导数只差一个常数因子，又因为微分方程（7-15）式中 $p$，$q$ 都是常数，所以我们猜测微分方程（7-15）式有形如

$$y=\mathrm{e}^{rx} \tag{7-16}$$

的解．因此我们用 $y=\mathrm{e}^{rx}$ 来尝试，看能否选取适当的常数 $r$，使 $y=\mathrm{e}^{rx}$ 满足微分方程（7-15）式，为此将 $y=\mathrm{e}^{rx}$ 及 $y'=r\mathrm{e}^{rx}$，$y''=r^2\mathrm{e}^{rx}$ 代入微分方程（7-15）式，得

$$\mathrm{e}^{rx}(r^2+pr+q)=0,$$

即

$$r^2+pr+q=0. \tag{7-17}$$

由上面的分析可知，若函数 $y=\mathrm{e}^{rx}$ 是微分方程(7-15)式的解，则 $r$ 必须满足方程(7-17)式，反之，若 $r$ 是方程（7-17）式的一个根，就必有 $\mathrm{e}^{rx}(r^2+pr+q)=0$．这说明 $y=\mathrm{e}^{rx}$ 是微分方程（7-15）式的一个解.

方程（7-17）式是一个以 $r$ 为未知数的一元二次代数方程，它叫作微分方程（7-15）式的**特征方程**．其中 $r^2$ 和 $r$ 的系数以及常数项恰好依次是微分方程（7-15）式中 $y''$，$y'$ 及 $y$ 的系数．特征方程（7-17）式的根 $r_1$ 和 $r_2$ 称为**特征根**.

特征方程（7-17）式的特征根为 $r_{1,2}=\dfrac{-p\pm\sqrt{p^2-4q}}{2}$，它们有以下三种情形.

（1）当 $p^2-4q>0$ 时，$r_1$，$r_2$ 是两个不相等的实根：

$$r_1=\frac{-p+\sqrt{p^2-4q}}{2},\quad r_2=\frac{-p-\sqrt{p^2-4q}}{2},$$

于是

$$y_1=\mathrm{e}^{r_1x} \text{ 和 } y_2=\mathrm{e}^{r_2x}$$

都是微分方程（7-15）式的解，可以判定 $y_1$，$y_2$ 线性无关，所以微分方程（7-15）式的通解为

$$y=C_1\mathrm{e}^{r_1x}+C_2\mathrm{e}^{r_2x}.$$

（2）当 $p^2-4q=0$ 时，$r_1$，$r_2$ 是两个相等的实根：

$$r_1=r_2=-\frac{p}{2},$$

于是，$y_1=\mathrm{e}^{r_1x}$ 是微分方程（7-15）式的一个解，需求出另一个与 $y_1$ 线性无关的解 $y_2$.

设 $\dfrac{y_2}{y_1}=u(x)$，即 $y_2=\mathrm{e}^{r_1x}u(x)$，下面求 $u(x)$，对 $y_2$ 求导，得

$$y_2'=\mathrm{e}^{r_1x}(u'+r_1u),\quad y_2''=\mathrm{e}^{r_1x}(u''+2r_1u'+r_1^2u),$$

将 $y_2$，$y_2'$，$y_2''$ 代入微分方程（7-15）式，得

$$\mathrm{e}^{r_1x}[(u''+2r_1u'+r_1^2u)+p(u'+r_1u)+qu]=0,$$

约去 $\mathrm{e}^{rx}$，并以 $u''$，$u'$，$u$ 为准合并同类项，得

$$u''+(2r_1+p)u'+(r_1^2+pr_1+q)u=0.$$

由于 $r_1$ 是特征方程（7-17）式的二重根，因此，$r_1^2+pr_1+q=0$ 且 $2r_1+p=0$，于是得

$$u''=0.$$

因为我们只需得到一个不为常数的解，所以不妨选取 $u=x$，因此得微分方程（7-15）式另一个解为

$$y_2 = x\mathrm{e}^{r_1 x},$$

于是微分方程（7-15）式的通解为

$$y = C_1\mathrm{e}^{r_1 x} + C_2 x\mathrm{e}^{r_2 x} = (C_1 + C_2 x)\mathrm{e}^{r_1 x}.$$

（3）当 $p^2-4q<0$ 时，$r_1$，$r_2$ 是一对共轭虚根：

$$r_1 = \alpha + \mathrm{i}\beta,\quad r_2 = \alpha - \mathrm{i}\beta.$$

其中 $\alpha=-\dfrac{p}{2}$，$\beta=\dfrac{\sqrt{4q-p^2}}{2}$，此时

$$y_1 = \mathrm{e}^{(\alpha+\mathrm{i}\beta)x} \text{ 和 } y_2 = \mathrm{e}^{(\alpha-\mathrm{i}\beta)x}$$

是微分方程（7-15）式的两个线性无关的解，于是其通解为

$$y = C_1\mathrm{e}^{(\alpha+\mathrm{i}\beta)x} + C_2\mathrm{e}^{(\alpha-\mathrm{i}\beta)x} = \mathrm{e}^{\alpha x}(C_1\mathrm{e}^{\mathrm{i}\beta x} + C_2\mathrm{e}^{-\mathrm{i}\beta x}).$$

下面我们把通解化成实数形式，利用欧拉公式：

$$\mathrm{e}^{\mathrm{i}\theta} = \cos\theta + \mathrm{i}\sin\theta,\quad \mathrm{e}^{-\mathrm{i}\theta} = \cos\theta - \mathrm{i}\sin\theta,$$

于是我们有

$$y_1 = \mathrm{e}^{\alpha x}(\cos\beta x + \mathrm{i}\sin\beta x),\quad y_2 = \mathrm{e}^{\alpha x}(\cos\beta x - \mathrm{i}\sin\beta x).$$

由 7-6 节定理 1 可知，实函数

$$\frac{1}{2}(y_1 + y_2) = \mathrm{e}^{\alpha x}\cos\beta x,\quad \frac{1}{2\mathrm{i}}(y_1 - y_2) = \mathrm{e}^{\beta x}\sin\beta x,$$

仍是微分方程（7-15）式的解，并且

$$\frac{\mathrm{e}^{\alpha x}\cos\beta x}{\mathrm{e}^{\alpha x}\sin\beta x} = \cot\beta x \neq \text{常数},$$

即两个实函数是线性无关的，所以得到微分方程（7-15）式的通解为

$$y = \mathrm{e}^{\alpha x}(C_1\cos\beta x + C_2\sin\beta x).$$

综上所述，求 $y''+py'+qy=0$ 的通解步骤如下：

（1）写出特征方程 $r^2+pr+q=0$；

（2）求出特征根 $r_1$，$r_2$，并写出通解.

$y''+py'+qy=0$ 的通解总结见表 7-1.

**表 7-1**

| $r^2+pr+q=0$ 有根 $r_1$，$r_2$ | $y''+py'+qy=0$ 的通解 |
|---|---|
| 实根 $r_1 \neq r_2$ | $y=C_1\mathrm{e}^{r_1 x}+C_2\mathrm{e}^{r_2 x}$ |
| 实根 $r_1=r_2$ | $y=(C_1+C_2 x)\mathrm{e}^{r_1 x}$ |
| 虚根 $r_{1,2}=\alpha\pm\mathrm{i}\beta$ | $y=\mathrm{e}^{\alpha x}(C_1\cos\beta x+C_2\sin\beta x)$ |

**例 1** 求微分方程 $y''-6y'-7y=0$ 的通解.

**解** 特征方程 $r^2-6r-7=0$ 的特征根为 $r_1=-1$，$r_2=7$，故原方程的通解为

$$y=C_1e^{-x}+C_2e^{7x}.$$

**例 2** 求微分方程 $y''-10y'+25y=0$ 满足初始条件 $y|_{x=0}=1$，$y'|_{x=0}=-1$ 的特解.

**解** 特征方程 $r^2-10r+25=0$ 的特征根为 $r_1=r_2=5$，故原方程的通解为

$$y=(C_1+C_2x)e^{5x}.$$

将 $y|_{x=0}=1$ 代入，得 $C_1=1$，

故
$$y=e^{5x}+C_2xe^{5x},$$
$$y'=5e^{5x}+C_2(e^{5x}+5xe^{5x}).$$

将 $y'|_{x=0}=-1$ 代入，得 $C_2=-6$，于是所求特解为

$$y=e^{5x}(1-6x).$$

**例 3** 微分方程 $y''-2y'+5y=0$ 的一条积分曲线通过点(0,1)，且在该点和直线 $x+y=1$ 相切，求这条曲线.

**解** 特征方程 $r^2-2r+5=0$ 的特征根为 $r_1=1+2i$，$r_2=1-2i$，故原方程的通解为

$$y=e^x(C_1\cos 2x+C_2\sin 2x).$$

求通解的导数得

$$y'=e^x(C_1\cos 2x+C_2\sin 2x)+e^x(-2C_1\sin 2x+2C_2\cos 2x),$$

将初始条件 $y|_{x=0}=1$，$k=y'|_{x=0}=-1$ 分别代入 $y$ 及 $y'$ 得 $C_1=1$，$C_2=-1$，故所求曲线方程为

$$y=e^x(\cos 2x-\sin 2x).$$

## 二、二阶常系数线性非齐次微分方程

二阶常系数线性非齐次微分方程为

$$y''+py'+qy=f(x), \tag{7-18}$$

其中 $p$，$q$ 是常数.

由 7-6 节定理 4 可知，要求微分方程（7-18）式的通解，只要求对应的二阶常系数线性齐次微分方程

$$y''+py'+qy=0 \tag{7-19}$$

的通解 $Y$ 和微分方程（7-18）式本身的一个特解 $y^*$ 即可，故微分方程（7-18）式的通解为

$$y=Y+y^*. \tag{7-20}$$

求微分方程（7-19）式的通解 $Y$ 前面已经解决，下面我们讨论如何求微分方程（7-18）式本身的一个特解 $y^*$.

我们只就微分方程（7-18）式中 $f(x)$ 的两种常见形式（也是常用形式）讨论求 $y^*$ 的方法，这种方法仍然不用积分，我们把它叫作**待定系数法**.

1. $f(x)=e^{\lambda x}P_m(x)$ 型

$f(x)$中 $\lambda$ 是常数，$P_m(x)$ 是 $x$ 的一个 $m$ 次多项式，即

$$P_m(x)=a_0x^m+a_1x^{m-1}+\cdots+a_{m-1}x+a_m,$$

由于右端是 $f(x)=e^{\lambda x}P_m(x)$，即指数函数与多项式的乘积，而这种乘积的导数仍然保持同样的形式，可设二阶常系数线性非齐次方程（7-18）式的特解为

$$y*=e^{\lambda x}Q(x), \tag{7-21}$$

其中 $Q(x)$ 是一个待定多项式，求 $y*$ 的一、二阶导数得

$$y*'=e^{\lambda x}[\lambda Q(x)+Q'(x)],$$

$$y*''=e^{\lambda x}[\lambda^2 Q(x)+2\lambda Q'(x)+Q''(x)].$$

将 $y*$，$y*'$，$y*''$ 代入二阶常系数线性非齐次微分方程（7-18）式，以 $Q''(x)$，$Q'(x)$，$Q(x)$ 为准整理得

$$e^{\lambda x}[Q''(x)+(2\lambda+p)Q'(x)+(\lambda^2+p\lambda+q)Q(x)]=e^{\lambda x}P_m(x),$$

约去 $e^{\lambda x}(e^{\lambda x}\neq 0)$，得

$$[Q''(x)+(2\lambda+p)Q'(x)+(\lambda^2+p\lambda+q)Q(x)]=P_m(x). \tag{7-22}$$

（1）当 $\lambda$ 不是特征方程的根时，则 $\lambda^2+p\lambda+q\neq 0$，由于（7-22）式右端 $P_m(x)$ 是 $x$ 的一个 $m$ 次多项式，为使两端恒等，$Q(x)$ 也应是 $x$ 的一个 $m$ 次多项式，即

$$Q(x)=b_0x^m+b_1x^{m-1}+\cdots+b_{m-1}x+b_m=Q_m(x),$$

其中 $b_0$，$b_1$，…，$b_m$ 是待定系数．此时可设微分方程（7-18）式的特解 $y*$ 为

$$y*=e^{\lambda x}Q_m(x).$$

（2）当 $\lambda$ 是特征方程的单根时，则 $\lambda^2+p\lambda+q=0$，而 $2\lambda+p\neq 0$，此时（7-22）式变为

$$Q''(x)+(2\lambda+p)Q'(x)=P_m(x).$$

显然，为使两端恒等，可取 $Q(x)=xQ_m(x)$，于是微分方程（7-18）式的特解 $y*$ 可设为

$$y*=xe^{\lambda x}Q_m(x).$$

（3）当 $\lambda$ 是特征方程的重根时，则 $\lambda^2+p\lambda+q=0$，且 $2\lambda+p=0$，此时（7-22）式变为

$$Q''(x)=P_m(x).$$

显然，为使左右两端相等，可取 $Q(x)=x^2Q_m(x)$，于是微分方程（7-18）式的特解 $y*$ 可设为

$$y*=x^2e^{\lambda x}Q_m(x).$$

综上所述，微分方程（7-18）式右端 $f(x)=e^{\lambda x}P_m(x)$ 时，其特解 $y*$ 的设法总结见表 7-2.

表 7-2

| 特征方程 $\lambda^2+p\lambda+q=0$ | 特解 $y^*$ 的设法 |
| --- | --- |
| $\lambda$ 不是特征根 | $y^*=e^{\lambda x}Q_m(x)$ |
| $\lambda$ 是特征单根 | $y^*=xe^{\lambda x}Q_m(x)$ |
| $\lambda$ 是特征重根 | $y^*=x^2e^{\lambda x}Q_m(x)$ |

**例 4** 求微分方程 $y''-y'-2y=(x+1)e^x$ 的一个特解.

**解** 对应齐次方程的特征方程为 $\lambda^2-\lambda-2=0$，解得特征根为 $\lambda_1=-1$，$\lambda_2=2$，而 $f(x)=(x+1)e^x$，$\lambda=1$ 显然不是特征根，故设所求特解为

$$y^*=(b_0x+b_1)e^x.$$

求 $y^*$ 的一、二阶导数，得

$$y^{*\prime}=b_0e^x+(b_0x+b_1)e^x,\quad y^{*\prime\prime}=2b_0e^x+(b_0x+b_1)e^x,$$

将 $y^*$，$y^{*\prime}$，$y^{*\prime\prime}$ 代入原方程并合并同类项，得

$$b_0e^x-2(b_0x+b_1)e^x=xe^x+e^x,$$

$$-2b_0x+b_0-2b_1=x+1,$$

比较两端 $x$ 同次幂的系数，得

$$\begin{cases}-2b_0=1\\ b_0-2b_1=1\end{cases}，解得\begin{cases}b_0=-\dfrac{1}{2}\\ b_1=-\dfrac{3}{4}\end{cases},$$

故所求特解为

$$y^*=\left(-\frac{1}{2}x-\frac{3}{4}\right)e^x.$$

**例 5** 求微分方程 $y''-2y'-3y=3e^{-x}$ 的通解.

**解** （1）先求对应齐次方程 $y''-2y'-3y=0$ 的通解 $Y$：

特征方程 $r^2-2r-3=0$ 的特征根为 $r_1=-1$，$r_2=3$．故对应的齐次方程的通解为

$$Y=C_1e^{-x}+C_2e^{3x}.$$

（2）再求原方程的一个特解 $y^*$：

由于 $f(x)=3e^{-x}$，$\lambda=-1$ 是特征单根，又 $P_m(x)=3$，设特解为

$$y^*=Axe^{-x},$$

求 $y^*$ 的一、二阶导数，得

$$y^{*\prime}=Ae^{-x}(1-x)\ ,\ y^{*\prime\prime}=Ae^{-x}(x-2).$$

将 $y^*$，$y^{*\prime}$，$y^{*\prime\prime}$ 代入原方程并合并同类项，得

$$-4A=3,\ A=-\frac{3}{4},$$

故原方程的一个特解为

$$y^* = -\frac{3}{4}xe^{-x}.$$

由（7-20）式可知，原方程的通解为

$$y = Y + y^* = C_1e^{-x} + C_2e^{3x} - \frac{3}{4}xe^{-x},$$

即

$$y = (C_1 - \frac{3}{4}x)e^{-x} + C_2e^{3x}.$$

2．$f(x) = e^{\lambda x}(A\cos\omega x + B\sin\omega x)$ 型

$f(x)$ 的表达式中的 $\lambda$，$\omega$，$A$，$B$ 都是已知常数，此时特解 $y^*$ 的设法见表 7-3（不做讨论）.

表 7-3

| 特征方程 $\lambda^2+p\lambda+q=0$ | 特解 $y^*$ 的设法 |
|---|---|
| $\lambda\pm i\omega$ 不是特征根 | $y^* = e^{\lambda x}(C_1\cos\omega x + C_2\sin\omega x)$ |
| $\lambda\pm i\omega$ 是特征根 | $y^* = xe^{\lambda x}(C_1\cos\omega x + C_2\sin\omega x)$ |

其中 $C_1$，$C_2$ 是待定常数.

**例 6**　求微分方程 $y'' + 3y' + 2y = e^{-x}\cos x$ 的通解.

**解**　（1）先求对应的齐次方程 $y'' + 3y' + 2y = 0$ 的通解 $Y$：

特征方程 $r^2 + 3r + 2 = 0$ 的特征根为 $r_1=-1$，$r_2=-2$，故对应的齐次方程的通解为

$$Y = C_1e^{-x} + C_2e^{-2x}.$$

（2）再求原方程的一个特解 $y^*$：

由于 $f(x) = e^{-x}\cos x$，$\lambda=-1$，$\omega=1$，显然，$-1\pm i$ 不是特征方程 $\lambda^2+3\lambda+2=0$ 的根，故特解 $y^*$ 可设为

$$y^* = e^{-x}(A\cos x + B\sin x),$$

求 $y^*$ 的一、二阶导数，得

$$y^{*\prime} = e^{-x}[(B-A)\cos x - (A+B)\sin x],$$

$$y^{*\prime\prime} = e^{-x}(2A\sin x - 2B\cos x),$$

将 $y^*$，$y^{*\prime}$，$y^{*\prime\prime}$ 代入原方程合并同类项，得

$$e^{-x}[(-A+B)\cos x - (A+B)\sin x] = e^{-x}\cos x,$$

$$(B-A)\cos x - (B+A)\sin x = \cos x,$$

比较两端 $\cos x$ 及 $\sin x$ 前面的系数，得

$$\begin{cases} B-A=1 \\ -B-A=0 \end{cases}，\quad 解得 \begin{cases} A=-\dfrac{1}{2} \\ B=\dfrac{1}{2} \end{cases}.$$

故原方程的一个特解为

$$y^* = \mathrm{e}^{-x}\left(-\frac{1}{2}\cos x+\frac{1}{2}\sin x\right)=\frac{1}{2}\mathrm{e}^{-x}(\sin x-\cos x).$$

由（7-20）式可知，原方程的通解为

$$\begin{aligned} y &= Y + y^* = C_1\mathrm{e}^{-x} + C_2\mathrm{e}^{-2x} + \frac{1}{2}\mathrm{e}^{-x}(\sin x-\cos x) \\ &= \mathrm{e}^{-x}\left(C_1+\frac{1}{2}\sin x-\frac{1}{2}\cos x\right)+C_2\mathrm{e}^{-2x}. \end{aligned}$$

**例 7** 求微分方程 $y''+2y'=\sin^2 x$ 的通解.

**解** （1）求得对应齐次微分方程 $y''+2y'=0$ 的通解为

$$Y = C_1 + C_2\mathrm{e}^{-2x}.$$

（2）求微分方程 $y''+2y'=\sin^2 x$ 的一个特解 $y^*$：

由于 $f(x)=\sin^2 x=\frac{1}{2}-\frac{1}{2}\cos 2x$，设微分方程 $y''+2y'=\frac{1}{2}$ 的特解为 $y_1^*$，微分方程 $y''+2y'=-\frac{1}{2}\cos 2x$ 的特解为 $y_2^*$，即 $y^*=y_1^*+y_2^*$.

对微分方程 $y''+2y'=\frac{1}{2}$，求得特解 $y_1^*=\frac{1}{4}x$；对微分方程 $y''+2y'=-\frac{1}{2}\cos 2x$，求得特解 $y_2^*=\frac{1}{16}\cos 2x-\frac{1}{16}\sin 2x$，故原微分方程的通解为

$$y = C_1 + C_2\mathrm{e}^{-2x} + \frac{1}{4}x + \frac{1}{16}\cos 2x - \frac{1}{16}\sin 2x.$$

## 习题 7-7

1．求下列微分方程的通解.

（1）$y''-2y'-3y=0$；

（2）$y''-2y'+5y=0$；

（3）$y''+6y'+9y=0$.

2．求下列微分方程的通解.

（1）$2y''+y'-y=2\mathrm{e}^x$；

（2）$2y''+5y'=5x^2-2x-1$；

（3）$y''-6y'+9y=\mathrm{e}^{3x}(x+1)$.

3．求下列微分方程的通解.

（1）$y''+4y=\cos x$；

（2）$y''-2y'+5y=\mathrm{e}^x\sin 2x$；

（3）$y''-7y'+6y=\sin x$.

4．求下列微分方程满足初始条件的特解．

（1）$y''+y'-2y=2x$， $y|_{x=0}=0, y'|_{x=0}=3$；

（2）$y''+y+\sin 2x=0$， $y|_{x=\pi}=1, y'|_{x=\pi}=1$；

（3）$y''-3y'+2y=5$， $y|_{x=0}=1, y'|_{x=0}=2$．

扫码查答案

5．在电阻 $R$，电感 $L$ 与电容 $C$ 的串联电路中，电源电压 $E$=5sin10$t$ V，$R$=6 Ω，$L$=1 H，$C$=0.2 F．电容的初始电压为零，设开关闭合时 $t$=0，求开关闭合后回路中的电流．

6．一质量为 $m$ 的潜水艇从水面由静止状态开始下降，所受阻力与下降速度成正比（比例系数为 $k$），求潜水艇下降深度 $x$ 与时间 $t$ 的函数关系．

## 7-8 拉普拉斯变换

### 一、拉普拉斯变换的基本概念

本章前面给出了求解一阶线性微分方程与二阶常系数线性微分方程满足初始条件的解的方法．一般是先求出其通解，然后根据其初始条件求出其特解．总的说来方法比较复杂．人们在寻找微分方程的一种更简捷的求解方法时，采用了将问题进行变换的思想方法，从而产生了拉普拉斯变换．以下先介绍其主要思想．

我们知道幂级数

$$\sum_{n=1}^{\infty} a_n x^n \tag{7-23}$$

在一定条件下收敛，其和是一个函数，可以记作 $S(x)$．例如，当 $a_n=1$ $(n=1, 2, \cdots)$ 时，上述级数在 $-1<x<1$ 时收敛．

幂级数（7-23）式中的系数 $a_n$ 实际上是在离散点 $n=1, 2, \cdots$ 取值的一个函数，我们将其记作 $a(n)$，则

$$\sum_{n=1}^{\infty} a(n) x^n = S(x)\,. \tag{7-24}$$

现在考虑如何将上述思想推广，以便函数 $a(n)$ 可以取遍连续区间 $(0,+\infty)$ 内的每一点．于是我们将（7-24）式转换为积分公式，即

$$\int_0^{+\infty} a(t) x^t \mathrm{d}t = S(x)\,. \tag{7-25}$$

上述广义积分在一定条件下收敛．（7-25）式实际上已经通过积分将一个函数 $a(t)$ 转换为另一个函数 $S(x)$，称其为**积分变换**．在许多实际问题中，$x<0$ 没有意义，因此我们只考虑 $x\geqslant 0$ 的情况．

根据日常使用的习惯，我们将函数 $a(t)$ 记作 $f(t)$．另外在积分计算实践中，以 e 为底的指数型函数往往在计算积分时比较方便．出于方便计算的考虑，我们可进一步将（7-25）式做一定的变化．因为 $x=\mathrm{e}^{\ln x}$ 对 $x>0$ 成立，此时我们有 $x^t=\mathrm{e}^{t\ln x}$，并且按照经验，广义积分（7-25）式往往在 $x>0$ 但又比较接近 0（一般至少要求 $x<1$）的时候收敛，而此时

$-\infty < \ln x < 0$，因此，我们记 $s = -\ln x$，同时记 $S(x) = S(\mathrm{e}^{-s}) = F(s)$，则可将（7-25）式转换为

$$\int_0^{+\infty} f(t)\mathrm{e}^{-st}\mathrm{d}t = F(s). \tag{7-26}$$

此式子即为著名的**拉普拉斯变换**.

拉普拉斯变换是一种积分变换，能把微积分运算转化为代数运算，因而可使常系数线性微分方程变换为代数方程．于是在寻求常系数线性微分方程（组）的特解时，无须按常规方法先求通解，然后再求特解，只需借助拉普拉斯变换表即可求出特解，从而使计算简化．拉普拉斯变换还具有特殊的物理意义，因而在许多领域被广泛应用.

下面就拉普拉斯变换的一些概念、基本性质及几个常用的拉普拉斯变换做简要介绍.

**定义 8** 设函数 $f(t)$ 的定义域为 $[0,+\infty)$，若积分 $\int_0^{+\infty} f(t)\mathrm{e}^{-st}\mathrm{d}t$ 对于 $s$ 在某一范围内的值存在，则此积分就确定了一个参数为 $s$ 的函数，记作 $F(s)$．函数 $F(s)$ 称为 $f(t)$ 的**拉普拉斯变换**（简称为**拉氏变换**，或称为 $f(t)$ 的**象函数**），$F(s) = \int_0^{+\infty} f(t)\mathrm{e}^{-st}\mathrm{d}t$ 称为函数 $f(t)$ 的**拉普拉斯变换式**，用 $L[f(t)]$ 表示，即

$$F(s) = L[f(t)]. \tag{7-27}$$

若 $F(s)$ 是 $f(t)$ 的拉普拉斯变换，则 $f(t)$ 称为 $F(s)$ 的**拉普拉斯逆变换**（或称为 $f(t)$ 的**象原函数**），记作 $L^{-1}[F(s)]$，即

$$f(t) = L^{-1}[F(s)]. \tag{7-28}$$

**说明：**

（1）在实际问题中，讨论和分析都是从某一时刻起．因此，在拉普拉斯变换定义中，只要求函数 $f(t)$ 在 $t \geqslant 0$ 时有定义即可，并假定在 $t<0$ 时，$f(t)=0$.

（2）拉普拉斯变换将给定的函数 $f(t)$ 经过广义积分变换成一个新的函数 $F(s)$．一般来说，在实际中遇到的函数的拉普拉斯变换总是存在的．事实上，可以证明，当 $|f(t)| \leqslant C\mathrm{e}^{kt}$ ($C$与$k$都为常数且$C>0$，$k>0$) 对所有 $t \in (0,+\infty)$ 都成立时（增长控制条件），$f(t)$ 的拉普拉斯变换一定存在．下文讨论中我们都假定增长控制条件成立，即函数 $f(t)$ 的拉普拉斯变换存在.

（3）拉普拉斯变换中的参数 $s$ 一般不限于实数，也可以为复数．不过在本书中，为简单起见，我们把 $s$ 当作正实数来讨论，这并不影响对拉普拉斯变换性质的研究，对于解决实际问题也已足够.

下面介绍如何用定义求拉普拉斯变换.

**例 1** 求函数 $f(t) = \mathrm{e}^{at}$（$t \geqslant 0$，$a$是常数）的拉普拉斯变换.

**解** $L[\mathrm{e}^{at}] = \int_0^{+\infty} \mathrm{e}^{at}\mathrm{e}^{-st}\mathrm{d}t = \int_0^{+\infty} \mathrm{e}^{(a-s)t}\mathrm{d}t$．这个积分在 $s>a$ 时收敛，所以可得

$$L[\mathrm{e}^{at}] = \int_0^{+\infty} \mathrm{e}^{(a-s)t}\mathrm{d}t = \left[\frac{\mathrm{e}^{(a-s)t}}{a-s}\right]_0^{+\infty} = \frac{1}{s-a}\ (s>a).$$

**例 2** 求函数 $f(t)=\sin kt$ 的拉普拉斯变换.

**解** $$L[\sin kt]=\int_0^{+\infty}\sin kt\cdot \mathrm{e}^{-st}\mathrm{d}t=-\frac{1}{s}\int_0^{+\infty}\sin kt\,\mathrm{d}\mathrm{e}^{-st}$$
$$=-\frac{1}{s}\left(\sin kt\cdot \mathrm{e}^{-st}\Big|_0^{+\infty}-\int_0^{+\infty}\mathrm{e}^{-st}\mathrm{d}\sin kt\right)=\frac{k}{s}\left(\int_0^{+\infty}\mathrm{e}^{-st}\cos kt\,\mathrm{d}t\right)$$
$$=-\frac{k}{s^2}\left(\int_0^{+\infty}\cos kt\,\mathrm{d}\mathrm{e}^{-st}\right)=-\frac{k}{s^2}\left(\cos kt\cdot \mathrm{e}^{-st}\Big|_0^{+\infty}-\int_0^{+\infty}\mathrm{e}^{-st}\mathrm{d}\cos kt\right)$$
$$=\frac{k}{s^2}\left(1-k\int_0^{+\infty}\mathrm{e}^{-st}\sin kt\,\mathrm{d}t\right)=\frac{k}{s^2}(1-kL[\sin kt]).$$

化简可得
$$L[\sin kt]=\frac{k}{s^2+k^2}\ (s>0).$$

**例 3** 求单位阶梯函数 $u(t)=\begin{cases}0, & t<0\\ 1, & t\geqslant 0\end{cases}$ 的拉普拉斯变换.

**解** $L[u(t)]=\int_0^{+\infty}u(t)\mathrm{e}^{-st}\mathrm{d}t=\int_0^{+\infty}\mathrm{e}^{-st}\mathrm{d}t=\frac{1}{s}\ (s>0)$.

**例 4** 求狄拉克函数 $\delta(t)=\begin{cases}0, & t\neq 0\\ \infty, & t=0\end{cases}$ 的拉普拉斯变换.

**解** 我们定义
$$\delta_\varepsilon(t)=\begin{cases}0, & t<0\\ \dfrac{1}{\varepsilon}, & 0\leqslant t\leqslant\varepsilon\\ 0, & t>\varepsilon\end{cases},$$

因此，原函数的拉普拉斯变换为
$$L[\delta(t)]=\int_0^{+\infty}\delta(t)\mathrm{e}^{-st}\mathrm{d}t=\int_0^{+\infty}\lim_{\varepsilon\to 0}\delta_\varepsilon(t)\mathrm{e}^{-st}\mathrm{d}t=\lim_{\varepsilon\to 0}\int_0^{\varepsilon}\frac{1}{\varepsilon}\mathrm{e}^{-st}\mathrm{d}t$$
$$=\lim_{\varepsilon\to 0}\frac{\int_0^{\varepsilon}\mathrm{e}^{-st}\mathrm{d}t}{\varepsilon}=\lim_{\varepsilon\to 0}\frac{-\frac{1}{s}\mathrm{e}^{-st}\Big|_0^{\varepsilon}}{\varepsilon}=\lim_{\varepsilon\to 0}\frac{1-\mathrm{e}^{-s\varepsilon}}{s\varepsilon}\xlongequal{\text{运用洛必达法则}}\lim_{\varepsilon\to 0}\mathrm{e}^{-s\varepsilon}=1.$$

例 3 与例 4 中的单位阶梯函数 $u(t)$ 和狄拉克函数 $\delta(t)$ 为自动控制技术中的常用函数.

为了求得较为复杂函数的拉普拉斯变换，下面我们介绍拉普拉斯变换的几个基本性质.

## 二、拉普拉斯变换的基本性质

### 1. 线性性质

对于函数 $f(t)$ 和 $g(t)$，以及任意常数 $\alpha$ 和 $\beta$，若 $L[f(t)]$ 和 $L[g(t)]$ 存在，则有关系式
$$L[\alpha f(t)+\beta g(t)]=\alpha L[f(t)]+\beta L[g(t)].$$

利用拉普拉斯变换的定义，可直接证明这个关系式成立. 根据这个性质，可以推出一系列函数的拉普拉斯变换.

**例 5** 求函数 $f(t)=\frac{1}{a}(1-\mathrm{e}^{-at})$ 的拉普拉斯变换.

**解** 由线性性质可得

$$L\left[\frac{1}{a}(1-\mathrm{e}^{-at})\right]=\frac{1}{a}L[1-\mathrm{e}^{-at}]=\frac{1}{a}L[1]-\frac{1}{a}L[\mathrm{e}^{-at}]=\frac{1}{a}\left(\frac{1}{s}-\frac{1}{s+a}\right)=\frac{1}{s(s+a)}.$$

2．平移性质

若 $L[f(t)]=F(s)$，则

$$L[\mathrm{e}^{at}f(t)]=F(s-a)\ (a\text{为常数}).$$

证明从略.

这个性质表明，原函数乘以 $\mathrm{e}^{at}$ 等于其象函数位移 $a$ 个单位，因此这个性质称为平移性质.

**例 6** 求 $L[t\mathrm{e}^{at}]$.

**解** 通过计算易得 $L[t]=\frac{1}{s^2}$，由平移性质可得 $L[t\mathrm{e}^{at}]=\frac{1}{(s-a)^2}$.

3．延滞性质

若 $L[f(t)]=F(s)$，则 $L[f(t-a)]=\mathrm{e}^{-as}F(s)\ (a>0)$.

证明从略.

这个性质表明，函数 $f(t-a)$ 表示函数 $f(t)$ 在时间上滞后 $a$ 个单位，如图 7-3 所示．因此，这个性质称为**延滞性质**.

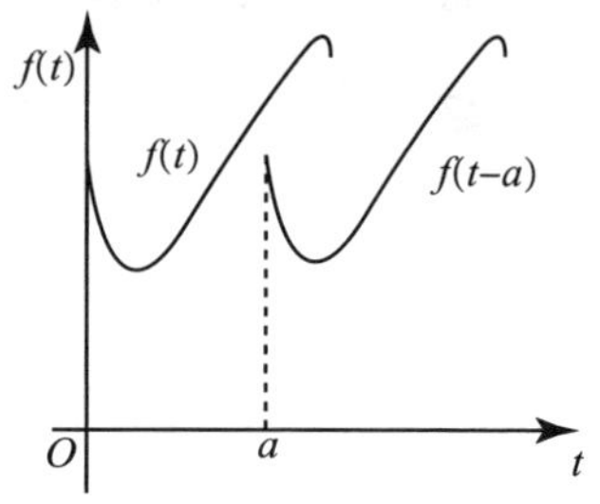

图 7-3

4．微分性质

若 $L[f(t)]=F(s)$，则

$$L[f'(t)]=sF(s)-f(0).$$

特殊情况，当 $f(0)=0$ 时，有 $L[f'(t)]=sF(s)$.

**证** $L[f'(t)]=\int_0^{+\infty}f'(t)\mathrm{e}^{-st}\mathrm{d}t=f(t)\mathrm{e}^{-st}\Big|_0^{+\infty}+s\int_0^{+\infty}f(t)\mathrm{e}^{-st}\mathrm{d}t$

$=sF(s)-f(0)\ (s>0)$.

此性质可推广到 $n$ 阶导数，即

$$L[f^{(n)}(t)]=s^nF(s)-[s^{n-1}f(0)+s^{n-2}f'(0)+\cdots+f^{(n-1)}(0)].$$

特殊情况，当 $f(0)=f'(0)=\cdots=f^{(n-1)}(0)=0$ 时，有

$$L[f^{(n)}(t)]=s^nF(s)\ （n\text{为自然数}）.$$

**说明：**

对原函数的微分运算，通过拉普拉斯变换变化为 $s$ 与它的象函数的乘法运算，拉普拉斯变换的微分性质可将 $f(t)$ 的常系数微分方程转化为 $F(s)$ 的代数方程，因此它在解微分方程中起着重要的作用.

**例 7** 求幂函数 $f(t)=t^n$（$t\geqslant0$，$n$是正整数）的拉普拉斯变换.

**解** 因为 $f'(t)=nt^{n-1}$，$f''(t)=n(n-1)t^{n-2}$，…，$f^{(n)}(t)=n!$，

所以有
$$f(0)=f'(0)=\cdots=f^{(n-1)}(0)=0\,.$$

由拉普拉斯的微分性质，可得
$$L[f(t)]=\frac{L[f^{(n)}(t)]}{s^n}\,.$$

又因为
$$L[f^{(n)}(t)]=L[n!]=n!L[1]=\frac{n!}{s}\,,$$

所以 $f(t)=t^n$ 的拉普拉斯变换为
$$L[t^n]=\frac{n!}{s^{n+1}}\,.$$

5．积分性质

若 $L[f(t)]=F(s)\ (s\neq 0)$，并且 $f(t)$ 连续，则 $L\left[\int_0^t f(t)\,\mathrm{d}t\right]=\dfrac{F(s)}{s}$.

**证**　设 $\varphi(t)=\int_0^t f(t)\,\mathrm{d}t$，显然 $\varphi(0)=0$，$\varphi'(t)=f(t)$，所以可得
$$L[\varphi'(t)]=sL[\varphi(t)]-\varphi(0)=sL[\varphi(t)]\,.$$

因为 $L[\varphi'(t)]=L[f(t)]=F(s)$，所以 $F(s)=sL[\varphi(t)]=sL\left[\int_0^t f(t)\mathrm{d}t\right]$，即
$$L\left[\int_0^t f(t)\,\mathrm{d}t\right]=\frac{F(s)}{s}\,.$$

这个性质表明，一个函数积分后再取拉普拉斯变换，等于这个函数的象函数除以参数 $s$.

为方便应用，现将在求解常系数线性微分方程的初值问题时经常遇到的拉普拉斯变换列出，见表 7-4.

表 7-4

| 原函数 $f(t)$ | 象函数 $F(s)$ |
|---|---|
| $\delta(t)$（狄拉克函数） | $1$ |
| $u(t)$（单位阶梯函数） | $\dfrac{1}{s}$ |
| $t^n\ (n=1,2,\cdots)$ | $\dfrac{n!}{s^{n+1}}$ |
| $\mathrm{e}^{at}$ | $\dfrac{1}{s-a}$ |
| $1-\mathrm{e}^{-at}$ | $\dfrac{a}{s(s+a)}$ |
| $t^n\mathrm{e}^{at}\ (n=1,2,\cdots)$ | $\dfrac{n!}{(s-a)^{n+1}}$ |
| $\sin\omega t$ | $\dfrac{\omega}{s^2+\omega^2}$ |
| $\cos\omega t$ | $\dfrac{s}{s^2+\omega^2}$ |
| $\sin(\omega t+\varphi)$ | $\dfrac{s\sin\varphi+\omega\cos\varphi}{s^2+\omega^2}$ |

（续表）

| 原函数 $f(t)$ | 象函数 $F(s)$ |
|---|---|
| $\cos(\omega t+\varphi)$ | $\frac{s\cos\varphi-\omega\sin\varphi}{s^2+\omega^2}$ |
| $t\sin\omega t$ | $\frac{2\omega s}{(s^2+\omega^2)^2}$ |
| $t\cos\omega t$ | $\frac{s^2-\omega^2}{(s^2+\omega^2)^2}$ |
| $\mathrm{e}^{-at}\sin\omega t$ | $\frac{\omega}{(s+a)^2+\omega^2}$ |
| $\mathrm{e}^{-at}\cos\omega t$ | $\frac{s+a}{(s+a)^2+\omega^2}$ |
| $\frac{1}{\omega^2}(1-\cos\omega t)$ | $\frac{1}{s(s^2+\omega^2)}$ |
| $\mathrm{e}^{at}-\mathrm{e}^{bt}$ | $\frac{a-b}{(s-a)(s-b)}$ |
| $2\sqrt{\frac{t}{\pi}}$ | $\frac{1}{s\sqrt{s}}$ |
| $\frac{1}{\sqrt{\pi t}}$ | $\frac{1}{\sqrt{s}}$ |

## 三、拉普拉斯逆变换

在运用拉普拉斯变换求解常系数线性方程时，我们还会遇到需要根据已知的象函数 $F(s)$ 去求它的原函数 $f(t)$ 的问题，即拉普拉斯逆变换问题．拉普拉斯变换和拉普拉斯逆变换是一一对应的．对于常用象函数的求取可以通过查表 7-4 求得结果．对一些不能直接利用拉普拉斯变换表求得逆变换的象函数，要结合拉普拉斯逆变换的性质求解．为此，接下来将常用拉普拉斯变换的部分重要性质用逆变换形式列出．

1．线性性质

$L^{-1}[\alpha F(s)+\beta G(s)]=\alpha f(t)+\beta g(t)$（$\alpha$，$\beta$为常数）．

2．平移性质

$L^{-1}[F(s-a)]=\mathrm{e}^{at}L^{-1}[F(s)]=\mathrm{e}^{at}f(t)$（$a$为常数）．

3．延滞性质

$L^{-1}[\mathrm{e}^{-as}F(s)]=f(t-a)$（$a$为常数）．

**例 8**　求下列象函数的拉普拉斯逆变换.

（1）$F(s)=\dfrac{2s-5}{s^2}$；　　（2）$F(s)=\dfrac{s+3}{s^2+3s+2}$.

**解**　（1）由线性性质及常用函数的拉普拉斯变换表，得

$$f(t)=L^{-1}\left[\frac{2s-5}{s^2}\right]=2L^{-1}\left[\frac{1}{s}\right]-5L^{-1}\left[\frac{1}{s^2}\right]=2u(t)-5t.$$

（2）首先将所给的象函数展开，即

$$F(s)=\frac{s+3}{s^2+3s+2}=\frac{2}{s+1}-\frac{1}{s+2}.$$

于是由拉普拉斯变换表可查得

$$f(t)=L^{-1}\left[\frac{s+3}{s^2+3s+2}\right]=L^{-1}\left[\frac{2}{s+1}\right]-L^{-1}\left[\frac{1}{s+2}\right]=2e^{-t}-e^{-2t}.$$

## 四、拉普拉斯变换的应用

下面举例说明拉普拉斯变换在解常系数线性微分方程（组）中的应用.

**例 9**　求微分方程 $y''+4y'-12y=0$ 满足初始条件 $y(0)=1$，$y'(0)=0$ 的解.

**解**　对方程两边取拉普拉斯变换，因为 $L[0]=0$，所以

$$L[y''+4y'-12y]=0.$$

由拉普拉斯变换的线性性质，得

$$L[y'']+4L[y']-12L[y]=0.$$

再由拉普拉斯变换的微分性质得

$$s^2L[y]-sy(0)-y'(0)+4[sL[y]-y(0)]-12L[y]=0.$$

设 $L[y]=Y(s)$ 并将初始条件代入，得

$$(s^2+4s-12)Y(s)-s-4=0,$$

即

$$Y(s)=\frac{s+4}{s^2+4s-12}.$$

下面通过拉普拉斯逆变换求 $y(t)$，先将 $Y(s)$ 分解为部分分式之和，即

$$Y(s)=\frac{s+4}{s^2+4s-12}=\frac{\frac{1}{4}}{s+6}+\frac{\frac{3}{4}}{s-2}.$$

于是有 $y(t)=L^{-1}[Y(s)]=L^{-1}\left[\dfrac{\frac{1}{4}}{s+6}\right]+L^{-1}\left[\dfrac{\frac{3}{4}}{s-2}\right]=\dfrac{1}{4}e^{-6t}+\dfrac{3}{4}e^{2t}$.

**注意：**

从例 9 可以看出，用拉普拉斯变换解常系数线性微分方程的步骤如下.

（1）对方程两边取拉普拉斯变换，设 $L[y]=Y(s)$，得出关于 $Y(s)$ 的代数方程；

（2）解此方程，求出 $Y(s)$；

（3）对$Y(s)$做拉普拉斯逆变换，求出微分方程的解．

**例 10** 求微分方程组$\begin{cases}x'-x-2y=t\\y'-2x-y=t\end{cases}$满足初始条件$x(0)=2$，$y(0)=4$的解．

**解** 对方程组两边取拉普拉斯变换，设$L[x(t)]=X(s)$，$L[y(t)]=Y(s)$，得

$$\begin{cases}sX(s)-2-X(s)-2Y(s)=\dfrac{1}{s^2}\\sY(s)-4-2X(s)-Y(s)=\dfrac{1}{s^2}\end{cases}$$

解此方程，得

$$\begin{cases}X(s)=\dfrac{28}{9}\cdot\dfrac{1}{s-3}-\dfrac{1}{s+1}-\dfrac{1}{3s^2}-\dfrac{1}{9s}\\Y(s)=\dfrac{28}{9}\cdot\dfrac{1}{s-3}+\dfrac{1}{s+1}-\dfrac{1}{3s^2}-\dfrac{1}{9s}\end{cases}$$

做拉普拉斯逆变换，得微分方程组的解为

$$\begin{cases}x(t)=\dfrac{28}{9}\mathrm{e}^{3t}-\mathrm{e}^{-t}-\dfrac{t}{3}-\dfrac{1}{9}\\y(t)=\dfrac{28}{9}\mathrm{e}^{3t}+\mathrm{e}^{-t}-\dfrac{t}{3}-\dfrac{1}{9}\end{cases}$$

从上述各例可以看出，应用拉普拉斯变换求解常系数线性微分方程（组）是比较简单的．但这个方法对方程右端项（称为强迫项）的要求比较高．因此，并非任何常系数的线性微分方程（组）都能用拉普拉斯变换求解．

接下来我们将拉普拉斯变换应用于力学与电学的两个实际问题中．

**例 11（弹簧机械振动问题）** 机械振动是工程技术上常遇到的现象．例如，振动沉桩机利用振动来克服土壤和桩之间的摩擦力以及桩前部的阻力，将桩打入土中；混凝土振动台利用振动克服混凝土颗粒的起始移动阻力和内摩擦力，将混凝土捣实．另一方面，工程技术中也需减弱不必要的振动，以保证机械的稳定性，保证操作人员的安全．下面我们介绍一个弹簧振动的例子．

有一个弹簧，它的上端固定，质量为$m$的物体挂在弹簧上，如图 7-4 所示．弹簧的弹性系数为$k$．取物体的平衡位置为坐标原点$O$，取$x$轴竖直向下．给物体一个离开平衡位置的冲击力$A\delta(t)$，其中，$\delta(t)$为狄拉克函数，那么物体便在平衡位置附近上下振动．在振动过程中，物体的位置$x$随时间$t$变化，即$x$是$t$的函数．这个函数反映了物体的运动规律，那么该物体的运动规律是什么？

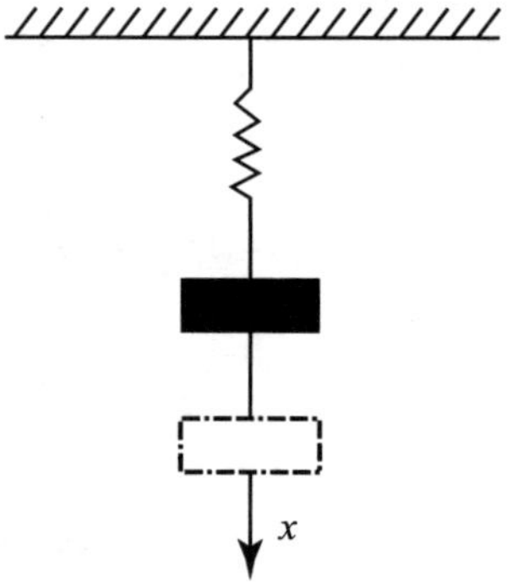

图 7-4

**解** 要求物体的运动规律，首先要建立描述物体离开平衡位置的位移$x(t)$的数学模型．根据胡克定律，物体离开平衡位置的位移$x(t)$满足的微分方程为

$$mx''=A\delta(t)-kx\text{，且 }x(0)=0\text{，}x'(0)=0\text{．}$$

解此线性微分方程满足初始条件的解即得到物体的运动规

律.

设 $L[x(t)]=X(s)$，对 $mx''=A\delta(t)-kx$ 两边做拉普拉斯变换，并将初始条件代入，得

$$X(s)=\frac{A}{ms^2+k}.$$

做拉普拉斯逆变换，得

$$x(t)=\frac{A}{\sqrt{km}}\sin\sqrt{\frac{k}{m}}t.$$

可见，振动物体按正弦规律运动，振幅为 $\frac{A}{\sqrt{km}}$，角频率为 $\sqrt{\frac{k}{m}}$.

**例 12（电路的电磁振荡问题）**　图 7-5 为 $RC$ 串联电路图．其中，电阻 $R=2\,\Omega$，电容 $C=0.1\,\mathrm{F}$，电源电动势 $E(t)=100\sin 5t\ \mathrm{V}$．当开关 K 合上后，电路中有电流通过．现在我们来研究电容器两极板间电压 $u_C$ 随时间 $t$ 的变化规律，其中，$u_C(0)=0$.

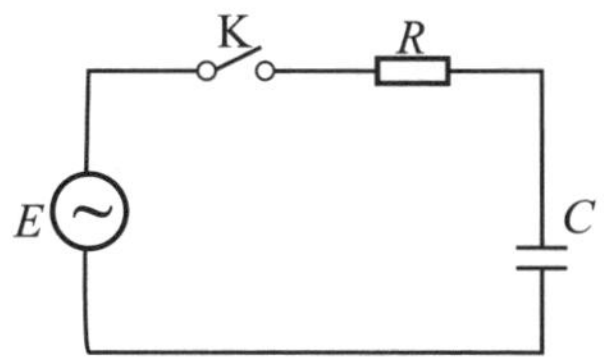


图 7-5

**解**　设电阻两端的电压为 $u_R$，电流为 $\mathrm{i}(t)$.

根据回路电压定律，在任何一个闭合回路中，各元件上电压降的代数和等于电动势的代数和，即

$$u_R+u_C=E(t)=100\sin 5t.$$

由于 $u_R=R\mathrm{i}(t)$，$\mathrm{i}(t)=C\frac{\mathrm{d}u_C}{\mathrm{d}t}$，从而可以求得电压 $u_C$ 满足的微分方程为

$$RC\frac{\mathrm{d}u_C}{\mathrm{d}t}+u_C(t)=100\sin 5t.$$

解此线性微分方程，即可知电容器两极板间电压 $u_C$ 随时间 $t$ 的变化规律.

设 $L[u_C(t)]=U_C(s)$，对上式两边取拉普拉斯变换，并将初始条件和已知条件代入，化简得

$$U_C(s)=\frac{2\,500}{(s+5)(s^2+25)},$$

其部分分式展开式为

$$U_C(s)=\frac{50}{s+5}-\frac{50s}{s^2+25}+\frac{250}{s^2+25}.$$

做拉普拉斯逆变换，得

$$u_C(t)=50(\mathrm{e}^{-5t}-\cos 5t+\sin 5t).$$

从例 11 和例 12 两个实际问题可以看出，弹簧的机械振动数学模型、多个动态元件电路的电磁振荡数学模型都可以用一个线性微分方程来描述．若反映事物运动的数学模型可以用一个线性微分方程来描述，则这样的物理系统称为**线性系统**．线性系统在工程技术与科学领域的研究中占有很重要的地位，而拉普拉斯变换是求解线性系统问题的十分有用的工具.

## 习题 7-8

1. 求函数 $f(t)=6t$ 的拉普拉斯变换.
2. 求函数 $f(t)=1+te^{t}$ 的拉普拉斯变换.
3. 求 $F(s)=\dfrac{2}{s+5}$ 的拉普拉斯逆变换.
4. 求 $F(s)=\dfrac{1}{4s^2+9}$ 的拉普拉斯逆变换.
5. 求微分方程组 $\begin{cases} y'+y-x=e^{-t} \\ x'+x=0 \end{cases}$ 满足初始条件 $y(0)=0$，$x(0)=1$ 的解.

扫码查答案

## 本章小结

### 一、主要内容

本章内容主要包括一阶常微分方程、二阶常系数线性微分方程和拉普拉斯变换.

### 二、重点与难点

重点：可分离变量微分方程的求解、一阶线性微分方程的通解公式、拉普拉斯变换的概念及性质、求常用函数的拉普拉斯变换的方法.

难点：二阶常系数线性齐次微分方程和二阶常系数线性非齐次微分方程的解法、拉普拉斯变换的应用.

### 三、学习指导

（1）分离变量法是对形如 $y'=f(x)g(y)$ 的微分方程，先通过分离变量，再对方程两边积分，求出通解的方法.

（2）对于一阶线性非齐次微分方程 $y'+P(x)y=Q(x)$，可直接利用积分因子法求解.

（3）对于二阶常系数线性齐次微分方程 $y''+py'+qy=0$，为求其通解，先求出特征方程 $\lambda^2+p\lambda+q=0$ 的根，然后根据特征根的不同情况，写出对应的微分方程的通解.

（4）对于二阶常系数线性非齐次微分方程 $y''+py'+qy=f(x)$，为求其通解，先求出其对应齐次微分方程的通解 $Y$，然后求出非齐次微分方程自身的一个特解 $y^*$，最后根据解的结构定理，写出通解 $y=y^*+Y$.

（5）应将拉普拉斯变换的性质与常用函数的拉普拉斯变换表结合起来求函数的拉普拉斯变换与拉普拉斯逆变换.

（6）拉普拉斯变换可以方便地应用于求解常系数线性微分方程，其步骤如下：

① 对方程两边取拉普拉斯变换，设 $L[y]=Y(s)$，得出关于 $Y(s)$ 的代数方程；

② 解此方程，求出 $Y(s)$；

③ 对 $Y(s)$ 做拉普拉斯逆变换，求出微分方程的解.

## 测试题七

### 一、填空题

1. __________叫作微分方程.
2. 可分离变量的微分方程的一般形式是__________.
3. 微分方程 $\frac{dy}{dx}=\frac{1}{x}$ 的通解是__________.
4. 微分方程 $y'-2y=0$ 的通解是__________.
5. 微分方程 $y''-5y'+6y=0$ 的特征方程是__________.

### 二、选择题

1. 下列方程中，不是微分方程的是（　　）.

A. $(x-1)dx-(y+1)dy=0$　　B. $y''=x^2+y^2$

C. $y=2x+5$　　D. $\frac{d^2x}{dt^2}-x=\sin t$

2. 微分方程 $x^2y''+x(y')^3+x^4=1$ 的阶数是（　　）.

A. 一阶　　B. 二阶

C. 三阶　　D. 四阶

3. $y''=\cos x$ 的通解是（　　）.

A. $y=\sin x$　　B. $y=\sin x+C$

C. $y=-\cos x+C_1x+C_2$　　D. $y=-\cos x+c_1x$

4. $y'+2xy=0$，$y|_{x=0}=1$ 的特解是（　　）.

A. $y=e^{-x^2}$　　B. $y=-e^{-x^2}$

C. $y=e^{x^2}$　　D. $y=-e^{x^2}$

5. 微分方程 $y''-7y'+10y=0$ 的特征方程是（　　）.

A. $r^2-7r+10=0$　　B. $r^2+10r-7=0$

C. $r^2+7r-10=0$　　D. $r^2-10r+7=0$

## 三、判断题

1．若微分方程的解中含有任意常数，则称这个解为微分方程的通解．（　　）

2．方程 $y^2y'^2+y^2=1$ 是二阶的微分方程．（　　）

3．$y=5x^2$ 是方程 $xy'=2y$ 的一个解．（　　）

4．如果 $y_1, y_2$ 是方程 $y''+p(x)y'+q(x)y=0$ 的解，那么 $y=C_1y_1+C_2y_2$ 是该方程的通解（其中 $C_1$，$C_2$ 是任意常数）．（　　）

5．如果 $y^*$ 是方程 $y''+p(x)y'+q(x)y=f(x)$（1）的一个特解，$y_1$，$y_2$ 是对应的齐次微分方程 $y''+p(x)y'+q(x)y=0$ 的两个线性无关的解，则方程（1）式的通解为 $y=y^*+C_1y_1+C_2y_2$，其中 $C_1$，$C_2$ 是任意常数．（　　）

## 四、求下列微分方程的通解

1．$\dfrac{dy}{dx}=3x^2$．

2．$y'-3xy=x$．

3．$y'''=\cos t$．

4．$2ydx+xdy-xydy=0$．

5．$y'+y=\cos x$．

6．$y'-4y=e^{3x}$．

7．$x^2y''+xy'=1$．

8．$y''+y'-2y=0$．

9．$y''+4y'+3y=5\sin x$．

10．$y''+9y'=6\sin 3x$．

## 五、求下列微分方程的特解

1．$y''+12y'+36y=0$，$y|_{x=0}=4, y'|_{x=0}=2$．

2．$y'-\dfrac{x}{1+x^2}y=x+1$，$y|_{x=0}=\dfrac{1}{2}$．

3．$y'+2xy=xe^{-x^2}$，$y|_{x=0}=1$．

4．$(1+e^x)yy'=e^y$，$y|_{x=0}=0$．

5．$y''+6y'+9y=5xe^{-3x}$，$y|_{x=0}=0, y'|_{x=0}=2$．

## 六、解答题

已知二阶常系数线性齐次方程的一个特解为 $y=e^{2x}$，对应的特征方程的判别式等于 0，求此微分方程满足初始条件 $y|_{x=0}=1$，$y'|_{x=0}=1$ 的特解．

## 七、应用题

一个质量为 4 kg 的物体挂在弹簧上，弹簧伸长了 0.01 m．现将弹簧拉长 0.02 m，然后放开，求弹簧的运动规律（设阻尼系数为 0）.

扫码查答案

# *第八章　矩阵与行列式

【名人名言】

数学是各式各样的证明技巧.

——维特根斯坦

## 资料阅读——矩阵与行列式的发展简史

线性代数作为一个独立的分支在 20 世纪才形成，然而它的历史却非常久远．“鸡兔同笼”问题实际上就是一个简单的线性方程组求解的问题．最古老的线性问题是线性方程组的解法．中国古代的数学著作《九章算术 · 方程》对此已经做了比较完整的叙述，其中所述方法实质上相当于现代的对方程组的增广矩阵的行施行初等变换，消去未知量的方法．

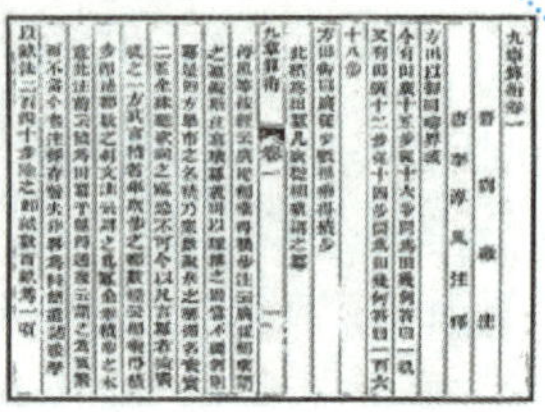

九章算术

由于费马和笛卡儿的工作，现代意义的线性代数基本上出现于 17 世纪．直到 18 世纪末，线性代数的领域还只限于平面与空间．19 世纪上半叶才完成了到 $n$ 维线性空间的过渡．

随着研究线性方程组和变量的线性变换问题的深入，行列式和矩阵在 18—19 世纪先后产生，为处理线性问题提供了有力的工具，从而推动了线性代数的发展．而向量概念的引入，形成了向量空间的概念。凡是线性问题都可以用向量空间的观点加以讨论．因此，向量空间及其线性变换，以及与此相联系的矩阵理论，构成了线性代数的中心内容．

凯莱

矩阵论始于凯莱，在 19 世纪下半叶，因若当的工作而达到了它的顶点．1888 年，皮亚诺以公理的方式定义了有限维或无限维线性空间。托普利茨将线性代数的主要定理推广到任意体（domain）上的最一般的向量空间中．线性映射的概念在大多数情况下能够摆脱矩阵计算而不依赖于基的选择．不用交换体而用未必交换之体或环作为算子之定义域，这就引向同模（module）的概念，这一概念明显地推广了线性空间的理论并重新整理了 19 世纪所研究过的情况．

“代数”这个词在中文中出现较晚，在清代时才传入中国，当时被人们译成“阿尔热巴拉”，直到 1859 年，清代著名的数学家、翻译家李善兰才将它翻译成“代数学”，之后一直沿用．

【导 学】

在生产实践、科学研究和经济活动中，往往需要解多元一次方程组. 本章主要介绍行列式的概念与主要性质及其运算，克莱姆法则，矩阵的概念、运算及其初等行变换，矩阵的秩及其运算等内容.

## 8-1 行列式的概念与性质

行列式是由二元、三元线性方程组的解引出来的. 因此，首先讨论一下线性方程组的问题.

### 一、问题的引入

**例 1** 某项固定资产耐用年限 12 年，按直线折旧法每年折旧费用 300 元，残值是原来的 $\frac{1}{10}$，不计清理费用，求该项固定资产原值及残值.

**解** 设该项固定资产原值为 $x$ 元，残值为 $y$ 元.

得方程组 $\begin{cases} x-y=300\times12 \\ x-10y=0 \end{cases}$，

解方程组 $x=\dfrac{300\times12\times(-10)-0}{1\times(-10)-(-1)\times1}=4\ 000$，$y=\dfrac{1\times0-300\times12\times1}{1\times(-10)-(-1)\times1}=400$.

则该项固定资产原值为 4 000 元，残值为 400 元.

### 二、行列式的概念

解二元一次方程组

$$\begin{cases} a_{11}x_1+a_{12}x_2=b_1 \\ a_{21}x_1+a_{22}x_2=b_2 \end{cases}, \tag{8-1}$$

如果 $(a_{11}a_{22}-a_{21}a_{12})\neq0$，则方程组（8-1）的解为

$$\begin{cases} x_1=\dfrac{b_1a_{22}-b_2a_{12}}{a_{11}a_{22}-a_{21}a_{12}} \\ x_2=\dfrac{a_{11}b_2-a_{21}b_1}{a_{11}a_{22}-a_{21}a_{12}} \end{cases}. \tag{8-2}$$

在二元线性方程组解的公式中，两个分母都是 $a_{11}a_{22}-a_{21}a_{12}$，是由方程组（8-2）的四个系数确定的，把这四个系数按它们在方程组（8-2）中的位置，排成两行两列（横排称行，竖排称列）的数表：$\begin{matrix} a_{11} & a_{12} \\ a_{21} & a_{22} \end{matrix}$.（8-3）

为了便于记忆，应用方便，引出新的数学符号来表达 $a_{11}a_{22}-a_{21}a_{12}$，这个符号就是行列式，记作 $\begin{vmatrix} a_{11} & a_{12} \\ a_{21} & a_{22} \end{vmatrix}$，即 $\begin{vmatrix} a_{11} & a_{12} \\ a_{21} & a_{22} \end{vmatrix}=a_{11}a_{22}-a_{12}a_{21}$.　　（8-4）

该式称为二阶行列式. 数 $a_{ij}$ 叫作二阶行列式第 $i$ 行，第 $j$ 列的元素，行列式（8-4）的右端，称为二阶行列式的展开式.

二阶行列式的展开方法如下：

$$\begin{vmatrix} a_{11} & a_{12} \\ a_{21} & a_{22} \end{vmatrix}$$

实对角线（叫作主对角线）上两数之积取正号，虚对角线上两数之积取负号，然后相加就是行列式的展开式.

利用二阶行列式的概念，（8-2）式中 $x_1$，$x_2$ 的分子也可写成二阶行列式，即

$$b_1a_{22}-a_{12}b_2=\begin{vmatrix} b_1 & a_{12} \\ b_2 & a_{22} \end{vmatrix}，\quad a_{11}b_2-b_1a_{21}=\begin{vmatrix} a_{11} & b_1 \\ a_{21} & b_2 \end{vmatrix}.$$

若记 $D=\begin{vmatrix} a_{11} & a_{12} \\ a_{21} & a_{22} \end{vmatrix}$，$D_1=\begin{vmatrix} b_1 & a_{12} \\ b_2 & a_{22} \end{vmatrix}$，$D_2=\begin{vmatrix} a_{11} & b_1 \\ a_{21} & b_2 \end{vmatrix}$，

那么（8-2）式可写成　$x_1=\dfrac{D_1}{D}=\dfrac{\begin{vmatrix} b_1 & a_{12} \\ b_2 & a_{22} \end{vmatrix}}{\begin{vmatrix} a_{11} & a_{12} \\ a_{21} & a_{22} \end{vmatrix}}$，$x_2=\dfrac{D_2}{D}=\dfrac{\begin{vmatrix} a_{11} & b_1 \\ a_{21} & b_2 \end{vmatrix}}{\begin{vmatrix} a_{11} & a_{12} \\ a_{21} & a_{22} \end{vmatrix}}\ (D\neq 0)$.

可以看出，行列式 $D$ 是由方程组（8-1）中未知数的系数按原来的顺序排成的，叫作方程组的**系数行列式**. 行列式 $D_1$ 是由方程组（8-1）中右边的常数项 $b_1$，$b_2$ 分别代替行列式 $D$ 中 $x_1$ 的系数而得到的，行列式 $D_2$ 是由 $b_1$，$b_2$ 分别代替行列式 $D$ 中 $x_2$ 的系数而得到的.

**例 2**　计算下列行列式

（1）$\begin{vmatrix} 1 & 3 \\ 0 & 0 \end{vmatrix}$；　　（2）$\begin{vmatrix} 15 & 23 \\ 0 & 4 \end{vmatrix}$；　　（3）$\begin{vmatrix} \sin\alpha & \cos\alpha \\ \cos\alpha & \sin\alpha \end{vmatrix}$.

**解**　（1）$\begin{vmatrix} 1 & 3 \\ 0 & 0 \end{vmatrix}=1\times 0-3\times 0=0$；

（2）$\begin{vmatrix} 15 & 23 \\ 0 & 4 \end{vmatrix}=15\times 4-23\times 0=60$；

（3）$\begin{vmatrix} \sin\alpha & \cos\alpha \\ \cos\alpha & \sin\alpha \end{vmatrix}=\sin^2\alpha-\cos^2\alpha$.

**例 3**　用行列式解线性方程组 $\begin{cases} 14x_1-6x_2+1=0 \\ 3x_1+7x_2-6=0 \end{cases}$.

**解**　先将方程组化成一般形式 $\begin{cases} 14x_1-6x_2=-1 \\ 3x_1+7x_2=6 \end{cases}$，

$$D=\begin{vmatrix}14 & -6\\ 3 & 7\end{vmatrix}=14\times 7-(-6)\times 3=116\neq 0,$$

$$D_1=\begin{vmatrix}-1 & -6\\ 6 & 7\end{vmatrix}=(-1)\times 7-(-6)\times 6=29,$$

$$D_2=\begin{vmatrix}14 & -1\\ 3 & 6\end{vmatrix}=14\times 6-(-1)\times 3=87.$$

因为$D\neq 0$，所以方程有解，即

$$x_1=\frac{D_1}{D}=\frac{1}{4},\quad x_2=\frac{D_2}{D}=\frac{3}{4}.$$

## 三、三阶行列式

三元线性方程组$\begin{cases}a_{11}x_1+a_{12}x_2+a_{13}x_3=b_1\\ a_{21}x_1+a_{22}x_2+a_{23}x_3=b_2\\ a_{31}x_1+a_{32}x_2+a_{33}x_3=b_3\end{cases}$利用加减消元法，可以得出其解为

$$\begin{cases}x_1=\dfrac{b_1a_{22}a_{33}+b_2a_{32}a_{13}+b_3a_{12}a_{23}-b_1a_{23}a_{32}-b_2a_{12}a_{13}-b_3a_{22}a_{13}}{a_{11}a_{22}a_{33}+a_{12}a_{23}a_{31}+a_{13}a_{21}a_{32}-a_{11}a_{23}a_{32}-a_{12}a_{21}a_{33}-a_{13}a_{22}a_{31}}\\ x_2=\dfrac{b_1a_{31}a_{23}+b_2a_{11}a_{33}+b_3a_{21}a_{13}-b_1a_{21}a_{33}-b_2a_{13}a_{31}-b_3a_{23}a_{11}}{a_{11}a_{22}a_{33}+a_{12}a_{23}a_{31}+a_{13}a_{21}a_{32}-a_{11}a_{23}a_{32}-a_{12}a_{21}a_{33}-a_{13}a_{22}a_{31}}\\ x_3=\dfrac{b_1a_{21}a_{32}+b_2a_{12}a_{31}+b_3a_{11}a_{22}-b_1a_{22}a_{31}-b_2a_{32}a_{11}-b_3a_{12}a_{21}}{a_{11}a_{22}a_{33}+a_{12}a_{23}a_{31}+a_{13}a_{21}a_{32}-a_{11}a_{23}a_{32}-a_{12}a_{21}a_{33}-a_{13}a_{22}a_{31}}\end{cases}.$$

类似二元线性方程组，可得三元线性方程组

$$D=\begin{vmatrix}a_{11} & a_{12} & a_{13}\\ a_{21} & a_{22} & a_{23}\\ a_{31} & a_{32} & a_{33}\end{vmatrix}=a_{11}a_{22}a_{33}+a_{21}a_{32}a_{13}+a_{31}a_{12}a_{23}-a_{11}a_{23}a_{32}-a_{12}a_{21}a_{33}-a_{13}a_{22}a_{31},$$

$$D_1=\begin{vmatrix}b_1 & a_{12} & a_{13}\\ b_2 & a_{22} & a_{23}\\ b_3 & a_{32} & a_{33}\end{vmatrix}=b_1a_{22}a_{33}+b_2a_{32}a_{13}+b_3a_{12}a_{23}-b_1a_{23}a_{32}-b_2a_{12}a_{33}-b_3a_{22}a_{13},$$

$$D_2=\begin{vmatrix}a_{11} & b_1 & a_{13}\\ a_{21} & b_2 & a_{23}\\ a_{31} & b_3 & a_{33}\end{vmatrix}=a_{11}b_2a_{33}+a_{21}b_3a_{13}+a_{31}b_1a_{23}-a_{13}b_2a_{31}-a_{23}b_3a_{11}-a_{33}a_{21}b_1,$$

$$D_3=\begin{vmatrix}a_{11} & a_{12} & b_1\\ a_{21} & a_{22} & b_2\\ a_{31} & a_{32} & b_3\end{vmatrix}=a_{11}a_{22}b_3+a_{21}a_{32}b_1+a_{31}a_{12}b_2-b_1a_{22}a_{31}-b_2a_{32}a_{11}-b_3a_{21}a_{12}.$$

$$x_1=\frac{D_1}{D},\quad x_2=\frac{D_2}{D},\quad x_3=\frac{D_3}{D}.$$

三阶行列式可定义为：设有$3^2$个数排成三行三列的数表

$$\begin{matrix} a_{11} & a_{12} & a_{13} \\ a_{21} & a_{22} & a_{23} \\ a_{31} & a_{32} & a_{33} \end{matrix}, \tag{8-5}$$

记

$$D=\begin{vmatrix} a_{11} & a_{12} & a_{13} \\ a_{21} & a_{22} & a_{23} \\ a_{31} & a_{32} & a_{33} \end{vmatrix}=a_{11}a_{22}a_{33}+a_{21}a_{32}a_{13}+a_{31}a_{12}a_{23}-a_{11}a_{23}a_{32}-a_{12}a_{21}a_{33}-a_{13}a_{22}a_{31}. \tag{8-6}$$

（8-6）式称为由数表（8-5）所确定的三阶行列式，（8-6）式的右端称为三阶行列式的展开式，展开式共 3!=6 项.

三阶行列式的展开有如下的对角线法则（见图 8-1）.

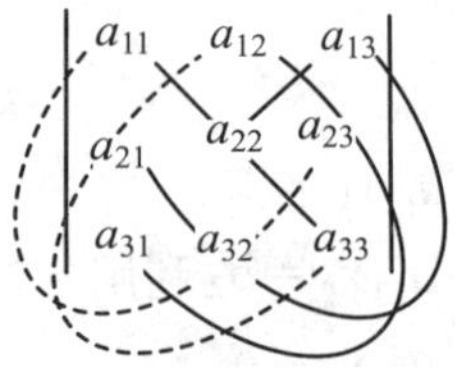

图 8-1

实线中三数之积取正号，虚线中三数之积取负号，然后相加就是行列式的展开式，这种展开法则叫作对角线法则.

**例 4** 计算三阶行列式.

（1）$\begin{vmatrix} 1 & 2 & 3 \\ 2 & 3 & 1 \\ 3 & 1 & 2 \end{vmatrix}$；（2）$\begin{vmatrix} a_{11} & 0 & 0 \\ a_{21} & a_{22} & 0 \\ a_{31} & a_{32} & a_{33} \end{vmatrix}$；（3）$\begin{vmatrix} 1 & 2 & 3 \\ 0 & 4 & 0 \\ 0 & 0 & 5 \end{vmatrix}$.

**解**（1）$\begin{vmatrix} 1 & 2 & 3 \\ 2 & 3 & 1 \\ 3 & 1 & 2 \end{vmatrix}=1\times3\times2+2\times1\times3+3\times2\times1-3\times3\times3-1\times1\times1-2\times2\times2=-18$；

（2）$\begin{vmatrix} a_{11} & 0 & 0 \\ a_{21} & a_{22} & 0 \\ a_{31} & a_{32} & a_{33} \end{vmatrix}=a_{11}a_{22}a_{33}$；

（3）$\begin{vmatrix} 1 & 2 & 3 \\ 0 & 4 & 0 \\ 0 & 0 & 5 \end{vmatrix}=1\times4\times5=20$.

显然，此行列式应用对角线法则展开式中，除主对角线上三个元素的乘积这一项，其余各项至少有一个因子为零.

## 四、行列式的基本性质

行列式作为一种计算也有它固有的基本的计算性质．在介绍行列式的性质之前，先给出转置行列式的概念.

**定义 1**　如果把行列式 $D=\begin{vmatrix} a_{11} & a_{12} & a_{13} \\ a_{21} & a_{22} & a_{23} \\ a_{31} & a_{32} & a_{33} \end{vmatrix}$ 中的行与列按原来的顺序互换，得到的新行列式 $D^T=\begin{vmatrix} a_{11} & a_{21} & a_{31} \\ a_{12} & a_{22} & a_{32} \\ a_{13} & a_{23} & a_{33} \end{vmatrix}$ 称为 $D$ 的转置行列式，记作 $D^T$ 或 $D'$.

行列式的基本性质如下.

**性质 1**　行列式与它的转置行列式相等.

例如，$D=\begin{vmatrix} 1 & 2 & 3 \\ 4 & 5 & 6 \\ 2 & 1 & 3 \end{vmatrix}=-9$，则 $D^T=\begin{vmatrix} 1 & 4 & 2 \\ 2 & 5 & 1 \\ 3 & 6 & 3 \end{vmatrix}=-9$.

**性质 2**　互换行列式中两行（两列）的位置，行列式变号.

例如，$D=\begin{vmatrix} 1 & 2 & 3 \\ 4 & 5 & 6 \\ 2 & 1 & 3 \end{vmatrix}=-9$，而 $D=\begin{vmatrix} 4 & 5 & 6 \\ 1 & 2 & 3 \\ 2 & 1 & 3 \end{vmatrix}=9$.

**性质 3**　对行列式某一行（列）的元素同乘常数 $k$，等于常数 $k$ 乘此行列式.

例如，$\begin{vmatrix} a_1 & b_1 & c_1 \\ ka_2 & kb_2 & kc_2 \\ a_3 & b_3 & c_3 \end{vmatrix}=k\begin{vmatrix} a_1 & b_1 & c_1 \\ a_2 & b_2 & c_2 \\ a_3 & b_3 & c_3 \end{vmatrix}$.

**推论 1**　行列式的某一行（列）有公因子可以把公因子提到行列式外面.

**推论 2**　如果行列式某一行（列）的所有元素都是零，那么行列式等于零.

**性质 4**　如果行列式有两行（两列）对应元素相同，则行列式为零.

例如，$\begin{vmatrix} a_1 & b_1 & c_1 \\ a_2 & b_2 & c_2 \\ a_1 & b_1 & c_1 \end{vmatrix}=a_1b_2c_1+a_2b_1c_1+a_1b_1c_2-a_1b_2c_1-a_1b_1c_2-a_2b_1c_1=0$.

**推论 3**　行列式中如果两行（列）对应元素成比例，那么行列式的值为零.

**性质 5**　如果行列式中某一行（列）的各元素均为两数之和，则行列式可表示为两个行列式之和.

例如，$D=\begin{vmatrix} 1 & 2 & 3 \\ 4 & 5 & 6 \\ 4 & 2 & 6 \end{vmatrix}=\begin{vmatrix} 1 & 2 & 3 \\ 4 & 5 & 6 \\ 2+2 & 1+1 & 3+3 \end{vmatrix}=\begin{vmatrix} 1 & 2 & 3 \\ 4 & 5 & 6 \\ 2 & 1 & 3 \end{vmatrix}+\begin{vmatrix} 1 & 2 & 3 \\ 4 & 5 & 6 \\ 2 & 1 & 3 \end{vmatrix}=18$.

**性质 6**　把行列式的某一行（列）的各元素乘以同一个数后加到另一行（列）对应的元素上去，行列式的值不变.

例如，$\begin{vmatrix} a_1 & b_1 & c_1 \\ a_2 & b_2 & c_2 \\ a_3 & b_3 & c_3 \end{vmatrix}=\begin{vmatrix} a_1 & b_1 & c_1 \\ a_2+ka_1 & b_2+kb_1 & c_2+kc_1 \\ a_3 & b_3 & c_3 \end{vmatrix}$.

**注意:**

为了书写简便，利用性质时，有如下约定.

（1）以 $r_i$ 表示第 $i$ 行，$c_j$ 表示第 $j$ 列；

（2）$r_i \leftrightarrow r_j (c_i \leftrightarrow c_j)$ 表示 $i$，$j$ 两行（列）互换；

（3）$kr_i(kc_i)$ 表示数 $k$ 乘以第 $i$ 行（列）；

（4）$r_i + kr_j(c_i + kc_j)$ 表示第 $j$ 行（列）的所有元素同乘以数 $k$ 后加到第 $i$ 行（列）.

**定义 2** 将行列式中第 $i$ 行第 $j$ 列元素 $a_{ij}$ 所在的行和列划去后，余下的元素按原有次序排列成一个新的行列式，称这个行列式为元素 $a_{ij}$ 的余子式，记作 $M_{ij}$． $M_{ij}$ 与 $(-1)^{i+j}$ 的乘积，称为元素 $a_{ij}$ 的代数余子式，记作 $A_{ij}$，即 $A_{ij}=(-1)^{i+j}M_{ij}$．

**性质 7** 行列式等于其任意一行（或列）对应的代数余子式的乘积的和，即

$D=\begin{vmatrix} a_{11} & a_{12} & a_{13} \\ a_{21} & a_{22} & a_{23} \\ a_{31} & a_{32} & a_{33} \end{vmatrix}=a_{i1}A_{i1}+a_{i2}A_{i2}+a_{i3}A_{i3}(i=1,2,3)$，此性质称为行列式的展开性质.

**例 5** 计算行列式.

（1）$D=\begin{vmatrix} 3 & 0 & -2 \\ 2 & 1 & 3 \\ -2 & 3 & 1 \end{vmatrix}$；　　（2）$D=\begin{vmatrix} a & x & 2a-x \\ b & y & 2b-y \\ c & z & 2c-z \end{vmatrix}$.

**解** （1）
$$D=\begin{vmatrix} 3 & 0 & -2 \\ 2 & 1 & 3 \\ -2 & 3 & 1 \end{vmatrix}=3\times(-1)^{1+1}\begin{vmatrix} 1 & 3 \\ 3 & 1 \end{vmatrix}+0\times(-1)^{1+2}\begin{vmatrix} 2 & 3 \\ -2 & 1 \end{vmatrix}+(-2)\times(-1)^{1+3}\begin{vmatrix} 2 & 1 \\ -2 & 3 \end{vmatrix}$$
$$=3\times(-8)+0+(-2)\times 8=-40；$$

（2）
$$D=\begin{vmatrix} a & x & 2a-x \\ b & y & 2b-y \\ c & z & 2c-z \end{vmatrix}=\begin{vmatrix} a & x & 2a \\ b & y & 2b \\ c & z & 2c \end{vmatrix}+\begin{vmatrix} a & x & -x \\ b & y & -y \\ c & z & -z \end{vmatrix}=0+0=0.$$

**例 6** 解方程 $\begin{vmatrix} x-1 & 0 & 1 \\ 0 & x-2 & 0 \\ 1 & 0 & x-1 \end{vmatrix}=0$.

**解** $\begin{vmatrix} x-1 & 0 & 1 \\ 0 & x-2 & 0 \\ 1 & 0 & x-1 \end{vmatrix}=(x-1)(x-2)(x-1)-(x-2)=x(x-2)^2=0$．所以方程的解为 $x_1=0$，$x_2=x_3=2$．

## 习题 8-1

1．计算各行列式．

（1）$\begin{vmatrix} 3 & 5 \\ 1 & 5 \end{vmatrix}$；　（2）$\begin{vmatrix} -3 & 5 \\ 2 & -5 \end{vmatrix}$；　（3）$\begin{vmatrix} \sin\alpha & \cos\alpha \\ \sin\beta & \cos\beta \end{vmatrix}$；

（4）$\begin{vmatrix} 0 & 0 \\ 3 & 5 \end{vmatrix}$；　（5）$\begin{vmatrix} 3 & 4 & -5 \\ 11 & 6 & -1 \\ 2 & 3 & 6 \end{vmatrix}$；　（6）$\begin{vmatrix} 3 & 2 & 1 \\ 2 & 3 & 2 \\ 1 & 2 & 3 \end{vmatrix}$；

（7）$\begin{vmatrix} 4 & 2 & 3 \\ 2 & 3 & 0 \\ 3 & 0 & 0 \end{vmatrix}$；　（8）$\begin{vmatrix} a & b & 0 \\ c & 0 & b \\ 0 & c & a \end{vmatrix}$．

2．利用行列式解方程组．

（1）$\begin{cases} 4x+3y=5 \\ 3x+4y=6 \end{cases}$；　（2）$\begin{cases} \dfrac{2}{3}x_1+\dfrac{1}{5}x_2=6 \\ \dfrac{1}{6}x_1-\dfrac{1}{2}x_2=-4 \end{cases}$；

（3）$\begin{cases} 2x-y+3z=3 \\ 3x+y-5z=0 \\ 4x-y+z=3 \end{cases}$；　（4）$\begin{cases} ax_1+bx_2=c \\ bx_2+cx_3=a \\ ax_1+cx_3=b \end{cases}$ $(abc\neq 0)$．

扫码查答案

## 8-2　行列式的计算

上节我们介绍了二阶行列式、三阶行列式的概念和计算方法，大家自然会想到：会不会有四阶行列式、五阶行列式、$n$ 阶行列式呢？它们与二阶行列式、三阶行列式是否有相似的定义、计算公式和性质呢？下面，我们就来回答这些问题．

### 一、高阶行列式

**定义 3**　设 $D=\begin{vmatrix} a_{11} & a_{12} & \cdots & a_{1n} \\ a_{21} & a_{22} & \cdots & a_{2n} \\ \vdots & \vdots & & \vdots \\ a_{n1} & a_{n2} & \cdots & a_{nn} \end{vmatrix}$，并称此由 $n^2$ 个元素构成的行列式为 $n$ 阶行列式．其中从左上角到右下角的元素 $a_{11}$，$a_{22}$，…，$a_{nn}$ 称为主对角线上的元素，相反从左下角到右上角的元素 $a_{n1}$，$a_{n-1,2}$，…，$a_{1n}$，称为次对角线上的元素．划去元素 $a_{ij}$ 所在的第 $i$ 行和第 $j$ 列上

所有元素后构成的 $n-1$ 阶行列式 $M_{ij}=\begin{vmatrix} a_{11} & \cdots & a_{1\,j-1} & a_{1\,j+1} & \cdots & a_{1n} \\ \vdots & & \vdots & \vdots & & \vdots \\ a_{i-11} & \cdots & a_{i-1\,j-1} & a_{i-1\,j+1} & \cdots & a_{i-1n} \\ a_{i+11} & \cdots & a_{i+1\,j-1} & a_{i+1\,j+1} & \cdots & a_{i+1n} \\ \vdots & & \vdots & \vdots & & \vdots \\ a_{n1} & \cdots & a_{nj-1} & a_{nj+1} & \cdots & a_{nn} \end{vmatrix}$，称为元素 $a_{ij}$ 的余子式，而将 $A_{ij}=(-1)^{i+j}M_{ij}$ 称为 $a_{ij}$ 的代数余子式.

阶数大于 3 的行列式称为高阶行列式.

我们有性质 $D=\begin{vmatrix} a_{11} & a_{12} & \cdots & a_{1n} \\ a_{21} & a_{22} & \cdots & a_{2n} \\ \vdots & \vdots & & \vdots \\ a_{n1} & a_{n2} & \cdots & a_{nn} \end{vmatrix}=\sum_{j=1}^{n} a_{1j}A_{1j}$ .

根据上述性质，可以将高阶行列式按某一行（或列）展开，并使之降阶，即

$$D=a_{i1}A_{i1}+a_{i2}A_{i2}+\cdots+a_{in}A_{in}(\,i=1,2,3,\cdots,n).$$

**例 1** 计算 $D=\begin{vmatrix} 1 & 0 & -2 & -1 \\ 2 & 0 & -1 & 0 \\ 0 & 2 & 1 & -1 \\ 1 & -1 & 0 & 2 \end{vmatrix}$.

**解** 将行列式按第 1 行展开，得

$$D=1\times(-1)^{1+1}\begin{vmatrix} 0 & -1 & 0 \\ 2 & 1 & -1 \\ -1 & 0 & 2 \end{vmatrix}+0\times(-1)^{1+2}\begin{vmatrix} 2 & -1 & 0 \\ 0 & 1 & -1 \\ 1 & 0 & 2 \end{vmatrix}+(-2)\times(-1)^{1+3}\begin{vmatrix} 2 & 0 & 0 \\ 0 & 2 & -1 \\ 1 & -1 & 2 \end{vmatrix}+$$

$$(-1)\times(-1)^{1+4}\begin{vmatrix} 2 & 0 & -1 \\ 0 & 2 & 1 \\ 1 & -1 & 0 \end{vmatrix}=1\times3+(-2)\times6-(-1)\times4=-5.$$

**例 2** 计算下列三角行列式（即主对角线上方的所有元素都为零的行列式）：

$$D=\begin{vmatrix} a_{11} & 0 & 0 & 0 \\ a_{21} & a_{22} & 0 & 0 \\ \vdots & \vdots & \vdots & 0 \\ a_{n1} & a_{n2} & \cdots & a_{nn} \end{vmatrix}.$$

**解** 按第一行展开得

$$D=a_{11}\times(-1)^{1+1}\begin{vmatrix} a_{22} & 0 & 0 & 0 \\ a_{32} & a_{33} & 0 & 0 \\ \vdots & \vdots & \vdots & \vdots \\ a_{n2} & a_{n3} & \cdots & a_{nn} \end{vmatrix}=a_{11}\begin{vmatrix} a_{22} & 0 & 0 & 0 \\ a_{32} & a_{33} & 0 & 0 \\ \vdots & \vdots & \vdots & \vdots \\ a_{n2} & a_{n3} & \cdots & a_{nn} \end{vmatrix},$$

上式右边的 $n-1$ 阶行列式再按上述方法展开可得

$$D=a_{11}a_{22}\begin{vmatrix} a_{33} & 0 & 0 & 0 \\ a_{43} & a_{44} & 0 & 0 \\ \vdots & \vdots & \vdots & 0 \\ a_{n3} & a_{n4} & \cdots & a_{nn} \end{vmatrix},$$

如此 $n$ 次后得 $D=a_{11}a_{22}a_{33}\cdots a_{nn}$.

同样，上节中行列式的性质对于 $n$ 阶行列式也成立.

**性质 8**　将行列式的行列互换，行列式的值不变，即

$$\begin{vmatrix} a_{11} & a_{12} & \cdots & a_{1n} \\ a_{21} & a_{22} & \cdots & a_{2n} \\ \vdots & \vdots & & \vdots \\ a_{n1} & a_{n2} & \cdots & a_{nn} \end{vmatrix}=\begin{vmatrix} a_{11} & a_{21} & \cdots & a_{n1} \\ a_{12} & a_{22} & \cdots & a_{n2} \\ \vdots & \vdots & & \vdots \\ a_{1n} & a_{2n} & \cdots & a_{nn} \end{vmatrix}.$$

**性质 9**　互换行列式的两行（列），行列式的值为原行列式值的相反数，即

$$\begin{vmatrix} a_{11} & a_{12} & \cdots & a_{1n} \\ \vdots & \vdots & & \vdots \\ a_{i1} & a_{i2} & \cdots & a_{in} \\ \vdots & \vdots & & \vdots \\ a_{j1} & a_{j2} & \cdots & a_{jn} \\ \vdots & \vdots & & \vdots \\ a_{n1} & a_{n2} & \cdots & a_{nn} \end{vmatrix}=-\begin{vmatrix} a_{11} & a_{12} & \cdots & a_{1n} \\ \vdots & \vdots & & \vdots \\ a_{j1} & a_{j2} & \cdots & a_{jn} \\ \vdots & \vdots & & \vdots \\ a_{i1} & a_{i2} & \cdots & a_{in} \\ \vdots & \vdots & & \vdots \\ a_{n1} & a_{n2} & \cdots & a_{nn} \end{vmatrix},$$

或

$$\begin{vmatrix} a_{11} & \cdots & a_{1i} & \cdots & a_{1j} & \cdots & a_{1n} \\ a_{21} & \cdots & a_{2i} & \cdots & a_{2j} & \cdots & a_{2n} \\ \vdots & & \vdots & & \vdots & & \vdots \\ a_{n1} & \cdots & a_{ni} & \cdots & a_{nj} & \cdots & a_{nn} \end{vmatrix}=-\begin{vmatrix} a_{11} & \cdots & a_{1j} & \cdots & a_{1i} & \cdots & a_{1n} \\ a_{21} & \cdots & a_{2j} & \cdots & a_{2i} & \cdots & a_{2n} \\ \vdots & & \vdots & & \vdots & & \vdots \\ a_{n1} & \cdots & a_{nj} & \cdots & a_{ni} & \cdots & a_{nn} \end{vmatrix}.$$

**推论 4**　如果行列式有两行（列）元素对应相等，则行列式的值为 $0$，即

$$\begin{vmatrix} a_{11} & a_{12} & \cdots & a_{1n} \\ \vdots & \vdots & & \vdots \\ a_{i1} & a_{i2} & \cdots & a_{in} \\ \vdots & \vdots & & \vdots \\ a_{i1} & a_{i2} & \cdots & a_{in} \\ \vdots & \vdots & & \vdots \\ a_{n1} & a_{n2} & \cdots & a_{nn} \end{vmatrix}=0，\text{或}\begin{vmatrix} a_{11} & \cdots & a_{1i} & \cdots & a_{1i} & \cdots & a_{1n} \\ a_{21} & \cdots & a_{2i} & \cdots & a_{2i} & \cdots & a_{2n} \\ \vdots & & \vdots & & \vdots & & \vdots \\ a_{n1} & \cdots & a_{ni} & \cdots & a_{ni} & \cdots & a_{nn} \end{vmatrix}=0.$$

**性质 10**　行列式的某一行（列）的所有元素同乘以数 $\lambda$，等于用 $\lambda$ 去乘这个行列式，即

$$\begin{vmatrix} a_{11} & a_{12} & \cdots & a_{1n} \\ \lambda a_{21} & \lambda a_{22} & \cdots & \lambda a_{2n} \\ \vdots & \vdots & & \vdots \\ a_{n1} & a_{n2} & \cdots & a_{nn} \end{vmatrix} = \lambda \times \begin{vmatrix} a_{11} & a_{12} & \cdots & a_{1n} \\ a_{21} & a_{22} & \cdots & a_{2n} \\ \vdots & \vdots & & \vdots \\ a_{n1} & a_{n2} & \cdots & a_{nn} \end{vmatrix}.$$

或

$$\begin{vmatrix} a_{11} & \lambda a_{12} & \cdots & a_{1n} \\ a_{21} & \lambda a_{22} & \cdots & a_{2n} \\ \vdots & \vdots & & \vdots \\ a_{n1} & \lambda a_{n2} & \cdots & a_{nn} \end{vmatrix} = \lambda \times \begin{vmatrix} a_{11} & a_{12} & \cdots & a_{1n} \\ a_{21} & a_{22} & \cdots & a_{2n} \\ \vdots & \vdots & & \vdots \\ a_{n1} & a_{n2} & \cdots & a_{nn} \end{vmatrix}.$$

**推论 5** 行列式某一行（列）元素的公因子可以提到这个行列式之外.

**推论 6** 若行列式某一行（列）的元素全为零，则该行列式之值为零.

**推论 7** 若行列式某两行（列）的元素成比例，则该行列式之值为零.

**性质 11** 把行列式某行（列）的所有元素的 $\lambda$ 倍加到另一行（列）的对应元素上，行列式的值不变，即

$$\begin{vmatrix} a_{11} & a_{12} & \cdots & a_{1n} \\ \vdots & \vdots & & \vdots \\ a_{i1} & a_{i2} & \cdots & a_{in} \\ \vdots & \vdots & & \vdots \\ a_{j1} & a_{j2} & \cdots & a_{jn} \\ \vdots & \vdots & & \vdots \\ a_{n1} & a_{n2} & \cdots & a_{nn} \end{vmatrix} = \begin{vmatrix} a_{11} & a_{12} & \cdots & a_{1n} \\ \vdots & \vdots & & \vdots \\ a_{i1} & a_{i2} & \cdots & a_{in} \\ \vdots & \vdots & & \vdots \\ a_{j1}+\lambda a_{i1} & a_{j2}+\lambda a_{i2} & \cdots & a_{jn}+\lambda a_{in} \\ \vdots & \vdots & & \vdots \\ a_{n1} & a_{n2} & \cdots & a_{nn} \end{vmatrix},$$

或

$$\begin{vmatrix} a_{11} & \cdots & a_{1i} & \cdots & a_{1j} & \cdots & a_{1n} \\ a_{21} & \cdots & a_{2i} & \cdots & a_{2j} & \cdots & a_{2n} \\ \vdots & & \vdots & & \vdots & & \vdots \\ a_{n1} & \cdots & a_{ni} & \cdots & a_{nj} & \cdots & a_{nn} \end{vmatrix} = \begin{vmatrix} a_{11} & \cdots & a_{1i} & \cdots & a_{1j}+\lambda a_{1i} & \cdots & a_{1n} \\ a_{21} & \cdots & a_{2i} & \cdots & a_{2j}+\lambda a_{2i} & \cdots & a_{2n} \\ \vdots & & \vdots & & \vdots & & \vdots \\ a_{n1} & \cdots & a_{ni} & \cdots & a_{nj}+\lambda a_{ni} & \cdots & a_{nn} \end{vmatrix}.$$

**性质 12** 如果行列式某行（列）各元素都是两数之和，则此行列式可以分解为两个行列式的和，即

$$\begin{vmatrix} a_{11}+b_1 & a_{12}+b_2 & \cdots & a_{1n}+b_n \\ a_{21} & a_{22} & \cdots & a_{2n} \\ \vdots & \vdots & & \vdots \\ a_{n1} & a_{n2} & \cdots & a_{nn} \end{vmatrix} = \begin{vmatrix} a_{11} & a_{12} & \cdots & a_{1n} \\ a_{21} & a_{22} & \cdots & a_{2n} \\ \vdots & \vdots & & \vdots \\ a_{n1} & a_{n2} & \cdots & a_{nn} \end{vmatrix} + \begin{vmatrix} b_1 & b_2 & \cdots & b_n \\ a_{21} & a_{22} & \cdots & a_{2n} \\ \vdots & \vdots & & \vdots \\ a_{n1} & a_{n2} & \cdots & a_{nn} \end{vmatrix},$$

或

$$\begin{vmatrix} a_{11} & a_{12}+c_1 & \cdots & a_{1n} \\ a_{21} & a_{22}+c_2 & \cdots & a_{2n} \\ \vdots & \vdots & & \vdots \\ a_{n1} & a_{n2}+c_n & \cdots & a_{nn} \end{vmatrix} = \begin{vmatrix} a_{11} & a_{12} & \cdots & a_{1n} \\ a_{21} & a_{22} & \cdots & a_{2n} \\ \vdots & \vdots & & \vdots \\ a_{n1} & a_{n2} & \cdots & a_{nn} \end{vmatrix} + \begin{vmatrix} a_{11} & c_1 & \cdots & a_{1n} \\ a_{21} & c_2 & \cdots & a_{2n} \\ \vdots & \vdots & & \vdots \\ a_{n1} & c_n & \cdots & a_{nn} \end{vmatrix}.$$

**性质 13** 行列式等于它的任一行（列）元素与它们对应的代数余子式的乘积之和，即

$$\begin{vmatrix} a_{11} & a_{12} & \cdots & a_{1n} \\ a_{21} & a_{22} & \cdots & a_{2n} \\ \vdots & \vdots & & \vdots \\ a_{n1} & a_{n2} & \cdots & a_{nn} \end{vmatrix} = \sum_{j=1}^{n} a_{1j}A_{1j}\text{，或}\begin{vmatrix} a_{11} & a_{12} & \cdots & a_{1n} \\ a_{21} & a_{22} & \cdots & a_{2n} \\ \vdots & \vdots & & \vdots \\ a_{n1} & a_{n2} & \cdots & a_{nn} \end{vmatrix} = \sum_{j=1}^{n} a_{j1}A_{j1}.$$

## 二、行列式的计算

计算行列式的主要方法是降阶，按行、按列展开公式来实现，但在展开之前往往先用性质对行列式做恒等变换，化简之后再展开．数学归纳法、递推法、公式法、三角化法、定义法也都是常用方法．把每一行（列）加至第一行（列）；把每一行（列）均减去第一行（列）；逐行（列）相加（减）是一些常用的技巧，当零元素多时亦可立即展开．

对于阶数较高的行列式，直接利用行列式的定义计算并不是一个可行的方法．为解决行列式的计算问题，应当利用行列式的性质进行有效的化简．化简的方法也不是唯一的，化简时要善于发现具体问题的特点．

**例 3**　计算行列式$\begin{vmatrix} 1 & 0 & -2 \\ 3 & 2 & -4 \\ 2 & 1 & 3 \end{vmatrix}$．

**解法一（对角线法）**　利用对角线法则，进行展开计算．

$$\begin{vmatrix} 1 & 0 & -2 \\ 3 & 2 & -4 \\ 2 & 1 & 3 \end{vmatrix} = 1\times2\times3+3\times1\times(-2)+2\times0\times(-4)-2\times(-2)\times2-1\times1\times(-4)-0\times3\times3=12.$$

**解法二（三角形法）**　利用行列式的性质，将行列式化为三角形行列式，然后将对角线元素相乘，得行列式的值．

$$\begin{vmatrix} 1 & 0 & -2 \\ 3 & 2 & -4 \\ 2 & 1 & 3 \end{vmatrix} \underline{\underline{\begin{matrix} r_2-3r_1 \\ r_3-2r_1 \end{matrix}}} \begin{vmatrix} 1 & 0 & -2 \\ 0 & 2 & 2 \\ 0 & 1 & 7 \end{vmatrix} \underline{\underline{r_3-\frac{1}{2}r_2}} \begin{vmatrix} 1 & 0 & -2 \\ 0 & 2 & 2 \\ 0 & 0 & 6 \end{vmatrix} = 12.$$

**解法三（降阶法）**　利用代数余子式，将行列式的阶降下去，如三阶行列式降为二阶行列式．

$$\begin{vmatrix} 1 & 0 & -2 \\ 3 & 2 & -4 \\ 2 & 1 & 3 \end{vmatrix} = 1\times(-1)^{1+1}\begin{vmatrix} 2 & -4 \\ 1 & 3 \end{vmatrix} + 0\times(-1)^{1+2}\begin{vmatrix} 3 & -4 \\ 2 & 3 \end{vmatrix} + (-2)\times(-1)^{1+3}\begin{vmatrix} 3 & 2 \\ 2 & 1 \end{vmatrix} = 12.$$

**解法四（综合法）**　根据题目灵活选择上述三种方法，进行计算．

$$\begin{vmatrix} 1 & 0 & -2 \\ 3 & 2 & -4 \\ 2 & 1 & 3 \end{vmatrix} \underline{\underline{c_3+2c_1}} \begin{vmatrix} 1 & 0 & 0 \\ 3 & 2 & 2 \\ 2 & 1 & 7 \end{vmatrix} = 1\times(-1)^{1+1}\begin{vmatrix} 2 & 2 \\ 1 & 7 \end{vmatrix} = 14-2=12.$$

**例 4** 计算行列式$\begin{vmatrix} x & a & a & a \\ a & x & a & a \\ a & a & x & a \\ a & a & a & a \end{vmatrix}$.

**解** $\begin{vmatrix} x & a & a & a \\ a & x & a & a \\ a & a & x & a \\ a & a & a & x \end{vmatrix} \xlongequal{\text{将第2，3，4列都加到第1列}} \begin{vmatrix} x+3a & a & a & a \\ x+3a & x & a & a \\ x+3a & a & x & a \\ x+3a & a & a & x \end{vmatrix}$

$= (x+3a)\begin{vmatrix} 1 & a & a & a \\ 1 & x & a & a \\ 1 & a & x & a \\ 1 & a & a & x \end{vmatrix} \xlongequal{\text{将第1行}\times(-1)\text{分别加到2，3，4行}}$

$(x+3a)\begin{vmatrix} 1 & a & a & a \\ 0 & x-a & 0 & 0 \\ 0 & 0 & x-a & 0 \\ 0 & 0 & 0 & x-a \end{vmatrix} = (x+3a)(x-a)^3$.

**例 5** 计算行列式$\begin{vmatrix} 1 & 2 & 0 & 1 \\ 1 & 3 & 5 & 0 \\ 0 & 1 & 5 & 6 \\ 1 & 3 & 3 & 4 \end{vmatrix}$.

**解** $\begin{vmatrix} 1 & 2 & 0 & 1 \\ 1 & 3 & 5 & 0 \\ 0 & 1 & 5 & 6 \\ 1 & 3 & 3 & 4 \end{vmatrix} \xlongequal[r_4-r_1]{r_2-r_1} \begin{vmatrix} 1 & 2 & 0 & 1 \\ 0 & 1 & 5 & -1 \\ 0 & 1 & 5 & 6 \\ 0 & 1 & 3 & 3 \end{vmatrix} = \begin{vmatrix} 1 & 5 & -1 \\ 1 & 5 & 6 \\ 1 & 3 & 3 \end{vmatrix} \xlongequal{r_2-r_1} \begin{vmatrix} 1 & 5 & -1 \\ 0 & 0 & 7 \\ 1 & 3 & 3 \end{vmatrix}$

$= 7\times(-1)^{2+3}\begin{vmatrix} 1 & 5 \\ 1 & 3 \end{vmatrix} = (-7)\times(3-5) = 14$.

**例 6** 证明$\begin{vmatrix} 1 & a & a^2-bc \\ 1 & b & b^2-ca \\ 1 & c & c^2-ab \end{vmatrix} = 0$.

**证** $\begin{vmatrix} 1 & a & a^2-bc \\ 1 & b & b^2-ca \\ 1 & c & c^2-ab \end{vmatrix} \xlongequal[r_3-r_1]{r_2-r_1} \begin{vmatrix} 1 & a & a^2-bc \\ 0 & b-a & (b-a)(a+b+c) \\ 0 & c-a & (c-a)(a+b+c) \end{vmatrix} = (b-a)(c-a)\begin{vmatrix} 1 & a+b+c \\ 1 & a+b+c \end{vmatrix} = 0$.

所以原式成立.

**例 7**　计算行列式 $\begin{vmatrix} 1 & 1 & 1 \\ x_1 & x_2 & x_3 \\ x_1^2 & x_2^2 & x_3^2 \end{vmatrix}$.

**解**　$\begin{vmatrix} 1 & 1 & 1 \\ x_1 & x_2 & x_3 \\ x_1^2 & x_2^2 & x_3^2 \end{vmatrix} \xlongequal[r_2 - x_1 r_1]{r_3 - x_1 r_2} \begin{vmatrix} 1 & 1 & 1 \\ 0 & x_2 - x_1 & x_3 - x_1 \\ 0 & x_2^2 - x_2 x_1 & x_3^2 - x_3 x_1 \end{vmatrix} \xlongequal{\text{按第一列展开}} \begin{vmatrix} x_2 - x_1 & x_3 - x_1 \\ x_2(x_2 - x_1) & x_3(x_3 - x_1) \end{vmatrix}$

$= (x_2 - x_1)(x_3 - x_1)\begin{vmatrix} 1 & 1 \\ x_2 & x_3 \end{vmatrix} = (x_2 - x_1)(x_3 - x_1)(x_3 - x_2)$.

**例 8**　计算行列式 $\begin{vmatrix} 1 & 1 & 1 & 1 \\ x_1 & x_2 & x_3 & x_4 \\ x_1^2 & x_2^2 & x_3^2 & x_4^2 \\ x_1^3 & x_2^3 & x_3^3 & x_4^3 \end{vmatrix}$.

**解**　$\begin{vmatrix} 1 & 1 & 1 & 1 \\ x_1 & x_2 & x_3 & x_4 \\ x_1^2 & x_2^2 & x_3^2 & x_4^2 \\ x_1^3 & x_2^3 & x_3^3 & x_4^3 \end{vmatrix} \xlongequal[\substack{r_3 - x_1 r_2 \\ r_2 - x_1 r_1}]{r_4 - x_1 r_3} \begin{vmatrix} 1 & 1 & 1 & 1 \\ 0 & x_2 - x_1 & x_3 - x_1 & x_4 - x_1 \\ 0 & x_2^2 - x_1 x_2 & x_3^2 - x_1 x_3 & x_4^2 - x_1 x_4 \\ 0 & x_2^3 - x_1 x_2^2 & x_3^3 - x_1 x_3^2 & x_4^3 - x_1 x_4^2 \end{vmatrix}$.

接下来请同学们自己完成，看能不能进一步推广.

## 习题 8-2

计算下列行列式.

（1）$\begin{vmatrix} 32 & 7 & 8 & 8 \\ 41 & 8 & 9 & 9 \\ 9 & 9 & 6 & 13 \\ 7 & 7 & 5 & 11 \end{vmatrix}$；　　（2）$\begin{vmatrix} 1 & 0 & -1 & -1 \\ 0 & -1 & -1 & 1 \\ a & b & c & d \\ -1 & -1 & 1 & 0 \end{vmatrix}$；

（3）$\begin{vmatrix} 5 & 1 & 1 & 1 & 1 \\ 1 & 4 & 0 & 0 & 0 \\ 1 & 0 & 3 & 0 & 0 \\ 1 & 0 & 0 & 2 & 0 \\ 1 & 0 & 0 & 0 & 1 \end{vmatrix}$；　　（4）$\begin{vmatrix} 1 & -1 & 1 & -2 \\ 2 & 0 & -1 & 4 \\ 3 & 2 & 1 & 0 \\ -1 & 2 & -1 & 2 \end{vmatrix}$；

（5）$\begin{vmatrix} 1 & 2 & 3 & 4 \\ 1 & 0 & 1 & 2 \\ 3 & -1 & -1 & 0 \\ 1 & 2 & 0 & -5 \end{vmatrix}$；　　（6）$\begin{vmatrix} -2 & 5 & -1 & 3 \\ 1 & -9 & 13 & 7 \\ 3 & -1 & 5 & -5 \\ 2 & 8 & -7 & 10 \end{vmatrix}$.

扫码查答案

## 8-3 克莱姆法则

从上两节可以知道，二阶行列式、三阶行列式来源于二元、三元线性方程组的解．那么，$n$ 阶行列式与 $n$ 元线性方程组有没有联系呢？能不能用 $n$ 元行列式解 $n$ 元线性方程组呢？其公式解是否与二元、三元线性方程组的解相似呢？

现在我们应用 $n$ 阶行列式来解决 $n$ 个未知数的线性方程组的问题（这里只考虑方程个数与未知量的个数相等的情形）．

$n$ 个未知数 $n$ 个方程的线性方程组的一般形式为

$$\begin{cases} a_{11}x_1 + a_{12}x_2 + \cdots + a_{1n}x_n = b_1 \\ a_{21}x_1 + a_{22}x_2 + \cdots + a_{2n}x_n = b_2 \\ \vdots \qquad \vdots \qquad \qquad \vdots \qquad \vdots \\ a_{n1}x_1 + a_{n2}x_2 + \cdots + a_{nn}x_n = b_n \end{cases}. \tag{8-5}$$

**克莱姆法则**：若线性方程组（8-5）的系数行列式不等于零，即

$$D = \begin{vmatrix} a_{11} & a_{12} & \cdots & a_{1n} \\ a_{21} & a_{22} & \cdots & a_{2n} \\ \vdots & \vdots & & \vdots \\ a_{n1} & a_{n2} & \cdots & a_{nn} \end{vmatrix} \neq 0,$$

则方程组（8-5）有唯一解：$x_1 = \dfrac{D_1}{D}$，$x_2 = \dfrac{D_2}{D}$，$\cdots$，$x_n = \dfrac{D_n}{D}$．

$$D_j = \begin{vmatrix} a_{11} & \cdots & a_{1j-1} & b_1 & a_{1j+1} & \cdots & a_{1n} \\ a_{21} & \cdots & a_{2j-1} & b_2 & a_{2j+1} & \cdots & a_{2n} \\ \vdots & & \vdots & \vdots & \vdots & & \vdots \\ a_{n1} & \cdots & a_{nj-1} & b_n & a_{nj+1} & \cdots & a_{nn} \end{vmatrix},$$

其中 $D_j(j=1,2,\cdots,n)$ 是把系数行列式 $D$ 中第 $j$ 列 $a_{1j}$，$a_{2j}$，$\cdots$，$a_{nj}$ 换成方程组（8-5）的常数项 $b_1$，$b_2$，$\cdots$，$b_n$ 而得到的 $n$ 阶行列式．

**例 1** 解线性方程组 $\begin{cases} x_1 - x_2 + 2x_4 = -5 \\ 3x_1 + 2x_2 - x_3 - 2x_4 = 6 \\ 4x_1 + 3x_2 - x_3 - x_4 = 0 \\ 2x_1 - x_3 = 0 \end{cases}$．

**解** 因为系数行列式

$$D = \begin{vmatrix} 1 & -1 & 0 & 2 \\ 3 & 2 & -1 & -2 \\ 4 & 3 & -1 & -1 \\ 2 & 0 & -1 & 0 \end{vmatrix} \xlongequal{c_1 + 2c_3} \begin{vmatrix} 1 & -1 & 0 & 2 \\ 1 & 2 & -1 & -2 \\ 2 & 3 & -1 & -1 \\ 0 & 0 & -1 & 0 \end{vmatrix} = (-1)(-1)^{4+3} \begin{vmatrix} 1 & -1 & 2 \\ 1 & 2 & -2 \\ 2 & 3 & -1 \end{vmatrix} \xlongequal[r_3 - 2r_1]{r_2 - r_1} \begin{vmatrix} 1 & -1 & 2 \\ 0 & 3 & -4 \\ 0 & 5 & -5 \end{vmatrix} =$$

$\begin{vmatrix} 3 & -4 \\ 5 & -5 \end{vmatrix} = 5 \neq 0$，所以方程组有唯一解.

$$D_1 = \begin{vmatrix} -5 & -1 & 0 & 2 \\ 6 & 2 & -1 & -2 \\ 0 & 3 & -1 & -1 \\ 0 & 0 & -1 & 0 \end{vmatrix} = (-1)(-1)^{4+3}\begin{vmatrix} -5 & -1 & 2 \\ 6 & 2 & -2 \\ 0 & 3 & -1 \end{vmatrix} \xlongequal{c_2+3c_3} \begin{vmatrix} -5 & 5 & 2 \\ 6 & -4 & -2 \\ 0 & 0 & -1 \end{vmatrix} = -\begin{vmatrix} -5 & 5 \\ 6 & -4 \end{vmatrix} = 10.$$

经过计算还可得到 $D_2 = \begin{vmatrix} 1 & -5 & 0 & 2 \\ 3 & 6 & -1 & -2 \\ 4 & 0 & -1 & -1 \\ 2 & 0 & -1 & 0 \end{vmatrix} = -15$， $D_3 = \begin{vmatrix} 1 & -1 & -5 & 2 \\ 3 & 2 & 6 & -2 \\ 4 & 3 & 0 & -1 \\ 2 & 0 & 0 & 0 \end{vmatrix} = 20$，

$$D_4 = \begin{vmatrix} 1 & -1 & 0 & -5 \\ 3 & 2 & -1 & 6 \\ 4 & 3 & -1 & 0 \\ 2 & 0 & -1 & 0 \end{vmatrix} = -25,$$

所以方程组的解为
$$x_1 = \frac{D_1}{D} = \frac{10}{5} = 2,\quad x_2 = \frac{D_2}{D} = \frac{-15}{5} = -3,$$
$$x_3 = \frac{D_3}{D} = \frac{20}{5} = 4,\quad x_4 = \frac{D_4}{D} = \frac{-25}{5} = -5.$$

在方程组（8-5）中当常数项 $b_1, b_2, \cdots, b_n$ 全为零时，称为**齐次线性方程组**，即方程组

$$\begin{cases} a_{11}x_1 + a_{12}x_2 + \cdots + a_{1n}x_n = 0 \\ a_{21}x_1 + a_{22}x_2 + \cdots + a_{2n}x_n = 0 \\ \vdots \qquad \vdots \qquad\qquad \vdots \quad \vdots \\ a_{n1}x_1 + a_{n2}x_2 + \cdots + a_{nn}x_n = 0 \end{cases} \tag{8-6}$$

为齐次线性方程组．实际上，有关力学稳定性问题和振动问题常常遇到这种方程组．对于齐次线性方程组（8-6），由于行列式 $D_j$ 中第 $j$ 列的元素都是零，所以 $D_j = 0(j = 1, 2, \cdots, n)$，当其系数行列式 $D \neq 0$ 时，根据克莱姆法则，方程组（8-6）的唯一解是

$$x_1 = x_2 = \cdots = x_n = 0.$$

全部由零组成的解叫作**零解**.

**推论 8**　如果齐次线性方程组（8-5）的系数行列式 $D \neq 0$，则它只有零解.

**推论 9**　齐次线性方程组（8-5）有非零解的必要条件是系数行列式 $D = 0$.

**例 2**　解齐次线性方程组 $\begin{cases} x_1 + 2x_2 + x_3 = 0 \\ -2x_1 + x_2 - x_3 = 0 \\ x_1 - 4x_2 + 2x_3 = 0 \end{cases}$.

**解**　因为系数行列式 $D=\begin{vmatrix}1 & 2 & 1\\ -2 & 1 & -1\\ 1 & -4 & 2\end{vmatrix}=\begin{vmatrix}1 & 2 & 1\\ -1 & 3 & 0\\ -1 & -8 & 0\end{vmatrix}=\begin{vmatrix}-1 & 3\\ -1 & -8\end{vmatrix}=11\neq 0$，所以方程组只有零解，即 $x_1=x_2=x_3=0$．

在力学的稳定性问题和振动问题中，方程组（8-6）的系数 $a_{ij}$ 常与一个参数 $\lambda$ 有关，问题是求出一些 $\lambda$ 的值，使得方程组（8-6）有非零解．

**例 3**　当 $\lambda$ 取何值时，线性齐次方程组 $\begin{cases}(\lambda+3)x_1+14x_2+2x_3=0\\ -2x_1+(\lambda-8)x_2-x_3=0\\ -2x_1-3x_2+(\lambda-2)x_3=0\end{cases}$ 有非零解？

**解**　方程组的系数行列式为

$$D=\begin{vmatrix}\lambda+3 & 14 & 2\\ -2 & \lambda-8 & -1\\ -2 & -3 & \lambda-2\end{vmatrix}=\begin{vmatrix}\lambda-1 & 14 & 2\\ 0 & \lambda-8 & -1\\ 2-2\lambda & -3 & \lambda-2\end{vmatrix}=\begin{vmatrix}\lambda-1 & 14 & 2\\ 0 & \lambda-8 & -1\\ 0 & 25 & \lambda+2\end{vmatrix}$$

$$=(\lambda-1)\begin{vmatrix}\lambda-8 & -1\\ 25 & \lambda+2\end{vmatrix}=(\lambda-1)(\lambda-3)^2 .$$

由推论 2 可知，若所给的齐次线性方程组有非零解，则其系数行列式 $D=0$，即 $(\lambda-1)(\lambda-3)^2=0$．所以，当 $\lambda=1$ 或 $\lambda=3$ 时，所给的齐次线性方程组有非零解．

## 习题 8-3

1．用克莱姆法则解下列方程组．

（1）$\begin{cases}x_1+x_2-2x_3=-3\\ 5x_1-2x_2+7x_3=22\\ 2x_1-5x_2+4x_3=4\end{cases}$；　　（2）$\begin{cases}2x_1+x_2-5x_3+x_4=8\\ x_1-3x_2-6x_4=9\\ 2x_2-x_3+2x_4=-5\\ x_1+4x_2-7x_3+6x_4=0\end{cases}$．

2．$\lambda$ 取何值时，齐次线性方程组 $\begin{cases}\lambda x_1+x_2+x_3=0\\ x_1+\lambda x_2-x_3=0\\ 2x_1-x_2+x_3=0\end{cases}$ 有非零解？

扫码查答案

## 8-4　矩阵的概念及基本运算

矩阵亦如行列式一样，是由研究线性方程组的问题引出来的．不过，行列式是由特殊的线性方程组，即未知数个数与方程的个数相等，而且只有唯一解的方程组引出来的．而矩阵是从最一般的线性方程组引出来的，所以矩阵比行列式的应用广泛得多．因而，矩阵是高等数学各个分支不可缺少的工具．

## 一、问题的引入

**例 1** 月生产 5 种产品，各种产品季度产值（单位：万元）见表 8-1.

表 8-1 （单位：万元）

| 产品 / 产值 / 季度 | 1 | 2 | 3 | 4 | 5 |
|---|---|---|---|---|---|
| 1 | 80 | 58 | 75 | 78 | 64 |
| 2 | 98 | 70 | 85 | 84 | 76 |
| 3 | 90 | 75 | 90 | 90 | 80 |
| 4 | 88 | 70 | 82 | 80 | 76 |

这个排成 4 行 5 列的产值阵列$\begin{pmatrix} 80 & 58 & 75 & 78 & 64 \\ 98 & 70 & 85 & 84 & 76 \\ 90 & 75 & 90 & 90 & 80 \\ 88 & 70 & 82 & 80 & 76 \end{pmatrix}$具体描述了这家企业各种产品各季度的产值，同时也揭示了产值随季节变化的季增长率及年产量等情况.

又如，平面解析几何中平面直角变换公式为$\begin{cases} x = x'\cos\theta - y'\sin\theta \\ y = x'\sin\theta + y'\cos\theta \end{cases}$，可表示为

$$\begin{pmatrix} x \\ y \end{pmatrix} = \begin{pmatrix} \cos\theta - \sin\theta \\ \sin\theta + \cos\theta \end{pmatrix}\begin{pmatrix} x' \\ y' \end{pmatrix}.$$

## 二、矩阵的概念

在线性方程组$\begin{cases} a_{11}x_1 + a_{12}x_2 + \cdots + a_{1n}x_n = b_1 \\ a_{21}x_1 + a_{22}x_2 + \cdots + a_{2n}x_n = b_2 \\ \vdots \qquad \vdots \qquad\qquad \vdots \qquad \vdots \\ a_{m1}x_1 + a_{m2}x_2 + \cdots + a_{mn}x_n = b_m \end{cases}$中，把未知量的系数按其在线性方程组中原来的位置顺序排成一个矩形数表$\begin{pmatrix} a_{11} & a_{12} & \cdots & a_{1n} \\ a_{21} & a_{22} & \cdots & a_{2n} \\ \vdots & \vdots & & \vdots \\ a_{m1} & a_{m2} & \cdots & a_{mn} \end{pmatrix}$，对于这样的数表，给出以下定义：

**定义 4** 由 $m\times n$ 个数排成的 $m$ 行 $n$ 列的数表$\begin{pmatrix} a_{11} & a_{12} & \cdots & a_{1n} \\ a_{21} & a_{22} & \cdots & a_{2n} \\ \vdots & \vdots & & \vdots \\ a_{m1} & a_{m2} & \cdots & a_{mn} \end{pmatrix}$称为 $m$ 行 $n$ 列矩阵，简称 $m\times n$ 矩阵. 矩阵常用大写字母 $A$，$B$，$C$，$\cdots$ 表示. 例如，上述矩阵可以记作 $A$ 或 $A_{m\times n}$，

有时也简记为$A=(a_{ij})_{m\times n}$．其中$a_{ij}$称为矩阵$A$第$i$行第$j$列的元素．

在以后的讨论中还会经常用到几种特殊的矩阵，下面分别给出它们的名称：

（1）方阵：当$m=n$时，矩阵$A$称为$n$**阶方阵**．

（2）列矩阵：当$n=1$时，矩阵$A$只有一列，称为**列矩阵**，即$A=\begin{pmatrix} a_{11} \\ a_{21} \\ \vdots \\ a_{m1} \end{pmatrix}$．

（3）行矩阵：当$m=1$时，矩阵$A$只有一行，称为**行矩阵**，即$A=\begin{pmatrix} a_{11} & a_{12} & \cdots & a_{1n} \end{pmatrix}$．

（4）零矩阵：元素都是零的矩阵称为**零矩阵**，记作$O_{m\times n}$或$O$，如$O_{3\times 5}=\begin{pmatrix} 0 & 0 & 0 & 0 & 0 \\ 0 & 0 & 0 & 0 & 0 \\ 0 & 0 & 0 & 0 & 0 \end{pmatrix}$．

（5）对角矩阵：一个$n$阶方阵从左上角到右下角的对角线称为**主对角线**．如果一个方阵主对角线以外的元素都为零，则这个方阵称为**对角方阵**，即$\begin{pmatrix} a_{11} & 0 & \cdots & 0 \\ 0 & a_{22} & \cdots & 0 \\ \vdots & \vdots & & \vdots \\ 0 & 0 & \cdots & a_{nn} \end{pmatrix}$．

（6）单位矩阵：主对角线上的元素都为1的对角方阵称为**单位矩阵**，记作$I$，即

$$I=\begin{pmatrix} 1 & 0 & \cdots & 0 \\ 0 & 1 & \cdots & 0 \\ \vdots & \vdots & & \vdots \\ 0 & 0 & \cdots & 1 \end{pmatrix}.$$

（7）上三角矩阵：主对角线以下的元素都是零的方阵，称为**上三角矩阵**，即

$$\begin{pmatrix} a_{11} & a_{12} & \cdots & a_{1n} \\ 0 & a_{22} & \cdots & a_{2n} \\ \vdots & \vdots & & \vdots \\ 0 & 0 & \cdots & a_{nn} \end{pmatrix}$$

（8）下三角矩阵：主对角线以上的元素都是零的方阵，称为**下三角矩阵**，即

$$\begin{pmatrix} a_{11} & 0 & \cdots & 0 \\ a_{21} & a_{22} & \cdots & 0 \\ \vdots & \vdots & & \vdots \\ a_{n1} & a_{n2} & \cdots & a_{nn} \end{pmatrix}.$$

（9）转置矩阵：把矩阵$A$的行和列按顺序互换，所得到的矩阵称为$A$的转置矩阵，记作$A^{\mathrm{T}}$，即

设$A=\begin{pmatrix} a_{11} & a_{12} & \cdots & a_{1n} \\ a_{21} & a_{22} & \cdots & a_{2n} \\ \vdots & \vdots & & \vdots \\ a_{m1} & a_{m2} & \cdots & a_{mn} \end{pmatrix}$，则$A^{\mathrm{T}}=\begin{pmatrix} a_{11} & a_{21} & \cdots & a_{m1} \\ a_{12} & a_{22} & \cdots & a_{m2} \\ \vdots & \vdots & & \vdots \\ a_{1n} & a_{2n} & \cdots & a_{mn} \end{pmatrix}$．

例如，$A=\begin{pmatrix}1 & 2 & 3\\7 & 8 & 10\end{pmatrix}$，则 $A^{T}=\begin{pmatrix}1 & 7\\2 & 8\\3 & 10\end{pmatrix}$.

## 三、矩阵的运算

1．矩阵相等

**定义 5**　如果 $A=(a_{ij})$，$B=(b_{ij})$ 是两个 $m\times n$ 矩阵，且它们的对应元素都相等，即

$$a_{ij}=b_{ij}\ \ (i=1,2,\cdots,m;\ \ j=1,2,\cdots,n),$$

则称矩阵 $A$ 与矩阵 $B$ 相等，记作 $A=B$.

2．矩阵的加法与减法

**定义 6**　若 $A=(a_{ij})_{m\times n}$，$B=(b_{ij})_{m\times n}$，则 $A\pm B=(a_{ij}\pm b_{ij})_{m\times n}$. 例如，

$$\begin{pmatrix}1 & -2 & 3\\2 & 0 & 1\end{pmatrix}+\begin{pmatrix}-1 & 1 & 5\\0 & 7 & -3\end{pmatrix}=\begin{pmatrix}0 & -1 & 8\\2 & 7 & -2\end{pmatrix}.$$

矩阵的加法，满足以下规律：

（1）交换律：$A+B=B+A$；

（2）结合律：$(A+B)+C=A+(B+C)$.

其中 $A$，$B$，$C$ 都是 $m$ 行 $n$ 列矩阵.

3．数与矩阵相乘

**定义 7**　设 $k\in\mathbf{R}$，$A=(a_{ij})_{m\times n}$，则 $kA=Ak=(ka_{ij})_{m\times n}$，即

$$kA=\begin{pmatrix}ka_{11} & ka_{12} & \cdots & ka_{1n}\\ka_{21} & ka_{22} & \cdots & ka_{2n}\\\vdots & \vdots & & \vdots\\ka_{m1} & ka_{m2} & \cdots & ka_{mn}\end{pmatrix}.$$

**例 2**　$A=\begin{pmatrix}1 & 3 & -4\\5 & -1 & 7\end{pmatrix}$，求 $3A$.

**解**　$3A=3\begin{pmatrix}1 & 3 & -4\\5 & -1 & 7\end{pmatrix}=\begin{pmatrix}3 & 9 & -12\\15 & -3 & 21\end{pmatrix}$.

**例 3**　已知 $A=\begin{pmatrix}0 & 3\\3 & 2\\4 & -3\end{pmatrix}$，$B=\begin{pmatrix}0 & 2\\-2 & 0\\4 & -2\end{pmatrix}$，求 $A+\frac{1}{2}B$.

**解**　$A+\frac{1}{2}B=\begin{pmatrix}0 & 3\\3 & 2\\4 & -3\end{pmatrix}+\frac{1}{2}\begin{pmatrix}0 & 2\\-2 & 0\\4 & -2\end{pmatrix}=\begin{pmatrix}0 & 3\\3 & 2\\4 & -3\end{pmatrix}+\begin{pmatrix}0 & 1\\-1 & 0\\2 & -1\end{pmatrix}=\begin{pmatrix}0 & 4\\2 & 2\\6 & -4\end{pmatrix}$.

数与矩阵的乘法，满足以下规律.

（1）分配律：$k(A+B)=kB+kA$，$(k+l)A=kA+lA$；

（2）结合律：$k(lA)=(kl)A$.

其中 $A$，$B$ 都是 $m$ 行 $n$ 列矩阵，$k$，$l$ 为任意常数.

4. 矩阵的乘法

设 $A=\begin{pmatrix} a_{11} & a_{12} & a_{13} \\ a_{21} & a_{22} & a_{23} \\ a_{31} & a_{32} & a_{33} \end{pmatrix}$，$B=\begin{pmatrix} b_{11} & b_{12} \\ b_{21} & b_{22} \\ b_{31} & b_{32} \end{pmatrix}$，规定 $AB=C=(c_{ij})_{3\times2}=\begin{pmatrix} c_{11} & c_{12} \\ c_{21} & c_{22} \\ c_{31} & c_{32} \end{pmatrix}$.

$$c_{11}=a_{11}b_{11}+a_{12}b_{21}+a_{13}b_{31}，\quad c_{12}=a_{11}b_{12}+a_{12}b_{22}+a_{13}b_{32}，$$
$$c_{21}=a_{21}b_{11}+a_{22}b_{21}+a_{23}b_{31}，\quad c_{22}=a_{21}b_{12}+a_{22}b_{22}+a_{23}b_{32}，$$
$$c_{31}=a_{31}b_{11}+a_{32}b_{21}+a_{33}b_{31}，\quad c_{32}=a_{31}b_{12}+a_{32}b_{22}+a_{33}b_{32}.$$

$$AB=\begin{pmatrix} a_{11}b_{11}+a_{12}b_{21}+a_{13}b_{31} & a_{11}b_{12}+a_{12}b_{22}+a_{13}b_{32} \\ a_{21}b_{11}+a_{22}b_{21}+a_{23}b_{31} & a_{21}b_{12}+a_{22}b_{22}+a_{23}b_{32} \\ a_{31}b_{11}+a_{32}b_{21}+a_{33}b_{31} & a_{31}b_{12}+a_{32}b_{22}+a_{33}b_{32} \end{pmatrix}.$$

**定义 8** 设矩阵 $A=(a_{ip})_{m\times s}$，$B=(b_{pj})_{s\times n}$，则 $AB=(c_{ij})_{m\times n}=\left(\sum_{p=1}^{s} a_{ip}b_{pj}\right)_{m\times n}$，即 $A_{m\times s}B_{s\times n}=C_{m\times n}$.

从定义可以看出，两矩阵相乘应注意以下问题：

（1）只有当矩阵 $A$（左矩阵）的列数等于矩阵 $B$（右矩阵）的行数时，$A$ 与 $B$ 才能相乘；

（2）两矩阵的乘积仍是一个矩阵，它的行数等于左矩阵的行数，它的列数等于右矩阵的列数.

矩阵乘法满足以下规律：

（1）结合律：$(AB)C=A(BC)$，$k(AB)=(kA)B=A(kB)$；

（2）分配律：$A(B+C)=AB+AC$，$(B+C)A=BA+CA$.

其中 $A$，$B$，$C$ 均为矩阵，$k$ 为常数.

**注意：**

矩阵的乘法不满足交换律.

**例 4** 设矩阵 $A=\begin{pmatrix} 2 & -1 \\ -4 & 0 \\ 3 & 5 \end{pmatrix}$，$B=\begin{pmatrix} 9 & -8 \\ -7 & 10 \end{pmatrix}$，求 $AB$.

**解** $AB=\begin{pmatrix} 2 & -1 \\ -4 & 0 \\ 3 & 5 \end{pmatrix}\begin{pmatrix} 9 & -8 \\ -7 & 10 \end{pmatrix}$

$$=\begin{pmatrix} 2\times9+(-1)\times(-7) & 2\times(-8)+(-1)\times10 \\ -4\times9+0\times(-7) & -4\times(-8)+0\times10 \\ 3\times9+5\times(-7) & 3\times(-8)+5\times10 \end{pmatrix}=\begin{pmatrix} 25 & -26 \\ -36 & 32 \\ -8 & 26 \end{pmatrix}.$$

**例 5**　已知 $A=\begin{pmatrix}2 & -3 & -1\\3 & 2 & 5\end{pmatrix}$，$B=\begin{pmatrix}1 & 2\\-5 & 1\\3 & -1\end{pmatrix}$，求 $AB$ 和 $BA$ .

**解**　$AB=\begin{pmatrix}2 & -3 & -1\\3 & 2 & 5\end{pmatrix}\begin{pmatrix}1 & 2\\-5 & 1\\3 & -1\end{pmatrix}$

$$=\begin{pmatrix}2\times1+(-3)\times(-5)+(-1)\times3 & 2\times2+(-3)\times1+(-1)\times(-1)\\3\times1+2\times(-5)+5\times3 & 3\times2+2\times1+5\times(-1)\end{pmatrix}$$

$$=\begin{pmatrix}14 & 2\\8 & 3\end{pmatrix}.$$

$$BA=\begin{pmatrix}1 & 2\\-5 & 1\\3 & -1\end{pmatrix}\begin{pmatrix}2 & -3 & -1\\3 & 2 & 5\end{pmatrix}$$

$$=\begin{pmatrix}1\times2+2\times3 & 1\times(-3)+2\times2 & 1\times(-1)+2\times5\\-5\times2+1\times3 & -5\times(-3)+1\times2 & -5\times(-1)+1\times5\\3\times2+(-1)\times3 & 3\times(-3)+(-1)\times2 & 3\times(-1)+(-1)\times5\end{pmatrix}$$

$$=\begin{pmatrix}8 & 1 & 9\\-7 & 17 & 10\\3 & -11 & -8\end{pmatrix}.$$

由以上两例可知，矩阵与矩阵相乘不满足交换律，就是说，一般情况下 $AB\neq BA$ .

**例 6**　求 $\begin{pmatrix}2 & 1\\4 & 2\end{pmatrix}\begin{pmatrix}1 & -2\\-2 & 4\end{pmatrix}$.

**解**　$\begin{pmatrix}2 & 1\\4 & 2\end{pmatrix}\begin{pmatrix}1 & -2\\-2 & 4\end{pmatrix}=\begin{pmatrix}0 & 0\\0 & 0\end{pmatrix}=O_{2\times2}$ .

上例说明两个非零矩阵的乘积可能是零矩阵，这种现象在数的乘法运算中是不可能出现的.

**例 7**　已知 $A=\begin{pmatrix}1 & 3 & 2\\3 & 0 & 6\end{pmatrix}$，$B=\begin{pmatrix}0 & 3\\2 & 0\\0 & 5\end{pmatrix}$，$C=\begin{pmatrix}0 & 5\\2 & 0\\0 & 4\end{pmatrix}$，求 $AB$ 和 $AC$ .

**解**　$AB=\begin{pmatrix}1 & 3 & 2\\3 & 0 & 6\end{pmatrix}\begin{pmatrix}0 & 3\\2 & 0\\0 & 5\end{pmatrix}=\begin{pmatrix}6 & 13\\0 & 39\end{pmatrix}$；

$$AC=\begin{pmatrix}1 & 3 & 2\\3 & 0 & 6\end{pmatrix}\begin{pmatrix}0 & 5\\2 & 0\\0 & 4\end{pmatrix}=\begin{pmatrix}6 & 13\\0 & 39\end{pmatrix}.$$

**说明**：若 $AB=AC$，一般来说 $B \neq C$，即矩阵乘法不满足消去律.

**例 8** 已知 $A=\begin{pmatrix} a_{11} & a_{12} & a_{13} \\ a_{21} & a_{22} & a_{23} \\ a_{31} & a_{32} & a_{33} \end{pmatrix}$，$I=\begin{pmatrix} 1 & 0 & 0 \\ 0 & 1 & 0 \\ 0 & 0 & 1 \end{pmatrix}$，求 $IA$ 和 $AI$.

**解** $AI=\begin{pmatrix} a_{11} & a_{12} & a_{13} \\ a_{21} & a_{22} & a_{23} \\ a_{31} & a_{32} & a_{33} \end{pmatrix}\begin{pmatrix} 1 & 0 & 0 \\ 0 & 1 & 0 \\ 0 & 0 & 1 \end{pmatrix}=\begin{pmatrix} a_{11} & a_{12} & a_{13} \\ a_{21} & a_{22} & a_{23} \\ a_{31} & a_{32} & a_{33} \end{pmatrix}$；

$$IA=\begin{pmatrix} 1 & 0 & 0 \\ 0 & 1 & 0 \\ 0 & 0 & 1 \end{pmatrix}\begin{pmatrix} a_{11} & a_{12} & a_{13} \\ a_{21} & a_{22} & a_{23} \\ a_{31} & a_{32} & a_{33} \end{pmatrix}=\begin{pmatrix} a_{11} & a_{12} & a_{13} \\ a_{21} & a_{22} & a_{23} \\ a_{31} & a_{32} & a_{33} \end{pmatrix}.$$

由此例可知，单位矩阵 $I$ 在矩阵乘法中所起的作用与数的乘法中数 1 所起的作用类似.

由以上几个例题可以看出，矩阵与矩阵相乘的运算与实数的乘法运算有类似的地方，也有差别很大的地方. 矩阵与矩阵相乘时，必须按定义和所满足的规律去乘，不能与实数乘法混淆，否则会出现错误.

## 四、用矩阵表示线性方程组

利用矩阵的乘法和矩阵相等的含义，可以把线性方程组写成矩阵形式.

例如，二元一次方程组 $\begin{cases} 3x_1+2x_2=12 \\ x_1-3x_2=-7 \end{cases}$，（8-7）

设 $A=\begin{pmatrix} 3 & 2 \\ 1 & -3 \end{pmatrix}$，$X=\begin{pmatrix} x_1 \\ x_2 \end{pmatrix}$，$B=\begin{pmatrix} 12 \\ -7 \end{pmatrix}$，则方程组（8-7）可写成 $AX=B$.

一般地，设有 $n$ 个未知数 $m$ 个方程的线性方程组

$$\begin{cases} a_{11}x_1+a_{12}x_2+\cdots+a_{1n}x_n=b_1 \\ a_{21}x_1+a_{22}x_2+\cdots+a_{2n}x_n=b_2 \\ \vdots \qquad \vdots \qquad\qquad \vdots \quad \vdots \\ a_{m1}x_1+a_{m2}x_2+\cdots+a_{mn}x_n=b_m \end{cases},\tag{8-8}$$

$$A=\begin{pmatrix} a_{11} & a_{12} & \cdots & a_{1n} \\ a_{21} & a_{22} & \cdots & a_{2n} \\ \vdots & \vdots & & \vdots \\ a_{m1} & a_{m2} & \cdots & a_{mn} \end{pmatrix},\quad X=\begin{pmatrix} x_1 \\ x_2 \\ \vdots \\ x_n \end{pmatrix},\quad B=\begin{pmatrix} b_1 \\ b_2 \\ \vdots \\ b_m \end{pmatrix},$$

则方程组（8-9）可写成 $AX=B$.

方程 $AX=B$ 是线性方程组的矩阵表达式，叫作**矩阵方程**，其中 $A$ 叫作方程组（2）的**系数矩阵**，$X$ 叫作**未知数矩阵**，$B$ 叫作**常数项矩阵**.

由方程组（8-8）中的系数与常数组成的矩阵$\begin{pmatrix} a_{11} & a_{12} & \cdots & a_{1n} & b_1 \\ a_{21} & a_{22} & \cdots & a_{2n} & b_2 \\ \vdots & \vdots & & \vdots & \vdots \\ a_{m1} & a_{m2} & \cdots & a_{mn} & b_m \end{pmatrix}$称为增广矩阵，记作$\overline{A}$.

因为线性方程组是由它的系数和常数项确定的，所以用增广矩阵$\overline{A}$可清楚地表示一个线性方程组.

当方程组（8-8）的常数项$b_1 = b_2 = \cdots = b_n = 0$时，方程组为**齐次线性方程组**，齐次线性方程组的矩阵表示形式为$AX = O$．其中$O = (0 \quad 0 \quad \cdots \quad 0)^T$.

**例 9** 利用矩阵乘法表示线性方程组$\begin{cases} x_1 + 2x_2 + 3x_3 + 4x_4 = 1 \\ 4x_1 + x_2 + 2x_3 + 3x_4 = 2 \\ 3x_1 + 4x_2 + x_3 + 2x_4 = 2 \\ 2x_1 + 3x_2 + 4x_3 + x_4 = 1 \end{cases}$.

**解** 设$A = \begin{pmatrix} 1 & 2 & 3 & 4 \\ 4 & 1 & 2 & 3 \\ 3 & 4 & 1 & 2 \\ 2 & 3 & 4 & 1 \end{pmatrix}$，$X = \begin{pmatrix} x_1 \\ x_2 \\ x_3 \\ x_4 \end{pmatrix}$，$B = \begin{pmatrix} 1 \\ 2 \\ 2 \\ 1 \end{pmatrix}$.

因为$AX = B$，所以方程组可表示为$\begin{pmatrix} 1 & 2 & 3 & 4 \\ 4 & 1 & 2 & 3 \\ 3 & 4 & 1 & 2 \\ 2 & 3 & 4 & 1 \end{pmatrix}\begin{pmatrix} x_1 \\ x_2 \\ x_3 \\ x_4 \end{pmatrix} = \begin{pmatrix} 1 \\ 2 \\ 2 \\ 1 \end{pmatrix}$.

## 习题 8-4

1．设矩阵$A=\begin{pmatrix} -3 & 1 & 41 & b \\ -1 & a & 30 & -13 \end{pmatrix}$，$B=\begin{pmatrix} c & 1 & 41 & 3 \\ -1 & 0 & d & -13 \end{pmatrix}$，且$A=B$，求元素$a,b,c,d$的数值.

2．设$A = \begin{pmatrix} 3 & 2 & 7 \\ 1 & 3 & 1 \\ 4 & 5 & -1 \end{pmatrix}$，$B = \begin{pmatrix} 4 & 3 & 7 \\ 1 & 8 & 1 \\ 6 & 7 & -5 \end{pmatrix}$，求$A+B$，$B-A$，$3A+2B$及$3A-2B$.

3．计算下列乘积.

（1）$\begin{pmatrix} 2 & 3 & 1 \\ 1 & 5 & 7 \end{pmatrix}\begin{pmatrix} 2 & 0 \\ 3 & 1 \\ 1 & 0 \end{pmatrix}$；　　（2）$\begin{pmatrix} 2 & 0 \\ 3 & 1 \\ 1 & 0 \end{pmatrix}\begin{pmatrix} 2 & 3 & 1 \\ 1 & 5 & 7 \end{pmatrix}$；

（3）$(1\quad 2\quad 3)\begin{pmatrix}3\\2\\1\end{pmatrix}$；（4）$\begin{pmatrix}1\\2\\3\end{pmatrix}(-1\quad -2)$；

（5）$\begin{pmatrix}6&2\\3&1\end{pmatrix}\begin{pmatrix}1&-2\\-2&4\end{pmatrix}$；（6）$\begin{pmatrix}1&-2\\-2&4\end{pmatrix}\begin{pmatrix}6&2\\3&1\end{pmatrix}$.

4．设 $A=\begin{pmatrix}1&2&-1\\2&3&2\\-1&0&2\end{pmatrix}$，$B=\begin{pmatrix}0&1&2\\2&-1&0\\-1&-1&3\end{pmatrix}$，求 $A^{\mathrm{T}}$，$B^{\mathrm{T}}$，$A^{\mathrm{T}}+B^{\mathrm{T}}$，$A^{\mathrm{T}}\cdot B^{\mathrm{T}}$，$(A^{\mathrm{T}})^2$.

5．对于下列各组矩阵 $A$ 和 $B$，验证 $AB=BA=I$.

（1）$A=\begin{pmatrix}1&2&-3\\0&1&2\\0&0&1\end{pmatrix}$，$B=\begin{pmatrix}1&-2&7\\0&1&-2\\0&0&1\end{pmatrix}$；

（2）$A=\begin{pmatrix}\cos\theta&\sin\theta\\-\sin\theta&\cos\theta\end{pmatrix}$，$B=A^{\mathrm{T}}$.

扫码查答案

## 8-5　矩阵的初等变换、矩阵的秩

### 一、矩阵的初等变换

矩阵的初等变换是矩阵的一种十分重要的运算，它在解线性方程组时起到了重要的作用．为了引进矩阵的初等变换，先来分析用消元法解线性方程组．

**例 1**　求解线性方程组 $\begin{cases}x_1+2x_2+3x_3=-7 & (1)\\2x_1-x_2+2x_3=-8 & (2)\\x_1+3x_2=7 & (3)\end{cases}$.

**解**

$$\begin{cases}x_1+2x_2+3x_3=-7\\2x_1-x_2+2x_3=-8\\x_1+3x_2=7\end{cases}\xrightarrow[(3)-(1)]{(2)-2(1)}\begin{cases}x_1+2x_2+3x_3=-7 & (1)\\-5x_2-4x_3=6 & (2)\\x_2-3x_3=14 & (3)\end{cases}$$

$$\xrightarrow{(2)\longleftrightarrow(3)}\begin{cases}x_1+2x_2+3x_3=-7 & (1)\\x_2-3x_3=14 & (2)\\-5x_2-4x_3=6 & (3)\end{cases}$$

$$\xrightarrow{(3)+5(2)}\begin{cases}x_1+2x_2+3x_3=-7 & (1)\\x_2-3x_3=14 & (2)\\-19x_3=76 & (3)\end{cases}$$

$$\xlongequal{-\frac{1}{19}(3)}\begin{cases} x_1+2x_2+3x_3=-7 & (1) \\ x_2-3x_3=14 & (2) \\ x_3=-4 & (3) \end{cases}$$

$$\xlongequal[(2)+3(3)]{(1)-3(3)}\begin{cases} x_1+2x_2=5 & (1) \\ x_2=2 & (2) \\ x_3=-4 & (3) \end{cases}\xlongequal{(1)-2(2)}\begin{cases} x_1=1 & (1) \\ x_2=2\,. & (2) \\ x_3=-4 & (3) \end{cases}$$

以上例子用消元法解线性方程组时，反复使用了三种变换：

（1）交换两个方程的相对位置；

（2）以不等于零的数乘某个方程；

（3）用一个常数 $k$ 乘一个方程加到另一个方程上去.

这三种变换都是方程组的同解变换，所以最后求得的解是方程组的全部解.

另外从解题的过程可以看出，在消元过程中，方程的未知数都不参加运算，参与运算的只是方程组中未知数的系数和常数项，这说明在解线性方程组的过程中，方程的变换就是它的增广矩阵的行的变换．把方程组的上述三种同解变换移植到矩阵上，就得到矩阵的三种初等变换.

**定义 9**　下面三种变换称为**矩阵的初等行变换**：

（1）对调两行（对调 $i$，$j$ 两行，记作 $r_i \leftrightarrow r_j$）；

（2）以数 $k \neq 0$ 乘某一行中的所有元素（第 $i$ 行乘 $k$，记作 $r_i \times k$）；

（3）把某一行所有元素的 $k$ 倍加到另一行对应的元素上去（第 $j$ 行的 $k$ 倍加到第 $i$ 行上，记作 $r_i + kr_j$）.

下面用矩阵的初等行变换来解例 1 的方程组，其过程可与方程组的消元过程一一对应：

$$\overline{A}=\begin{pmatrix} 1 & 2 & 3 & -7 \\ 2 & -1 & 2 & -8 \\ 1 & 3 & 0 & 7 \end{pmatrix}$$

$$\xlongequal[r_3-r_1]{r_2-2r_1}\begin{pmatrix} 1 & 2 & 3 & -7 \\ 0 & -5 & -4 & 6 \\ 0 & 1 & -3 & 14 \end{pmatrix}\xlongequal{r_2\leftrightarrow r_3}\begin{pmatrix} 1 & 2 & 3 & -7 \\ 0 & 1 & -3 & 14 \\ 0 & -5 & -4 & 6 \end{pmatrix}$$

$$\xlongequal{r_2+5r_2}\begin{pmatrix} 1 & 2 & 3 & -7 \\ 0 & 1 & -3 & 14 \\ 0 & 0 & -19 & 76 \end{pmatrix}\xlongequal{-\frac{1}{19}r_3}\begin{pmatrix} 1 & 2 & 3 & -7 \\ 0 & 1 & -3 & 14 \\ 0 & 0 & 1 & -4 \end{pmatrix}$$

$$\xlongequal[r_2+3r_3]{r_1-3r_3}\begin{pmatrix} 1 & 2 & 0 & 5 \\ 0 & 1 & 0 & 2 \\ 0 & 0 & 1 & -4 \end{pmatrix}\xlongequal{r_1-2r_2}\begin{pmatrix} 1 & 0 & 0 & 1 \\ 0 & 1 & 0 & 2 \\ 0 & 0 & 1 & -4 \end{pmatrix}.$$

由此得到方程组的解为$\begin{cases} x_1 = 1 \\ x_2 = 2 \\ x_3 = -4 \end{cases}$.

**例 2** 用初等变换解线性方程组：$\begin{cases} x_1 + 2x_2 + 3x_3 = 3 \\ 2x_1 + 5x_2 + 7x_3 = 6 \\ 3x_1 + 7x_2 + 8x_3 = 5 \end{cases}$.

**解** 对方程组的增广矩阵 $\overline{A}$ 进行初等行变换：

$$\overline{A} = \begin{pmatrix} 1 & 2 & 3 & 3 \\ 2 & 5 & 7 & 6 \\ 3 & 7 & 8 & 5 \end{pmatrix} \xlongequal[r_3-3r_1]{r_2-2r_1} \begin{pmatrix} 1 & 2 & 3 & 3 \\ 0 & 1 & 1 & 0 \\ 0 & 1 & -1 & -4 \end{pmatrix}$$

$$\xlongequal[r_3-r_2]{r_1-2r_2} \begin{pmatrix} 1 & 0 & 1 & 3 \\ 0 & 1 & 1 & 0 \\ 0 & 0 & -2 & -4 \end{pmatrix} \xlongequal{-\frac{1}{2}r_3} \begin{pmatrix} 1 & 0 & 1 & 3 \\ 0 & 1 & 1 & 0 \\ 0 & 0 & 1 & 2 \end{pmatrix}$$

$$\xlongequal[r_2-r_3]{r_1-r_3} \begin{pmatrix} 1 & 0 & 0 & 1 \\ 0 & 1 & 0 & -2 \\ 0 & 0 & 1 & 2 \end{pmatrix}.$$

故方程组的解为$\begin{cases} x_1 = 1 \\ x_2 = -2 \\ x_3 = 2 \end{cases}$.

本章节中所解的线性方程组都是未知数的个数与方程的个数相同的线性方程组，当系数行列式不为零时，方程组有唯一解．此时有三种解法：

（1）利用克莱姆法则；

（2）利用逆矩阵（下一节介绍）；

（3）利用矩阵的初等行变换．

一般线性方程组的未知数的个数与方程个数可能相等，也可能不相等．当未知数的个数与方程个数不相等或方程组的系数行列式为零时，不能用克莱姆法则或逆矩阵来解线性方程组．当用矩阵的初等行变换来解时，又会遇到一些以前未遇到过的问题．因此，为了进一步讨论线性方程组的求解问题，有必要引进矩阵的秩的概念．

## 二、矩阵的秩

**定义 10** $A$ 是在 $m \times n$ 阶矩阵，任取 $k$ 行 $k$ 列，位于这些行与列的交点上的元素所构成的 $k$ 阶行列式，称为矩阵 $A$ 的一个 $k$ 阶子式，其中 $k \leqslant \min(m,n)$．

**定义 11** 如果在矩阵 $A$ 中有一个不等于 0 的 $r$ 阶子式 $D$，且所有 $r$+1 阶子式（如果存在）全等于 0，则称 $D$ 为 $A$ 的最高阶非零子式，数 $r$ 称为矩阵 $A$ 的秩，记作$R(A)$，并规定零矩阵的秩等于零，记作 $R(A)=0$.

根据定义可知，求一个矩阵的秩时，对于一个非零矩阵，一般来说可以从二阶子式开始逐一计算．若所有二阶子式都为零，则矩阵的秩为 1，若找到一个不为零的二阶子式，就继续计算它的三阶子式，若所有三阶子式都为零，则矩阵的秩为 2，若找到了一个不为零的三阶子式，就继续计算它的四阶子式，直到求出矩阵的秩为止.

**例 3**　求矩阵 $A=\begin{pmatrix}3&2&0&-1\\1&2&-1&2\\4&4&-1&1\end{pmatrix}$ 的秩.

**解**　计算它的二阶子式，因为 $\begin{vmatrix}3&2\\1&2\end{vmatrix}\neq 0$，所以继续计算它的三阶子式，经计算它的四个三阶子式均为零，即

$$\begin{vmatrix}3&2&0\\1&2&-1\\4&4&-1\end{vmatrix}=0,\quad \begin{vmatrix}3&2&-1\\1&2&2\\4&4&1\end{vmatrix}=0,\quad \begin{vmatrix}3&0&-1\\1&-1&2\\4&-1&1\end{vmatrix}=0,\quad \begin{vmatrix}2&0&-1\\2&-1&2\\4&-1&1\end{vmatrix}=0,$$

所以矩阵 $A$ 的秩 $R(A)=2$.

如果矩阵的行或列数较大，则求矩阵的秩将很麻烦，计算量会很大.

**例 4**　求矩阵 $A=\begin{pmatrix}1&2&3&4&5\\0&2&3&4&5\\0&0&3&4&5\\0&0&0&0&0\end{pmatrix}$ 的秩.

**解**　容易算出 $A$ 有三阶子式 $\begin{vmatrix}1&2&3\\0&2&3\\0&0&3\end{vmatrix}=1\times 2\times 3=6\neq 0$.

而 $A$ 的每一个四阶子式的第四行都为零，所以 $A$ 的所有四阶子式都等于零，矩阵 $A$ 的秩 $R(A)=3$.

从例 3 可以看出，用定义计算一个矩阵的秩需计算很多行列式．矩阵的行数、列数越多，计算量越大．从例 4 可以看出，矩阵 $A$ 的秩很方便就可求得，同时，我们注意到 $A$ 是一个阶梯矩阵，其秩等于其非零行数，所以一般的有下面的定理：

**定理 1**　行阶梯形矩阵的秩等于其非零行的行数.

**定理 2**　矩阵经过初等行变换后，其秩不变.

根据这一定理，求矩阵的秩的步骤为：

（1）通过初等行变换变成行阶梯形矩阵；

（2）确定行阶梯形矩阵中非零行的个数；

（3）非零行的个数为该矩阵的秩.

**例 5** 设矩阵 $A=\begin{pmatrix}1&2&0&0&1\\1&11&3&6&16\\0&6&2&4&10\\1&-19&-7&-14&-34\end{pmatrix}$，求矩阵的秩.

**解** $A=\begin{pmatrix}1&2&0&0&1\\1&11&3&6&16\\0&6&2&4&10\\1&-19&-7&-14&-34\end{pmatrix}\xrightarrow[r_4-r_1]{r_2-r_1}\begin{pmatrix}1&2&0&0&1\\0&9&3&6&15\\0&6&2&4&10\\0&-21&-7&-14&-35\end{pmatrix}$

$\xrightarrow[r_4+\frac{7}{3}r_2]{r_3-\frac{2}{3}r_2}\begin{pmatrix}1&2&0&0&1\\0&9&3&6&15\\0&0&0&0&0\\0&0&0&0&0\end{pmatrix}$，$R(A)=2$.

**例 6** 求矩阵 $A=\begin{pmatrix}1&3&2\\-2&-1&1\\2&-1&-3\\3&5&4\\1&-3&-2\end{pmatrix}$ 的秩.

**解** $A=\begin{pmatrix}1&3&2\\-2&-1&1\\2&-1&-3\\3&5&4\\1&-3&-2\end{pmatrix}\xrightarrow[\substack{r_3-2r_1\\r_4-3r_1\\r_5-r_1}]{r_2+2r_1}\begin{pmatrix}1&3&2\\0&5&5\\0&-7&-7\\0&-4&-2\\0&-6&-4\end{pmatrix}\xrightarrow[\frac{1}{7}r_3]{\frac{1}{5}r_2}\begin{pmatrix}1&3&2\\0&1&1\\0&-1&-1\\0&-4&-2\\0&-6&-4\end{pmatrix}$

$\xrightarrow[\substack{r_4+4r_2\\r_5+6r_2}]{r_3+r_2}\begin{pmatrix}1&3&2\\0&1&1\\0&0&0\\0&0&2\\0&0&2\end{pmatrix}\xrightarrow[r_4-r_5]{r_3\leftrightarrow r_5}\begin{pmatrix}1&3&2\\0&1&1\\0&0&2\\0&0&0\\0&0&0\end{pmatrix}$，

$R(A)=3$.

## 习题 8-5

1．求下列矩阵的秩．

（1）$A=\begin{pmatrix}1 & 2 & 3\\ -1 & -3 & 4\\ 1 & 1 & -2\end{pmatrix}$；　　（2）$A=\begin{pmatrix}2 & 0 & 2 & 2\\ 0 & 1 & 0 & 0\\ 2 & 1 & 0 & 1\\ 0 & 1 & 0 & 0\end{pmatrix}$；

（3）$A=\begin{pmatrix}1 & 0 & 0 & 1 & 4\\ 0 & 1 & 0 & 2 & 5\\ 0 & 0 & 1 & 3 & 0\\ 1 & 2 & 3 & 14 & 32\\ 4 & 5 & 6 & 32 & 27\end{pmatrix}$．

2．解线性方程组$\begin{cases}2x_1-3x_2+x_3-x_4=3\\ 3x_1+x_2+x_3+x_4=0\\ 4x_1-x_2-x_3-x_4=7\\ -2x_1-x_2+x_3+x_4=-5\end{cases}$．

扫码查答案

## 8-6　逆矩阵

### 一、逆矩阵的定义

**定义 12**　设 $A$ 为 $n$ 阶方阵，如果存在一个 $n$ 阶方阵 $B$，使得 $AB=BA=I$，那么方阵 $B$ 叫作方阵 $A$ 的**逆矩阵**，记作 $A^{-1}$．显然 $AA^{-1}=A^{-1}A=I$，

如果 $A$ 有逆矩阵，则称 $A$ 是可逆的．

可逆矩阵有以下性质：

（1）若 $A$ 有逆矩阵，则其逆矩阵是唯一的；

（2）$A$ 的逆矩阵的逆矩阵就是 $A$，即 $(A^{-1})^{-1}=A$．

例如，对于矩阵 $A=\begin{pmatrix}2 & 1 & 1\\ 1 & 0 & 2\\ 3 & 1 & 2\end{pmatrix}$，$C=\begin{pmatrix}-2 & -1 & 2\\ 4 & 1 & -3\\ 1 & 1 & -1\end{pmatrix}$，有

$$AC=\begin{pmatrix}2 & 1 & 1\\ 1 & 0 & 2\\ 3 & 1 & 2\end{pmatrix}\begin{pmatrix}-2 & -1 & 2\\ 4 & 1 & -3\\ 1 & 1 & -1\end{pmatrix}=\begin{pmatrix}1 & 0 & 0\\ 0 & 1 & 0\\ 0 & 0 & 1\end{pmatrix}=I,$$

$$CA=\begin{pmatrix}-2 & -1 & 2\\ 4 & 1 & -3\\ 1 & 1 & -1\end{pmatrix}\begin{pmatrix}2 & 1 & 1\\ 1 & 0 & 2\\ 3 & 1 & 2\end{pmatrix}=\begin{pmatrix}1 & 0 & 0\\ 0 & 1 & 0\\ 0 & 0 & 1\end{pmatrix}=I.$$

所以 $A$ 是可逆的，$C$ 是 $A$ 的逆矩阵，即 $C=A^{-1}=\begin{pmatrix}-2 & -1 & 2\\ 4 & 1 & -3\\ 1 & 1 & -1\end{pmatrix}$.

## 二、逆矩阵的求法

**定义 13** 设 $n$ 阶方阵 $A=\begin{pmatrix}a_{11} & a_{12} & \cdots & a_{1n}\\ a_{21} & a_{22} & \cdots & a_{2n}\\ \vdots & \vdots & & \vdots\\ a_{n1} & a_{n2} & \cdots & a_{nn}\end{pmatrix}$，则 $\begin{vmatrix}a_{11} & a_{12} & \cdots & a_{1n}\\ a_{21} & a_{22} & \cdots & a_{2n}\\ \vdots & \vdots & & \vdots\\ a_{n1} & a_{n2} & \cdots & a_{nn}\end{vmatrix}$ 叫作矩阵 $A$ 的行列式，记作 $|A|$.

设 $A_{ij}$ 是 $|A|$ 中元素 $a_{ij}$ 的代数余子式，则矩阵 $\begin{pmatrix}A_{11} & A_{21} & \cdots & A_{n1}\\ A_{12} & A_{22} & \cdots & A_{n2}\\ \vdots & \vdots & & \vdots\\ A_{1n} & A_{2n} & \cdots & A_{nn}\end{pmatrix}$ 叫作方阵 $A$ 的**伴随矩阵**，记作 $A^*$.

**定理3** 若 $n$ 阶方阵 $A$ 的行列式 $|A|\neq 0$，则 $A$ 是可逆的，并且 $A$ 的逆矩阵为 $A^{-1}=\dfrac{1}{|A|}A^*$.

**例 1** 求矩阵 $A=\begin{pmatrix}2 & 2 & 3\\ 1 & -1 & 0\\ -1 & 2 & 1\end{pmatrix}$ 的逆矩阵.

**解** 因为 $|A|=\begin{vmatrix}2 & 2 & 3\\ 1 & -1 & 0\\ -1 & 2 & 1\end{vmatrix}=-1\neq 0$，所以 $A^{-1}$ 存在.

由于
$$A_{11}=\begin{vmatrix}-1 & 0\\ 2 & 1\end{vmatrix}=-1,\quad A_{12}=-\begin{vmatrix}1 & 0\\ -1 & 1\end{vmatrix}=-1,\quad A_{13}=\begin{vmatrix}1 & -1\\ -1 & 2\end{vmatrix}=1,$$
$$A_{21}=-\begin{vmatrix}2 & 3\\ 2 & 1\end{vmatrix}=4,\quad A_{22}=\begin{vmatrix}2 & 3\\ -1 & 1\end{vmatrix}=5,\quad A_{23}=-\begin{vmatrix}2 & 2\\ -1 & 2\end{vmatrix}=-6,$$
$$A_{31}=\begin{vmatrix}2 & 3\\ -1 & 0\end{vmatrix}=3,\quad A_{32}=-\begin{vmatrix}2 & 3\\ 1 & 0\end{vmatrix}=3,\quad A_{33}=\begin{vmatrix}2 & 2\\ 1 & -1\end{vmatrix}=-4,$$

则 $A^*=\begin{pmatrix}-1 & 4 & 3\\ -1 & 5 & 3\\ 1 & -6 & -4\end{pmatrix}$，$A^{-1}=\dfrac{1}{|A|}A^*=\begin{pmatrix}1 & -4 & -3\\ 1 & -5 & -3\\ -1 & 6 & 4\end{pmatrix}$.

**例 2**　求矩阵 $A=\begin{pmatrix}1&0&3\\0&2&1\\3&1&5\end{pmatrix}$ 的逆矩阵.

**解**　因为 $|A|=\begin{vmatrix}1&0&3\\0&2&1\\3&1&5\end{vmatrix}=-9\neq0$，所以 $A^{-1}$ 存在.

因为
$$A_{11}=\begin{vmatrix}2&1\\1&5\end{vmatrix}=9,\quad A_{12}=-\begin{vmatrix}0&1\\3&5\end{vmatrix}=3,\quad A_{13}=\begin{vmatrix}0&2\\3&1\end{vmatrix}=-6,$$
$$A_{21}=-\begin{vmatrix}0&3\\1&5\end{vmatrix}=3,\quad A_{22}=\begin{vmatrix}1&3\\3&5\end{vmatrix}=-4,\quad A_{23}=-\begin{vmatrix}1&0\\3&1\end{vmatrix}=-1,$$
$$A_{31}=\begin{vmatrix}0&3\\2&1\end{vmatrix}=-6,\quad A_{32}=-\begin{vmatrix}1&3\\0&1\end{vmatrix}=-1,\quad A_{33}=\begin{vmatrix}1&0\\0&2\end{vmatrix}=2,$$

所以
$$A^*=\begin{pmatrix}9&3&-6\\3&-4&-1\\-6&-1&2\end{pmatrix}.$$

矩阵 $A$ 的逆矩阵为 $A^{-1}=\dfrac{1}{|A|}A^*=-\dfrac{1}{9}\begin{pmatrix}9&3&-6\\3&-4&-1\\-6&-1&2\end{pmatrix}=\begin{pmatrix}-1&-\frac{1}{3}&\frac{2}{3}\\-\frac{1}{3}&\frac{4}{9}&\frac{1}{9}\\\frac{2}{3}&\frac{1}{9}&-\frac{2}{9}\end{pmatrix}$.

**例 3**　设 $A$ 为对角矩阵 $A=\begin{pmatrix}a&0&0&0\\0&b&0&0\\0&0&c&0\\0&0&0&d\end{pmatrix}$，判别 $A$ 是否可逆？若可逆，求出 $A^{-1}$.

**解**　$|A|=\begin{vmatrix}a&0&0&0\\0&b&0&0\\0&0&c&0\\0&0&0&d\end{vmatrix}=abcd$. 当 $abcd=0$ 时，矩阵 $A$ 是不可逆的，即矩阵 $A$ 的逆矩阵不存在；当 $abcd\neq0$ 时，矩阵 $A$ 是可逆的.

因为
$$A^*=\begin{pmatrix}A_{11}&A_{21}&A_{31}&A_{41}\\A_{12}&A_{22}&A_{32}&A_{42}\\A_{13}&A_{23}&A_{33}&A_{43}\\A_{14}&A_{24}&A_{34}&A_{44}\end{pmatrix}=\begin{pmatrix}bcd&0&0&0\\0&cda&0&0\\0&0&dab&0\\0&0&0&abc\end{pmatrix},$$

所以
$$A^{-1}=\frac{1}{abcd}A^*=\begin{pmatrix}\frac{1}{a} & 0 & 0 & 0\\ 0 & \frac{1}{b} & 0 & 0\\ 0 & 0 & \frac{1}{c} & 0\\ 0 & 0 & 0 & \frac{1}{d}\end{pmatrix}.$$

设方阵 $A$ 所对应的行列式为 $|A|$，则用初等行变换可将 $A$ 化为单位矩阵；用初等行变换可以求方阵的逆矩阵．方法如下：在 $n$ 阶方阵 $A$ 的右边引入一个 $n$ 阶单位矩阵，得到一个 $n\times 2n$ 的方阵，记作：$(A|I)$，然后对 $(A|I)$ 做初等变换，在将 $A$ 变为单位矩阵的同时，右面 $I$ 就变为 $A^{-1}$，即
$$(A|I)\xrightarrow{\text{初等行变换}}(I|A^{-1}).$$

如果 $A$ 不能被化为单位矩阵，那么 $A$ 不可逆．

**例 4** 求 $A=\begin{bmatrix}1 & 3 & 3\\ 1 & 4 & 3\\ 1 & 3 & 4\end{bmatrix}$ 的逆矩阵．

**解** 因为
$$(A|I)=\left[\begin{array}{ccc|ccc}1 & 3 & 3 & 1 & 0 & 0\\ 1 & 4 & 3 & 0 & 1 & 0\\ 1 & 3 & 4 & 0 & 0 & 1\end{array}\right]\xrightarrow[r_3-r_1]{r_2-r_1}\left[\begin{array}{ccc|ccc}1 & 3 & 3 & 1 & 0 & 0\\ 0 & 1 & 0 & -1 & 1 & 0\\ 0 & 0 & 1 & -1 & 0 & 1\end{array}\right]$$
$$\xrightarrow{r_1-3r_2}\left[\begin{array}{ccc|ccc}1 & 0 & 3 & 4 & -3 & 0\\ 0 & 1 & 0 & -1 & 1 & 0\\ 0 & 0 & 1 & -1 & 0 & 1\end{array}\right]\xrightarrow{r_1-3r_3}\left[\begin{array}{ccc|ccc}1 & 0 & 0 & 7 & -3 & -3\\ 0 & 1 & 0 & -1 & 1 & 0\\ 0 & 0 & 1 & -1 & 0 & 1\end{array}\right],$$

所以
$$A^{-1}=\begin{bmatrix}7 & -3 & -3\\ -1 & 1 & 0\\ -1 & 0 & 1\end{bmatrix}.$$

## 三、用逆矩阵解线性方程组

一般地，设有 $n$ 个未知数 $m$ 个方程的线性方程组 $\begin{cases}a_{11}x_1+a_{12}x_2+\cdots+a_{1n}x_n=b_1\\ a_{21}x_1+a_{22}x_2+\cdots+a_{2n}x_n=b_2\\ \vdots \qquad \vdots \qquad \vdots \qquad \vdots\\ a_{n1}x_1+a_{n2}x_2+\cdots+a_{nn}x_n=b_n\end{cases}$，设

$$A=\begin{pmatrix}a_{11} & a_{12} & \cdots & a_{1n}\\ a_{21} & a_{22} & \cdots & a_{2n}\\ \vdots & \vdots & & \vdots\\ a_{n1} & a_{n2} & \cdots & a_{nn}\end{pmatrix},\quad X=\begin{pmatrix}x_1\\ x_2\\ \vdots\\ x_n\end{pmatrix},\quad B=\begin{pmatrix}b_1\\ b_2\\ \vdots\\ b_n\end{pmatrix}.$$

则方程组可写成 $AX=B$ .

如果 $A$ 可逆，得 $A^{-1}AX=IX=X=A^{-1}B$ .

**例 5**　利用逆矩阵解线性方程组 $\begin{cases}x_1+2x_2+x_3=3\\ -2x_1+x_2-x_3=-3\\ x_1-4x_2+2x_3=-5\end{cases}$.

**解**　设 $A=\begin{pmatrix}1 & 2 & 1\\ -2 & 1 & -1\\ 1 & -4 & 2\end{pmatrix}$，$X=\begin{pmatrix}x_1\\ x_2\\ x_3\end{pmatrix}$，$B=\begin{pmatrix}3\\ -3\\ -5\end{pmatrix}$.

那么方程组可写成 $AX=B$ .

因为 $|A|=\begin{vmatrix}1 & 2 & 1\\ -2 & 1 & -1\\ 1 & -4 & 2\end{vmatrix}=11\neq 0$，所以 $A^{-1}$ 存在.

又因为

$$A_{11}=\begin{vmatrix}1 & -1\\ -4 & 2\end{vmatrix}=-2,\quad A_{21}=-\begin{vmatrix}2 & 1\\ -4 & 2\end{vmatrix}=-8,\quad A_{31}=\begin{vmatrix}2 & 1\\ 1 & -1\end{vmatrix}=-3,$$

$$A_{12}=-\begin{vmatrix}-2 & -1\\ 1 & 2\end{vmatrix}=3,\quad A_{22}=\begin{vmatrix}1 & 1\\ 1 & 2\end{vmatrix}=1,\quad A_{32}=-\begin{vmatrix}1 & 1\\ -2 & -1\end{vmatrix}=-1,$$

$$A_{13}=\begin{vmatrix}-2 & 1\\ 1 & -4\end{vmatrix}=7,\quad A_{23}=-\begin{vmatrix}1 & 2\\ 1 & -4\end{vmatrix}=6,\quad A_{33}=\begin{vmatrix}1 & 2\\ -2 & 1\end{vmatrix}=5.$$

所以

$$A^{-1}=\frac{1}{11}\begin{pmatrix}-2 & -8 & -3\\ 3 & 1 & -1\\ 7 & 6 & 5\end{pmatrix}=\begin{pmatrix}-\frac{2}{11} & -\frac{8}{11} & -\frac{3}{11}\\ \frac{3}{11} & \frac{1}{11} & -\frac{1}{11}\\ \frac{7}{11} & \frac{6}{11} & \frac{5}{11}\end{pmatrix}.$$

将 $AX=B$ 的两边都乘以 $A^{-1}$，就得到 $A^{-1}AX=IX=X=A^{-1}B$，于是就有 $X=A^{-1}B$，即

$$X=\begin{pmatrix}x_1\\ x_2\\ x_3\end{pmatrix}=\begin{pmatrix}-\frac{2}{11} & -\frac{8}{11} & -\frac{3}{11}\\ \frac{3}{11} & \frac{1}{11} & -\frac{1}{11}\\ \frac{7}{11} & \frac{6}{11} & \frac{5}{11}\end{pmatrix}\begin{pmatrix}3\\ -3\\ -5\end{pmatrix}=\begin{pmatrix}3\\ 1\\ -2\end{pmatrix}.$$

所以方程组的解为 $x_1=3$，$x_2=1$，$x_3=-2$ .

由例 5 可以看出，用逆矩阵解线性方程组的方法要比用克莱姆法则解线性方程组简单.

## 习题 8-6

1．求 $A=\begin{pmatrix}1&2&3\\2&2&1\\3&4&3\end{pmatrix}$ 的代数余子式及逆矩阵.

2．利用初等行变化求逆矩阵.

（1）$A=\begin{pmatrix}2&2&3\\1&-1&0\\-1&2&1\end{pmatrix}$；　　（2）$A=\begin{pmatrix}1&-1&1\\3&0&3\\-1&2&0\end{pmatrix}$.

3．解线性方程组 $\begin{cases}x+3y+z=5\\x+y+5z=-7\\2x+3y-3z=14\end{cases}$.

扫码查答案

## 本章小结

### 一、二、三阶行列式的概念

二阶行列式的定义：$D=\begin{vmatrix}a_{11}&a_{12}\\a_{21}&a_{22}\end{vmatrix}=a_{11}a_{22}-a_{12}a_{21}$.

三阶行列式的定义：

$$D=\begin{vmatrix}a_{11}&a_{12}&a_{13}\\a_{21}&a_{22}&a_{23}\\a_{31}&a_{32}&a_{33}\end{vmatrix}=a_{11}a_{22}a_{33}+a_{21}a_{32}a_{13}+a_{31}a_{12}a_{23}-a_{11}a_{23}a_{32}-a_{12}a_{21}a_{33}-a_{13}a_{22}a_{31}.$$

### 二、行列式的基本性质

行列式与它的转置行列式相等.

互换行列式中两行（两列）的位置，行列式变号.

对行列式某一行（列）的元素同乘常数 $k$，等于常数 $k$ 乘此行列式.

行列式的某一行（列）有公因子可以把公因子提到行列式外面.

如果行列式某一行（列）的所有元素都是零，那么行列式等于零.

如果行列式有两行（两列）对应元素相同，则行列式为零.

行列式中如果两行（列）对应元素成比例，那么行列式的值为零.

如果行列式中某一行（列）的各元素均为两数之和，则行列式可表示为两个行列式之和.

把行列式的某一行（列）的各元素乘以同一个数后加到另一行（列）对应的元素上去，行列式的值不变.

行列式等于其任意一行（或列）对应的代数余子式的乘积的和.

## 三、行列式的运算

行列式是一个数，常用的计算方法有：

（1）利用对角线法则，计算二、三阶行列式；

（2）三角形法，即利用性质，把行列式转化为三角行列式，然后将对角线元素相乘；

（3）降阶法，即利用性质，把行列式的某一行（列）中，除去一个元素外，把其余元素都化为零，然后利用代数余子式按这一行（列）展开；

（4）综合法，即降阶法、对角线法则同时应用.

计算行列式的方法主要是降阶法．它是依靠按行、列展开公式来实现的，但在展开之前，一般先用性质做恒等变换，然后再展开.

## 四、矩阵的定义、分类及运算

### 1．定义

由 $m \times n$ 个数排成的 $m$ 行 $n$ 列的数表 $\begin{pmatrix} a_{11} & a_{12} & \cdots & a_{1n} \\ a_{21} & a_{22} & \cdots & a_{2n} \\ \vdots & \vdots & & \vdots \\ a_{m1} & a_{m2} & \cdots & a_{mn} \end{pmatrix}$，称为 $m$ 行 $n$ 列矩阵，简称 $m \times n$ 阶矩阵.

### 2．矩阵的分类

矩阵分为方阵、列矩阵、行矩阵、零矩阵、对角矩阵、单位矩阵、上三角矩阵、下三角矩阵及转置矩阵.

### 3．矩阵的运算

（1）矩阵相等：$a_{ij} = b_{ij}$ （$i = 1, 2, \cdots, m$；$j = 1, 2, \cdots, n$）；

（2）矩阵的加与减运算：$A = (a_{ij})_{mn}, B = (b_{ij})_{mn}$，则 $A \pm B = (a_{ij} \pm b_{ij})_{mn}$；

（3）数与矩阵相乘：设 $k \in \mathbf{R}$，$A = (a_{ij})_{m \times n}$，则 $kA = Ak = (ka_{ij})_{m \times n}$；

（4）矩阵的乘法 $A = (a_{ij})_{ms}, B = (b_{ij})_{sn}$，则 $A \times B = C_{mn}$，其中 $c_{ij} = a_{i1}b_{ij} + a_{i2}b_{2j} + \cdots + a_{is}b_{sj}$.

矩阵是由 $m \times n$ 个数组成的 $m$ 行 $n$ 列的一张数表.

### 五、矩阵的初等变换

在求解线性方程组时常用到矩阵的初等行变换，其主要方法是：对调两行；以数 $k(k\neq 0)$ 乘某一行中的所有元素；把某一行所有元素的 $k$ 倍加到另一行对应的元素上去.

### 六、矩阵的秩及其求法

（1）矩阵的秩：$R(A)=r$.

（2）矩阵秩的求法：用初等行变换将矩阵化为行阶梯形矩阵，则秩等于行阶梯形矩阵中非零行的行数.

### 七、逆矩阵的求法

（1）伴随矩阵的求法：$A^{-1}=\dfrac{1}{|A|}A^{*}$，$(|A|\neq 0)$.

（2）初等行变换的求法：在 $n$ 阶方阵 $A$ 的右边引入一个 $n$ 阶单位矩阵，得到一个 $n\times 2n$ 的方阵，记作 $(A|I)$，然后对 $(A|I)$ 做初等变换，在把 $A$ 变为单位矩阵的同时，右面 $I$ 就变为 $A^{-1}$，即 $(A|I)\xrightarrow{\text{初等行变换}}(I|A^{-1})$.

### 八、线性方程组的求解

含有 $n$ 个未知数，$n$ 个方程的线性方程组，当其系数行列式不为零时，主要有三种解法：

（1）克莱姆法则：$x_i=\dfrac{D_i}{D}(i=1,2,\cdots,n)\quad D\neq 0$.

（2）逆矩阵法：先将方程组表示为矩阵形式 $AX=B$，求出 $A$ 的逆矩阵 $A^{-1}$，即可得到方程组的解为 $X=A^{-1}B$.

（3）利用矩阵的初等行变换.

## 测试题八

### 一、判断题

1. $\begin{vmatrix}1&3\\2&4\end{vmatrix}+\begin{vmatrix}1&2\\2&3\end{vmatrix}=\begin{vmatrix}1&5\\2&7\end{vmatrix}$.　　（　　）

2. $\begin{pmatrix}1&3\\2&4\end{pmatrix}+\begin{pmatrix}1&2\\2&3\end{pmatrix}=\begin{pmatrix}1&5\\2&7\end{pmatrix}$.　　（　　）

3. $\begin{pmatrix} a & b \\ c & d \end{pmatrix}$的伴随矩阵为$\begin{pmatrix} d & -b \\ -c & a \end{pmatrix}$.（　　）

4. $A=\begin{pmatrix} 1 & 0 \\ 0 & 0 \end{pmatrix}$，$B=\begin{pmatrix} 0 & 1 \\ 0 & 0 \end{pmatrix}$，则$AB=\begin{pmatrix} 0 & 1 \\ 0 & 0 \end{pmatrix}$.（　　）

5. $(1\quad -2\quad 2)\begin{pmatrix} 1 \\ 2 \\ 3 \end{pmatrix}=\begin{pmatrix} 1 & -1 & 2 \\ 2 & -2 & 4 \\ 3 & -3 & 6 \end{pmatrix}$.（　　）

## 二、填空题

1. 方程组$\begin{cases} x\cos\alpha-y\sin\alpha=\cos\beta \\ x\sin\alpha+y\cos\alpha=\sin\beta \end{cases}$的解是__________.

2. 设行列式$D=\begin{vmatrix} 1 & 2 & 3 \\ 6 & 5 & 6 \\ -8 & -6 & 5 \end{vmatrix}$，则元素$a_{21}=6$的余子式是__________，代数余子式是__________；元素$a_{31}=-8$的余子式是__________，代数余子式是__________.

3. 设$A=\begin{pmatrix} 1 & 0 & 3 \\ 1 & 2 & 0 \end{pmatrix}$，$B=\begin{pmatrix} 1 & 1 \\ -1 & 1 \\ 2 & 0 \end{pmatrix}$，则$AB=$__________.

4. 矩阵方程$\begin{pmatrix} 2 & 1 \\ 1 & 2 \end{pmatrix}X=\begin{pmatrix} 1 & 2 \\ -1 & 4 \end{pmatrix}$的解是__________.

5. 当矩阵$A$的__________与矩阵$B$的__________相同时，$A$与$B$的和$A+B$才有意义.

6. 当矩阵$A$的__________与矩阵$B$的__________相同时，乘积$C=AB$才有意义.这时$C$的行数等于__________，$C$的列数等于__________.

7. $3\times\begin{pmatrix} 2 & 1 \\ 4 & 3 \end{pmatrix}=$__________；$\begin{pmatrix} 3 & 2 \\ 0 & 4 \end{pmatrix}-\begin{pmatrix} 2 & -2 \\ 0 & 5 \end{pmatrix}=$__________.

8. 设矩阵$A=\begin{pmatrix} 1 & -4 & 1 \\ -2 & 0 & 3 \end{pmatrix}$，$B=\begin{pmatrix} -1 & 3 \\ 2 & 0 \\ 0 & -1 \end{pmatrix}$，则$A+B^{\mathrm{T}}=$__________.

## 三、选择题

1. 在计算行列式时，下列变换中不改变行列式的值的变换是（　　）.

A. 第$i$行与第$j$行互换

B. 第$i$行的$k$倍与第$j$行相加，写入第$i$行

C. 第$i$行加上第$j$行的$k$倍写入第$i$行

D. 第$i$行的每一个元素同乘以一个数

2．若$D=\begin{vmatrix} a_{11} & a_{12} & a_{13} \\ a_{21} & a_{22} & a_{23} \\ a_{31} & a_{32} & a_{33} \end{vmatrix}=1$，则$D_1=\begin{vmatrix} 3a_{11} & 3a_{11}-4a_{12} & a_{13} \\ 3a_{21} & 3a_{21}-4a_{22} & a_{23} \\ 3a_{31} & 3a_{31}-4a_{32} & a_{33} \end{vmatrix}=$（　　）.

A．9　　　　B．–3

C．–12　　　　D．–36

3．$\begin{vmatrix} 0 & 0 & 0 & -1 \\ 0 & 0 & 2 & 0 \\ 0 & 3 & 0 & 0 \\ 2 & 0 & 0 & 0 \end{vmatrix}=$（　　）.

A．12　　　　B．8

C．−4　　　　D．4

4．下列命题中正确的是（　　）.

A．行列式$D$等于它的任意一行（或列）中所有元素与它的各自的余子式乘积之和

B．行列式$D$中任意一行（或列）的元素与另一行（或列）对应元素的代数余子式乘积之和等于零

C．用克莱姆法则解线性方程组时，方程组的个数应大于或等于未知量的个数

D．当线性方程组的系数行列式不等于零时，方程组只有唯一零解

5．若有矩阵$A_{3\times2}$，$B_{2\times3}$，$C_{3\times3}$，下列可行的运算是（　　）.

A．$AC$　　　　B．$ABC$

C．$CB$　　　　D．$AB-AC$

6．若有矩阵$A_{m\times n}$，$B_{n\times m}(m\neq n)$，则下列运算结果为$n$阶方阵的是（　　）.

A．$(AB)^{\mathrm{T}}$　　　　B．$AB$

C．$(BA)^{\mathrm{T}}$　　　　D．$B^{\mathrm{T}}A^{\mathrm{T}}$

7．四阶行列式$a_{32}$的余子式为（　　）.

A．$\begin{vmatrix} a_{11} & a_{13} & a_{14} \\ a_{21} & a_{23} & a_{24} \\ a_{41} & a_{43} & a_{44} \end{vmatrix}$　　　　B．$\begin{vmatrix} a_{11} & a_{12} & a_{14} \\ a_{21} & a_{22} & a_{24} \\ a_{41} & a_{42} & a_{44} \end{vmatrix}$

C．$\begin{vmatrix} a_{11} & a_{13} & a_{14} \\ a_{31} & a_{32} & a_{34} \\ a_{41} & a_{42} & a_{44} \end{vmatrix}$　　　　D．$\begin{vmatrix} a_{11} & a_{13} & a_{14} \\ a_{21} & a_{23} & a_{24} \\ a_{41} & a_{43} & a_{44} \end{vmatrix}$

8. $\boldsymbol{A}=\begin{pmatrix}1&2&-1\\0&5&-3\\-1&2&4\end{pmatrix}$的伴随矩阵$\boldsymbol{A}^*$应为（　　）.

A. $\begin{pmatrix}1&0&-1\\2&5&2\\-1&-3&4\end{pmatrix}$　　B. $\begin{pmatrix}2&0&-1\\-2&-3&0\\0&-2&-1\end{pmatrix}$

C. $\begin{pmatrix}26&-10&-1\\3&3&3\\5&-4&5\end{pmatrix}$　　D. $\begin{pmatrix}26&-10&-1\\1&1&1\\5&-4&5\end{pmatrix}$

9. $\begin{pmatrix}2&3&4\\5&-2&1\\1&2&3\end{pmatrix}$的逆矩阵是（　　）.

A. $\begin{pmatrix}8&1&-11\\14&-2&-18\\-12&1&19\end{pmatrix}$　　B. $\frac{1}{10}\begin{pmatrix}8&1&-11\\14&-2&-18\\-12&1&19\end{pmatrix}$

C. $\begin{pmatrix}\frac{4}{5}&\frac{1}{10}&\frac{11}{10}\\\frac{7}{5}&\frac{1}{5}&\frac{9}{5}\\\frac{6}{5}&\frac{1}{10}&\frac{19}{10}\end{pmatrix}$　　D. $\begin{pmatrix}\frac{8}{10}&\frac{1}{10}&\frac{11}{10}\\\frac{7}{5}&\frac{1}{5}&\frac{9}{5}\\\frac{6}{5}&\frac{1}{5}&\frac{19}{5}\end{pmatrix}$

10. 已知$\begin{pmatrix}1&-1&-1\\2&-1&-3\\-3&-2&5\end{pmatrix}\begin{pmatrix}x_1\\x_2\\x_3\end{pmatrix}=\begin{pmatrix}2\\1\\0\end{pmatrix}$，矩阵$\begin{pmatrix}x_1\\x_2\\x_3\end{pmatrix}$的解是（　　）.

A. $\begin{pmatrix}5\\0\\3\end{pmatrix}$　　B. $\begin{pmatrix}5\\3\\0\end{pmatrix}$　　C. $\begin{pmatrix}0\\3\\5\end{pmatrix}$　　D. $\begin{pmatrix}0\\5\\3\end{pmatrix}$

## 四、计算题

1. 计算下列行列式.

（1）$\begin{vmatrix}x&y&x+y\\y&x+y&x\\x+y&x&y\end{vmatrix}$；　　（2）$\begin{vmatrix}1+a&1&1&1\\1&1-a&1&1\\1&1&1+b&1\\1&1&1&1-b\end{vmatrix}$；

（3）$\begin{vmatrix} 1 & 1 & 1 & 1 \\ 1 & 2 & 3 & 4 \\ 1 & 3 & 6 & 10 \\ 1 & 4 & 10 & 20 \end{vmatrix}$.

2．求下列矩阵的逆矩阵.

（1）$\begin{pmatrix} 1 & 2 & 3 \\ 6 & 4 & 2 \\ 1 & 2 & 5 \end{pmatrix}$；（2）$\begin{pmatrix} 2 & 1 & 0 & 0 \\ 0 & 2 & 1 & 0 \\ 0 & 0 & 2 & 1 \\ 0 & 0 & 0 & 2 \end{pmatrix}$.

3．用逆矩阵求解线性方程组$\begin{cases} 2x+2y+z=5 \\ 3x+y+5z=0 \\ 3x+2y+3z=0 \end{cases}$.

扫码查答案

# 参考文献


[1] 屈宏香．应用数学[M]．北京：中国铁道出版社，2001．

[2] 黄晓津．高等数学[M]．长沙：湖南教育出版社，2007．

[3] 同济大学数学教研室．高等数学[M]．6 版．北京：高等教育出版社，2007．

[4] 郭欣红．经济数学[M]．北京：人民邮电出版社，2010．